数字逻辑电路

DIGITAL LOGIC CIRCUIT

主　编　白雪梅　陈　宇
参　编　宋紫娇　葛　微　郝子强　刘妍妍

北京理工大学出版社
BEIJING INSTITUTE OF TECHNOLOGY PRESS

内 容 简 介

"数字逻辑电路"是电子信息类、自动化、电气、机器人工程等专业的一门重要学科基础课。本书从数字逻辑电路的基本理论和基础知识出发,以数字逻辑电路的工作原理及应用为内核,突出数字逻辑电路的分析设计方法。

本书的主要内容包括绪论、逻辑函数及其化简、集成门电路、组合逻辑电路、集成触发器、时序逻辑电路、脉冲单元电路、数模和模数转换电路、半导体存储器等。

本书内嵌知识图谱,以可视化、结构化的方式细密地梳理繁复的知识脉络。本书紧密贴合教学实践的切实需求,每章开篇精准锚定知识目标、能力目标和素质目标。同时,本书每章起始处精心设计研讨板块,以开放方式为读者提供实践的空间。

本书既可作为高等院校相关专业教材,也可作为电子技术工程人员的参考资料。

版权专有　侵权必究

图书在版编目(CIP)数据

数字逻辑电路 / 白雪梅,陈宇主编. -- 北京：北京理工大学出版社,2025.1.
ISBN 978-7-5763-4763-0
Ⅰ. TN79
中国国家版本馆 CIP 数据核字第 20254KU085 号

责任编辑：钟　博	文案编辑：钟　博
责任校对：刘亚男	责任印制：李志强

出版发行	/ 北京理工大学出版社有限责任公司
社　　址	/ 北京市丰台区四合庄路 6 号
邮　　编	/ 100070
电　　话	/ (010)68944439(学术售后服务热线)
网　　址	/ http://www.bitpress.com.cn

版印次	/ 2025 年 1 月第 1 版第 1 次印刷
印　刷	/ 三河市华骏印务包装有限公司
开　本	/ 787 mm×1092 mm　1/16
印　张	/ 19
彩　插	/ 1
字　数	/ 446 千字
定　价	/ 52.00 元

图书出现印装质量问题,请拨打售后服务热线,负责调换

前言

在当代数字化进程加速推进的时代背景下,数字逻辑电路已然成为电子信息领域坚如磐石的根基,其理论体系与实践应用贯穿于诸多前沿科技领域,从集成电路设计到通信系统架构,从计算机硬件研发到智能控制系统构建,其重要地位毋庸置疑。鉴于此,为了助力广大读者精准、深入且系统地掌握这一核心知识体系,我们凭借丰富的教学实践经验,倾尽全力,精心编写了本书。

本书内容广泛且深入,全面涵盖了逻辑函数及其化简、集成门电路、组合逻辑电路、集成触发器、时序逻辑电路、脉冲单元电路、数模和模数转换电路以及半导体存储器等核心领域,力求为读者构建一座稳固且系统的数字逻辑知识大厦。本书开篇(第1、2章)讲解逻辑函数及其化简,它是理论根基,相关公理、定理与化简技巧为电路分析设计奠定基础;第3章介绍集成门电路,从内部剖析,展现其外在特性与应用,帮助读者理解原理,按需选用;第4章介绍组合逻辑电路,阐述其分析、设计流程,帮读者搭建适用模块;第5章介绍作为时序关键单元的集成触发器,剖析其触发与状态转换,助力读者掌握时序系统;第6章介绍依靠记忆元件生成序列的时序逻辑电路,阐释其分析、设计及同步/异步协同,助力读者求解难题;第7章介绍为系统提供精准时钟,保障系统运行的脉冲单元电路,聚焦其基本原理与分析、设计方法;第8章介绍数模和模数转换电路,解析其原理、策略与电路,满足多样需求;第9章介绍肩负存储与读写重任的半导体存储器,阐述其架构等,为构建高性能系统提供选型依据。

本书内嵌知识图谱,仿若高精度学术导航仪,依循知识内在逻辑关联与层级架构,引导读者从容地穿梭于数字逻辑电路的知识海洋,以可视化、结构化的方式细密地梳理繁复的知识脉络,将抽象晦涩的理论知识转化为条理井然的认知框架,深度强化读者对知识要义的洞察与内化,为读者的求知征途疏通梗阻、提速增效。

本书紧密贴合教与学实践的切实需求,每章开篇精准锚定知识目标、能力目标和素质目标,从核心概念掌握到原理深度理解,从应用能力拓展到前沿动态追踪,层次分明;能力目标聚焦理论运用、问题解决、创新探索等多元维度,为读者的专业技能进阶绘制明晰的蓝图;素质目标涵盖科学精神、工程伦理、团队协作等关键培育目标,全方位塑造德才兼备的人才。对教师而言,本书如同精准的教学罗盘,使教师能够精准地把控教学方向,游刃有余地统筹教学素材;对学生而言,本书如同翔实的学习指南,使学生能够敏捷地洞察学习要点,科学地规划进阶路径,显著提升学习成效。

同时，本书每章起始处精心设计研讨板块。一方面，审慎甄选两项紧密耦合课程思政的开放式研讨议题，深度挖掘专业知识所蕴含的思政元素，润物无声地引领读者在专业深耕进程中树立正确的价值坐标与职业风范，培育德厚才高的时代栋梁；另一方面，提出与专业知识无缝对接的研讨专题以及 DIY 实践课题，它们作为翻转课堂的素材，恰似课堂教学的活力引擎，能够激发读者主动探索的热忱与实践创新的动能，鞭策读者深度思辨、果敢践行，在动手实操中砥砺创新，全方位提升读者的综合素养与专业造诣。

我们希望这本书能够成为广大师生在数字逻辑电路研习与授业旅程中的坚实倚仗，相伴诸位一路披荆斩棘、砥砺奋进，携手开启数字逻辑电路知识圣殿的绮丽华章。

"数字逻辑电路"课程组
2024 年 12 月

目 录
CONTENTS

第1章　绪论 ··· 001
　1.1　数字信号与数字电路 ··· 001
　　1.1.1　模拟量和数字量 ··· 001
　　1.1.2　数字信号及其表示方法 ·· 001
　　1.1.3　数字电路及其实现方法 ·· 003
　1.2　数制 ·· 004
　　1.2.1　数制的概念 ·· 004
　　1.2.2　数制转换 ··· 005
　　1.2.3　二进制数的算术运算 ··· 008
　1.3　码制 ·· 011
　　1.3.1　二-十进制代码 ··· 011
　　1.3.2　格雷码 ·· 012
　　1.3.3　奇偶校验码 ·· 013
　本章小结 ·· 014
　本章习题 ·· 014

第2章　逻辑函数及其化简 ·· 016
　2.1　基本逻辑运算 ·· 016
　2.2　逻辑关系的表示方法 ·· 023
　2.3　逻辑代数的运算公式和基本规则 ·· 027
　　2.3.1　逻辑代数的运算公式 ··· 027
　　2.3.2　逻辑代数的基本规则 ··· 028
　　2.3.3　逻辑函数的常用公式 ··· 029
　2.4　逻辑函数的标准表达式 ··· 030
　　2.4.1　最小项表达式 ··· 031
　　2.4.2　最大项表达式 ··· 033
　　2.4.3　标准异或式和标准同或式 ·· 036
　2.5　逻辑函数的化简 ··· 037
　　2.5.1　公式化简法（代数法） ·· 037
　　2.5.2　卡诺图法（图解法） ··· 039

本章小结 046
本章习题 046

第3章 集成门电路 049

3.1 半导体器件的开关特性 049
3.1.1 二极管的开关特性 049
3.1.2 三极管的开关特性 051
3.1.3 MOS管的开关特性 053

3.2 TTL门电路 054
3.2.1 TTL与非门电路的工作原理 054
3.2.2 TTL与非门电路的主要参数 056
3.2.3 TTL其他门电路 061
3.2.4 TTL门电路的各种系列 062

3.3 TTL特殊门电路 063
3.3.1 OC门电路 063
3.3.2 三态门电路 066

3.4 CMOS门电路 067
3.4.1 CMOS反相器 067
3.4.2 CMOS与非门和或非门电路 071
3.4.3 漏极开路输出门电路——OD门电路 072
3.4.4 CMOS传输门电路 072
3.4.5 三态输出CMOS门电路 074
3.4.6 CMOS门电路的特点 075

3.5 TTL门电路与CMOS门电路的工程应用 075
3.5.1 两类门电路的使用 075
3.5.2 两类门电路的接口 077

本章小结 080
本章习题 080

第4章 组合逻辑电路 085

4.1 组合逻辑电路的分析 086
4.2 组合逻辑电路的设计 089
4.3 数值比较器 093
4.3.1 1位数值比较器 093
4.3.2 多位数值比较器 094
4.3.3 集成数值比较器 095

4.4 数值计算电路 097
4.4.1 1位加法器 097
4.4.2 多位加法器 099
4.4.3 集成加法器 100

  4.4.4 减法电路·················102
 4.5 编码器························104
  4.5.1 普通编码器················104
  4.5.2 优先编码器················105
 4.6 译码器························107
  4.6.1 二进制译码器··············107
  4.6.2 二–十进制译码器············109
  4.6.3 用译码器实现组合逻辑函数······110
  4.6.4 显示译码器················111
 4.7 数据选择器····················113
  4.7.1 4 选 1 数据选择器············114
  4.7.2 8 选 1 数据选择器············115
  4.7.3 用数据选择器实现组合逻辑电路····116
 4.8 组合逻辑电路综合分析············120
  4.8.1 数据分配器················120
  4.8.2 MSI 组合逻辑电路综合分析······121
 4.9 组合逻辑电路中的竞争与冒险现象····123
  4.9.1 静态冒险··················124
  4.9.2 静态冒险现象的识别··········125
  4.9.3 静态冒险现象的消除方法······126
 本章小结··························127
 本章习题··························128

第 5 章 集成触发器····················133

 5.1 基本 RS 触发器················133
  5.1.1 基本 RS 触发器的电路及原理分析··133
  5.1.2 基本 RS 触发器的逻辑功能描述···134
  5.1.3 基本 RS 触发器的应用········136
 5.2 钟控触发器····················137
  5.2.1 钟控 RS 触发器············137
  5.2.2 钟控 D 触发器·············139
  5.2.3 钟控 JK 触发器············140
  5.2.4 钟控 T 触发器·············141
 5.3 主从触发器····················142
  5.3.1 主从 RS 触发器············142
  5.3.2 主从 JK 触发器············143
 5.4 边沿触发器····················146
  5.4.1 维持–阻塞 RS 触发器········146

5.4.2 边沿 D 触发器 ·················· 146
5.4.3 边沿 JK 触发器 ················ 148
5.4.4 边沿 T 触发器和边沿 T' 触发器 ·········· 150
本章小结 ································ 151
本章习题 ································ 152

第 6 章 时序逻辑电路 ·························· 156

6.1 时序逻辑电路概述 ····················· 156
  6.1.1 时序逻辑电路的特点 ··············· 156
  6.1.2 时序逻辑电路的描述方法 ·············· 158
6.2 时序逻辑电路的分析 ··················· 159
  6.2.1 同步时序逻辑电路的分析方法 ············ 159
  6.2.2 异步时序逻辑电路的分析方法 ············ 165
6.3 时序逻辑电路的设计 ··················· 168
  6.3.1 同步时序逻辑电路的设计步骤 ············ 168
  6.3.2 同步时序逻辑电路的设计实例 ············ 170
6.4 计数器电路 ······················ 176
  6.4.1 计数器电路分析 ················· 176
  6.4.2 常用集成计数器 ················· 182
6.5 寄存器 ························ 189
  6.5.1 寄存器电路分析 ················· 190
  6.5.2 集成移位寄存器 ················· 197
6.6 序列信号发生器 ···················· 201
  6.6.1 计数型序列信号发生器 ·············· 201
  6.6.2 移位型序列信号发生器 ·············· 205
6.7 时序逻辑电路应用实例 ·················· 206
本章小结 ································ 209
本章习题 ································ 209

第 7 章 脉冲单元电路 ·························· 215

7.1 施密特触发器 ····················· 216
  7.1.1 用门电路构成的施密特触发器 ············ 216
  7.1.2 集成施密特触发器及其应用 ············· 219
7.2 单稳态触发器 ····················· 222
  7.2.1 用门电路构成的单稳态触发器 ············ 222
  7.2.2 集成单稳态触发器及其应用 ············· 226
7.3 多谐振荡器 ······················ 230
  7.3.1 用门电路构成的多谐振荡器 ············· 230
  7.3.2 石英晶体多谐振荡器 ··············· 235

	7.3.3 用施密特触发器构成的多谐振荡器	235
7.4	555 定时器的应用	236
	7.4.1 555 定时器的电路结构	236
	7.4.2 用 555 定时器构成的施密特触发器	237
	7.4.3 用 555 定时器构成的单稳态触发器	239
	7.4.4 用 555 定时器构成的多谐振荡器	241
本章小结		242
本章习题		243

第 8 章 数模和模数转换电路 — 248

8.1	数模和模数转换电路概述	248
8.2	数模转换电路	249
	8.2.1 数模转换介绍	249
	8.2.2 权电阻网络 DAC	251
	8.2.3 $R-2R$ 倒 T 形电阻网络 DAC	254
	8.2.4 单值电流型网络 DAC	255
8.3	模数转换电路	256
	8.3.1 模数转换的原理	256
	8.3.2 并联比较型 ADC	258
	8.3.3 逐次比较型 ADC	260
	8.3.4 双积分型 ADC	262
8.4	DAC 和 ADC 的集成芯片	265
	8.4.1 集成 DAC	265
	8.4.2 集成 ADC	268
本章小结		271
本章习题		271

第 9 章 半导体存储器 — 275

9.1	半导体存储器概述	275
9.2	顺序存储器	276
	9.2.1 动态反相器和动态移存器	276
	9.2.2 FIFO 型和 FILO 型 SAM	278
9.3	随机存取存储器	280
	9.3.1 RAM 的结构	280
	9.3.2 RAM 存储单元	281
	9.3.3 RAM 集成芯片 HM6264	284
	9.3.4 RAM 存储容量的扩展	285
9.4	只读存储器	287
	9.4.1 ROM 的特点及分类	287

9.4.2　固定 ROM ……………………………………………………………… 287
9.4.3　PROM 的原理和应用 ………………………………………………… 288
9.4.4　EPROM 集成芯片 2716 ……………………………………………… 290
本章小结 …………………………………………………………………………… 292
本章习题 …………………………………………………………………………… 292

第1章
绪　　论

知识目标：学会区分数字量和模拟量，阐明数字逻辑电路的特点及应用场合；判别二进制的算术运算与逻辑运算的区别。
能力目标：能够熟练完成常用数制转换的计算和码制转换的计算。
素质目标：树立融于社会主义现代化建设事业的理想信念和爱国情怀。

【研讨1】中华优秀传统文化源远流长，传承着中华民族五千多年的文明史，是我们提升文化自信的重要资源和基石。中华优秀传统文化的最大特点是经世致用、明体达用。在本章的学习中，找到与我国传统文化相关的内容，并展开说明。

【研讨2】阐述数字逻辑电路发展的历史、现状及未来。

1.1　数字信号与数字电路

1.1.1　模拟量和数字量

自然界中的物理量大致可分为两大类，即模拟量和数字量。

模拟量是指在时间上或数值上连续变化的量，一般是自然界中客观存在的物理量，例如温度、压力等。这一类物理量叫作模拟量，表示模拟量的信号叫作模拟信号，如图1-1所示。处理模拟信号的电路称为模拟电路。

还有一种物理量，它们在时间上和数量上是不连续的、是离散的，例如电子表的计时信号、流水线零件数。这一类物理量叫作数字量，表示数字量的信号叫作数字信号。处理数字信号的电路称为数字电路。

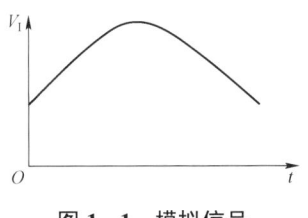

图1-1　模拟信号

1.1.2　数字信号及其表示方法

数字量是指在时间上和数值上均离散的物理量，其每次增减变化总是发生在一系列离散的瞬间，其数量大小和每次的增减变化都是某个最小单位的整数倍。数字信号是指在时间上和数值上均离散的信号。

在数字电路中，常用0和1两种数值表示数字信号，因此也称数字信号为二值信号。

0和1可以用电位的低和高来表示，也可以用脉冲信号的无和有来表示。数字信号按照波形可分为电位型数字信号［或称为不归 0 型数字信号，如图 1-2（a）所示］和脉冲型数字信号［或称为归 0 型数字信号，如图 1-2（b）所示］。

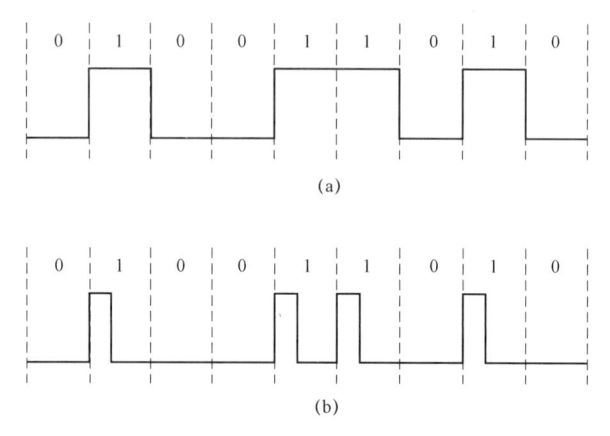

图 1-2 数字信号的波形
（a）电位型数字信号；（b）脉冲型数字信号

这里，用低电平表示 0，用高电平表示 1，称为正逻辑；当然，也可以采用负逻辑体系，即用高电平表示 0，用低电平表示 1。高电平和低电平为某规定范围内的电位值，而非一个固定值，它由电路的种类等因素决定。一个 0 或一个 1 的持续时间称为 1 bit。由图 1-2 可知，数字信号的波形由在高、低两种电平之间变换的一系列脉冲组成。

图 1-3 所示为理想脉冲信号。其中，图 1-3（a）所示是正向脉冲，即电压从低电平变为高电平，再从高电平变为低电平；图 1-3（b）所示是负向脉冲，即电压从高电平变到低电平，再从低电平变回高电平。从低电平向高电平的变化波形称为上升沿，从高电平向低电平的变化波形称为下降沿。

图 1-3 理想脉冲信号
（a）正向脉冲；（b）负向脉冲

在实际的数字系统中，脉冲或多或少会存在非理想的特性。当脉冲从低电平跳变到高电平，或从高电平跳变到低电平时，边沿会经历一个过渡过程，如图 1-4 所示。图中，U_m 是脉冲信号的幅度；t_r 是脉冲信号的上升时间，又称为前沿，是指脉冲信号从 $0.1U_m$ 上升至 $0.9U_m$ 所经历的时间；t_f 是脉冲信号的下降时间，又称为后沿，是指脉冲信号由 $0.9U_m$ 下降至 $0.1U_m$ 所经历的

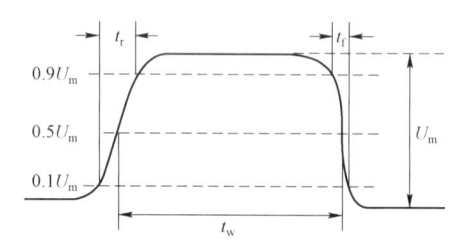

图 1-4 非理想脉冲信号

时间；t_w 是脉冲信号的持续时间，又称为脉宽，是指脉冲信号从上升到 $0.5U_m$ 到下降至 $0.5U_m$ 之间的间隔。

1.1.3 数字电路及其实现方法

数字电路的基本功能是对输入的数字信号进行算术运算和逻辑运算。数字电路常用于数字信号的产生、变换、传输、存储和分析。数字电路研究的对象是输入和输出的逻辑关系，也就是数字电路的逻辑功能，其主要分析工具是逻辑代数（又称为布尔代数）。

由于数字信号是离散的，所以数字电路中的半导体管一般工作在开关状态。根据所采用的半导体器件分类，数字集成电路可以分为两大类：双极型（BJT）集成电路和单极型（MOS）集成电路。双极型集成电路采用双极型半导体器件作为元件，具有速度高、带载能力强等优点，但是功耗较大、集成度较低。单极型集成电路可以分为 PMOS（P 沟道）、NMOS（N 沟道）和 CMOS（P 沟道 MOS 和 N 沟道 MOS 互补）等类型。CMOS 电路具有显著的低功耗、高密度等特性，这些特性对大规模集成电路的设计与制造非常重要，CMOS 电路已逐渐取代 TTL 电路，成为目前主流的数字集成电路形式。

随着半导体工艺的发展，数字集成电路芯片的集成度越来越高。集成度是指每块芯片所包含的门电路的个数。根据集成度分类，数字集成电路通常分为：小规模集成电路（Small Scale Integrated Circuit，SSIC），每块芯片包含 10～100 个基本元件；中规模集成电路（Medium Scale Integrated Circuit，MSIC），每块芯片包含 100～1 000 个基本元件；大规模集成电路（Large Scale Integrated Circuit，LSIC），每块芯片包含 1 000～10 000 个基本元件；超大规模集成电路（Very Large Scale Integrated Circuit，VLSIC），每块芯片包含 10 000 个以上基本元件。

数字电路与模拟电路相比具有以下特点。

（1）同时具有算术运算和逻辑运算的功能。数字电路采用二进制数表示信号，既能进行算术运算，又能进行逻辑运算，因此可以实现数据的运算、比较、传输、控制等应用。

（2）便于集成化、工作可靠性高、抗干扰能力强。数字电路的工作信号是二进制的数字信号，数字电路的基本单元比较简单，便于集成；而且，对组成数字电路的元器件的精度要求不高，只要在工作时能够可靠地区分"0"和"1"两种状态即可。因此，数字电路的工作可靠性高、抗干扰能力强。

（3）集成度高、功耗低。随着数字集成电路技术的高速发展，数字电路的集成度越来越高，集成电路模块随着集成度的提高也从元件级、器件级、部件级、板卡级上升到系统级。由于数字电路的工作信号只有高、低两种电平，半导体器件一般工作在导通和截止两种开关状态，所以其功耗低。

（4）具有可编程性，保密性高。利用可编程逻辑器件（Programmable Logic Device，PLD），并借助计算机软件和硬件的辅助，用户可以现场设计和"制造"所需要的电路和系统。PLD 不仅具有高集成度、高速度、小型化和高可靠性的特点，而且设计周期短、保密性高。

另外，数字电路还具有产品系列多、通用性强、成本低和数字信息便于长期保存等优点。

1.2 数 制

1.2.1 数制的概念

数制是计数进位制的简称。在任何一种计数进位制中，任何一个数都由整数和小数两部分组成。

常用的数制有十进制（Decimal）、二进制（Binary）、八进制（Octal）和十六进制（Hexadecimal），这些进制可以统称为"R进制"。R进制由 $0\sim R-1$ 共 R 个数码（和小数点）组成。在进行加减运算时，进位规则为"逢 R 进 1"，借位规则为"借 1 当 R"。R 为计数基数，即每个数位可以出现的数码个数。数码在不同的位置上代表的数值不同，称为"位权"，简称"权"。数的组成是自左向右，由高位到低位排列。

一个 R 进制数 D 包含 n 位整数和 m 位小数，表示为

$$\begin{aligned}(D)_R &= (k_{n-1}k_{n-2}\cdots k_1 k_0.k_{-1}k_{-2}\cdots k_{-m})_R \\ &= k_{n-1}\times R^{n-1}+k_{n-2}\times R^{n-2}+\cdots+k_1\times R^1+k_0\times R^0+k_{-1}\times R^{-1}+k_{-2}\times R^{-2}+\cdots+k_{-m}\times R^{-m} \\ &= \sum_{i=-m}^{n-1} k_i \cdot R^i \end{aligned} \quad (1-1)$$

式中，R 为计数基数；k_i 为第 i 位的数码；R^i 为第 i 位的位权；i 为整数。

1. 十进制

十进制是人们日常生活中最熟悉和最常用的一种数制。十进制由 $0\sim9$ 共 10 个数码组成，计数基数为 10，第 i 位的权为 10^i。在计数时"逢十进一"及"借一当十"。任意十进制数的数值都可以按位权展开为

$$(N)_D = k_{n-1}k_{n-2}\cdots k_1 k_0.k_{-1}k_{-2}\cdots k_{-m} = \sum_{i=-m}^{n-1} k_i \cdot 10^i \quad (1-2)$$

式中，k_i 为十进制数的任意一个数码；n 和 m 为正整数，n 表示整数部分数位，m 表示小数部分数位；下标"D"表示括号中的数是十进制数，也可以用"10"表示。例如，十进制数 524.98 按位权展开为

$$(524.98)_D = 5\times 10^2 + 2\times 10^1 + 4\times 10^0 + 9\times 10^{-1} + 8\times 10^{-2}$$

2. 二进制

二进制是数字电路和计算机中常用的数制，计数基数为 2，只有"0"和"1"两个数码，第 i 位的权为 2^i。在计数时"逢二进一"及"借一当二"。任意二进制数可以按位权展开为

$$(N)_B = k_{n-1}k_{n-2}\cdots k_1 k_0.k_{-1}k_{-2}\cdots k_{-m} = \sum_{i=-m}^{n-1} k_i \cdot 2^i \quad (1-3)$$

式中，k_i 为二进制数的任意一个数码，即 0 或 1；下标"B"表示括号中的数是二进制数，也可以用"2"表示。例如，二进制数 1101.11 按位权展开为

$$(1101.11)_B = 1\times 2^3 + 1\times 2^2 + 0\times 2^1 + 1\times 2^0 + 1\times 2^{-1} + 1\times 2^{-2}$$

3. 八进制和十六进制

当二进制数的位数很多时，书写和阅读很不方便，容易出错，且记忆困难。为此，人们通常采用二进制的缩写形式——八进制和十六进制。

八进制的计数基数 R 为 8，每位可取 8 个不同的数码，即 0～7，第 i 位的权为 8^i，其运算规则为"逢八进一"和"借一当八"。任意八进制数可以按位权展开为

$$(N)_O = k_{n-1}k_{n-2}\cdots k_1 k_0.k_{-1}k_{-2}\cdots k_{-m} = \sum_{i=-m}^{n-1} k_i \cdot 8^i \qquad (1-4)$$

式中，k_i 为八进制数的任意一个数码；下标"O"表示括号中的数是八进制数，也可以用"8"表示。例如，八进制数 64.37 按位权展开为

$$(64.37)_O = 6 \times 8^1 + 4 \times 8^0 + 3 \times 8^{-1} + 7 \times 8^{-2}$$

十六进制的基数 R 为 16，每位可取 16 个不同的数码，即 0～9，A（10），B（11），C（12），D（13），E（14），F（15），第 i 位的权为 16^i，其运算规则为"逢十六进一"和"借一当十六"。任意十六进制数可以按位权展开为

$$(N)_H = k_{n-1}k_{n-2}\cdots k_1 k_0.k_{-1}k_{-2}\cdots k_{-m} = \sum_{i=-m}^{n-1} k_i \cdot 16^i \qquad (1-5)$$

式中，k_i 为十六进制数的任意一个数码；下标"H"表示括号中的数是十六进制数，也可以用"16"表示。例如，十六进制数 A6.C7 按位权展开为

$$(A6.C7)_H = 10 \times 16^1 + 6 \times 16^0 + 12 \times 16^{-1} + 7 \times 16^{-2}$$

上述这四种数制对照表如表 1-1 所示。

表 1-1 十、二、八、十六进制对照表

十进制	二进制	八进制	十六进制	十进制	二进制	八进制	十六进制
0	0000	0	0	8	1000	10	8
1	0001	1	1	9	1001	11	9
2	0010	2	2	10	1010	12	A
3	0011	3	3	11	1011	13	B
4	0100	4	4	12	1100	14	C
5	0101	5	5	13	1101	15	D
6	0110	6	6	14	1110	16	E
7	0111	7	7	15	1111	17	F

1.2.2 数制转换

1. 非十进制数（R 进制）转换成十进制数

将非十进制数（例如二进制数、八进制数或者十六进制数）按权展开，按照十进制数的运算规则，求出各加权系数的和，便得到相应非十进制数对应的十进制数。

【例 1-2-1】 将二进制数 $(1011.01)_B$ 转换为十进制数。

解： $(1011.01)_B = 1\times 2^3 + 0\times 2^2 + 1\times 2^1 + 1\times 2^0 + 0\times 2^{-1} + 1\times 2^{-2} = 11.25$

【例 1-2-2】 将八进制数 $(376.64)_O$ 转换为十进制数。

解： $(376.4)_O = 3\times 8^2 + 7\times 8^1 + 6\times 8^0 + 4\times 8^{-1} = 254.5$

【例 1-2-3】 将十六进制数 $(3AB.1)_H$ 转换为十进制数。

解： $(3AB.1)_H = 3\times 16^2 + 10\times 16^1 + 11\times 16^0 + 1\times 16^{-1} = 939.0625$

2. 十进制数转换为非十进制数（R 进制）

将十进制数转换为 R 进制数，需要将十进制数的整数部分和小数部分分别进行转换，然后将它们合并，通常采用基数乘除法。

（1）将十进制数的整数部分转换成 R 进制数，采用逐次除以计数基数 R 取余数的方法（称为"除以 R 逆取余法"），其步骤如下。

① 将整数部分逐次除以 R，将余数作为 R 进制的最低位（Least Significant Bit，LSB）。

② 把前一步的商除以 R，将余数作为次低位。

③ 重复步骤②，记下余数，直至最后商为 0，最后的余数即 R 进制的最高位（Most Significant Bit，MSB）。

【例 1-2-4】 将十进制数 $(57)_D$ 转换为二进制数。

解： 由于二进制的计数基数为 2，所以二进制数逐次除以 2，取余数，直到结果为 0。

$$
\begin{array}{lll}
\text{除以2} & \text{余数} & \text{位数} \\
57 \div 2 = 28 & \cdots\cdots 1 & (k_0) \quad \rightarrow \text{LSB}\\
28 \div 2 = 14 & \cdots\cdots 0 & (k_1)\\
14 \div 2 = 7 & \cdots\cdots 0 & (k_2)\\
7 \div 2 = 3 & \cdots\cdots 1 & (k_3)\\
3 \div 2 = 1 & \cdots\cdots 1 & (k_4)\\
1 \div 2 = 0 & \cdots\cdots 1 & (k_5) \quad \rightarrow \text{MSB}
\end{array}
$$

得 $(57)_D = (111001)_B$。

【例 1-2-5】 将十进制数 $(57)_D$ 转换为八进制数。

解： 由于八进制的计数基数为 8，所以将八进制数逐次除以 8，取余数，直到结果为 0。

$$
\begin{array}{ll}
57 \div 8 = 7 & \cdots\cdots 1 \quad (k_0)\\
7 \div 8 = 0 & \cdots\cdots 7 \quad (k_1)
\end{array}
$$

得 $(57)_D = (71)_O$。

【例 1-2-6】 将十进制数 $(57)_D$ 转换为十六进制数。

解： 由于十六进制的计数基数为 16，所以将十六进制数逐次除以 16，取余数，直到结果为 0。

$$
\begin{array}{ll}
57 \div 16 = 3 & \cdots\cdots 9 \quad (k_0)\\
3 \div 16 = 0 & \cdots\cdots 3 \quad (k_1)
\end{array}
$$

得 $(57)_D = (39)_H$。

（2）将十进制数的纯小数部分转换成 R 进制数，采用乘 R 取整法，即将纯小数部分连续

乘 R，取乘数的整数部分作为 R 进制的各有关小数位，乘积的小数部分继续乘 R，直至最后乘积为 0 或达到一定的精度为止。

【例 1-2-7】 将十进制数 $(0.625)_D$ 转化为二进制数。

解：将十进制数的小数部分依次乘 2。

$$
\begin{array}{rll}
& \text{取整数} & \text{位数} \\
0.625 \times 2 = 1.25 & \cdots\cdots 1 & (k_{-1}) \\
0.25 \times 2 = 0.5 & \cdots\cdots 0 & (k_{-2}) \\
0.5 \times 2 = 1.0 & \cdots\cdots 1 & (k_{-3})
\end{array}
$$

得 $(0.625)_D = (0.101)_B$。

【例 1-2-8】 将十进制数 $(0.724)_{10}$ 转换成八进制小数，精度要求达到 1‰。

解：将十进制数乘 8，取出整数部分，然后将余下的小数部分依次乘 8。

$$
\begin{array}{rll}
& \text{取整数} & \text{位数} \\
0.724 \times 8 = 5.792 & \cdots\cdots 5 & (k_{-1}) \\
0.792 \times 8 = 6.336 & \cdots\cdots 6 & (k_{-2}) \\
0.336 \times 8 = 2.688 & \cdots\cdots 2 & (k_{-3}) \\
0.688 \times 8 = 5.504 & \cdots\cdots 5 & (k_{-4}) \\
\cdots\cdots & &
\end{array}
$$

可见，小数部分乘 8 取整的过程，不一定能使最后的积为 0，因此转换值存在误差。通常在二进制小数的精度达到预定的要求时，运算便可结束。

因为 $\dfrac{1}{4096} < \dfrac{1}{1000} < \dfrac{1}{512}$，即 $\dfrac{1}{8^4} < \dfrac{1}{1000} < \dfrac{1}{8^3}$，所以精确计算到小数点后四位即可，得

$$(0.724)_D = (0.5625)_O$$

把一个带有整数和小数的十进制数转换成 R 进制数时，是将整数部分和小数部分分别进行转换，然后将结果合并。例如，将十进制数 $(57.724)_D$ 转换成八进制数，可按【例 1-2-5】和【例 1-2-8】分别转换，并将结果合并，得到

$$(57.724)_D = (71.5625)_O$$

3. 二进制数与八进制数、十六进制数之间的相互转换

八进制数和十六进制数的计数基数分别为 $2^3 = 8$ 和 $2^4 = 16$，因此 3 位二进制数恰好相当于 1 位八进制数，4 位二进制数相当于 1 位十六进制数，它们之间的相互转换是很方便的。

将二进制数转换成八进制数的方法是从小数点开始，分别向左、向右，将二进制数按每 3 位一组分组（不足 3 位的补 0，整数部分在高位补，小数部分在低位补），然后写出每组等值的八进制数。

例如，二进制数 $(01101111010.1011)_B$ 与八进制数有如下关系：

二进制数	001	101	111	010	.	101	100
八进制数	1	5	7	2	.	5	4

因此，$(01101111010.1011)_B = (1572.54)_O$。

将二进制数转换成十六进制数的方法和将二进制数转换成八进制数的方法相似，从小数点开始分别向左、向右将二进制数按每四位一组分组（不足四位补 0），然后写出每组等值的十六进制数。

例如，二进制数 $(1101101011.101)_B$ 与十六进制数有如下关系：

$$\begin{array}{cccccc} 二进制数 & 0011 & 0110 & 1011 & . & 1010 \\ 十六进制数 & 3 & 6 & B & . & A \end{array}$$

因此，$(1101101011.101)_B = (36B.A)_H$。

将八进制数、十六进制数转换为二进制数的方法可以采用与前面相反的步骤，即只要按原来的顺序将每位八进制数（或十六进制数）用相应的三位（或四位）二进制数代替即可。同时，利用二进制数、八进制数和十六进制数之间的关系，不难进行八进制数和十六进制数之间的相互转换。

【例 1-2-9】将八进制数 $(375.46)_O$ 转换成十六进制数。

解：$(375.46)_O = (011111\ 101.100\ 11000)_B = (FD.98)_H$

【例 1-2-10】将十六进制数 $(678.A5)_H$ 转换成八进制数。

解：$(678.A5)_H = (011\ 001111\ 000\ .\ 101\ 001\ 010)_B = (3170.512)_O$

4. 任意进制数之间的转换

八进制数和十六进制数之间的转换方法是以二进制数为中介，同样任意进制数都可以十进制数为中介进行转换。例如，将 M 进制数转换成 N 进制数，可以先利用位权展开法，将 M 进制数转换成十进制数；然后利用计数基数乘除法将十进制数转换成 N 进制数，这种方法称为中转法。

【例 1-2-11】将十二进制数 $(18.6)_{12}$ 转换成等值八进制数。

解：先用按位权展开法，将 $(18.6)_{12}$ 转换成十进制数，即

$$(18.6)_{12} = 1 \times 12^1 + 8 \times 12^0 + 6 \times 12^{-1} = (20.5)_D$$

再用计数基数乘除法，将 $(20.5)_D$ 转换成八进制数，即得 $(20.5)_D = (24.4)_O$。

$$\begin{array}{lll} 20 \div 8 = 2 & \cdots\cdots 4 & (k_0) \\ 2 \div 8 = 0 & \cdots\cdots 2 & (k_1) \\ 0.5 \times 8 = 4.0 & \cdots\cdots 4 & (k_{-1}) \end{array}$$

因此，$(18.6)_{12} = (24.4)_O$。

1.2.3 二进制数的算术运算

在数字系统中，当两个二进制数表示数量大小时，它们之间可以进行加、减、乘、除的算术运算，其运算规则为"逢二进一"和"借一当二"。

1. 二进制数的基本运算

根据二进制数的运算规则，可以得出二进制数的算术运算规则，如表 1-2 所示。

表1-2 二进制数的算术运算规则

加法规则	减法规则
0+0=0	0-0=0
0+1=1	0-1=1（有借位）
1+0=1	1-0=1
1+1=10（有进位）	1-1=0
乘法规则	除法规则
0×0=0	0÷1=0
0×1=0	1÷1=1
1×0=0	—
1×1=1	—

例如：

加法运算
```
   1001
+  11.01
―――――――
 1100.01
```

减法运算
```
  1011.01
-  100.1
―――――――
   110.11
```

乘法运算
```
     1011.01
   ×     101
   ―――――――――
     101101
    000000
+  101101
   ―――――――――
   111000.01
```

除法运算
```
          1.11…
     ―――――――――
0101 ) 1001
       0101
       ――――
       1000
       0101
       ――――
       0110
       0101
       ――――
       0001
```

2. 带符号数的表示方法与减法运算

前面讨论的数值和算术运算都没有考虑数的正负，下面讨论带符号数的表示方法，进而讨论二进制减法运算的方法。

若要完整地表示带符号数，可分别表示其符号和绝对值，一般用最高位表示其正负符号，正数用 0 表示，负数用 1 表示；其余各位用来表示绝对值的大小。这里，假定用 8 位二进制数表示原码、反码和补码。

对于正数而言，其原码、反码和补码完全相同。例如：

$$[+29]_\text{原}=[+29]_\text{反}=[+29]_\text{补}=00011101$$

负数的原码、反码和补码的符号位均为 1，其数值位对应的是该数的原码、反码和补码。

例如：
$$[-29]_原 = 10011101$$

负数的反码是在原码的基础上求反，但符号位保持不变，例如：
$$[-29]_反 = 11100010$$

原码和反码的变换关系可以写为
$$(N)_反 + (N)_原 = 2^n - 1 \tag{1-6}$$

式中，n 为二进制数 N 的有效数字（不包含符号位）的位数，$2^n - 1$ 等于 n 位全为 1 的二进制数。于是，N 的反码可以写为
$$(N)_反 = 2^n - 1 - (N)_原 \tag{1-7}$$

负数的补码是在反码的基础上加 1，符号位不变，例如：
$$[-29]_补 = 11100011$$

负数的补码可以写为
$$(N)_补 = (N)_反 + 1 = 2^n - (N)_原 \tag{1-8}$$

根据定义，可以看出对补码再进行求补运算可以得到原码，即
$$[(N)_补]_补 = (N)_原 \tag{1-9}$$

【例 1-2-12】 写出二进制数 $N_1 = +1100101$ 和 $N_2 = -1100101$ 的反码和补码。

解：
$$[N_1]_原 = [N_1]_反 = [N_1]_补 = 01100101$$
$$[N_2]_原 = 11100101, \quad [N_2]_反 = 10011010, \quad [N_2]_补 = 10011011$$

由于引入了补码，所以在进行减法运算时，可以看作加上了一个负数，从而把减法运算转换成加法运算。不过此时的负数要用补码表示。用补码进行 $A-B$ 的运算步骤如下。

（1）把 A 和 $(-B)$ 都表示成补码形式。

（2）进行补码相加，高位的进位自动丢失。

（3）结果再求补码，对应的值即所求的 $A-B$。

对于运算结果产生的补码，当运算结果为正数时，无须变换；当运算结果为负数时，只要对该补码再进行一次求补运算，就可以得到负数的原码运算结果。

【例 1-2-13】 使用补码求 29-22。

解：
$$[+29]_{补码} = [+29]_{原码} = 00011101$$
$$[-22]_{原码} = 10010110, \quad [-22]_{反码} = 11101001, \quad [-22]_{补码} = 11101010$$
$$[29-22]_补 = [29]_补 + [-22]_补 = 00011101 + 11101010 = [1]00000111$$

运算结果中的高位 1 自动丢失，运算结果最高位为 0，为正数，因此
$$[29-22]_补 = [29-22]_原 = 00000111$$

【例 1-2-14】 使用补码求 22-29。

解：
$$[+22]_{补码} = [+22]_{原码} = 00010110$$
$$[-29]_{原码} = 10011101, \quad [-29]_{反码} = 11100010, \quad [-29]_{补码} = 11100011$$

$$[22-29]_{补} = [22]_{补} + [-29]_{补} = 00010110 + 11100011 = 11111001$$

运算结果最高位为 1，为负数，因此

$$[22-29]_{原} = [[22-29]_{补}]_{补} = 10000111$$

1.3 码　　制

上面介绍的二进制数主要用来表示数量的大小，也可以用二进制数表示不同的信息，也就是进行编码。所谓编码，是指按照一定规则排列的二进制代码，用于表示数字、符号等特定信息。常用的编码有二－十进制代码、格雷码（Gray 码）和奇偶校验码等。

1.3.1 二－十进制代码

二－十进制代码是用 4 位二进制码的 10 种组合表示十进制数 0～9，简称 BCD 码（Binary Coded Decimal）。这种编码至少需要用 4 位二进制码元，而 4 位二进制码元可以有 16 种组合。当用这些组合表示十进制数 0～9 时，有 6 种组合不用。在 16 种组合中选用 10 种组合加上不同的排列顺序，共有 $C_{16}^{10} \approx 2.9 \times 10^{10}$ 种方案。

BCD 码是用二进制码表示一个十进制数的代码，一般分有权码和无权码两大类。所谓有权码，就是每位的权值是固定的。有权码按权展开式为

$$(N)_{10} = k_3 W_3 + k_2 W_2 + k_1 W_1 + k_0 W_0 \tag{1-10}$$

式中，k_3，k_2，k_1，k_0 为各位的代码，W_3，W_2，W_1，W_0 为各位的权值。例如，5421BCD 码的各位权值从高到低依次为 5，4，2 和 1，631-1 BCD 码的各位权值从高到低依次为 6，3，1 和 -1。例如，$(111111010011.1011)_{631-1BCD} = (980.6)_{10}$。十进制数 2 用 2421BCD 码可以表示为 1000 或者 0010；十进制数 5 用 5421BCD 码可以表示为 1000 或者 0101。可见 BCD 码的表示并不唯一。常用的 BCD 码如表 1-3 所示，其列出了有权码——8421BCD 码、5421BCD 码、2421BCD 码，以及无权码——余 3 码。

表 1-3　常用的 BCD 码

十进制数	8421BCD 码	5421BCD 码	2421BCD 码	余 3 码
0	0000	0000	0000	0011
1	0001	0001	0001	0100
2	0010	0010	0010	0101
3	0011	0011	0011	0110
4	0100	0100	0100	0111
5	0101	1000	1011	1000
6	0110	1001	1100	1001
7	0111	1010	1101	1010
8	1000	1011	1110	1011
9	1001	1100	1111	1100

8421BCD 码是最基本和最常用的 BCD 码,它和 4 位自然二进制码相似,各位的权值为 8,4,2,1,故称为有权码。和 4 位自然二进制码不同的是,它只选用了 4 位二进制码中的前 10 种组合,即用 0000～1001 分别代表它所对应的十进制数,余下的 6 种组合不用。

表 1-3 中 2421BCD 码的 10 个数码中,0 和 9、1 和 8、2 和 7、3 和 6、4 和 5 的对应数位恰好一个是 0 时,另一个就是 1。称 0 和 9、1 和 8、2 和 7、3 和 6、4 和 5 互为反码。因此,2421BCD 码具有对 9 互补的特点,它是一种 9 的自补代码(即如果两数之和为 9,则其对应的代码按位取反),也称为 9 补码。同时,从表 1-3 还可以看出,2421BCD 码与 8421BCD 码的关系可以用分段函数表示。十进制数 0～4 对应的 8421BCD 码与 2421BCD 码相同;十进制数 5～9 对应的 2421BCD 码依次递增,是在 8421BCD 码上加 0110(6)。

余 3 码为无权码,是 8421BCD 码的每个码组加 3(0011)形成的。余 3 码也具有对 9 互补的特点,即它也是一种 9 的自补码。同时,在余 3 码的基础上加上 1101 可以得到 8421BCD 码(不考虑进位)。

用 BCD 码可以方便地表示多位十进制数,例如十进制数 $(579.8)_D$ 可以分别用 8421BCD 码、余 3 码表示为

$$(579.8)_D = (010101111001.1000)_{8421BCD码} = (100010101100.1011)_{余3码}$$

1.3.2 格雷码

格雷码是一种无权码,也称为循环码,其最基本的特性是任何相邻的两组代码中,仅有一位数码不同,因此它又叫作单位距离码。

格雷码的编码方案有多种,典型的格雷码如表 1-4 所示。从表中看出,格雷码具有反射特性,即以表中所示的对称轴为界,除最高位互补反射外,其余低位数沿对称轴镜像对称。利用这一反射特性可以方便地构成位数不同的格雷码。

表 1-4 典型的格雷码

十进制数	二进制数				格雷码			
	B_3	B_2	B_1	B_0	G_3	G_2	G_1	G_0
0	0	0	0	0	0	0	0	0
1	0	0	0	1	0	0	0	1
2	0	0	1	0	0	0	1	1
3	0	0	1	1	0	0	1	0
4	0	1	0	0	0	1	1	0
5	0	1	0	1	0	1	1	1
6	0	1	1	0	0	1	0	1
7	0	1	1	1	0	1	0	0
8	1	0	0	0	1	1	0	0

续表

十进制数	二进制数				格雷码			
	B_3	B_2	B_1	B_0	G_3	G_2	G_1	G_0
9	1	0	0	1	1	1	0	1
10	1	0	1	0	1	1	1	1
11	1	0	1	1	1	1	1	0
12	1	1	0	0	1	0	1	0
13	1	1	0	1	1	0	1	1
14	1	1	1	0	1	0	0	1
15	1	1	1	1	1	0	0	0

格雷码的单位距离特性有很重要的意义。假设有两个相邻的十进制数 13 和 14，相应的二进制码为 1101 和 1110。在用二进制数作加 1 计数时，如果从 13（1101）变为 14（1110），则二进制码的最低两位都要改变，但实际上两位的改变不可能完全同时发生，若最低位先置 0，然后次低位置 1，则中间会出现 1101—1100—1110，即出现误码 1100，而格雷码因只有一位变化，杜绝了出现这种错误的可能。格雷码的这个特性使它在代码形成和传输时误差较小，因此格雷码也被称为安全码。4 位二进制数和格雷码的换算公式为

$$\begin{cases} G_3 = B_3 \\ G_2 = B_3 \oplus B_2 \\ G_1 = B_2 \oplus B_1 \\ G_0 = B_1 \oplus B_0 \end{cases} \quad (1-11)$$

式中，G_3，G_2，G_1 和 G_0 为格雷码的各位代码；B_3，B_2，B_1 和 B_0 为二进制数的各位代码；$\oplus$ 为异或运算符号，两个取值不同的二进制变量进行异或运算，结果为 1，否则结果为 0（在第 2 章中将进行详细的讲解）。

1.3.3 奇偶校验码

在代码的传输和存储过程中，因为存在噪声和干扰，所以可能使某些码元由 1 变为 0 或由 0 变为 1，这类差错有的可能被发现，有的则不能被发现。例如 8421BCD 码 1000，若最低位 0 变为 1，则 8 就变为 9，这是无法发现的；如果其他两个 0 中的任意一个有变化，例如变为 1010 或 1101，则因为这两个代码为 8421BCD 码所禁用，所以可以判定该代码有差错。能检测出差错码组的编码叫作检错码。

奇偶校验码是常用的具有检测 1 位差错能力的编码，它在信息码之后加 1 位校验码位，使码组中 1 的码元个数为奇数或偶数。这样，若有 1 个 1 变为 0 或者有 1 个 0 变为 1，则码组中 1 的码元个数的奇偶性与原先的约定不符，而能检测出有 1 位差错。

信息位可以是任何一种二进制代码。它代表要传输的原始信息。

其编码方式有以下两种。

（1）使码组中信息位和校验位中 1 的个数之和为奇数，称为奇校验。
（2）使码组中信息位和校验位中 1 的个数之和为偶数，称为偶校验。

表 1-5 所示为 8421BCD 码的奇校验码和偶校验码。

奇偶校验码只能检测 1 位差错，但不能确定哪一位出错，也不能自行纠正差错。若代码中同时出现多位差错，则奇偶校验码无法检测。但是，由于多位同时出错的概率要比一位出错的概率低得多，并且奇偶校验码容易实现，所以奇偶校验码被广泛采用。

表 1-5 8421BCD 码的奇校验码和偶校验码

十进制数	奇校验码		偶校验码	
	信息码	校验位	信息码	校验位
0	0000	1	0000	0
1	0001	0	0001	1
2	0010	0	0010	1
3	0011	1	0011	0
4	0100	0	0100	1
5	0101	1	0101	0
6	0110	1	0110	0
7	0111	0	0111	1
8	1000	0	1000	1
9	1001	1	1001	0

本章小结

本章主要内容：
（1）数字信号和数字信号的波形。
（2）数字系统中数值信息的表示方法——数制及其相互转换。
（3）非数值信息的表示方法——码制。

重点：数制及其转换。
难点：码制的理解和应用。

本章习题

一、思考题

1. 什么是数字信号？它与模拟信号有什么区别？
2. 计数基数与位权分别表示数制的什么？
3. 数制转换对精度有什么要求？不同数制转换时是否存在转换误差？
4. 什么叫作编码？什么叫作 BCD 码？
5. 什么是算术运算？什么是逻辑运算？

二、判断题

1. 十进制数 74 转换为 8421BCD 码应当是 $(01110100)_{8421BCD}$。（　　）
2. 二进制只可以用来表示数字，不可以用来表示文字和符号等。（　　）
3. 十进制数转换为二进制数时，整数部分和小数部分都要采用除 2 取余法。（　　）

三、单项选择题

1. 下列属于数字信号的是（　　）。
   A. 正弦波信号　　　　B. 时钟脉冲信号　　　C. 音频信号　　　　D. 视频图像信号
2. 八进制数 $(273)_8$ 的第三位数 2 的位权为（　　）。
   A. $(128)_{10}$　　　　B. $(64)_{10}$　　　　C. $(256)_{10}$　　　　D. $(8)_{10}$
3. 在数字系统中，采用（　　）可以将减法运算转化为加法运算。
   A. 原码　　　　　B. ASCII 码　　　　C. 补码　　　　　D. BCD 码
4. 下列四个数中最大的数是（　　）。
   A. $(AF)_{16}$　　　　　　　　　　　　B. $(001010000010)_{8421BCD}$
   C. $(10100000)_2$　　　　　　　　　　D. $(198)_{10}$
5. 将 $(10000011)_{8421BCD}$ 转换成二进制数为（　　）。
   A. $(01000011)_2$　　B. $(01010011)_2$　　C. $(10000011)_2$　　D. $(000100110001)_2$

四、计算题

1. 将下列二进制数转换为等值的十进制数。
   （1）$(1101101)_2$；
   （2）$(0.1001)_2$；
   （3）$(101011.11001)_2$。

2. 将下列二进制数转换为等值的十六进制数和八进制数。
   （1）$(10110.011010)_2$；
   （2）$(101100.110011)_2$。

3. 将下列十进制数表示为 8421BCD 码。
   （1）$(67.58)_{10}$；
   （2）$(932.1)_{10}$。

4. 将下列各数转换为十进制数。
   （1）$(101110.011)_2$；
   （2）$(637.34)_8$；
   （3）$(8ED.C7)_{16}$。

第 2 章
逻辑函数及其化简

知识目标：熟记逻辑代数的三种基本运算、三项基本定理、基本公式和常用公式以及逻辑函数的四种表示方法（真值表法、逻辑式法、卡诺图法及逻辑图法）及其相互之间的转换关系。

能力目标：熟练应用公式化简法和卡诺图化简法对逻辑函数进行化简；熟练说明最小项和约束项的概念，并能够运用约束项简化逻辑函数的化简。

素质目标：培养勇于探索和严谨求实的科学精神和人文精神。

【研讨 1】人类社会是由科学与人文共同推动发展的，历史的发展离不开人类精神的"两翼"——科学精神和人文精神，二者是内在统一的关系，是人类精神的两个维度、两种基本存在方式或存在状态，为人类社会的发展提供了两种精神指向。请结合本章学习内容谈谈科学精神、人文精神，以及两者之间的关系。

【研讨 2】简述五变量卡诺图的化简方法。

2.1 基本逻辑运算

最基本的三种逻辑关系为：与（AND）、或（OR）、非（NOT）。

1. 与运算

与运算（逻辑乘）表示这样一种逻辑关系：只有当决定一个事件结果的所有条件同时具备时，结果才能发生。例如，在图 2-1 所示的串联开关电路中，只有在开关 A 和 B 都闭合的条件下，灯 F 才亮，这种灯亮与开关闭合的关系就称为与逻辑。如果设开关 A，B 闭合为 1，断开为 0；设灯 F 亮为 1，灭为 0，则 F 与 A，B 的与逻辑关系可以用表 2-1 所示的真值表来描述。真值表是指将输入和输出对应的变量和所有取值列出的表格。

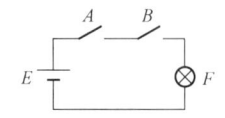

图 2-1 用电路表示的与逻辑

表 2-1　与运算的真值表

A	B	$A \cdot B$
0	0	0
0	1	0
1	0	0
1	1	1

与逻辑可以用逻辑表达式表示为

$$F = A \cdot B \quad (2-1)$$

在逻辑代数中，将与逻辑称为与运算或逻辑乘。符号"·"表示逻辑乘，在不致混淆的情况下，常省去符号"·"。在有些文献中，也采用∧、∩及&等符号来表示逻辑乘。该表达式读作 F 等于 A 与 B，也可以读作 F 等于 A 乘 B。根据与运算的运算规律，对于任意变量 A，可以得到

$$\begin{cases} 0 \cdot 0 = 0 \\ 0 \cdot 1 = 0 \\ 1 \cdot 0 = 0 \\ 1 \cdot 1 = 1 \end{cases} \Rightarrow \begin{cases} A \cdot 0 = 0 \\ A \cdot 1 = A \\ A \cdot A = A \end{cases} \quad (2-2)$$

实现与逻辑的逻辑电路称为与门，其逻辑符号如图 2-2 所示，其中图 2-2（a）所示为国标符号，图 2-2（b）所示为国外流行的符号或者软件中的符号。

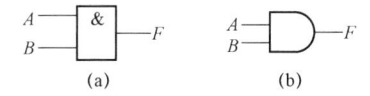

图 2-2　与门的逻辑符号

2. 或运算

或逻辑是指只要决定某一事件的各种条件中有一个或几个条件具备，这一事件就会发生。如图 2-3 所示的电路中，开关 A 或者 B 有一个闭合，灯 F 就会亮起，这种灯亮与开关闭合的关系就称为或逻辑。如果设开关 A，B 闭合为 1，断开为 0，设灯 F 亮为 1，灭为 0，则 F 与 A，B 的或逻辑关系可以用表 2-2 所示的真值表来描述。或逻辑可以用逻辑表达式表示为

$$F = A + B \quad (2-3)$$

图 2-3　用电路表示的或逻辑

表 2-2 或运算的真值表

A	B	$A+B$
0	0	0
0	1	1
1	0	1
1	1	1

或逻辑也称为或运算或逻辑加。符号"+"表示逻辑加。有些文献中也采用∨、∪等符号来表示逻辑加。根据或运算的运算规律,对于任意变量A,可以得到

$$\begin{cases} 0+0=0 \\ 0+1=1 \\ 1+0=1 \\ 1+1=1 \end{cases} \Rightarrow \begin{cases} A+0=A \\ A+1=1 \\ A+A=A \end{cases} \tag{2-4}$$

实现或逻辑的逻辑电路称为或门,其逻辑符号如图 2-4 所示,其中图 2-4(a)所示为国标符号,图 2-4(b)所示为国外流行的符号或者软件中的符号。

图 2-4 或门的逻辑符号

3. 非运算

非逻辑是指事件发生的条件具备时,事件不会发生;事件发生的条件不具备时,事件发生。如图 2-5 所示的电路中,开关 A 闭合,灯 F 就不会亮起;开关 A 断开,灯 F 就会亮起,这种灯亮与开关闭合的关系就称为非逻辑,其真值表如表 2-3 所示。非逻辑的逻辑表达式为

$$F = \overline{A} \tag{2-5}$$

通常称 A 为原变量,称 $\overline{A}$ 为反变量,读作"A 非"或者"非 A"。根据非运算的运算规律,对于任意变量 A,可以得到

$$\begin{cases} \overline{0}=1 \\ \overline{1}=0 \end{cases} \Rightarrow \begin{cases} \overline{\overline{A}}=A \\ A+\overline{A}=1 \\ A \cdot \overline{A}=0 \end{cases} \tag{2-6}$$

实现非逻辑的逻辑电路称为非门(或称为反相器),其逻辑符号如图 2-6 所示,其中图 2-6(a)所示为国标符号,图 2-6(b)所示为国外流行的符号或者软件中的符号。

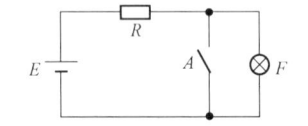

图 2-5 用电路表示的非逻辑

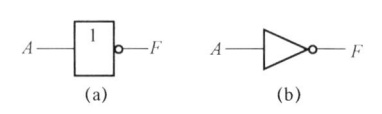

图 2-6 非门的逻辑符号

第 2 章 逻辑函数及其化简

表 2-3 非运算的真值表

A	$\overline{A}$
0	1
1	0

4. 复合逻辑运算

将以上三种基本逻辑进行组合就构成了复合逻辑，主要有与非、或非、与或非、异或和同或等复合逻辑。

1）与非运算

与非逻辑是将与逻辑与非逻辑进行复合，它是将输入变量先进行与运算，然后将与运算的结果进行非运算，其表达式为

$$F = \overline{A \cdot B} \tag{2-7}$$

与非运算的真值表如表 2-4 所示，从表中可以看出输入信号中只要有一个是 0，输出信号就为 1；只有输入信号都为 1 时，输出信号才为 0。其逻辑符号如图 2-7 所示，其中图 2-7（a）所示为国标符号，图 2-7（b）所示为国外流行的符号或者软件中的符号。

表 2-4 与非运算的真值表

A	B	$\overline{A \cdot B}$
0	0	1
0	1	1
1	0	1
1	1	0

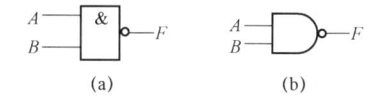

图 2-7 与非门的逻辑符号

2）或非运算

或非逻辑是将或逻辑与非逻辑进行复合，它是将输入变量先进行或运算，然后将或运算的结果进行非运算，其表达式为

$$F = \overline{A + B} \tag{2-8}$$

或非运算的真值表如表 2-5 所示，从表中可以看出输入信号中只要有一个是 1，输出信号就为 0；只有输入信号都为 0 时，输出信号才为 1。其逻辑符号如图 2-8 所示，其中图 2-8（a）所示为国标符号，图 2-8（b）所示为国外流行的符号或者软件中的符号。

表 2-5 或非运算的真值表

A	B	$\overline{A+B}$
0	0	1
0	1	0
1	0	0
1	1	0

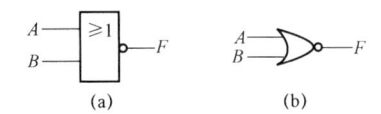

图 2-8 或非门的逻辑符号

3）与或非运算

与或非逻辑是将与逻辑、或逻辑和非逻辑进行复合，其表达式为

$$F = \overline{A \cdot B + C \cdot D} \tag{2-9}$$

它是先将输入变量 A，B 和 C，D 分别进行与运算，然后将两个与运算的结果进行或非运算。与或非运算的真值表如表 2-6 所示。

图 2-9（a）所示为与或非门的逻辑符号，图 2-9（b）所示为其等效电路，可以清晰地看出运算的顺序。

表 2-6 与或非运算的真值表

A	B	C	D	F	A	B	C	D	F
0	0	0	0	1	1	0	0	0	1
0	0	0	1	1	1	0	0	1	1
0	0	1	0	1	1	0	1	0	1
0	0	1	1	0	1	0	1	1	0
0	1	0	0	1	1	1	0	0	0
0	1	0	1	1	1	1	0	1	0
0	1	1	0	1	1	1	1	0	0
0	1	1	1	0	1	1	1	1	0

(a)　　　　　　　　　　(b)

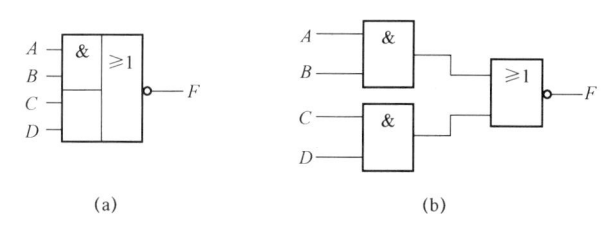

图 2-9　与或非门的逻辑符号及等效电路

4）异或运算和同或运算

异或逻辑和同或逻辑是只有两个输入变量的函数。当两个输入变量相异时，异或的结果为 1；当两个输入变量相同时，异或的结果为 0。异或逻辑的表达式为

$$F = A \oplus B \tag{2-10}$$

异或运算的真值表如表 2-7 所示。异或门的逻辑符号如图 2-10 所示，其中图 2-10（a）所示为国标符号，图 2-10（b）所示为国外流行的符号或者软件中的符号。

表 2-7　异或运算的真值表

A	B	$A \oplus B$
0	0	0
0	1	1
1	0	1
1	1	0

(a)　　　　　　　　　　(b)

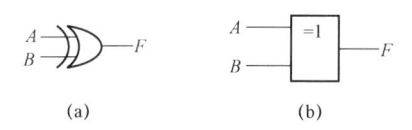

图 2-10　异或门的逻辑符号

根据异或逻辑的运算规则，对于任意变量 A，可以得到

$$\begin{cases} 0 \oplus 0 = 0 \\ 0 \oplus 1 = 1 \\ 1 \oplus 0 = 1 \\ 1 \oplus 1 = 0 \end{cases} \Rightarrow \begin{cases} A \oplus 0 = A \\ A \oplus 1 = \overline{A} \\ A \oplus A = 0 \\ A \oplus \overline{A} = 1 \end{cases} \tag{2-11}$$

同或逻辑与异或逻辑相反，当两个输入信号相同时，同或的结果为 1；当两个输入信号不相同时，同或的结果为 0，其表达式为

$$F = A \odot B \tag{2-12}$$

同或运算的真值表，如表 2-8 所示。由于同或运算和异或运算的逻辑关系相反，所以也把同或称为"异或非"。同或门的逻辑符号如图 2-11 所示，其中图 2-11（a）所示为国标符号，图 2-11（b）所示为国外流行的符号或者软件中的符号。

根据同或逻辑的运算规则，对于任意变量 A，可以得到

$$\begin{cases} 0 \odot 0 = 1 \\ 0 \odot 1 = 0 \\ 1 \odot 0 = 0 \\ 1 \odot 1 = 1 \end{cases} \Rightarrow \begin{cases} A \odot 0 = \overline{A} \\ A \odot 1 = A \\ A \odot A = 1 \\ A \odot \overline{A} = 0 \end{cases} \qquad (2-13)$$

表 2-8 同或运算的真值表

A	B	$A \odot B$
0	0	1
0	1	0
1	0	0
1	1	1

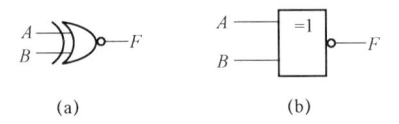

图 2-11 同或门的逻辑符号

异或运算与同或运算之间的关系有如下规律。

（1）同或又称为异或非，对于两个输入变量而言有

$$A \oplus B = \overline{A \odot B} \qquad (2-14)$$

$$A \odot B = \overline{A \oplus B} \qquad (2-15)$$

（2）当两个变量的原变量相同（或相异）时，其反变量必相同（或相异）。也就是说，A 与 B 的关系和 $\overline{A}$ 与 $\overline{B}$ 的关系相同，于是可以得到

$$A \oplus B = \overline{A} \oplus \overline{B} \qquad (2-16)$$

$$A \odot B = \overline{A} \odot \overline{B} \qquad (2-17)$$

（3）若变量 A 和 B 相同，则 $\overline{A}$ 与 B 相异，A 与 $\overline{B}$ 相异。也就是说，A 与 B 的关系和 $\overline{A}$ 与 B 的关系相反，A 与 B 的关系和 A 与 $\overline{B}$ 的关系相反，于是可以得到

$$A \odot B = \overline{A} \oplus B = A \oplus \overline{B} \qquad (2-18)$$

$$A \oplus B = \overline{A} \odot B = A \odot \overline{B} \qquad (2-19)$$

（4）令两个变量 a_1 和 a_2 的同或为 A，即

$$a_1 \odot a_2 = A \qquad (2-20)$$

则这两个变量 a_1 和 a_2 的异或为 $\overline{A}$，即

$$a_1 \oplus a_2 = \overline{A} \qquad (2-21)$$

当三个输入变量进行同或或者异或时有

$$a_1 \odot a_2 \odot a_3 = A \odot a_3 \tag{2-22}$$

$$a_1 \oplus a_2 \oplus a_3 = \overline{A} \oplus a_3 \tag{2-23}$$

根据式（2-18）有

$$A \odot a_3 = \overline{A} \oplus a_3 \tag{2-24}$$

于是，可以得到三个变量同或和异或的关系如下：

$$a_1 \odot a_2 \odot a_3 = a_1 \oplus a_2 \oplus a_3 \tag{2-25}$$

用同样的方法，可以推得四个变量同或和异或的关系如下：

$$\left. \begin{array}{l} a_1 \odot a_2 \odot a_3 \odot a_4 = (a_1 \odot a_2) \odot (a_3 \odot a_4) = A \odot B \\ a_1 \oplus a_2 \oplus a_3 \oplus a_4 = (a_1 \oplus a_2) \oplus (a_3 \oplus a_4) = \overline{A} \oplus \overline{B} \\ \overline{A} \oplus \overline{B} = A \oplus B = \overline{A \odot B} \end{array} \right\} \tag{2-26}$$

$$\Rightarrow \odot a_1 \odot a_2 \odot a_3 \odot a_4 = \overline{a_1 \oplus a_2 \oplus a_3 \oplus a_4}$$

推广到 n 个变量，可以得到如下结果：

$$a_1 \odot a_2 \odot \cdots \odot a_n = a_1 \oplus a_2 \oplus \cdots \oplus a_n \quad （n \text{ 为奇数}） \tag{2-27}$$

$$a_1 \odot a_2 \odot \cdots \odot a_n = \overline{a_1 \oplus a_2 \oplus \cdots \oplus a_n} \quad （n \text{ 为偶数}） \tag{2-28}$$

2.2 逻辑关系的表示方法

表示逻辑关系的方法有很多，常用的有真值表、逻辑函数式（或者称为逻辑表达式）、逻辑电路图等。

1. 真值表

真值表是根据给定的逻辑问题，把输入逻辑变量各种可能取值的组合和对应的输出函数值排列而成的表格。它表示逻辑函数与逻辑变量各种取值之间的一一对应关系。逻辑函数的真值表具有唯一性。若两个逻辑函数具有相同的真值表，则两个逻辑函数必然相等。当逻辑函数有 n 个变量时，共有 2^n 种不同的变量取值组合。在列真值表时，为了避免遗漏，变量取值的组合一般按 n 位二进制数递增的方式列出。用真值表表示逻辑函数的优点是直观、明了，可直接看出逻辑函数值和变量取值之间的关系。例如，三个输入变量 A、B 和 C 异或的真值表如表 2-9 所示。

表 2-9 三个变量异或的真值表

A	B	C	F
0	0	0	0
0	0	1	1
0	1	0	1

续表

A	B	C	F
0	1	1	0
1	0	0	1
1	0	1	0
1	1	0	0
1	1	1	1

在数字逻辑电路中,常用波形图表示输入变量和输出变量的取值,它是与真值表等效的。也就是说,按照真值表所给出的各种输入变量的取值及对应的输出变量的结果,按照时间顺序依次排列画出以时间为横轴的波形图,波形图有时也称为时序图。例如,图 2-12 所示的波形图与表 2-9 所示的真值表是对应的,只是输入变量出现的时间(先后)可能不同。

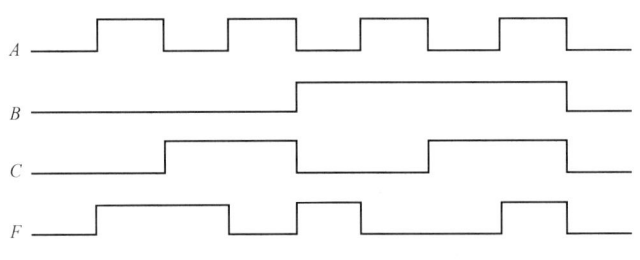

图 2-12 与真值表 2-9 对应的波形图

2. 逻辑函数式

逻辑函数式是用与、或、非、与非、或非、异或等逻辑运算来表示输入变量和输出函数值关系的逻辑表达式。逻辑函数式有多种形式,可以等价转换。逻辑函数式最常见的形式有与或式和或与式。与或式是将多个与项(乘积项)相或(逻辑加)的结果,运算顺序是先"与"后"或",也称为"积之和式",例如 $\overline{A}B + \overline{A}\overline{C} + \overline{B}C$。或与式是将多个或项(求和项)相与(逻辑乘)的结果,运算顺序是先"或"后"与",也称为"和之积式",例如 $(\overline{A}+B)(A+C)(B+\overline{C})$。

有了逻辑函数式,只需要将输入变量取值的所有组合代入,算出输出函数值,并将其列成表格,就可以得到逻辑函数式的真值表。

【例 2-2-1】 已知逻辑函数式 $F = \overline{A}B + \overline{A}\overline{C} + \overline{B}C$,列出其真值表。

解:先将输入变量 A,B 和 C 的 8 种取值组合看作二进制数,按二进制数从小到大排列,再将 A,B 和 C 的每个取值组合代入逻辑函数式,分别算出 F 的结果,即可得到真值表,如表 2-10 所示。

表 2-10　例 2-2-1 的真值表

A	B	C	F
0	0	0	1
0	0	1	1
0	1	0	1
0	1	1	1
1	0	0	0
1	0	1	1
1	1	0	0
1	1	1	0

当然，也可以找出每个与项（乘积项）为 1 的情况，即 $\overline{A}\overline{B}=1$，$\overline{A}\overline{C}=1$ 和 $\overline{B}C=1$ 三种情况。$\overline{A}\overline{B}=1$ 对应 AB 取值为 01，而 C 的取值为任意情况（$C=0$ 或者 $C=1$），即 $\overline{A}\overline{B}=1$ 对应 ABC 取值为 010 和 011；$\overline{A}\overline{C}=1$ 对应 ABC 取值为 000 和 010；$\overline{B}C=1$ 对应 ABC 取值为 001 和 101。可以看出，当 ABC 取值为 010 时，对应 $\overline{A}\overline{B}=1$ 和 $\overline{A}\overline{C}=1$，根据或运算（逻辑加）的规则（1+1=1），对应 F 的取值仍为 1。因此，使 F 取值为 1 的输入变量组合共有 ABC 取值为 000，001，010，011 和 101 五种情况，其余三种情况取值为 0。

反过来，也可以根据真值表写出逻辑函数式。由真值表直接写出与或式的方法如下。

（1）找出真值表中所有逻辑函数值为 1 的各项，每一项对应一个与项。

（2）这些与项的写法是将所有输入变量相与，取值为 1 的用原变量表示，取值为 0 的用反变量表示。例如，A，B，C 三个变量的取值为 110 时输出函数值为 1，则代换后得到的变量与组合为 $AB\overline{C}$。

（3）将这些与项相或，就得到与或式（积之和式）。

【例 2-2-2】由表 2-10 所示的真值表写出 F 的与或式。

解：使 F 取值为 1 的输入变量组合共有 ABC 取值为 000，001，010，011 和 101 五种情况，对应五个与项。

ABC 取值为 000 对应的与项为 $\overline{A}\overline{B}\overline{C}$。
ABC 取值为 001 对应的与项为 $\overline{A}\overline{B}C$。
ABC 取值为 010 对应的与项为 $\overline{A}B\overline{C}$。
ABC 取值为 011 对应的与项为 $\overline{A}BC$。
ABC 取值为 101 对应的与项为 $A\overline{B}C$。

因此，得到 F 的与或式为

$$F = \overline{A}\overline{B}\overline{C} + \overline{A}\overline{B}C + \overline{A}B\overline{C} + \overline{A}BC + A\overline{B}C$$

同样，也可以由真值表直接写出或与式（和之积式），其方法如下。

（1）找出真值表中所有逻辑函数值为 0 的各项，每一项对应一个或项。

（2）这些或项的写法是将所有输入变量相或，取值为 0 的用原变量表示，取值为 1 的用反变量表示。例如，A，B，C 三个变量的取值为 110 时输出函数值为 0，则代换后得到的变量与组合为 $(\overline{A}+\overline{B}+C)$。

（3）将这些或项相与，就得到或与式（和之积式）。

【例 2-2-3】由表 2-10 所示的真值表写出 F 的或与式。

解：使 F 取值为 0 的输入变量组合共有 $ABC=100/110/111$ 三种情况，对应三个或项。

$ABC=100$ 对应的或项为 $(\bar{A}+B+C)$。

$ABC=110$ 对应的或项为 $(\bar{A}+\bar{B}+C)$。

$ABC=111$ 对应的或项为 $(\bar{A}+\bar{B}+\bar{C})$。

将上述三个或项相与，得到 F 的或与式为

$$F=(\bar{A}+B+C)(\bar{A}+\bar{B}+C)(\bar{A}+\bar{B}+\bar{C})$$

从上面三个例题可以看出，同一个真值表可以对应很多不同形式的逻辑函数式，它们表示的逻辑关系是相同的，可以互相转换。有了逻辑函数式，就可以画出逻辑图，用逻辑门电路实现。可见，真值表是唯一的，逻辑函数式和逻辑图是不唯一的。

【例 2-2-4】分别写出变量 A，B 异或和同或对应的与或式。

解：分别列出变量 A 和 B 异或和同或的真值表，如表 2-11 所示。

根据由真值表写出与或式的运算规则，可以得出

$$A \oplus B = \bar{A}B + A\bar{B}$$
$$A \odot B = \bar{A}\bar{B} + AB$$

这两个表达式以后可以当作公式直接使用。

表 2-11 例 2-2-4 的真值表

A	B	$A \oplus B$	$A \odot B$
0	0	0	1
0	1	1	0
1	0	1	0
1	1	0	1

3. 逻辑电路图

逻辑电路图是用基本逻辑门和复合逻辑门的逻辑符号组成的对应某一逻辑功能的电路图。根据逻辑函数式画逻辑电路图时，只要把逻辑函数式中各逻辑运算用相应逻辑门的符号代替，就可以画出和逻辑函数对应的逻辑电路图。

例如，例 2-2-1 和例 2-2-3 中逻辑函数式对应的逻辑电路图如图 2-13 所示。

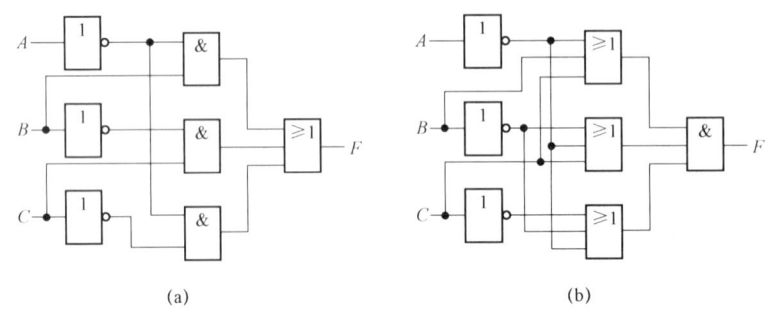

图 2-13 例 2-2-1 和例 2-2-3 对应的逻辑电路图

（a）例 2-2-1 对应的逻辑电路图；（b）例 2-2-3 对应的逻辑电路图

2.3 逻辑代数的运算公式和基本规则

2.3.1 逻辑代数的运算公式

假设 $F(a_1,a_2,\cdots,a_n)$ 和 $G(a_1,a_2,\cdots,a_n)$ 均为变量 $a_1,a_2,\cdots,a_n$ 的逻辑函数，若对应 $a_1,a_2,\cdots,a_n$ 的任一组取值组合，F 和 G 的值都相同，则称 F 和 G 相等，记为 $F=G$。

这为证明逻辑函数相等提供了一个方法——列真值表。也就是说，如果 $F=G$，则这两个函数应该有相同的真值表；反过来，如果 F 和 G 的真值表相同，则 $F=G$。因此，要证明两个逻辑函数相等，只要把它们的真值表列出即可，如果完全一样，则两个逻辑函数相等。

根据逻辑代数的运算规律，可以推导出逻辑代数的运算公式，如下所述，这些运算公式都可以用真值表来证明。

逻辑代数具有一些与普通代数相似的定律，例如交换律、结合律和分配律。

交换律为

$$\begin{cases} A+B=B+A \\ A \cdot B=B \cdot A \\ A \oplus B=B \oplus A \\ A \odot B=B \odot A \end{cases} \qquad (2-29)$$

结合律为

$$\begin{cases} A+B+C=(A+B)+C \\ A \cdot B \cdot C=(A \cdot B) \cdot C \\ A \oplus B \oplus C=(A \oplus B) \oplus C \\ A \odot B \odot C=(A \odot B) \odot C \end{cases} \qquad (2-30)$$

分配律为

$$\begin{cases} A \cdot (B+C)=A \cdot B+A \cdot C \\ A+B \cdot C=(A+B) \cdot (A+C) \\ A \cdot (B \oplus C)=A \cdot B \oplus A \cdot C \\ A+B \odot C=(A+B) \odot (A+C) \end{cases} \qquad (2-31)$$

以上定律可以用真值表证明，也可以用公式证明。

例如，证明加对乘的分配律 $A+B \cdot C=(A+B) \cdot (A+C)$ 如下：

$$(A+B) \cdot (A+C) = A \cdot A + A \cdot B + A \cdot C + B \cdot C$$
$$= A+AB+AC+BC = A(1+B+C)+BC = A+BC$$

还有一些比较特殊的规律，例如重叠律、反演律和调换律。

重叠律为

$$\begin{cases} A + A = A \\ A \cdot A = A \\ A \oplus A = 0 \\ A \odot A = 1 \end{cases} \qquad (2-32)$$

反演律（又称为摩根定律）是非常重要的规律，常用于逻辑函数的变换和求逻辑函数的反函数，其基本形式有以下两种：

$$\overline{A + B} = \overline{A} \cdot \overline{B} \qquad (2-33)$$

$$\overline{A \cdot B} = \overline{A} + \overline{B} \qquad (2-34)$$

反演律也可以推广到多个变量的形式。

从逻辑上来看，"输入都是 1 时，输出才是 1"同"输入中有 0 时，输出为 0"在逻辑上是等效的，这种等效关系可以写为

$$A \cdot B \cdot C \cdot \cdots = \overline{\overline{A} + \overline{B} + \overline{C} + \cdots} \Rightarrow \overline{A \cdot B \cdot C \cdot \cdots} = \overline{A} + \overline{B} + \overline{C} + \cdots$$

当然，反演律也可以用真值表证明。

异或和同或的调换律主要表现为变量的调换关系。

异或调换律为：若 $A \oplus B = C$，则 $A \oplus C = B$，$B \oplus C = A$。

同或调换律为：若 $A \odot B = C$，则 $A \odot C = B$，$B \odot C = A$。

上述调换律可以用真值表证明。

2.3.2 逻辑代数的基本规则

逻辑代数的基本规则有代入规则、反演规则和对偶规则。

1. 代入规则

任何一个逻辑等式，如果将等式两边所出现的某一变量都代之以同一逻辑函数，则等式仍然成立，这个规则称为代入规则。由于逻辑函数与逻辑变量一样，只有 0，1 两种取值，所以代入规则的正确性不难理解。运用代入规则可以扩大逻辑代数基本定律的运用范围。

例如，已知 $\overline{A + B} = \overline{A} \cdot \overline{B}$（反演律），若用 $B + C$ 代替等式中的 B，则可以得到适用于多变量的反演律，即 $\overline{A + B + C} = \overline{A} \cdot \overline{B + C} = \overline{A} \cdot \overline{B} \cdot \overline{C}$

2. 反演规则

对于任意一个逻辑函数 F，如果将其表达式中所有的运算符 "·" 换成 "+"，"+" 换成 "·"，常量 "0" 换成 "1"，"1" 换成 "0"，原变量换成反变量，反变量换成原变量，则所得到的结果就是 $\overline{F}$，称为原函数 F 的反函数，或称为补函数。

反演规则是反演律的推广，运用它可以简便地求出一个逻辑函数的反函数。

例如：

若 $F = \overline{AB + C} \cdot D + AC$，则 $\overline{F} = [(\overline{A} + \overline{B}) \cdot \overline{C} + \overline{D}] \cdot (\overline{A} + \overline{C})$；

若 $F = A + \overline{B} + C + \overline{D} + E$，则 $\overline{F} = \overline{A} \cdot B \cdot \overline{C} \cdot D \cdot \overline{E}$。

运用反演规则时应注意两点。

（1）不能破坏原式的运算顺序，先算括号里的，然后按"先与后或"的原则运算。

（2）不属于单变量上的非号应保留不变。

3. 对偶规则

对于任何一个逻辑函数，如果将其表达式 F 中的所有运算符"·"换成"+"，"+"换成"·"，常量"0"换成"1"，"1"换成"0"，而变量保持不变，则得出的逻辑函数式就是 F 的对偶式，记为 F'（或 F^*）。例如：

若 $F = A \cdot \overline{B} + A(C+0)$，则 $F^* = (A+\overline{B}) \cdot (A+C \cdot 1)$；

若 $F = \overline{A} \cdot \overline{B} \cdot \overline{C}$，则 $F^* = \overline{A} + \overline{B} + \overline{C}$；

若 $F = A$，则 $F^* = A^*$。

以上各例中 F^* 是 F 的对偶式，不难证明 F 也是 F^* 对偶式，即 F 与 F^* 互为对偶式。

任何逻辑函数式都存在对偶式。若原等式成立，则对偶式也一定成立，即如果 $F = G$，则 $F' = G'$。这种逻辑推理叫作对偶原理，或对偶规则。

必须注意，由原式求对偶式时，运算的优先顺序不能改变，且式中的非号也保持不变。

观察前面逻辑代数基本定律和基本公式，不难看出它们都是成对出现的，而且都是互为对偶的。

例如，已知乘对加的分配律成立，即 $A(B+C) = AB + AC$，根据对偶规则有 $A + BC = (A+B)(A+C)$，即加对乘的分配律也成立。

【例 2-3-1】 写出 $F = A \oplus B$ 的反演式和对偶式。

解： $F = A \oplus B = \overline{A}B + A\overline{B}$。

根据反演规则，可以得出

$$\overline{F} = (A + \overline{B})(\overline{A} + B)$$

利用逻辑代数的基本公式进行变换，可得

$$\overline{F} = (A + \overline{B})(\overline{A} + B) = A\overline{A} + AB + \overline{A}\overline{B} + \overline{B}B = \overline{A}\overline{B} + AB$$

即

$$\overline{F} = \overline{A}\overline{B} + AB = A \odot B$$

根据对偶规则，可以得出

$$F^* = (\overline{A} + B)(A + \overline{B})$$

利用逻辑代数的基本公式进行变换，可得

$$F^* = (\overline{A} + B)(A + \overline{B}) = A\overline{A} + \overline{A}\overline{B} + AB + \overline{B}B = \overline{A}\overline{B} + AB = A \odot B$$

可见，两个变量异或的反演式和对偶式都是这两个变量的同或式。这种情况比较少见，在大多数情况下，同一逻辑函数式的反演式和对偶式是不同的。

2.3.3 逻辑函数的常用公式

利用逻辑代数的基本公式和基本规则，可以推导出以下常用公式。

1. 吸收律： $AB + A\overline{B} = A$

对偶式：$(A+B) \cdot (A+\overline{B}) = A$。

证明：$AB + A\overline{B} = A(B+\overline{B}) = A \cdot 1 = A$。

它的含义为：如果有两乘积项，除了公有因子（如 A）外，不同因子恰好互补（B 与 $\overline{B}$），则这两个乘积项可以合并为一个由公有因子组成的乘积项。例如，$AB\overline{C} + A\overline{B}\overline{C} = A\overline{C}$。

2. $A + AB = A$

对偶式：$A(A+B) = A$。

证明：$A + AB = A(1+B) = A$。

它的含义为：如果有两乘积项，其中一个乘积项的部分因子（如 AB 中的 A）恰好是另一个乘积项（如 A）的全部，则该乘积项（AB）是多余的。例如，$A\bar{C} + AB\bar{C} = A\bar{C}$。

3. $A + \bar{A}B = A + B$

对偶式：$A(\bar{A}+B) = AB$。

证明：$A + \bar{A}B = (A+\bar{A})(A+B) = 1 \cdot (A+B) = A+B$。

它的含义为：如果有两乘积项，其中一个乘积项（如 $\bar{A}B$）的部分因子（如 $\bar{A}$）恰好为另一个乘积项的补（如 A），则该乘积项（$\bar{A}B$）的这部分因子（$\bar{A}$）是多余的。例如，$A\bar{C} + \bar{A}B\bar{C} = A\bar{C} + B\bar{C}$。

4. 消去多余项： $AB + \bar{A}C + BC = AB + \bar{A}C$

对偶式：$(A+B) \cdot (\bar{A}+C) \cdot (B+C) = (A+B) \cdot (\bar{A}+C)$。

证明：$AB + \bar{A}C + BC = AB + \bar{A}C + BC(A+\bar{A}) = AB + \bar{A}C + ABC + \bar{A}BC = AB + \bar{A}C$。

它的含义为：如果两乘积项中的部分因子互补（如 AB 和 $\bar{A}C$ 中的 A 和 $\bar{A}$），而这两个乘积项中的其余因子（如 B 和 C）都是第三个乘积项中的因子，则这第三个乘积项是多余的。可以将这个公式推广到多个变量的情况，即

$$AB + \bar{A}C + BCDE\cdots = AB + \bar{A}C$$

5. 交叉互换律： $AB + \bar{A}C = (A+C)(\bar{A}+B)$

对偶式：$(A+B)(\bar{A}+C) = AC + \bar{A}B$。

证明：$(A+C)(\bar{A}+B) = A\bar{A} + AB + \bar{A}C + BC = AB + \bar{A}C + BC = AB + \bar{A}C$。

【例 2－3－2】 证明以下等式成立：

$$\begin{cases} (1) A \cdot B = A \odot B \odot (A+B) \\ (2) A + B = A \oplus B \oplus (A \cdot B) \\ (3) A + B = A \odot B \odot (A \cdot B) \\ (4) A \cdot B = A \oplus B \oplus (A+B) \end{cases}$$

证明：（1）$A \odot B \odot (A+B)$

$= (\bar{A}\bar{B} + AB) \odot (A+B) = (\bar{A}\bar{B} + AB)(A+B) + \overline{(AB + \bar{A}\bar{B})}\overline{(A+B)}$

$= (\bar{A}\bar{B} + AB)(A+B) + (\overline{AB} + A\bar{B})\overline{(A+B)} = AB + (\overline{AB} + A\bar{B})(\overline{AB}) = AB$

（2）作（1）的对偶式可以得到。

（3）用调换律，可以由（1）得到。

（4）用调换律，可以由（2）得到。

2.4 逻辑函数的标准表达式

由上面的分析可知，对于同一逻辑关系，存在多种不同逻辑函数的表达形式。在 2.2 节中由真值表直接写出的与或式（或与式）为逻辑函数的标准与或式（标准或与式）。逻辑函数

的标准表达式有最小项表达式、最大项表达式、标准异或式和标准同或式等。

2.4.1 最小项表达式

1. 最小项

n 个变量的最小项是 n 个变量的与项，其中每个变量都以原变量或反变量的形式出现一次。n 个变量的最小项共有 2^n 个，用 m_i 表示。将最小项中的原变量用 1 代替，反变量用 0 代替，这样形成的二进制代码所对应的十进制数就是最小项的下标 i。例如，对于三个输入变量 A，B，C 的函数而言，$\overline{A}\overline{B}$ 不能称其为最小项，因为缺少另外一个输入变量 C。

两个输入变量 A、B 可以构成 4 个最小项，即 $\overline{A}\overline{B}$，$\overline{A}B$，$A\overline{B}$，AB。三个输入变量 A、B、C 可以构成 8 个最小项，即 $\overline{A}\overline{B}\overline{C}$，$\overline{A}\overline{B}C$，$\overline{A}B\overline{C}$，$\overline{A}BC$，$A\overline{B}\overline{C}$，$A\overline{B}C$，$AB\overline{C}$，$ABC$，其取值的真值表如表 2–12 所示。四个输入变量 A，B，C，D 可以构成 16 个最小项，如表 2–13 所示。

表 2–12 三变量逻辑函数的最小项的真值表

序号	A	B	C	m_0 $\overline{A}\overline{B}\overline{C}$	m_1 $\overline{A}\overline{B}C$	m_2 $\overline{A}B\overline{C}$	m_3 $\overline{A}BC$	m_4 $A\overline{B}\overline{C}$	m_5 $A\overline{B}C$	m_6 $AB\overline{C}$	m_7 ABC
0	0	0	0	1	0	0	0	0	0	0	0
1	0	0	1	0	1	0	0	0	0	0	0
2	0	1	0	0	0	1	0	0	0	0	0
3	0	1	1	0	0	0	1	0	0	0	0
4	1	0	0	0	0	0	0	1	0	0	0
5	1	0	1	0	0	0	0	0	1	0	0
6	1	1	0	0	0	0	0	0	0	1	0
7	1	1	1	0	0	0	0	0	0	0	1

从表 2–12 可以看出最小项具有以下性质。

（1）对于任意一个最小项，只有一组变量的取值组合使它的值为 1，而其余各种变量的取值组合均使它的值为 0。例如，在表 2–12 中，对于最小项 $m_0 = \overline{A}\overline{B}\overline{C}$ 来说，只有当输入变量 A，B，C 的取值组合为 000 时，m_0 的值才为 1，对于输入变量 A，B，C 的其他取值组合，m_0 的值都为 0。

（2）对于输入变量的任意一组取值组合，n 个变量的全部最小项的逻辑和恒为 1，即 $\sum\limits_{i=0}^{2^n-1} m_i = 1$。例如，在表 2–12 中，对于任意一组输入变量的取值组合，所有最小项相或的结果为 1（对应表中的每行取值相或）。

表 2-13　四个输入变量对应的最小项

A	B	C	D	m_i	A	B	C	D	m_i
0	0	0	0	$m_0 = \overline{A}\overline{B}\overline{C}\overline{D}$	1	0	0	0	$m_8 = A\overline{B}\overline{C}\overline{D}$
0	0	0	1	$m_1 = \overline{A}\overline{B}\overline{C}D$	1	0	0	1	$m_9 = A\overline{B}\overline{C}D$
0	0	1	0	$m_2 = \overline{A}\overline{B}C\overline{D}$	1	0	1	0	$m_{10} = A\overline{B}C\overline{D}$
0	0	1	1	$m_3 = \overline{A}\overline{B}CD$	1	0	1	1	$m_{11} = A\overline{B}CD$
0	1	0	0	$m_4 = \overline{A}B\overline{C}\overline{D}$	1	1	0	0	$m_{12} = AB\overline{C}\overline{D}$
0	1	0	1	$m_5 = \overline{A}B\overline{C}D$	1	1	0	1	$m_{13} = AB\overline{C}D$
0	1	1	0	$m_6 = \overline{A}BC\overline{D}$	1	1	1	0	$m_{14} = ABC\overline{D}$
0	1	1	1	$m_7 = \overline{A}BCD$	1	1	1	1	$m_{15} = ABCD$

由性质（2）可以得出，若干个最小项之和与其余最小项之和互补。例如，对于两个输入变量的最小项而言，$m_0 + m_1 + m_2 + m_3 = 1$，因此，$m_0 = \overline{m_1 + m_2 + m_3}$，$m_0 + m_1 = \overline{m_2 + m_3}$。

（3）对于输入变量的任意一组取值组合，任意两个不同的最小项的逻辑乘恒为 0，即 $m_i \cdot m_j = 0 (i \neq j)$。因为对于输入变量的任意一组取值组合，只有一个最小项的取值为 1，所以任意两个不同的最小项相与的结果为 0。

（4）对于 n 个输入变量而言，每个最小项有 n 个相邻项。例如，三变量的最小项 $\overline{A}BC$ 有三个相邻项：$\overline{A}B\overline{C}$，$ABC$，$\overline{A}\overline{B}C$。这种相邻关系对于逻辑函数化简十分重要。

2. 最小项表达式

任何一个逻辑函数都可以表示成若干个最小项之和，称为最小项表达式，或者称为标准与或式（或标准积之和式）。最小项表达式一般用最小项 m_i 相或的形式表示，对于存在多个最小项的最小项表达式，可以用求和符号表示，并将其中的最小项下标从小到大排列，例如：

$$F(A,B,C,D) = AB\overline{C}D + ABCD + AB\overline{C}\overline{D} = m_{12} + m_{15} + m_{13} = \sum m(12,13,15)$$

对于一般的逻辑函数式，首先将其转换为与或式的形式，然后可以利用公式 $A + \overline{A} = 1$ 将与或式转换成标准与或式，将乘积项中缺少的变量（因子）补全。

【例 2-4-1】 将逻辑函数式 $F(A,B,C) = AB + \overline{A}BC$ 转化为标准积之和式。

解： $F(A,B,C) = AB + \overline{A}BC = AB(C + \overline{C}) + \overline{A}BC = ABC + AB\overline{C} + \overline{A}BC = \sum m(3,6,7)$。

逻辑函数式的标准与或式也可以从真值表直接得到。只要在真值表中挑选那些使函数值为1的变量取值，将变量取值为1的写成原变量，将变量取值为0的写成反变量，这样对应使函数值为1的每一种取值，都可以写出一个乘积项，只要把这些乘积项加起来，所得到的就是逻辑函数式的标准与或式。由前述内容可知，对于同一个逻辑关系，真值表是唯一的，因此它的最小项表达式也是唯一的。

【例 2-4-2】 写出逻辑函数式 $F(A,B,C,D) = ABC + \overline{A}CD + \overline{C}\overline{D} + \overline{A}D$ 的标准与或式。

根据逻辑函数在真值表中的取值关系，在表 2-14 中写出输出为 1 的那些输入变量取值组合和对应的最小项。

表 2-14 与项与最小项的对应关系

与项	A	B	C	D	$ABCD$	最小项
ABC	1	1	1	×	1110，1111	m_{14}，m_{15}
$\bar{A}CD$	0	×	1	1	0011，0111	m_3，m_7
$\bar{C}\bar{D}$	×	×	0	0	0000，0100，1000，1100	m_0，m_4，m_8，m_{12}
$\bar{A}\bar{D}$	0	×	×	0	0000，0010，0100，0110	m_0，m_2，m_4，m_6

因此，

$$F(A,B,C,D) = m_{14} + m_{15} + m_3 + m_7 + \underline{m_0} + \underline{m_4} + m_8 + m_{12} + \underline{m_0} + m_2 + \underline{m_4} + m_6$$
$$= m_{14} + m_{15} + m_3 + m_7 + m_0 + m_4 + m_8 + m_{12} + m_2 + m_6$$

将表达式中最小项的下标按照升序排列，得出

$$F(A,B,C,D) = ABC + \bar{A}CD + \bar{C}\bar{D} + \bar{A}\bar{D} = \sum m(0,2,3,4,6,7,8,12,14,15)$$

2.4.2 最大项表达式

1. 最大项

n 个变量的最大项是 n 个变量的或项，其中每个变量都以原变量或反变量的形式出现一次。n 个变量可以构成 2^n 个最大项。最大项用符号 M_i 表示。下角标 i 的取值与最小项不同。将最大项中的原变量用 0 代替，将反变量用 1 代替，这样形成的二进制代码所对应的十进数就是最大项的下标 i。例如，或项 $(\bar{A}+B+\bar{C})$ 用 M_5 表示。表 2-15 所示为四个输入变量对应的最大项。

表 2-15 四个输入变量对应的最大项

A	B	C	D	M_i	A	B	C	D	M_i
0	0	0	0	$M_0 = A+B+C+D$	1	0	0	0	$M_8 = \bar{A}+B+C+D$
0	0	0	1	$M_1 = A+B+C+\bar{D}$	1	0	0	1	$M_9 = \bar{A}+B+C+\bar{D}$
0	0	1	0	$M_2 = A+B+\bar{C}+D$	1	0	1	0	$M_{10} = \bar{A}+B+\bar{C}+D$
0	0	1	1	$M_3 = A+B+\bar{C}+\bar{D}$	1	0	1	1	$M_{11} = \bar{A}+B+\bar{C}+\bar{D}$
0	1	0	0	$M_4 = A+\bar{B}+C+D$	1	1	0	0	$M_{12} = \bar{A}+\bar{B}+C+D$
0	1	0	1	$M_5 = A+\bar{B}+C+\bar{D}$	1	1	0	1	$M_{13} = \bar{A}+\bar{B}+C+\bar{D}$
0	1	1	0	$M_6 = A+\bar{B}+\bar{C}+D$	1	1	1	0	$M_{14} = \bar{A}+\bar{B}+\bar{C}+D$
0	1	1	1	$M_7 = A+\bar{B}+\bar{C}+\bar{D}$	1	1	1	1	$M_{15} = \bar{A}+\bar{B}+\bar{C}+\bar{D}$

两个输入变量 A，B 可以构成四个最大项，其取值的真值表如表 2-16 所示。

从表 2-16 可以得到最大项的性质如下。

（1）对于任意一个最大项，只有一组变量的取值组合使它的值为 0，而其余各种变量的取值组合均使它的值为 1。例如，在表 2-16 中，对于最小项 $M_0 = A + B$ 来说，只有当输入变量 A，B 的取值组合为 00 时，M_0 的值才为 0，对于输入变量 A、B 的其他取值组合，M_0 的值都为 1。

（2）对于输入变量的任意一组取值组合，n 个变量的全部最大项的逻辑乘恒为 0，即 $\prod_{i=0}^{2^n-1} M_i = 0$。例如，在表 2-16 中，对于任意一组输入变量的取值组合，所有最大项相与的结果为 0（对应表中的每行取值相与）。

表 2-16 两个输入变量对应的最大项的真值表

序号	A	B	M_0 $A+B$	M_1 $A+\bar{B}$	M_2 $\bar{A}+B$	M_3 $\bar{A}+\bar{B}$
0	0	0	0	1	1	1
1	0	1	1	0	1	1
2	1	0	1	1	0	1
3	1	1	1	1	1	0

（3）对于输入变量的任意一组取值组合，任意两个不同的最大项的逻辑和恒为 1，即 $M_i + M_j = 1 (i \neq j)$。因为对于输入变量的任意一组取值组合，只有一个最大项的取值为 0，所以任意两个不同的最大项相或的结果为 1。

（4）对于 n 个输入变量而言，每个最大项有 n 个相邻项。例如，三变量的某一最大项 $(A + \bar{B} + C)$ 有三个相邻项：$(\bar{A} + \bar{B} + C)$，$(A + B + C)$，$(A + \bar{B} + \bar{C})$。

2. 最大项表达式——标准或与式（标准和之积式）

在一个或与式中，如果所有的或项均为最大项，则称这种表达式为最大项表达式，或称为标准或与式、标准和之积式。

如果已知一个逻辑函数的真值表，要写出该逻辑函数的最大项表达式，可以先求出该逻辑函数的反函数 $\bar{F}$，并写出 $\bar{F}$ 的最小项表达式，然后将 $\bar{F}$ 求反，利用 m_i 和 M_i 的互补关系便得到最大项表达式。

【例 2-4-3】已知某逻辑函数真值表如表 2-17 所示，求该逻辑函数的最小项表达式和最大项表达式。

表 2-17 例 2-4-3 的真值表（1）

A	B	C	F	A	B	C	F
0	0	0	1	1	0	0	1
0	0	1	1	1	0	1	1
0	1	0	0	1	1	0	0
0	1	1	0	1	1	1	0

解：最小项表达式是真值表中使函数值为 1 的各最小项相或。如表 2-18 所示，真值表中输出值 F 为 1 的各项对应的是最小项，由此可以直接写出最小项表达式为 $F(A,B,C) = \sum m(0,1,4,5)$。

最大项表达式是真值表中使函数值为 0 的各最大项相与。如表 2-18 所示，真值表中输出值 F 为 0 的各项对应的是最大项，由此可以直接写出最大项表达式为 $F(A,B,C) = \prod M(2,3,6,7)$。

表 2-18 例 2-4-3 的真值表（2）

A	B	C	最小项	最大项	F
0	0	0	m_0	M_0	1
0	0	1	m_1	M_1	1
0	1	0	m_2	M_2	0
0	1	1	m_3	M_3	0
1	0	0	m_4	M_4	1
1	0	1	m_5	M_5	1
1	1	0	m_6	M_6	0
1	1	1	m_7	M_7	0

由例 2-4-3 可以看出，任何一个逻辑函数既可以用最小项表达式表示，也可以用最大项表达式表示。如果将一个 n 变量逻辑函数的最小项表达式改为最大项表达式，则最大项的编号必定都不是最小项的编号，而且最小项的个数和最大项的个数之和为 2^n。同时，可以看到输入变量相同，编号相同的最小项和最大项之间存在互补关系，即

$$\overline{m_i} = M_i, \quad \overline{M_i} = m_i$$

例如：$M_7 = \overline{A} + \overline{B} + \overline{C} = \overline{A \cdot B \cdot C} = \overline{m_7}$；$m_7 = ABC = \overline{\overline{ABC}} = \overline{\overline{A} + \overline{B} + \overline{C}} = \overline{M_7}$。

利用这个关系，可以很方便地进行最大项表达式和最小项表达式之间的转换。

【例 2-4-4】将 $F(A,B,C) = \sum m(0,1,3)$ 用最大项表达式表示。

解：$F(A,B,C) = \sum m(0,1,3) = \prod M(2,4,5,6,7)$。

【例 2-4-5】求 $F(A,B,C) = \sum m(0,1,3)$ 的反演式的最小项表达式和最大项表达式。

解：$\overline{F}(A,B,C) = \overline{m_0 + m_1 + m_3} = \overline{m_0}\,\overline{m_1}\,\overline{m_3} = M_0 M_1 M_3$，因此 $\overline{F}(A,B,C) = \prod M(0,1,3) = \sum m(2,4,5,6,7)$。

【例 2-4-6】求 $F(A,B,C) = \sum m(0,1,3)$ 的对偶式。

解：
$$F(A,B,C) = \sum m(0,1,3) = \overline{A}\,\overline{B}\,\overline{C} + \overline{A}\,\overline{B}C + \overline{A}BC$$
$$F^* = (\overline{A} + \overline{B} + \overline{C})(\overline{A} + \overline{B} + C)(\overline{A} + B + C) = M_7 \cdot M_6 \cdot M_4$$

因此，$F^* = \prod M(4,6,7) = \sum m(0,1,2,3,5)$。

从例 2-4-6 可以看出，对于 n 个输入变量而言，如果一个最小项与另外一个最大项对

偶，则这个最小项和最大项的下标之和为 2^n-1。因为两项对偶只改变了"与"和"或"的关系，没有改变原变量和反变量的关系，所以具有对偶关系的最小项和最大项的取值对应的二进制数是按位取反的关系，故这个最小项和最大项的下标之和为 n 位全 1，即 (2^n-1)。例如，对于四个输入变量（A，B，C，D），$n=4$，最小项 m_2 的对偶式为 $(m_2)^* = (\overline{A}B\overline{C}\overline{D})^* = \overline{A}+\overline{B}+C+\overline{D} = M_{13}$。

【例 2-4-7】已知 $F(A,B,C,D) = \sum m(0,1,2,4,8,10,12)$，求 $F^*(A,B,C,D) = \sum m(?) = \prod M(?)$；$\overline{F}(A,B,C,D) = \sum m(?) = \prod M(?)$。

解： $F^*(A,B,C,D) = \prod M(15,14,13,11,7,5,3) = \sum m(0,1,2,4,6,8,9,10,12)$

$\overline{F}(A,B,C,D) = \prod M(0,1,2,4,8,10,12) = \sum m(3,5,6,7,9,11,13,14,15)$

2.4.3 标准异或式和标准同或式

任意逻辑函数都可以表示为

$$F = \sum_{i=0}^{2^n-1} a_i m_i \qquad (2-35)$$

式中，$a_i = 0$ 或 1；m_i 为最小项。

将这个逻辑函数式展开为

$$F = \sum_{i=0}^{2^n-1} a_i m_i = a_0 m_0 + \sum_{i=1}^{2^n-1} a_i m_i \qquad (2-36)$$

利用例 2-3-2 中的结论，有

$$A + B = A \odot B \odot (A \cdot B) \qquad (2-37)$$

可以得出

$$F = (a_0 m_0) \odot \left(\sum_{i=1}^{2^n-1} a_i m_i\right) \odot \left(a_0 m_0 \cdot \sum_{i=1}^{2^n-1} a_i m_i\right) \qquad (2-38)$$

又根据最小项的性质 $m_i m_j = 0 (i \neq j)$，得出

$$F = (a_0 m_0) \odot \left(\sum_{i=1}^{2^n-1} a_i m_i\right) \odot 0 \qquad (2-39)$$

利用同或和异或的运算规则 $A \odot 0 = \overline{A}$，$\overline{A} \odot B = A \oplus B$，可以得出

$$F = a_0 m_0 \odot \overline{\sum_{i=1}^{2^n-1} a_i m_i} = a_0 m_0 \oplus \sum_{i=1}^{2^n-1} a_i m_i \qquad (2-40)$$

用数学归纳法可以证明：

$$F = \sum_{i=0}^{2^n-1} a_i m_i = a_0 m_0 \oplus a_1 m_1 \oplus \cdots \oplus a_{2^n-1} m_{2^n-1} \qquad (2-41)$$

同理，可以得出标准同或式为

$$F = \prod_{i=0}^{2^n-1}(a_i + M_i) = (a_0 + M_0) \odot (a_1 + M_1) \odot \cdots \odot (a_{2^n-1} + M_{2^n-1}) \qquad (2-42)$$

【例 2-4-8】将 $F = A\bar{B} + B\bar{C}$ 转换为只包含原变量的异或表达式。

解：$F = A\bar{B} + B\bar{C}$
$= A\bar{B}\bar{C} + A\bar{B}C + \bar{A}B\bar{C} + AB\bar{C}$
$= A\bar{B}\bar{C} \oplus A\bar{B}C \oplus \bar{A}B\bar{C} \oplus AB\bar{C}$
$= A(1 \oplus B)(1 \oplus C) \oplus A(1 \oplus B)C \oplus (1 \oplus A)B(1 \oplus C) \oplus AB(1 \oplus C)$
$= (A \oplus AB)(1 \oplus C) \oplus (A \oplus AB)C \oplus (B \oplus AB)(1 \oplus C) \oplus (AB \oplus ABC)$
$= A \oplus AB \oplus AC \oplus ABC \oplus AC \oplus ABC \oplus B \oplus AB \oplus BC \oplus ABC \oplus AB \oplus ABC$
$= A \oplus AB \oplus B \oplus BC$

2.5 逻辑函数的化简

根据逻辑函数式可以画出相应的逻辑图。逻辑函数式的繁简程度直接影响逻辑电路中所用门电路的多少。为了降低系统成本、提高电路的工作速度和可靠性，应在不改变逻辑功能的基础上对逻辑函数进行简化。

逻辑函数的真值表是唯一的，但逻辑函数式可以有多种形式。例如，同一个真值表可以写成以下几种形式。

（1）与或式：$F = AC + \bar{A}B$。
（2）或与式：$F = (A + B)(\bar{A} + C)$。
（3）与非与非式：$F = \overline{\overline{AC} \cdot \overline{\bar{A}B}}$。
（4）或非或非式：$F = \overline{\overline{A + B} + \overline{\bar{A} + C}}$。
（5）与或非式：$F = \overline{A\bar{C} + \overline{\bar{A}B}}$。

这些逻辑函数式是等效的，可以互相转换。在逻辑电路设计中，与或式是最常用的一种形式，任何一种逻辑关系都可以方便地用与或式表示，并进行转换。最简与或式的标准是：逻辑函数所包含的乘积项最少，而且每个乘积项所包含的变量最少。

化简逻辑函数通常有以下三种方法。

（1）公式化简法，又称为代数法，利用逻辑代数公式进行化简。它可以化简任意逻辑函数，但取决于经验、技巧、洞察力和对逻辑代数公式的熟练程度。

（2）卡诺图法，又称为图解法，比较直观、方便，但对于五变量以上的逻辑函数则失去直观性。

（3）系统化简法（Q-M法），又称为列表法，适用于机器运算，目前已有数字电路计算机辅助分析程序。

本书仅介绍前两种方法。

2.5.1 公式化简法（代数法）

公式化简法就是利用逻辑代数的运算规则及公式对逻辑函数进行化简，常用的方法有以下四种。

1. 合并法

常用公式为 $AB + A\bar{B} = A$，两项合并为一项，消去 1 个互补变量。

2. 吸收法

常用公式为 $A+AB=A$ 及 $AB+\bar{A}C+BCD\cdots=AB+\bar{A}C$，消去多余乘积项（冗余项）。

3. 消去法

常用公式为 $A+\bar{A}B=A+B$，消去乘积项中的多余因子。

4. 配项法

常用公式为 $A+\bar{A}=1$，将某乘积项乘以 $(A+\bar{A})$，将该乘积项展开成两项，或利用公式 $AB+\bar{A}C+BC=AB+\bar{A}C$ 增加冗余项，即配 BC 项。配项的目的是和其他乘积项合并，以达到化简的目的。

【例 2-5-1】 化简 $F=\overline{(\overline{A+B}+\overline{A+C})(B\oplus C)(A\oplus B)}$。

解： $F=\overline{(\overline{A+B}+\overline{A+C})(B\oplus C)(A\oplus B)}$

$=(A+B)(A+C)+(B\oplus C)(A\oplus B)$ ……（反演律）

$=A+BC+(\bar{B}C+B\bar{C})(\bar{A}B+A\bar{B})$ ……（分配律、异或运算）

$=A+BC+\bar{A}B\bar{C}+A\bar{B}C$ ……（吸收法）

$=A+BC+\bar{A}B\bar{C}$ ……（消去法）

$=A+BC+B\bar{C}$ ……（合并法）

$=A+B$

【例 2-5-2】 化简 $F=(A+\overline{AB+\bar{B}+CD}+\overline{\bar{B}AD})[A(\bar{A}C+BD)+B(C+DE)+B\bar{C}]$。

解： $F=(A+\overline{AB+\bar{B}+CD}+\overline{\bar{B}AD})[A(\bar{A}C+BD)+B(C+DE)+B\bar{C}]$

$=(A+\overline{AB}\cdot B\cdot\overline{CD}+\bar{B}+AD)(ABD+BC+BDE+B\bar{C})$

$=(A+(\bar{A}+\bar{B})\cdot B\cdot\overline{CD}+\bar{B})(ABD+BC+BDE+B)$

$=(A+\bar{A}B\cdot\overline{CD}+\bar{B})(ABD+BDE+B)$

$=[A+\bar{A}B(\bar{C}+\bar{D})+\bar{B}]\cdot B$

$=(A+\bar{A}B\bar{C}+\bar{A}B\bar{D}+\bar{B})B$

$=(A+B\bar{C}+B\bar{D}+\bar{B})B$

$=AB+B\bar{C}+B\bar{D}$

【例 2-5-3】 化简逻辑函数 $L=A\bar{B}+B\bar{C}+\bar{B}C+\bar{A}B$。

分析： 可以增加冗余项 $A\bar{C}$，$\bar{A}C$，增加的多余项不同，化简结果可能不同，本例用两种方法进行化简。

解法 1：增加冗余项 $A\bar{C}$。

$L=A\bar{B}+B\bar{C}+\bar{B}C+\bar{A}B+A\bar{C}$ …………增加冗余项 $A\bar{C}$

$=A\bar{B}+\bar{B}C+\bar{A}B+A\bar{C}$ …………消去一个冗余项 $B\bar{C}$

$=\bar{B}C+\bar{A}B+A\bar{C}$ …………再消去一个冗余项 $A\bar{B}$

解法 2：增加冗余项 $\bar{A}C$。

$L=A\bar{B}+B\bar{C}+\bar{B}C+\bar{A}B+\bar{A}C$ …………增加冗余项 $\bar{A}C$

$=A\bar{B}+B\bar{C}+\bar{A}B+\bar{A}C$ …………消去一个冗余项 $\bar{B}C$

$=A\bar{B}+B\bar{C}+\bar{A}C$ …………再消去一个冗余项 $\bar{A}B$

从本例的结果可以看出，有些逻辑函数的化简结果并不唯一。

【例 2-5-4】化简逻辑函数 $F = (A+\overline{B})(\overline{A}+B)(B+C)(\overline{A}+C)$。

解：对于或与式，可以先化简其对偶式 F^* 为最简与或式，然后求 F^* 的对偶式，得到原函数的最简或与式。

$$F^* = A\overline{B} + \overline{A}B + BC + \overline{A}C$$
$$= A\overline{B} + \overline{A}B + BC + \overline{A}C + AC \cdots\cdots\cdots\text{（配项）}$$
$$= A\overline{B} + \overline{A}B + BC + C \cdots\cdots\cdots\text{（合并）}$$
$$= A\overline{B} + \overline{A}B + C \cdots\cdots\cdots\text{（吸收）}$$

再求 F^* 的对偶式，即 $F = (F^*)^* = (A+\overline{B})(\overline{A}+B)C$。

通过上面的分析，可以看出代数化简法具有不受变量数目限制的优点。但是它的缺点是没有固定的步骤可循，需要熟练运用各种公式和定理，需要一定的技巧和经验；有时不易判定化简结果是否为最简形式。特别是，有些比较复杂的题目不太好化简，从哪里开始下手，能简化到什么程度，很难一下看出来。有时候，原题的给出顺序都会影响化简的思路。下一节介绍的图解法化简，可以较为方便地对逻辑函数进行化简，但它不适用于变量个数较多的情况。

2.5.2 卡诺图法（图解法）

1. 用卡诺图表示逻辑函数的方法

所谓卡诺图，就是将真值表图形化的一种表示，输入变量分为两组作为行和列，输入变量的取值按照格雷码（即相邻两组之间只有一个变量取值不同的编码）的规则排列。两个变量的格雷码为 00，01，11，10。卡诺图以方格图的形式表示。n 个变量的全部最小项各用一个小方格表示，n 个逻辑变量有 2^n 种组合，卡诺图也相应有 2^n 个小方格。三变量和四变量卡诺图中对应的最小项的位置分别如图 2-14 和图 2-15 所示。

AB\C	00	01	11	10
00	m_0	m_2	m_6	m_4
01	m_1	m_3	m_7	m_5

图 2-14 三变量卡诺图

AB\CD	00	01	11	10
00	m_0	m_4	m_{12}	m_8
01	m_1	m_5	m_{13}	m_9
11	m_3	m_7	m_{15}	m_{11}
10	m_2	m_6	m_{14}	m_{10}

图 2-15 四变量卡诺图

由图可以看出，卡诺图具有如下特点。

（1）n 变量卡诺图有 2^n 个方格，对应表示 2^n 个最小项。每当变量增加 1 个，卡诺图的方格数就扩大 1 倍。

（2）卡诺图中任何几何位置相邻的两个最小项，在逻辑上都是相邻的。由于变量取值的顺序按格雷码排列，所以保证了各相邻行（列）之间只有一个变量取值不同，从而保证画出来的最小项方格图具有相邻这一重要特点。所谓几何相邻，一是指相接，即紧挨着；二是指相对，即位于任意一行或一列的两头；三是指相重，即对折起来位置重合。所谓逻辑相邻，是指除了一个变量不同，其余变量都相同。

卡诺图的主要缺点是随着输入变量的增加图形迅速复杂，相邻项不那么直观，因此它只适用于表示 5 个以下变量的逻辑函数。

由于任意一个 n 变量的逻辑函数都可以变换成最小项表达式或者说都对应一个真值表，所以 n 变量卡诺图可以表示任意一个 n 变量的逻辑函数。根据真值表的取值，在卡诺图对应的 m_i 最小项的方格中填 1，其余填 0。也可以根据最小项表达式，在卡诺图中对应的方格中填入 1。例如，$F(A,B,C) = \sum m(1,2,4,7)$，只需要在三变量卡诺图中的 m_1，m_2，m_4 和 m_7 对应的方格中填入 1，在其余方格中填入 0 即可。填 1 的方格称为 1 格，填 0 的方格称为 0 格。1 格的含义是当函数的变量取值与该方格代表的最小项相同时，函数值为 1。例如在 m_1 对应的方格中填入 1，表示当 ABC 取值为 001 时，函数值为 1。有时为了方便起见，可以只填写 1 格，0 格空白不填。

对于非标准的表达式，通常将逻辑函数变换成最小项表达式后再填入卡诺图。例如，$F(A,B,C,D) = \overline{A}B\overline{C} + \overline{C}D + BD = \sum m(1,4,5,7,9,13,15)$，在四变量卡诺图的对应方格中填入 1，如图 2-16 所示。

当然，也可以直接利用变量的取值填入卡诺图。首先将四个输入变量按照卡诺图分为两组，AB 为列，CD 为行。表达式中第一个乘积项 $\overline{A}B\overline{C}$ 对应 $ABC = 010$，即在 $AB = 01$ 所在的列（第 2 列）和 $C = 0$ 所在的行（第 1 行和第 2 行）相交的位置共 2 个方格；表达式中第二个乘积项 $\overline{C}D$ 对应 $CD = 01$，即在 $CD = 01$ 所在的行（第 2 行）共 4 个方格；这里，可以看到 $ABCD = 0101$ 所在的方格有两次都要填入 1，由于两个 1 相或的结果为 1，所以这个在方格中依然填入 1。表达式中的第三个乘积项 BD，对应在 $B = 1$ 所在的列（第 2 列和第 3 列）和 $D = 1$ 所在的行（第 2 行和第 3 行）相交的位置共 4 个方格，这样可以将非标准与或式直接填入卡诺图。

CD\AB	00	01	11	10
00	0	1	0	0
01	1	1	1	1
11	0	1	1	1
10	0	0	0	0

图 2-16 四变量卡诺图示例

2. 利用卡诺图合并最小项的原理

合并最小项按照"取同去异"的原则，保留相同取值的变量，消去取值不同的变量（互补变量），实质上就是反复利用 $A\overline{B} + AB = A$ 这个公式。该公式表明，如果一个变量分别以原变量和反变量的形式出现在两个乘积项中，而这两个乘积项的其余部分完全相同，那么这两个乘积项可以合并为一项，它由相同部分的变量组成。

卡诺图中变量的取值组合是按照格雷码的规则排列的，这样就使相邻位置的最小项都只有一个变量表现出取值 0 和 1 的差别，因此，凡是在卡诺图中处于相邻位置的最小项均可以合并。

（1）2 个相邻的最小项可以合并，消去 1 个取值不同的变量。例如，在图 2-17（a）所示的三变量卡诺图中，两个相邻项分别为 $\overline{A}B\overline{C}$ 和 $\overline{A}BC$，在变量 C 的取值上出现不同，即 $\overline{A}B\overline{C} + \overline{A}BC = \overline{A}B$。从卡诺图变量的取值中可以看到，两个 1 格对应的 ABC 的取值分别为 010 和 011，只有 C 的取值不同，AB 的取值是相同的，为 01，对应的乘积项为 $\overline{A}B$，与公式化简法的结果相同。同理，在图 2-17（b）中，两个 1 格对应的 ABC 的取值分别为 011 和 111，只有 A 的取值不同，$BC = 11$，对应的乘积项为 BC；在图 2-17（c）中，两个 1 格对应的 ABC 的取值分别为 000 和 001，只有 C 的取值不同，$AB = 00$，对应的乘积项为 $\overline{A}\overline{B}$；在图 2-17（d）中，两个 1 格对应的 ABC 的取值分别为 001 和 101，只有 A 的取值不同，$BC = 01$，对应的乘积项为 $\overline{B}C$。

第 2 章　逻辑函数及其化简

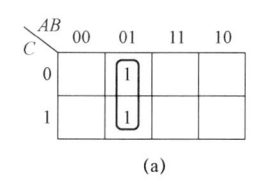

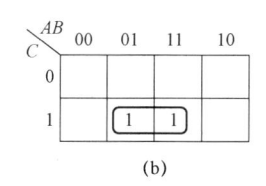

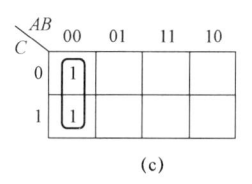

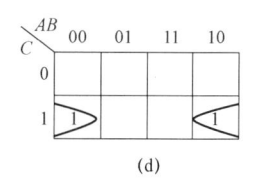

图 2-17　两个相邻项合并示例

（2）4 个相邻最小项可以合并，消去 2 个取值不同的变量。例如，在图 2-18（a）所示的三变量卡诺图中，ABC 的取值相同的部分为 $A=0$，因此化简结果为 $\bar{A}$；在图 2-18（b）中，ABC 的取值相同的部分为 $B=1$，因此化简结果为 B；在图 2-18（c）中，ABC 的取值相同的部分为 $C=0$，所以化简结果为 $\bar{C}$；图 2-18（d）中，ABC 的取值相同的部分为 $B=0$，因此化简结果为 $\bar{B}$。

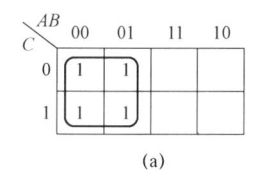

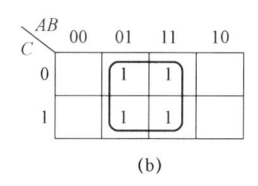

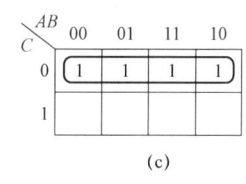

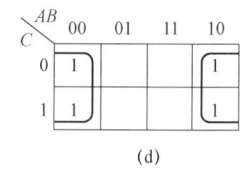

图 2-18　三变量卡诺图中 4 个相邻项合并示例

（3）在图 2-19 所示的四变量卡诺图中，相邻（包含相接和相重）的 4 个 1 格可以合并，消去 2 个变量。在图 2-19（a）中，4 个角对应的变量取值为 $ABCD=X0X0$（X 表示取值任意，为 1 或 0），对应乘积项为 $\bar{B}\bar{D}$；中间 4 个 1 格的变量取值为 $ABCD=X1X1$，对应乘积项为 BD。在图 2-19（b）中，第 1 行和第 4 行的 4 个 1 格的变量取值为 $ABCD=X1X0$，对应乘积项为 $B\bar{D}$；第 1 列和第 4 列的 4 个 1 格的变量取值为 $ABCD=X0X1$，对应乘积项为 $\bar{B}D$。要特别注意相接和相重位置的相邻 1 格，避免遗漏。

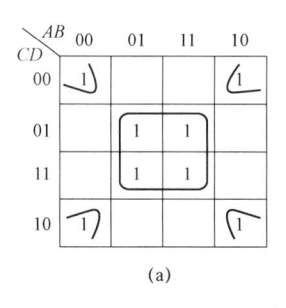

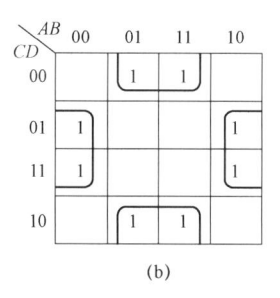

图 2-19　四变量卡诺图中 4 个相邻项合并示例

（4）同理，8 个相邻的最小项可以合并，消去 3 个取值不同的变量。图 2-20 所示为四变量卡诺图中 8 个相邻项合并示例。

从上面的分析可以看出，在 n 变量卡诺图中，将 2^i（$i \leqslant n$）个相邻（包含相接和相重）的 1 格（卡诺图中加圈表示）合并成 1 项，可以消去 i 个变量，则该乘积项由 $(n-i)$ 个变量组成。需要说明的是，五变量卡诺图中有些相邻项并非几何相邻，无法直观辨认，需要采用其他方法进行化简，本书不予讨论。

(a)　　　　　　　　　　　　　　　(b)

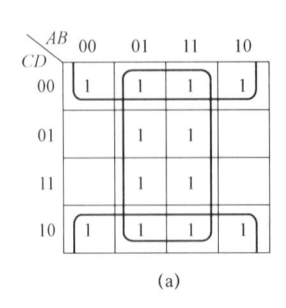

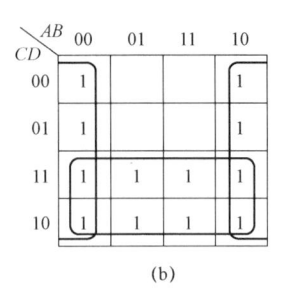

图 2-20　四变量卡诺图中 8 个相邻项合并示例

3. 用卡诺图化简逻辑函数

利用卡诺图合并最小项要遵循以下的原则（即画合并圈的原则）。

（1）尽量画大圈，每个圈内只能含有 $2^i(i=0,1,2,3,\cdots)$ 个相邻项。合并圈越大，意味着消去的变量越多，剩余乘积项中的变量越少。

（2）合并圈尽量少。每个合并圈就是一个乘积项，合并圈越少意味着剩余乘积项越少。

（3）卡诺图中所有取值为 1 的方格均要被圈过，即不能遗漏取值为 1 的最小项。

（4）允许重复圈（因为 $A+A+A=A$），但在新画的包围圈中至少要含有 1 个未被圈过的 1 格（称为"独立 1 格"），否则该包围圈是多余的。

卡诺图合并最小项的过程就是逻辑函数化简的过程，实际上就是找出有效合并圈的过程。几个常用的概念说明如下。

（1）主要项。当一个包围圈已经达到最大范围时，其对应的合并乘积项称为主要项。在化简过程中，画出的合并圈一定要最大，得到主要项才能对应逻辑函数化简的最简式。例如，如图 2-21 所示，当有 4 个 1 格相邻时，合并圈一定要包含全部 4 个 1 格，得到主要项 $\overline{C}$，这样表达式才是最简的，而不能选择其中的 2 个 1 格进行合并。

（2）必要项。主要项包围圈中，至少有一个独立 1 格，它不属于任何其他包围圈，则这个主要项称为必要项。例如，如图 2-22 所示，两个合并圈所对应的乘积项 $\overline{AC}$，BC 均为必要项。

（3）冗余项。与必要项不同，如果主要项包围圈中没有独立 1 格，则其称为冗余项。冗余项中包含的 1 格均在其他合并圈中。例如，如图 2-23 所示，不同于图 2-22 所示合并圈中的 1 格已经全部被其他两个合并圈圈过，其对应的乘积项 $\overline{AB}$ 为冗余项。

从图 2-22 和图 2-23 可以看出，画合并圈的顺序不同会得出不同的结果，甚至会出现冗余项。为了避免这种情况的出现，用卡诺图化简逻辑函数时，应遵循以下步骤。

（1）圈出无相邻项的独立 1 格。

（2）圈出只有一种圈法的包围圈，构成主要项。这一步骤至关重要，是避免出现冗余项的主要措施。

（3）余下的 1 格都有两种或两种以上圈法，此时的原则是在保证有独立 1 格的前提下，包围圈越大越好，圈数越少越好，而且要确保 1 格至少被圈过一次。

（4）写出化简后的表达式。每个合并圈对应一个最简与项，其规则是，取值为 1 的变量用原变量表示，取值为 0 的变量用反变量表示，将这些变量相与，然后将所有与项进行逻辑加，即得出最简与或式。

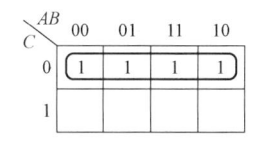

图 2-21 主要项示例 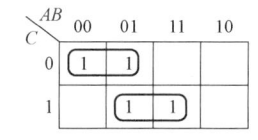　　图 2-22 必要项示例 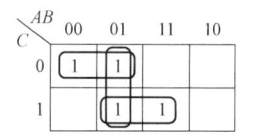　　图 2-23 冗余项示例

【例 2-5-5】用卡诺图化简 $F = AB + \overline{B}\overline{D} + BCD + \overline{A}CD$。

解：将逻辑函数式填入卡诺图，如图 2-24 所示。

（1）没有独立的 1 格。

（2）找出只有 1 种合并可能的 1 格，包括 m_0 和 m_{13}。

从 m_0 出发，可以和其他 3 个角的 1 格进行合并，得到 $\overline{B}\overline{D}$。

从 m_{13} 出发，可以和第 3 列的其他 1 格进行合并，得到 AB。

余下的没有被合并过的 1 格只有 m_3 和 m_7，将其合并为 $\overline{A}CD$。

因此，$F = AB + \overline{B}\overline{D} + \overline{A}CD$。

【例 2-5-6】用卡诺图化简 $F = \overline{A}\overline{B}CD + \overline{A}B\overline{C}D + A\overline{C}D + ABC + BD$。

解：将逻辑函数式填入卡诺图，如图 2-25 所示。

化简得

$$F = \overline{A}B\overline{C} + \overline{A}CD + A\overline{C}D + ABC$$

需要注意的是，中间四个 1 格对应的合并圈是多余的。

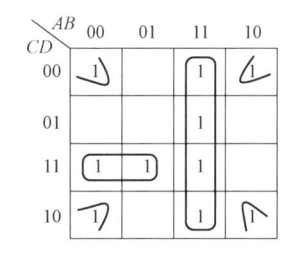

图 2-24 例 2-5-5 的卡诺图化简 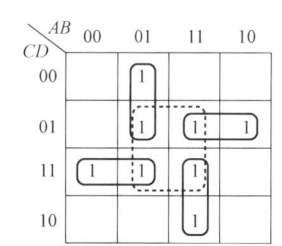　　图 2-25 例 2-5-6 的卡诺图化简

【例 2-5-7】化简逻辑函数 $F(A,B,C,D) = \sum m(2,5,6,7,8,9,10,11,14,15)$。

解：将逻辑函数式填入卡诺图，如图 2-26 所示。这里需要说明的是，对于最小项 m_{15} 对应的 1 格有两种合并方法，分别如图 2-26（a）和图 2-26（b）所示。

于是，$F = A\overline{B} + AC + \overline{A}BD + C\overline{D} = A\overline{B} + BC + \overline{A}BD + C\overline{D}$。

由此可见，一个逻辑函数的真值表是唯一的，卡诺图也是唯一的，但化简结果有时不是唯一的。

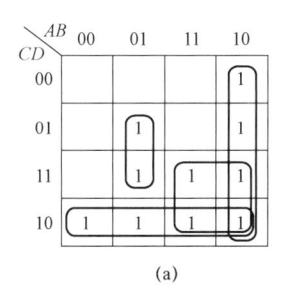

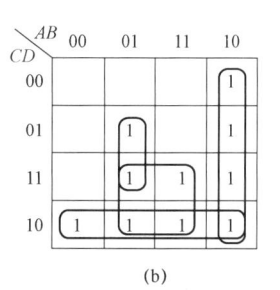

(a)　　(b)

图 2-26 例 2-5-7 的卡诺图化简

【例 2-5-8】已知两个逻辑函数的表达式分别为

$$X(A,B,C,D) = \sum m(1,5,7,8,10,11,15), \quad Y(A,B,C,D) = \sum m(1,4,6,9,10,12,13,14)。$$

利用卡诺图求出 $F = X \oplus Y$ 的最简与或式。

解： 先化成 F 的卡诺图，可以通过 X 和 Y 的卡诺图进行异或运算，即 X，Y 两个卡诺图相同位置上的数值（变量取值相同）进行异或运算，得 F 的卡诺图。图 2-27（a）和（b）所示分别为 X，Y 的卡诺图，图 2-27（c）所示为 F 的卡诺图。对 F 化简得 $F = B + A\bar{C} + AD$。

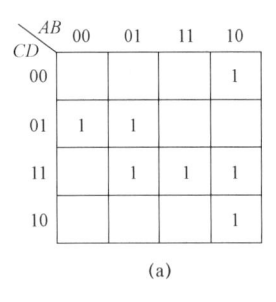

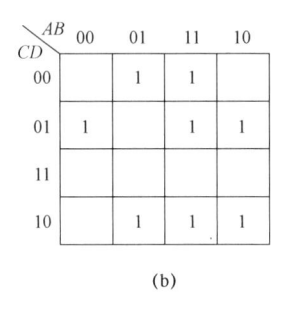

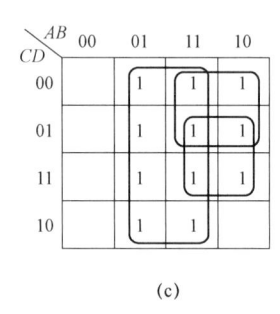

图 2-27 例 2-5-8 的卡诺图化简

上面的分析是将 1 格进行合并（简称为"圈 1 法"），即相邻最小项相与进行化简，得到最简与或式。如果对卡诺图中的 0 格进行合并，则可得到最简或与式，这称为"圈 0 法"。圈 0 法的步骤与圈 1 法完全相同，不同的是，由 2^i 个 0 格构成的合并圈由圈内取值不变的变量相或来表示（以原变量表示取值 0，以反变量表示取值 1），所有的或项再相与，即构成最简或与式。

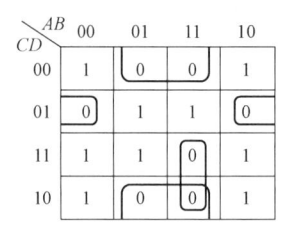

【例 2-5-9】用卡诺图将逻辑函数 $F(A,B,C,D) = \sum m(0,2,3,5,7,8,10,11,13)$ 化为最简或与式。

解： 将逻辑函数式填入卡诺图，并画出包含 0 的合并圈，如图 2-28 所示。

图 2-28 例 2-5-9 的卡诺图化简

$$\left. \begin{array}{l} \prod M(1,9) = B + C + \bar{D} \\ \prod M(14,15) = \bar{A} + \bar{B} + \bar{C} \\ \prod M(4,6,12,14) = \bar{B} + D \end{array} \right\} \Rightarrow F = (B + C + \bar{D})(\bar{A} + \bar{B} + \bar{C})(\bar{B} + D)$$

【例 2-5-10】用卡诺图将逻辑函数 F 分别化简为最简与或式和最简或与式。

$$F(A,B,C,D) = \sum m(0,2,3,4,8,9,10,11,12,13,14,15)$$

解： 将逻辑函数式填入卡诺图，如图 2-29 所示。在图 2-29（a）中圈 0，得到最简或与式为

$$F = (A + C + \bar{D})(A + \bar{B} + \bar{C})$$

在图 2-29（b）中圈 1，得到最简与或式为

$$F = \bar{C}\bar{D} + A + \bar{B}C$$

AB\CD	00	01	11	10
00	1	1	1	1
01	0	0	1	1
11	1	0	1	1
10	1	0	1	1

(a)

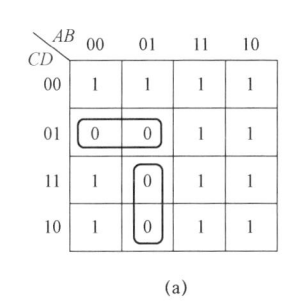

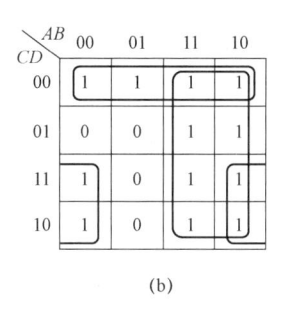

AB\CD	00	01	11	10
00	1	1	1	1
01	0	0	1	1
11	1	0	1	1
10	1	0	1	1

(b)

图 2-29 例 2-5-10 的卡诺图化简

4. 具有无关项的逻辑函数的化简（非完全描述逻辑函数的化简）

在前面讨论的逻辑函数的化简中，对于输入变量的取值组合，函数值是完全确定的，不是 0 就是 1。这类逻辑函数称为完全描述的逻辑函数。但是，在实际的数字系统中，由于实际条件的限制，输入变量的某些取值组合不会在电路中出现，或者某些取值组合所产生的输出不影响整个电路的工作情况。因此，对于这类输入变量的取值组合，就不必规定其输出是 0 还是 1，即它们可以是 0，也可以是 1，通常在卡诺图中将这类函数值记作"×"或者"φ"，在逻辑函数式中用字母 d 和相应的编号表示无关项。与这些输入变量的取值组合对应的最小项称为无关项。包含无关项的逻辑函数称为非完全描述的逻辑函数。

在某些实际问题的逻辑关系中，输入变量的某些取值组合不会出现，或者一旦出现，输出函数值可以是任意的，这样的取值组合所对应的最小项分别称为约束项和任意项，约束项和任意项统称为无关项。例如，用 ABCD 表示 8421BCD 码，在 ABCD 的取值组合中 1010～1111 是多余的，即最小项 $m_{10} \sim m_{15}$ 与函数值无关，这 6 个最小项的取值为 1 或 0 都不会影响函数值，因此它们的取值是任意的，可以表示为 $\sum d(10,11,12,13,14,15)$。

另一种无关项是某些输入变量的取值组合在客观上不会出现。例如，逻辑变量 A，B，C 分别表示电梯的升、降、停止三个命令。设定 A=1，B=1 和 C=1 分别表示电梯的升、降和停止，则 ABC 的可能取值为 001、010、100 三种情况，另外五种情况是不可能出现的，因为对应的约束项为 m_0，m_3，m_5，m_6，m_7。其约束关系为 $m_0 + m_3 + m_5 + m_6 + m_7 = 0$。这个式子成立的条件就是这 5 个约束项取值均为 0，即约束了 ABC 的取值只能为 001，010 和 100 三种情况。

在化简中，可以根据需要将无关项看作 1 或 0。在卡诺图中，无关项方格是作为 1 格还是作为 0 格，依化简需要灵活确定。

【例 2-5-11】 用卡诺图化简含有无关项的逻辑函数
$$F(A,B,C,D) = \sum m(0,1,4,6,9,13) + \sum d(2,3,5,7,10,11,15)$$

解： 将表达式填入卡诺图，最小项填 1，无关项填 "×"，并画出合并圈，如图 2-30 所示，于是得到 $F(A,B,C,D) = \overline{A} + D$。

可以看出，合理利用无关项，可以使化简结果简化。这里，为了使化简结果最简，把无关项 d_2，d_3，d_5，d_7，d_{11}，d_{15} 当成 1 处理，把无关项 d_{10} 当成 0 处理。

【例 2-5-12】 用卡诺图将逻辑函数 $\begin{cases} F(A,B,C,D) = \sum m(2,4,6,8) \\ \overline{A}\,\overline{B}\,\overline{C} + AB\overline{C}D = 0 \end{cases}$ 化为最简或与式。

解： 画出 F 的卡诺图，如图 2-31 所示。$\overline{A}\,\overline{B}\,\overline{C} + AB\overline{C}D = 0$ 是约束条件，表示 $\overline{A}\,\overline{B}\,\overline{C}$ 和 $AB\overline{C}D$

必须都为 0，即这两项为无关项，因此，在卡诺图中 $\overline{A}\overline{B}\overline{C}$ 和 $AB\overline{C}D$ 的位置填 "×"。

圈 0 求得最简与或式：$F = (\overline{A} + \overline{B})\overline{D}(\overline{A} + \overline{C})$。

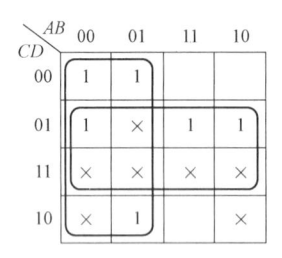

图 2-30 例 2-5-11 的卡诺图化简

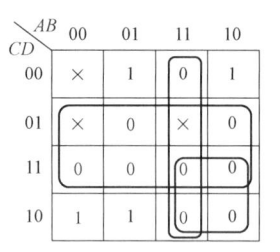

图 2-31 例 2-5-12 的卡诺图化简

本章小结

本章主要内容：

（1）基本逻辑概念、逻辑代数中的三种基本运算（与、或、非）及其复合运算（与非、或非、与或非、同或、异或等）。

（2）逻辑代数运算的基本规律（变量和常量的关系、交换律、结合律、分配律、重叠律、反演律、调换律等）。

（3）逻辑代数的基本运算公式及三个规则（代入规则、反演规则和对偶规则）。

（4）逻辑函数的五种表示方法（真值表、逻辑函数式、卡诺图、逻辑电路图及硬件描述语言）及其之间关系。

（5）逻辑函数的两种化简方法（公式化简法和卡诺图法）。

重点：

（1）逻辑代数中的基本公式、基本定理和基本定律、常用公式。

（2）逻辑函数的真值表、表达式（逻辑函数式）、卡诺图及其相互转换。

（3）逻辑函数的公式化简法和卡诺图法。

难点： 逻辑函数的公式化简法和卡诺图法。

本章习题

一、思考题

1. 逻辑代数中有哪些基本运算？它们的含义是什么？
2. 什么是逻辑函数？如何由真值表写出逻辑函数式？
3. 什么是最小项？什么是最小项表达式？
4. 什么是最大项？什么是最大项表达式？
5. 最大项表达式和最小项表达式如何互相转换？
6. 逻辑函数有哪些表示方法？
7. 什么是逻辑函数化简？其基本原则是什么？
8. 什么是卡诺图？用卡诺图化简逻辑函数的基本方法是什么？

9. 逻辑代数中反演规则和对偶规则的含义是什么？它们有什么用途？

二、判断题

1. 在输入全部是 0 的情况下，函数 $Y = \overline{A+B}$ 的运算结果是 0。（   ）
2. 逻辑变量取值的 0 和 1 表示事物相互独立而又联系的两个方面。（   ）
3. 在变量 A，B 取值相异时，其逻辑函数值为 1，相同时为 0，这称为异或运算。（   ）
4. 在逻辑函数的卡诺图中，相邻最小项可以合并。（   ）
5. 对任意一个最小项，只有一种输入变量的取值组合使它的值为 1。（   ）
6. 任意两个不同的最小项之积恒为 0。（   ）
7. 在逻辑函数式中，如果一个乘积项包含的输入变量最少，那么该乘积项叫作最小项。（   ）
8. 证明两个函数是否相等，只要比较它们的真值表是否相同即可。（   ）
9. 当决定一件事情的所有条件全部具备时，这件事情才发生，这样的逻辑关系称为非。（   ）
10. 若两个逻辑函数相等，则它们的真值表一定相同；反之，若两个逻辑函数的真值表完全相同，则这两个逻辑函数未必相等。（   ）
11. 任何一个逻辑函数都可以写成最小项的形式。（   ）
12. 任何一个逻辑函数的真值表都是唯一的，但卡诺图不唯一。（   ）
13. 任何一个逻辑函数的表达式不唯一，但最简式却是唯一的。（   ）
14. 约束项在化简逻辑函数时可以当作 1，因为在实际电路中，这种输入变量的取值组合根本不可能出现。（   ）
15. 在卡诺图中几何相邻的最小项一定逻辑相邻，逻辑相邻的最小项也一定几何相邻。（   ）
16. 真值表和卡诺图是一一对应的关系，真值表和逻辑函数式也是一一对应的关系。（   ）

三、单项选择题

1. n 变量的逻辑函数应该有（   ）最小项。
   A. $2n$ 个   B. n^2 个   C. 2^n 个   D. (2^n-1) 个
2. 下列异或运算的式子中不正确的是（   ）。
   A. $A \oplus A = 0$ B. $\overline{A} \oplus A = 0$ C. $A \oplus 0 = A$ D. $A \oplus 1 = \overline{A}$
3. 连续异或 5 个 1 的结果是（   ）。
   A. 0   B. 1   C. 不确定   D. 逻辑概念错误
4. 与逻辑函数 $F = \overline{A+B+C+D}$ 功能相等的表达式为（   ）。
   A. $F = \overline{A} + \overline{B} + \overline{C} + \overline{D}$ C. $F = \overline{A} \cdot \overline{B} \cdot \overline{C} \cdot \overline{D}$
   B. $F = \overline{A+B} + \overline{C+D}$ D. $F = \overline{A} \cdot \overline{B} + \overline{C} + \overline{D}$
5. 在（   ）的情况下，逻辑函数 $Y = \overline{AB}$ 运算的结果是 1。
   A. 全部输入是 1   B. 任一输入是 0
   C. 任一输入是 1   D. 以上都不对
6. 全部最小项之和恒为（   ）。
   A. 0   B. 1   C. 0 或 1   D. 非 0 非 1

7. 下列逻辑式中正确的是（　　）。
A. $A \cdot \bar{A} = 0$　　B. $A \cdot A = 1$　　C. $A \cdot A = 0$　　D. $A + \bar{A} = 0$

8. 逻辑函数式 $\bar{A}B + A\bar{B} + AB$ 化简后的结果是（　　）。
A. AB　　B. $\bar{A}B + A\bar{B}$　　C. $A + B$　　D. $AB + \bar{A} \cdot \bar{B}$

四、填空题

1. 逻辑函数 $F = A + \bar{A}B$ 可化简为_____。
2. 逻辑函数 $F = A\bar{B} + \bar{A}B$ 的对偶函数为_____。
3. 最基本的三种逻辑运算是_____、_____、_____。
4. 逻辑函数 $F(A,B,C) = 1 \oplus \bar{A} \oplus AB$ 的标准积之和式为 $F(A,B,C) = \sum m$ _____。
5. 若 $a_1 \odot a_2 \odot \cdots \odot a_n = a_1 \oplus a_2 \oplus \cdots \oplus a_n$，则 n 为_____；若 $\overline{a_1 \odot a_2 \odot \cdots \odot a_n} = a_1 \oplus a_2 \oplus \cdots \oplus a_n$，则 n 为_____。
6. $F = AB + BC + CD$ 的最大项和最小项表达式为_____。
7. $F(A,B,C) = \sum m(0,1,3) = \prod M$ _____。
8. $F(A,B,C,D) = \sum m(0,1,2,4,8,10,12)$，则其对偶式 $F^*(A,B,C,D) = \sum m$ _____。

五、计算题

1. 用逻辑代数公式将下列逻辑函数化成最简与或式。
（1）$F = A\bar{B} + A\bar{C} + A\bar{C} \cdot \bar{D}$；
（2）$F = (A + \bar{A}C)(A + CD + D)$；
（3）$F = \bar{B} \cdot \bar{D} + \bar{D} + D(B + C)(\bar{A} \cdot \bar{D} + \bar{B})$；
（4）$F = \bar{A} \cdot \bar{B} \cdot \bar{C} + AD + (B + C)D$；
（5）$F = \overline{\overline{AC} + \bar{B}C} + B(A \oplus C)$；
（6）$F = \overline{(A \oplus B)(B \oplus C)}$；
（7）$F = (A + B)(A + \bar{B})(\bar{A} + B) + ABC(\bar{A} + \bar{B} + \bar{C})$。

2. 用卡诺图将下列逻辑函数化成最简与或式。
（1）$F = (A \oplus B)C\bar{D} + \bar{A}B\bar{C} + \bar{A} \cdot \bar{C}D$ 且 $AB + CD = 0$；
（2）$F = \bar{A}C + A\bar{B}$ 且 A、B、C 不能同时为 0 或同时为 1；
（3）$F(A,B,C) = \sum m(3,5,6,7) + \sum d(2,4)$；
（4）$F(A,B,C,D) = \sum m(0,4,6,8,13) + \sum d(1,2,3,9,10)$；
（5）$F(A,B,C,D) = \sum m(0,1,8,10) + \sum d(2,3,4,5,11)$；
（6）$F(A,B,C,D) = \sum m(3,5,8,9,10,12) + \sum d(0,1,2,13)$。

3. 写出下列各逻辑函数和它们的对偶式、反演式的最小项表达式。
（1）$F(A,B,C,D) = ABCD + ACD + B\bar{D}$；
（2）$F(A,B,C) = A\bar{B} + \bar{A}B + BC$；
（3）$F(A,B,C,D) = \overline{\overline{AB + C} + BD + \overline{AD} + \bar{B} + \bar{C}}$。

第3章 集成门电路

知识目标：知晓门电路的定义及分类方法，二极管、三极管的开关特性；能够说出分立元件组成的门电路的工作原理；能够写出其他 TTL 门（与非门、或非门、异或门、三态门、OC 门）电路及 CMOS 门电路的表达式。

能力目标：在实际电路中熟练应用门电路的外部特性，并能够对特殊门电路的功能进行分析。

素质目标：培养奉献社会的职业道德和职业精神。

【研讨1】芯片被誉为现代工业文明的"心脏"，在全球化的大背景下，已经成为了国与国之间竞争的焦点。在面对外部压力和内部挑战的双重背景下，中国的芯片产业在近年来取得了令人瞩目的成绩。结合本章的内容，了解芯片的制作流程以及相关行业的发展现状。

【研讨2】阐述如何用 CMOS 电路驱动 TTL 电路。

3.1 半导体器件的开关特性

3.1.1 二极管的开关特性

二极管由 PN 结构成，具有单向导电性。在开关电路近似的分析中，二极管可以当作一个理想开关来分析，但在实际电路中，二极管与理想开关不同。

1. 二极管的稳态特性

二极管在导通和截止两个稳定状态下的特性称为二极管的静态特性。二极管的伏安特性曲线如图 3-1 所示。

从图 3-1 可以看出，当外加正向电压 v_D 时，正向电流 i_D 随着正向电压的增加按指数规律增加。当外加正向电压 v_D 较小时，通过二极管的电流很小。只有当外加正向电压增加到一定值 V_{th} 以后，电流 i_D 才有明显的数值，并且随着电压 v_D 的增加，电流 i_D 有显著的增加。通常把电压 V_{th} 称为二极管的门限电压。一般地，硅管的门限电压为

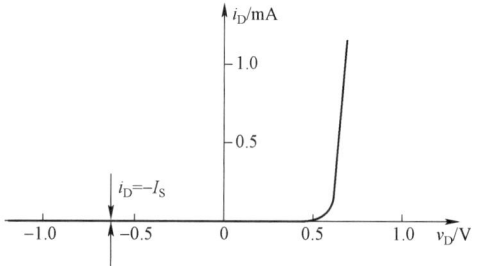

图 3-1 二极管的伏安特性曲线

0.6～0.7V，锗管的门限电压为 0.2～0.3V。当外加反向电压时，二极管截止，仅有较小的反向电流，反向电流的值较小，一般硅管为10^{-15}～10^{-10} A，锗管为10^{-10}～10^{-7} A，常常可以忽略不计。

2. 二极管的瞬态开关特性

电路处于瞬变状态下二极管所呈现的开关特性称为瞬态开关特性，具体来说，就是二极管在大信号作用下，由导通到截止或者由截止到导通时所呈现的开关特性。

在图 3-2（a）所示的电路中，二极管 D 的工作状态由输入电压 v_I 决定，输入电压 v_I 的波形如图 3-2（b）所示。

用二极管的理想模型进行分析。当 $v_I = V_F$ 时，二极管导通，二极管两端的正向电压为 $v_D = 0$，通过二极管的正向电流 $i_D = I_F = V_F / R$；当 $v_I = -V_R$ 时，二极管截止，二极管两端的反向电压为 $v_D = -V_R$，通过二极管的正向电流 $i_D = 0$。

在稳态 $v_I = V_F$ 时，二极管正向导通，PN 结空间电荷区变窄，P 区中的空穴、N 区中的电子不断向对方区域扩散，并在对方区域内形成一定的电荷存储，建立一定的少子浓度分布。正向导通电流越大，存储载流子数目越多，少子浓度梯度越陡。在稳态 $v_I = -V_R$ 时，二极管截止，PN 结空间电荷区变宽，电流很小，近似为 0 A。图 3-3 所示为二极管的瞬态开关特性的波形。

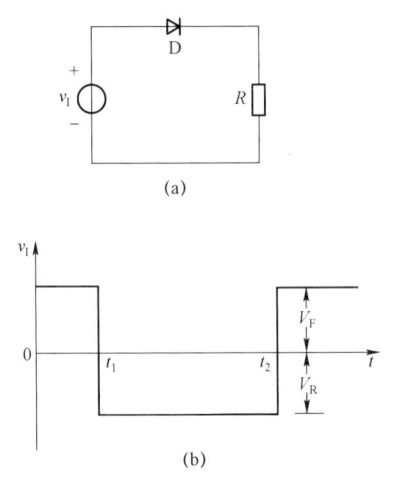

图 3-2 二极管电路

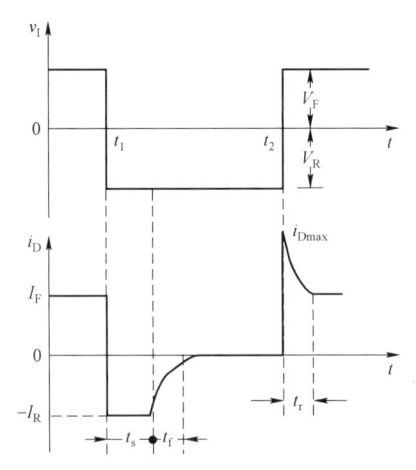

图 3-3 二极管的瞬态开关特性的波形

当 $t < t_1$ 时，二极管稳定工作在导通状态，导通电压 $v_D \approx 0.7$ V（以硅管为例），导通电流 $i_D = I_F = (V_F - v_D) / R \approx V_F / R$。

当 $t = t_1$ 时，外加电压 v_I 突然由 V_F 下跳为 $-V_R$，由于正向导通时二极管存储的电荷不可能立即消失，所以这些存储电荷的存在，使 PN 结仍维持正向偏置；但在外加反向电压的作用下，P 区的电子被拉回 N 区，N 区的空穴被拉回 P 区，使这些存储电荷形成漂移电流，$i_D = (v_I - v_D) / R \approx -V_R / R$，使存储电荷不断减少。从 v_I 负跳变开始至反向电流 i_D 降至 $0.9 I_R$ 所需驱散存储电荷的时间，称为存储时间 t_s。在这段时间内，PN 结仍处于正向偏置，反向电流近似不变。

经过 t_s 时间后，P 区和 N 区的存储电荷已显著减少，反向电流一方面使存储电荷继续消失，另一方面使空间电荷区逐渐加宽，PN 结由正向偏置转为反向偏置，二极管逐渐转为截止状态，反向电流由 I_R 逐渐减小至反向饱和电流值。这段时间称为下降时间 t_f，通常以 $0.9I_R$ 下降至 $0.1I_R$ 所需的时间确定下降时间。$t_{rr}=t_s+t_f$，称为反向恢复时间。通常以 V_R 负跳变开始到反向电流减小到 $0.1I_R$ 所需的时间来确定 t_{rr}。反向恢复时间是影响二极管开关速度的主要原因，是二极管开关特性的重要参数。

在这之后直到 t_2 的时间，二极管处于反向截止状态，空间电荷区很宽。当 $t=t_2$ 时，外加电压 v_I 突然由 $-V_R$ 上跳为 V_F。二极管两端的电压不能跳变，这样使电阻两端电压瞬间提高，$v_R=v_I-v_D=V_F-(-V_R)=V_F+V_R$，因此在此瞬间电路中产生瞬时大电流 $i_{Dmax}=(V_R+V_F)/R$，这一瞬时大电流使空间电荷区变窄，同时使载流子扩散，并迅速在对方区域内建立相应的少子浓度分布。PN 结导通后，正向电压很低，i_D 由 i_{Dmax} 迅速减小至 $i_D=i_F=V_F/R$。从 v_I 正向跳变开始到二极管达到正向导通这一过程的时间称为二极管的正向恢复时间（t_r）。由于在这一过程中 v_D 不断上升，所以通常用 $i_{Dmax}=(V_R+V_F)/R$ 减小至 $i_D=V_F/R$ 所需的时间表示 t_r。一般 $t_r \ll t_{rr}$，所以可以忽略不计。

3.1.2 三极管的开关特性

1. 三极管的稳态开关特性

NPN 型三极管开关电路如图 3-4 所示。输入电压 v_I 通过电阻 R_b 作用于三极管 T 的发射结，输出电压 v_O 由三极管的集电极取出。三极管的输入回路和输出回路的电压-电流关系为

$$v_{BE}=v_I-i_B R_b \quad (3-1)$$
$$v_O=v_{CE}=V_{CC}-i_C R_c \quad (3-2)$$

图 3-4 所示电路的电压传输特性如图 3-5 所示（设定了电路参数），可以看到随着输入电压的不同，三极管分别工作在截止区、放大区和饱和区。NPN 型三极管工作状态的特点如表 3-1 所示。

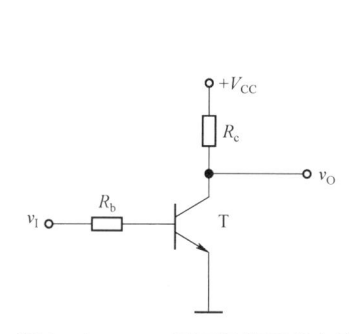

图 3-4 NPN 型三极管开关电路

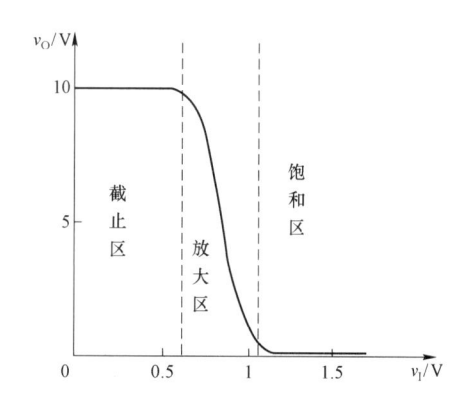

图 3-5 共射电路的电压传输特性

表 3-1　NPN 型三极管工作状态的特点

工作状态	截止	放大	饱和
条件	$i_B = 0$	$0 < i_B < \dfrac{I_{CS}}{\beta}$	$i_B > \dfrac{I_{CS}}{\beta}$
偏置	发射结反偏；集电结反偏	发射结正偏；集电结反偏	发射结正偏；集电结正偏
集电极电流	$i_C = I_{CEO} \approx 0\,\text{A}$	$i_C = \beta i_B$	$i_C = I_{CS} = \dfrac{V_{CC} - V_{CE(sat)}}{R_c}$
管压降	$v_O = V_{CC}$	$v_O = V_{CC} - i_C R_c$	$v_O = V_{CE(sat)}$
集电极与发射集之间的等效电阻	约为数千欧；相当于开关断开	可变	很小，约为数百欧；相当于开关闭合

在模拟放大电路中，主要应用三极管的放大区。在数字逻辑电路中，三极管作为开关器件应用，工作在截止区或者饱和区。三极管作为开关，工作在截止状态，称为稳态断开状态，此时 $i_C \approx 0\,\text{A}$，$v_O \approx V_{CC}$；三极管工作在饱和状态时称为稳态闭合状态，此时 $i_B > I_{CS}/\beta$，$v_O = V_{CE(sat)} \approx 0.3\,\text{V}$。其中，$I_{CS}$ 为临界饱和集电极电流：

$$I_{CS} = \frac{V_{CC} - V_{CE(sat)}}{R_c} \tag{3-3}$$

简言之，当输入信号 $v_I \leqslant 0\,\text{V}$，即 $v_{BE} \leqslant 0\,\text{V}$，发射结反偏时，有 $i_B = 0\,\text{A}$，$i_C \approx 0\,\text{A}$。此时，三极管的集电极和发射极之间像断开的开关一样，$v_O = V_{CC} = V_{OH}$，其等效电路如图 3-6（a）所示。当输入信号 $v_I > 0\,\text{V}$，即发射结正偏时，只要参数选择合适，使 $i_B > \dfrac{I_{CS}}{\beta}$，则集电结也正偏，此时三极管工作在饱和区，$i_C$ 不随 i_B 的增加而增加，集电极与发射集之间的电压为集电极饱和电压 $V_{CE(sat)}$，数值较小，为低电平。这时，集电极和发射极之间相当于短路，可被看作闭合的开关，其等效电路如图 3-6（b）所示，输出电位为低电平，$v_O = V_{CE(sat)} = V_{OL}$。

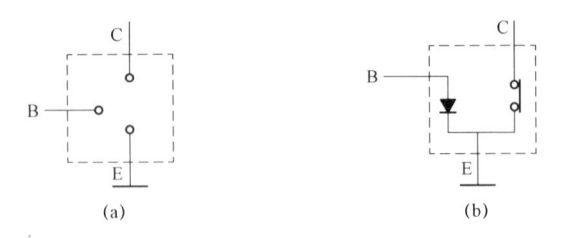

图 3-6　三极管的开关等效电路

2. 三极管的瞬态开关特性

三极管开关稳态是指三极管处于截止或饱和状态，在外加信号的作用下，三极管由截止状态转向饱和状态或由饱和状态转向截止状态的过渡过程为瞬态开关特性，如图 3-7 所示。

在过渡过程中，三极管处于放大状态。

由图 3-7 可见，在输入电压 v_I 由 −V 跳至 +V 时，三极管不能立即导通，要经历一段延迟时间 t_d 和一个上升时间 t_r，i_C 才能接近最大值 I_{CS}。通常将输入电压 v_I 正跳变开始到集电极电流增大到 $0.1I_{CS}$ 所需的时间称为延迟时间 t_d，将 i_C 由 $0.1I_{CS}$ 增大至 $0.9I_{CS}$ 所需的时间称为上升时间 t_r。将延迟时间和上升时间之和称为开启时间 t_{on}，其大小为 $t_{on} = t_d + t_r$。

当输入电压 v_I 由 +V 跳至 −V 时，三极管也不能立即截止，要经历一段存储时间 t_s 和下降时间 t_f，i_C 才能逐渐减小为零。通常将输入电压 v_I 负跳变开始到集电极电流减小到 $0.9I_{CS}$ 所需的时间称为存储时间 t_s，将 i_C 从 $0.9I_{CS}$ 减小至 $0.1I_{CS}$ 所需的时间称为下降时间 t_f。三极管由饱和状态转向截止状态所经历的时间称为关断时间 t_{off}，其大小为 $t_{off} = t_s + t_f$。

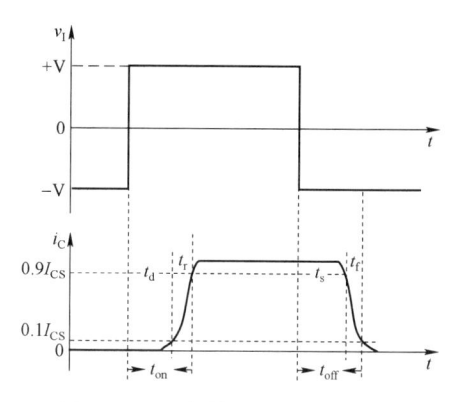

图 3-7 三极管的瞬态开关特性

3.1.3 MOS 管的开关特性

1. MOS 管的静态开关特性

N 沟道增强型 MOS 管开关电路如图 3-8（a）所示。输入电压 v_I 接入栅极，漏极经电阻 R_D 接到电源 V_{DD} 上，其开启电压为 V_T。当输入电压 v_I 为高电平时，由于 $v_I > V_T$，MOS 管导通，漏、源极间呈现低阻态，导通电阻 R_{on} 约为几百欧姆，相当于开关闭合，输出 v_O 为低电平 V_{OL}。当输入电压 v_I 为低电平时，由于 $v_I < V_T$，MOS 管截止，漏、源极之间电流为零，相当于开关断开，输出 v_O 为高电平 V_{DD}。图 3-8（b）所示为 MOS 管的电压传输特性曲线，其分为三个工作区，即截止区、恒流区和可变电阻区。

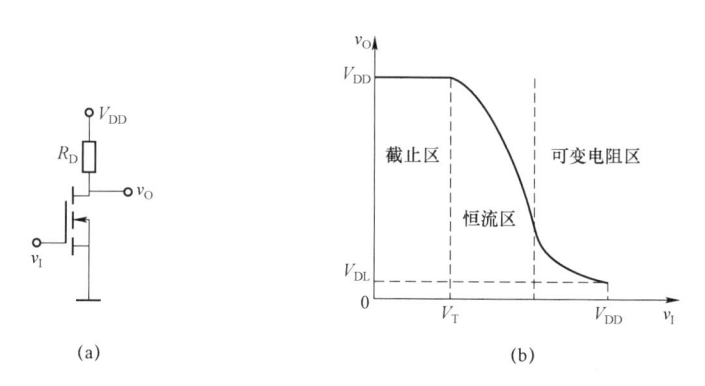

图 3-8 MOS 管的静态开关特性

MOS 管应用于开关状态时，主要应用截止区和可变电阻区，其等效电路如图 3-9 所示。

2. MOS 管的动态开关特性

在 MOS 管内部，栅极−源极、栅极−漏极、源极−衬底、漏极−衬底之间都存在电容，这些电容直接影响 MOS 管的动态开关特性。为了简化分析，将各电容折算，合并为输出负载

图 3-9 MOS 管开关等效电路

（a）截止状态；（b）导通状态

电容 C_L，其等效电路如图 3-10（a）所示。由于 MOS 管是单极型器件，所以其导电沟道的形成和消散所需的时间很短，MOS 管的开关速度主要受负载电容的影响，存在开启时间 t_{on} 和关断时间 t_{off}，如图 3-10（b）所示。MOS 管的开关速度要比三极管低，在实际应用时对信号频率有一定的要求。

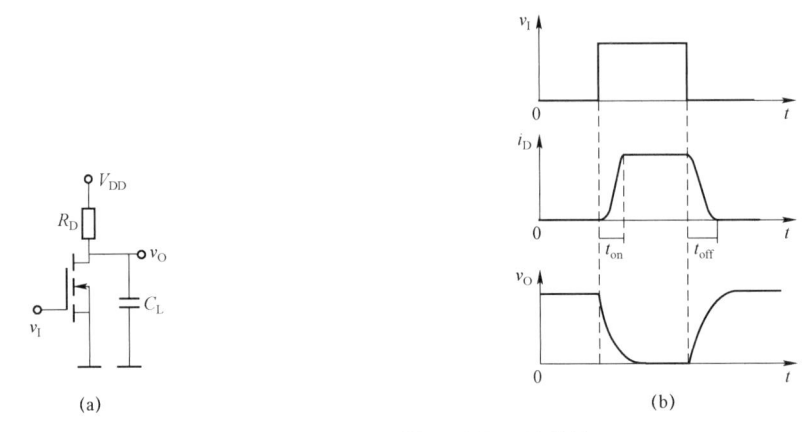

图 3-10 MOS 管的动态开关特性

3.2 TTL 门电路

集成逻辑门电路把所有分立元件及连接导线制作在一块半导体芯片上，输入/输出端的结构形式都采用三极管器件的，称为三极管-三极管集成逻辑（Transistor-Transistor Logic）门电路，简称为 TTL 门电路。

3.2.1 TTL 与非门电路的工作原理

1. TTL 与非门的电路结构

图 3-11 所示电路为典型的 TTL 与非门电路，图中 $V_{CC}=5\text{ V}$。它由三部分组成，T_1，R_1，D_1，D_2 和 D_3 组成输入级，R_2，R_3 和 T_2 组成中间级，R_4，T_3，T_4 和 D_4 组成输出级。

T_1 为多发射极三极管，图 3-12 所示为其等效电路，使输入信号实现了相与运算，即

$$\text{输出}(B_1 \text{端}) = A \cdot B \cdot C \tag{3-4}$$

D_1，D_2 和 D_3 为输入钳位二极管，用于抑制输入端出现的负极性干扰，对三极管 T_1 具有

图 3-11 TTL 与非门电路

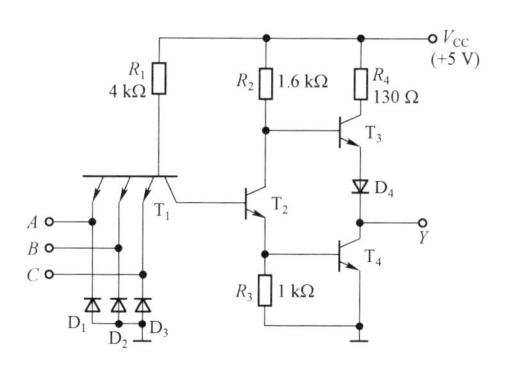

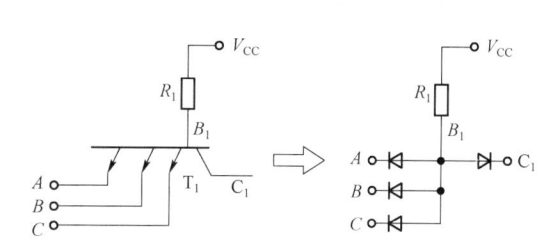

图 3-12 多发射极三极管 T_1 的等效电路

保护作用。T_2 的集电极和发射极分别输出两个不同逻辑电平的信号，分别驱动 T_3 和 T_4。因此，T_3 和 T_4 工作时轮流导通，具有较小的输出电阻。

2. TTL 与非门电路的工作情况

当输入信号 A、B 和 C 中至少有一个为低电平 V_{IL}（例如，$V_A = V_C = 3.6\text{V}$，$V_B = 0.3\text{V}$）时，多发射极三极管 T_1 的基极和输入信号 B 所在的发射极之间有一个导通压降（大约为 0.7V），因此 T_1 的基极电位约为 1V。这时，T_2 和 T_4 均不会导通，T_2 的基极反向电流即 T_1 的集电极电流，其值很小，因此 T_1 处于深度饱和状态，$V_{CE(sat)1} \approx 0.1\text{V}$，$T_1$ 的集电极电位约为 $v_{C1} = V_{IL} + V_{CE(sat)1} \approx 0.4\text{V}$。由于 T_2 截止，所以 V_{CC} 经过 R_2 驱动 T_3 和 D_4，使 T_3 和 D_4 处于导通状态。T_3 发射结的导通压降和 D_4 的导通压降都约为 0.7V，所以输出电压 v_O 为

$$v_O = V_{CC} - i_{B3}R_2 - v_{BE3} - v_{D4} \tag{3-5}$$

由于基极电流 i_{B3} 很小，所以可以忽略不计，则输出电压 v_O 为高电平，即 $v_O \approx V_{CC} - v_{BE3} - v_{D4} = 5 - 0.7 - 0.7 = 3.6(\text{V})$。

当输入信号 A、B 和 C 全部为高电平 V_{IH}（例如，$V_A = V_B = V_C = 3.6\text{V}$）时，$T_1$ 的基极电位升高，足以使 T_1 的集电结、T_2 和 T_4 的发射结导通，假设每个 PN 结导通压降均为 0.7V，则 T_1 的基极电位被钳位在 2.1V 左右。这时，$v_{E1} = 3.6\text{V}$，$v_{B1} = 2.1\text{V}$，$v_{C1} = 1.4\text{V}$，三极管 T_1 处于发射结反偏、集电结正偏的状态，称为"倒置"状态，这属于三极管的反向应用。T_2 处于饱和导通状态，$V_{CE(sat)2} \approx 0.3\text{V}$，$T_2$ 的集电极电位为 $v_{C2} = V_{CE(sat)2} + v_{BE4} \approx 0.3 + 0.7 = 1(\text{V})$。因此，$T_3$ 和 D_4 截止。T_2 的发射极向 T_4 提供足够的基极电流，使 T_4 处于饱和状态，因此输出 v_O 为低电平，即 $v_O = V_{CE(sat)4} \approx 0.3\text{V}$。

由上述分析可知，只要当输入信号中有一个是低电平时，输出即高电平，这时 T_4 截止，称电路处于关态；只有当输入信号全部为高电平时，输出才为低电平，这时 T_4 饱和，称电路处于开态。因此，图 3-11 所示电路具有与非逻辑功能。在两种工作状态下，图 3-11 中各晶体管的工作状态如表 3-2 所示。

表 3-2 TTL 与非门电路中各晶体管的工作状态

输出	T_1	T_2	T_3	D_4	T_4
高电平（关态）	饱和	截止	导通	导通	截止
低电平（开态）	倒置	饱和	截止	截止	饱和

3. TTL 与非门电路的特点

（1）采用了推拉式输出电路，提高了带负载能力。

图 3-11 所示的 TTL 与非门电路处于关态时，T_3 和 D_4 处于导通状态，使输出级工作在射极输出状态，呈现低阻态输出；当电路处于开态时，由于 T_4 处于饱和状态，所以输出电阻也是很小的。这样，在稳态时，不论电路处于开态还是关态，均具有较小的输出电阻，从而大大提高了带负载能力。

（2）多发射极三极管和推拉式输出电路共同作用，大大提高了工作速度。

当电路由开态向关态转换时，即在输入信号全部为高电平后，输入信号中有一个变为低电平时，三极管 T_1 由原来的倒置状态转变为正常的放大状态，将有一个较大的集电极电流 i_{C1} 产生，这个电流的方向是从 T_2 的基极流出，恰好是 T_2 的反向驱动基极电流，可以迅速消散 T_2 基极存储的电荷，加速 T_2 由饱和状态向截止状态的转换。同时，T_2 的截止使 T_2 的集电极电位迅速升高，T_3 也迅速由截止状态转为导通状态，这样 T_4 集电极电流瞬间很大，从而提高了 T_4 脱离饱和状态的速度，提高了电路的转换速度。一般地，TTL 与非门电路的平均延迟时间为几十纳秒。

3.2.2　TTL 与非门电路的主要参数

1. 电压传输特性

电压传输特性是指输出电压 v_O 随输入电压 v_I 变化的曲线。由电压传输特性曲线，可以反映 TTL 与非门电路的主要参数。图 3-11 所示的 TTL 与非门电路的电压传输特性如图 3-13 所示，分为四个区段。

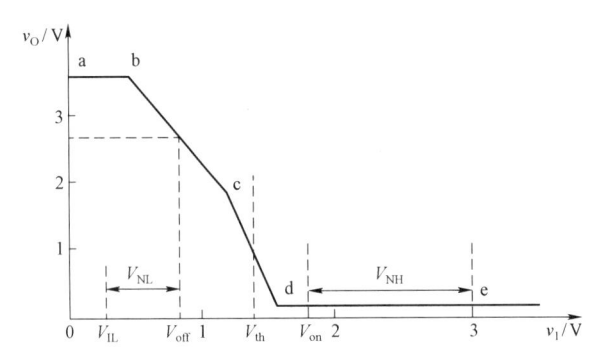

图 3-13　TTL 与非门电路的电压传输特性

（1）ab 段（截止区）。

在这一段，输入电压 $v_I < 0.6$ V，T_1 饱和导通，T_2 和 T_4 均处于截止状态，T_3 和 D_4 导通，输出高电平，电路处于稳定的关态，故 ab 段称为截止区。

（2）bc 段（线性区）。

在这一段，输入电压 0.6 V $< v_I < 1.3$ V，此时 T_1 仍处于饱和导通状态，T_1 的集电极电位 0.7 V $< v_{C1} < 1.4$ V。这时，T_2 导通，工作在放大区，T_4 仍处于截止状态。由于 T_2 导通，所以输出电压为

$$v_O \approx V_{CC} - i_{C2}R_2 - v_{BE3} - v_{D4} \tag{3-6}$$

式中，$v_{BE3} \approx v_{D4} \approx 0.7$ V。由于 T_2 工作在放大区，i_{C2} 随着 v_I 的增大而增大，所以 v_O 随着 v_I 的

增大而线性下降，故 bc 段称为线性区。

（3）cd 段（转折区）。

当输入电压 v_I 升高到接近 1.4V 时，即 T_1 的基极电位接近 2.1 V，输出电压 v_O 迅速下降。因为此时 T_4 开始导通，T_2 尚未饱和，T_2、T_3 和 T_4 均处于放大状态，所以 v_I 略有上升，输出电压 v_O 迅速下降。当输入电压达到 1.4V 之后，T_3 和 D_4 趋于截止，T_2 和 T_4 趋于饱和，电路状态由关态转换为开态。这一段的斜率比 bc 段大得多，称为转折区。同时，把 1.4V 作为分界输入，称为阈值电压（或门限电压）。也可以近似理解为，当输入信号电压都高于 1.4V 时，T_1 的集电结、T_2 的发射结和 T_4 的发射结均导通，$V_{B1} = 2.1$ V，输出为低电平；若有一个输入信号电压低于 1.4V，则 T_1 的基极电压 V_{B1} 将低于 2.1V，T_4 的发射结不能导通，输出为高电平。

（4）de 段（饱和区）。

随着输入电压 v_I 的继续升高，T_1 进入倒置状态，T_3 和 D_4 进入截止状态，T_4 进入饱和状态，输出低电平近似为 0.3V，电路进入稳定的开态，故这一段称为饱和区。

电压传输特性中可以反映 TTL 与非门电路的几个主要参数。

（1）输出逻辑高电平 V_{OH} 和输出逻辑低电平 V_{OL}。

通常，$V_{OH} \approx 3.6$ V，$V_{OL} \approx 0.3$ V。

（2）开门电平 V_{on} 和关门电平 V_{off}。

由于器件制造中的差异，输出高电平和输出低电平略有差异。因此，通常固定 TTL 与非门电路输出高电平 $V_{OH} = 3$ V 和输出低电平 $V_{OL} = 0.35$ V 为额定逻辑高、低电平。在保证输出为额定高电平的 90%（即 2.7 V）的条件下，允许的输入低电平的最大值称为关门电平 V_{off}；在保证输出为额定低电平（0.35 V）的条件下，允许的输入高电平的最小值称为开门电平 V_{on}。一般地，$V_{off} \leqslant 0.8$ V，$V_{on} \geqslant 1.8$ V。

（3）阈值电压 V_{th}。

阈值电压是指电压传输特性曲线转折区中点对应的输入电压。可以近似地认为，当 $v_I < V_{th}$ 时，$v_O = V_{OH}$；当 $v_I > V_{th}$ 时，$v_O = V_{OL}$。通常 $V_{th} \approx 1.4$ V。

（4）噪声容限。

在数字集成电路中，经常以噪声容限的数值来定量说明电路的抗干扰能力。当输入信号为低电平时，电路应处于稳定的关态，在受到噪声干扰时，电路能允许的噪声干扰以不破坏其关态为原则。因此，输入低电平加上瞬态的干扰信号不应超过关门电平 V_{off}。在输入低电平时，允许的干扰容限为低电平噪声容限，即

$$V_{NL} + V_{IL} \leqslant V_{off} \tag{3-7}$$

同理，在输入高电平时，为了保证电路稳定在开态，输入高电平加上瞬态的干扰信号不应低于开门电平 V_{on}。因此，在输入高电平时，允许的干扰容限为高电平噪声容限，即

$$V_{NH} + V_{IH} \geqslant V_{on} \tag{3-8}$$

2. 输入特性

输入特性是指输入电压与输入电流之间的关系。TTL 与非门电路的输入特性曲线如图 3-14 所示，以流入输入端为正方向。

当输入为低电平 V_{IL} 时，T_2 和 T_4 截止，T_1 导通且

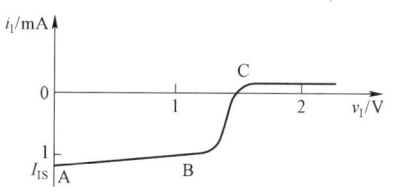

图 3-14　TTL 与非门电路的输入特性曲线

工作在饱和状态,电源通过 R_1 向 T_1 的发射极提供电流,这一电流称为输入低电平电流,用 I_{IL} 表示。

输入低电平电流随着输入低电平电压线性变换,如图 3-14 中 AB 段所示。

当输入信号为 1.3～1.5 V 时,T_4 开始导通,v_{B1} 被钳位在 2.1 V,T_1 处于倒置工作状态,输入电流的方向发生变化,从流出输入端变为流入输入端,一般为 10 μA 左右。在 BC 段,输入电路由原来的负方向急剧转为正方向。

当输入端接高电平 V_{IH} 时,流入输入端的电流为输入高电平电流,也称为输入漏电流,用 I_{IH} 表示。由于工作在倒置状态,I_{IH} 为发射结的反向电流,所以其数值比较小,一般为几十微安。

在实际使用 TTL 与非门电路时,经常会遇到输入端通过一个电阻接地的情况,如图 3-15 所示。

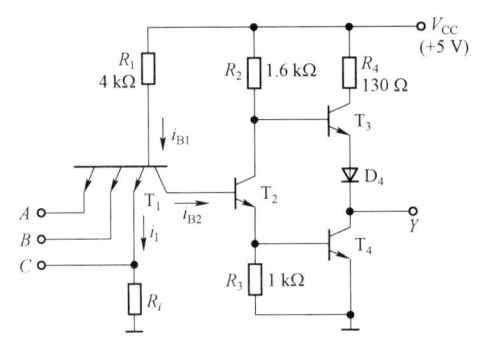

图 3-15 输入端的负载效应

输入电流流过电阻 R_i 产生电压 v_I,这一电压值与电阻 R_i 有关,其关系为

$$v_I = \frac{R_i}{R_1 + R_i}(V_{CC} - V_{BE1}) \tag{3-9}$$

当电阻 R_i 由小逐步增大时,输入电压 v_I 也随之升高。为了保证电路稳定工作在关态,必须使 $v_I \leqslant V_{off}$。这样,允许 R_i 的数值为

$$R_i \leqslant \frac{V_{off} R_1}{V_{CC} - V_{BE1} - V_{off}} \tag{3-10}$$

保证 TTL 与非门电路处于关态所对应的输入电阻称为关门电阻 R_{off},一般 $R_{off} \leqslant 0.91\ \text{k}\Omega$。随着电阻 R_i 的增大,v_I 升高接近阈值电压 1.4 V 时,v_{B1} 接近 2.1 V,T_1 的集电结、T_2 和 T_4 的发射结导通,则 v_{B1} 和 v_I 分别钳位在 2.1 V 和 1.4 V。为了保证电路稳定工作在开态,$v_I = i_I R_i \geqslant V_{on}$,由图 3-15 可知,$i_I \approx i_{B1} - i_{B2}$。其中,$i_{B1}$ 取决于电阻 R_1 的值,因为 $i_{B1} = \dfrac{V_{CC} - 2.1}{R_1}$,而 i_{B2} 的取值要保证在 TTL 与非门电路后续接入负载情况下,T_2 和 T_4 处于饱和状态。TTL 与非门电路处于开态时对应的输入电阻称为开门电阻 R_{on},一般 $R_{on} \geqslant 3.2\ \text{k}\Omega$。

另外,由图 3-15 可知,如果输入端悬空,尽管电源不能从 T_1 的发射极形成导通回路,但可以从 T_1 的集电结、T_2 和 T_4 形成导通回路,且使 T_2 和 T_4 饱和导通,使 TTL 与非门电路的输出为低电平,这相当于输入端接入了一个高电平。

在输入端还有一个参数,称为扇入系数,一般指输入端的个数。例如,一个2输入TTL与非门电路的扇入系数为2。

3. 输出特性

输出特性是指输出电压与输出电流之间的关系,如图3-16所示,分为开态和关态两种情况。

TTL与非门电路处于开态时,输出为低电平,对应T_2和T_4饱和导通,T_3和D_4截止,输出电流的实际方向由负载流向T_4,这时输出电流称为灌电流,负载称为灌电流负载。灌电流的增加会降低T_4的饱和深度,使输出电压v_O上升,为了使v_O不高于V_{OLmax},灌电流不应大于输出低电平电流的最大值I_{OLmax},一般约为十几毫安。从图3-16(a)可以看出,当灌电流较小时,输出低电平随灌电流的增加而略有升高(OA段);但是,当灌电流继续增大时,T_4会脱离饱和区而进入放大区,输出低电平升高的斜率较大(AB段)。正常使用时不允许TTL与非门电路工作在AB段。

与非门电路处于关态时,输出为高电平,对应T_2和T_4截止,T_3和D_4导通,输出电流的实际方向是从由T_4流出,流向负载,这时输出电流称为拉电流,负载称为拉电流负载。随着拉电流的增加,在输出电阻(约为100Ω)上的压降升高,输出电压v_O会随着输出电流i_O的增大而降低,如图3-16(b)所示;T_3也会由放大区进入饱和区,失去射极跟随器的作用。由于要求输出高电平不能低于V_{OHmin},故拉电流负载不能超过某一定值。

另外,由于TTL与非门电路功耗的限制,实际的输出高电平电流的最大值I_{OHmax}远小于由输出电压极限值所确定的值,一般约为零点几毫安。拉电流和灌电流的取值决定了TTL与非门电路的带载能力,一般用扇出系数N_O来表示。扇出系数是指在正常工作条件下,TTL与非门电路能驱动同类门电路的数量。

由TTL与非门电路的输出特性可知,TTL与非门电路负载过大,会引起输出电压变化,有可能产生逻辑错误。

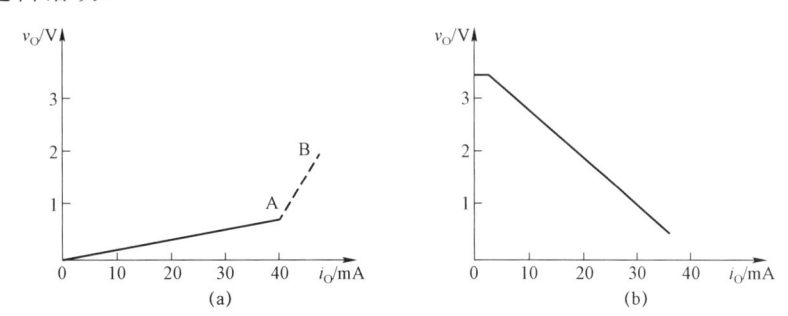

图3-16 TTL与非门电路的输出特性
(a)开态;(b)关态

在图3-17(a)所示电路中,输出为高电平,其输出电流为I_{OH},对应负载为拉电流负载,负载门(下一级)的输入电流为I_{IH},则输出高电平时逻辑门的扇出系数N_{OH}可以表示为

$$N_{OH} = \frac{I_{OH}}{I_{IH}} \tag{3-11}$$

同理,如图3-17(b)所示,也可以计算出输出低电平时逻辑门的扇出系数N_{OL}:

$$N_{OL} = \frac{I_{OL}}{I_{IL}} \tag{3-12}$$

式中，I_{OL} 为驱动门的输出低电平电流；I_{IL} 为负载门的输入低电平电流。逻辑门的扇出系数 N_O 是输出低电平扇出系数 N_{OL} 和输出高电平扇出系数 N_{OH} 的最小值。

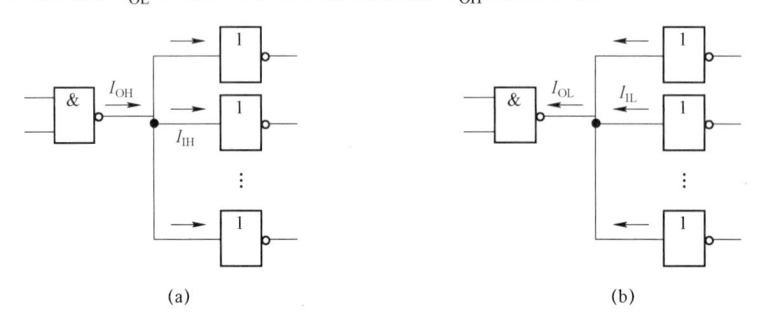

图 3-17　TTL 与非门电路的扇出系数
（a）拉电流负载；（b）灌电流负载

4. 动态特性

三极管作为开关应用时，存在延迟时间 t_d、存储时间 t_s、上升时间 t_r、下降时间 t_f。在集成门电路中由于晶体管开关时间的影响，输出和输入之间存在延迟，即存在导通延迟时间 t_{pHL} 和截止延迟时间 t_{pLH}，如图 3-18 所示。平均延迟时间为它们的平均值：

$$t_{pd} = \frac{1}{2}(t_{pHL} + t_{pLH}) \tag{3-13}$$

平均延迟时间 t_{pd} 反映了 TTL 门电路的开关特性，主要说明其工作速度。t_{pd} 越大，TTL 门电路的开关速度越低，故其值越小越好。一般 TTL 门电路的 t_{pd} 为几纳秒，如 74H 系列的 TTL 门电路为 6～10ns。

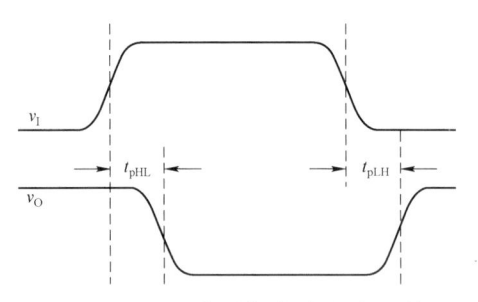

图 3-18　TTL 与非门电路的延迟时间

TTL 与非门电路工作在开态和关态时电源的电流值是不同的。TTL 与非门电路处于稳定开态时的功耗称为空载导通功耗。在开态时，T_1 集电结、T_2 和 T_4 导通，因此流经电源的主要电流为电阻 R_1 和 R_2 上的电流 i_{R1} 和 i_{R2}，电源供给的总电流为

$$I_{EL} = i_{R1} + i_{R2} \tag{3-14}$$

空载导通功耗为

$$P_L = I_{EL} V_{CC} \tag{3-15}$$

其典型值约为 16mW。

TTL 与非门电路处于稳定关态时的空载功耗为空载截止功耗。这时，T_1 处于深度饱和，T_2 和 T_4 截止，T_3 和 D_4 导通，如果忽略 T_3 的基极电流，则此时电源供给的电流主要是 T_1 的基极电流 i_{R1} 和电阻 R_4 上的电流，即

$$I_{EH} = i_{R1} + i_{R4} \tag{3-16}$$

空载截止功耗为

$$P_H = I_{EH} V_{CC} \tag{3-17}$$

其典型值约为 5mW。

平均功耗为

$$P = \frac{1}{2}(P_H + P_L) \tag{3-18}$$

但是，在 TTL 与非门电路由开态转向关态过程中，会出现 T_1，T_2，T_3，D_4，T_4 同时处于导通的瞬态，这时在 R_1，R_2，R_4 电阻上均流过电流。因此，此时电源电流出现瞬时最大值

$$I_{EM} \approx i_{R1} + i_{R2} + i_{R4} \tag{3-19}$$

其典型值为 32mA，其电源电路的近似波形如图 3-19 所示。这个动态的尖峰电流使电源电流在一个工作周期内平均电流增大。因此，在计算一个数字电路系统的电源容量时，不可忽略动态尖峰电流的影响。尤其是 TTL 与非门电路在高频工作时，不可忽略动态尖峰电流对电源平均电流的影响。

通常，希望器件的功耗越小越好，而速度越高越好，但在 TTL 门电路中，速度与功耗是一对矛盾。为了评价器件的品质，用两者的乘积，即延时-功耗积 DP 来衡量，即

$$DP = t_{pd} \times P_D \tag{3-20}$$

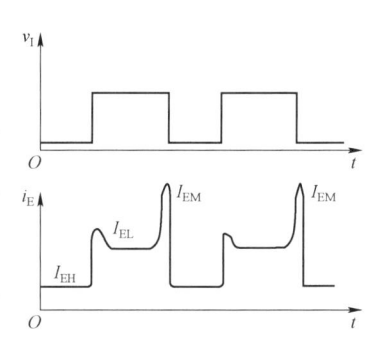

图 3-19 电源动态尖峰电流

其单位为 J（焦耳）；t_{pd} 为平均延迟时间；P_D 为功耗。DP 值越小，表明其特性越接近理想情况。

3.2.3 TTL 其他门电路

1. TTL 或非门电路

TTL 或非门电路如图 3-20 所示，其工作原理与 TTL 与非门电路类似。T_1 和 T_1' 为输入级；T_2 和 T_2' 的两个集电极并接，两个发射极并接，构成中间级；T_3，D_4 和 T_4 构成推拉式输出级；D_1 和 D_2 为钳位二极管，起保护作用。

当 A、B 两个输入都是低电平（0V）时，T_1 和 T_1' 的基极都被钳位在 0.7V 左右，因此 T_2，T_2' 及 T_4 截止，T_3，D_4 导通，输出 Y 为高电平。当输入 A、B 中有一

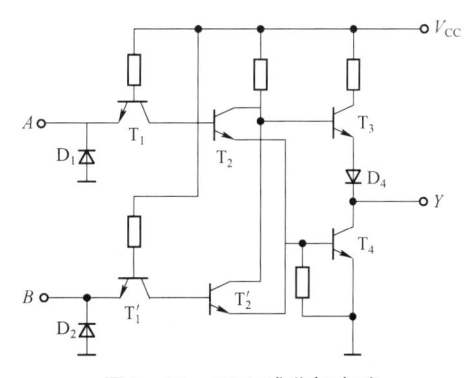

图 3-20 TTL 或非门电路

个为高电平时，例如 $v_{IA}=V_{IH}$，则 T_1 的基极为高电平，驱动 T_2 和 T_4 导通，T_2 集电极电平大约为 1V，T_3，D_4 截止，T_1 的基极被钳位在 2.1 V 左右，T_4 饱和，输出 Y 为低电平（$V_{CE(sat4)}$）。如果 $v_{IB}=V_{IH}$，则 T_2' 导通，使 T_4 饱和，T_3，D_4 截止，输出 Y 为低电平。该电路只有在输入端全部为低电平时，才输出高电平，只要有一个输入为高电平，输出就为低电平，因此该电路实现了或非逻辑功能。在图 3-20 所示电路中，各晶体管的工作状态如表 3-3 所示。

表 3-3 TTL 与非门电路中各晶体管的工作状态

输入		T_1	T_1'	T_2	T_2'	T_3	D_4	T_4	输出（Y）
$A=L$	$B=L$	饱和	饱和	截止	截止	导通	导通	截止	H
$A=L$	$B=H$	饱和	倒置	截止	导通	截止	截止	饱和	L
$A=H$	$B=L$	倒置	饱和	导通	截止	截止	截止	饱和	L
$A=H$	$B=H$	倒置	倒置	导通	导通	截止	截止	饱和	L

2. TTL 异或门电路

TTL 异或门电路如图 3-21 所示。

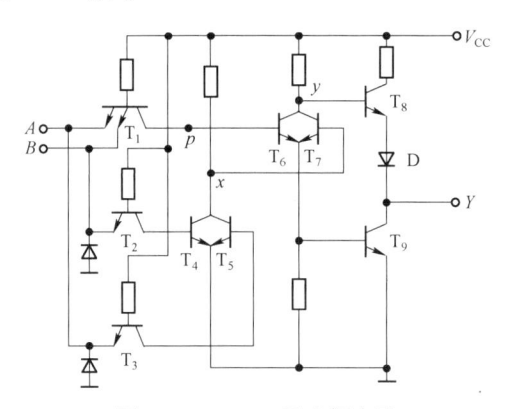

图 3-21 TTL 异或门电路

图 3-21 中 T_1 为多发射极三极管，实现与逻辑功能，T_1 的集电极输出 $p=AB$；T_2，T_3 及 T_4，T_5 构成的电路与图 3-19 中的 T_1，T_1' 及 T_2，T_2' 构成的电路一样，实现或非逻辑功能，因此 T_4，T_5 集电极输出 $x=\overline{A+B}$；T_6，T_7 及 T_8，T_9，D 构成的电路与图 3-19 中的 T_2，T_2' 及 T_3，T_4，D_4 构成的电路一样实现或非逻辑功能，T_8，T_9，D 为推拉式输出。因此，输出可以写成

$$Y=\overline{x+p}=\overline{\overline{A+B}+AB}=\overline{A}B+A\overline{B}=A\oplus B \qquad (3-21)$$

即该电路实现了异或逻辑功能。

3.2.4 TTL 门电路的各种系列

前面分析的 TTL 与非门电路为标准 74 系列的典型电路（其平均延迟时间约为 10 ns，平均静态功耗为 10mW），为了提高工作速度、降低功耗，在 74 系列之后又相继出现了各系列

的多种电路。

1. 74H 系列

74H 系列为高速系列，它在标准 74 系列的基础上进行了两处改进。一是在输出级采用了达林顿结构，即用复合管取代了图 3-11 中的 T_3 和 D_4，使输出电阻进一步减小，从而提高带拉电路负载的能力；二是所有电阻值几乎普遍比原来的减小了一半，这样可以大大提高三极管的开关速度，因此 74H 系列的平均延迟时间大约为 6 ns。

但是，电阻值的减小加大了电路的静态功耗，平均静态功耗约为 22 mW。74H 系列的电源平均电流约为 74 系列的 2 倍，74H 系列速度的提高是以增加功耗为代价的。理想的 TTL 门电路应该是工作速度高且功耗低的电路。因此，通常用延时-功耗积 DP 来评价 TTL 门电路的性能优劣。74H 系列和 74 系列的 DP 相差不多。

2. 74S 系列

74 系列和 74H 系列都属于饱和型逻辑门电路，也就是说，电路中的晶体管在导通时几乎都处于饱和状态。由晶体管的开关特性可知，当晶体管由饱和状态转为截止状态时需要消除晶体基区的存储电荷，这是限制 TTL 门电路速度的主要因素。

74S 系列采用肖特基晶体管（抗饱和晶体管），可以降低晶体管的饱和程度，缩短晶体管从饱和转换到截止的时间，提高开关速度。同时，采用有源泄放电路缩短传输延迟时间。74S 系列又称为肖特基 TTL 门电路，其平均延迟时间大约为 3ns，静态平均功耗约为 19mW，DP 较 74 系列和 74H 系列有了改善。

3. 74LS 系列

74LS 系列是比较理想的 TTL 门电路，它具有工作速度高、功耗低的双重优点，是 DP 较小的电路。在 74S 系列的基础上，大幅增大各电阻的阻值，降低了功耗；并将多发射极三极管替换成了肖特基二极管，因为无存储电荷效应，故便于提高速度；增加肖特基二极管以提高负载电容的放电速度。这些都大大缩短了传输延迟时间，使 74LS 系列在功耗大大降低的情况下，平均延迟时间能达到 74 系列的水平。

除此之外，还有 74AS 系列、74ALS 系列和 74F 系列等，各种系列 TTL 门电路的主要性能参数如表 3-4 所示。

表 3-4　各种系列 TTL 门电路的主要性能参数

系列名称	74	74H	74S	74LS	74AS	74ALS	74F
平均延迟时间/ns	10	6	3	9.5	1.6	5	3
平均功耗/mW	10	22	19	2	20	1.3	4
DP	100	132	57	19	32	6.5	12

3.3　TTL 特殊门电路

3.3.1　OC 门电路

在应用分立元件逻辑门电路时，输出端是可以直接连接的。图 3-22 所示为两个反相器

（非门）的输出端直接连接的情况。当输入 A 或者 B 处于高电平时，输出 Y 为低电平。只有当 A 和 B 同时处于低电平时，输出 Y 才为高电平。因此，其输出与输入的逻辑关系为 $Y = \overline{A} \cdot \overline{B}$。也就是说，两个逻辑门电路的输出端相连，可以实现输出相与的功能，称为线与。在用逻辑门电路组合各种组合逻辑电路时，如果能将输出端直接线与，则有时能大大简化电路。

但是，前面介绍的推拉式输出结构的 TTL 门电路是不能线与的。例如在图 3-23 所示连接中，如果输出 Y_1 为高电平，输出 Y_2 为低电平，因为推拉式输出级不论电路处于开态还是关态，都呈现低阻态，所以将有一个很大的负载电流流过两个输出级，这个相当大的电流远远超过了正常工作电流，甚至会损坏门电路。

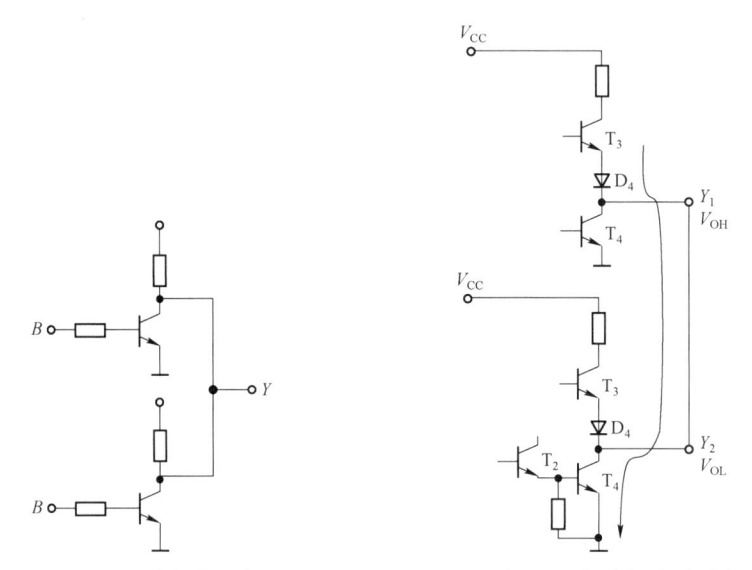

图 3-22 非门的线与　　图 3-23 两个 TTL 与非门电路线与的情况

为了使 TTL 门电路能够实现线与，把输出级改为集电极开路的结构，称为集电极开路门，简称 OC（Open Collector）门。图 3-24 所示为 OC 门电路的结构和逻辑符号。OC 门电路与典型 TTL 门电路的差别在于取消了 T_3 和 D_4 的输出电路，在使用时，需要外接一个电阻 R_L 和外接电源 V'_{CC}，外接电源 V'_{CC} 可以和电路内部的电源 V_{CC} 相同，也可以不同；外接电阻一般称为上拉电阻。只要电阻 R_L 和外接电源 V'_{CC} 的数值选择恰当，就能够保证输出的高、低电平符合要求，输出三极管 T_4 的负载电流不过大。

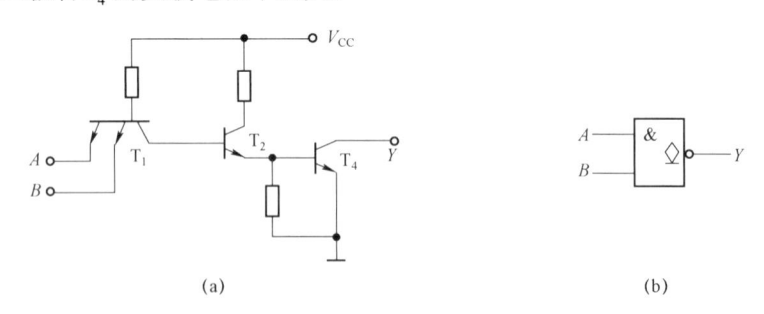

图 3-24 OC 门电路的结构和逻辑符号
(a) 结构；(b) 逻辑符号

OC门电路实现线与的结构如图3-25所示,可以共用上拉电阻,由图可得

$$Y = Y_1 \cdot Y_2 = \overline{AB} \cdot \overline{CD} \quad (3-22)$$

当两个与非门的输出均为低电平时,电阻 R_L 上的电流分别流入两个与非门的输出端;当仅有一个与非门的输出为低电平时,电阻 R_L 上的电流流入输出为低电平的与非门,与单独一个普通TTL门电路输出灌电流的情况相同,解决了普通TTL门电路线与产生大电流的问题。

OC门电路的性能直接受上拉电阻 R_L 的影响。R_L 的大小会影响OC门电路的开关速度。由于 TTL 门电路的输出电容、输入电容及接线分布电容的存在,R_L 越大负载电容的充电时间越长,因此开关速度越低。R_L 越小,TTL 门电路的开关速度越高,但是输出低电平时流入电流 I_{OL} 越大。考虑到TTL门电路参数的限制,n 个OC门电路线与后驱动 m 个其他TTL门电路时(图3-26),R_L 的取值范围应为

$$\frac{V'_{CC} - V_{OLmax}}{I_{OLmax} - mI_{IL}} \leqslant R_L \leqslant \frac{V'_{CC} - V_{OHmin}}{nI_{OH} + mI_{IH}} \quad (3-23)$$

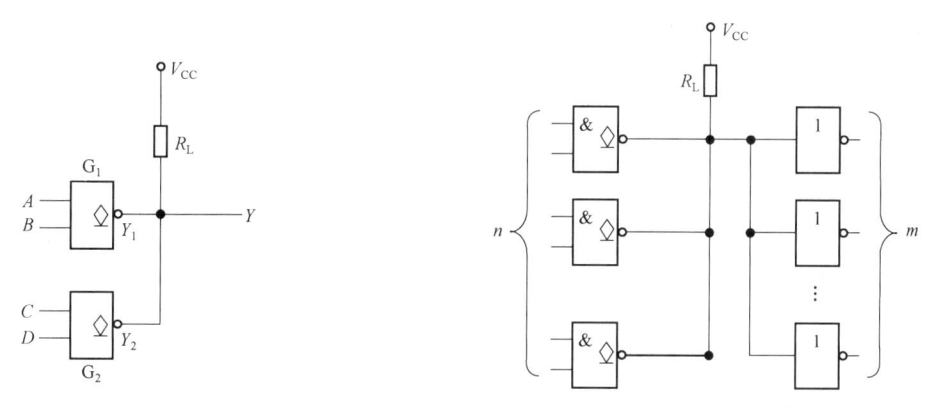

图3-25 OC门电路与实现线与的结构

图3-26 n 个OC门电路线与后驱动 m 个其他TTL门电路

具体推导过程如下。

1)OC门电路输出低电平时

当有一个或者多个OC门电路输出低电平时,总输出为低电平。为了确保在最不利的情况下OC门电路不过载,假设只有一个OC门电路输出低电平,这时全部负载电流都流入这个OC门电路[图3-27(a)],应满足

$$I_{RL} + mI_{IL} \leqslant I_{OLmax} \quad (3-24)$$

上拉电阻 R_L 上的电流为

$$I_{RL} = \frac{V'_{CC} - V_{OLmax}}{R_L} \quad (3-25)$$

于是,可以确定上拉电阻的下限值为

$$R_L \geqslant \frac{V'_{CC} - V_{OLmax}}{I_{OLmax} - mI_{IL}} \quad (3-26)$$

2)OC门电路输出高电平时

OC门电路输出高电平时,如图3-27(b)所示,所有OC门电路截止,V'_{CC} 通过 R_L 给

负载门电路提供电流。这时要确保输出高电平不低于高电平的最小值V_{OHmin}，即

$$V'_{\text{CC}} - I_{\text{RL}}R_{\text{L}} \geqslant V_{\text{OHmin}} \qquad (3-27)$$

其中，负载R_{L}上的电流I_{RL}为

$$I_{R_{\text{L}}} = nI_{\text{OH}} + mI_{\text{IH}} \qquad (3-28)$$

于是，得到了负载R_{L}的上限值

$$R_{\text{L}} \leqslant \frac{V'_{\text{CC}} - V_{\text{OHmin}}}{nI_{\text{OH}} + mI_{\text{IH}}} \qquad (3-29)$$

负载R_{L}的取值要同时满足其下限值和上限值的要求，即满足式（3-23）的要求。

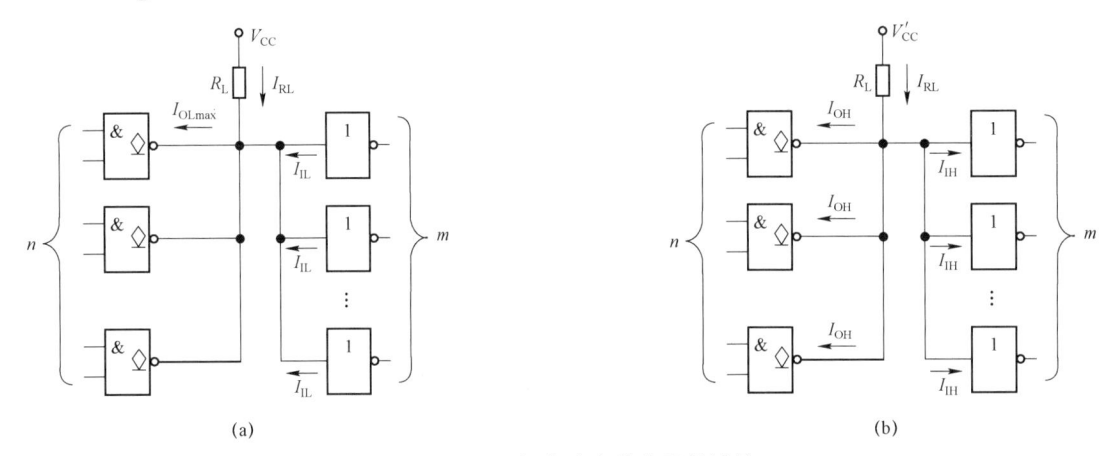

图 3-27　OC 门电路上拉电阻的计算

（a）OC 门电路输出低电平时；（b）OC 门电路输出高电平时

OC 门电路也常用于驱动高电压、大电流的负载。

3.3.2　三态门电路

利用 OC 门电路虽然可以实现线与功能，但外接电阻的选择受到一定的限制，即不能太小，这就限制了工作速度。同时，OC 门电路也失去了推拉式输出级输出电阻小、带负载能力强的优点。为了能实现线与连接，又克服 OC 门电路的缺点，可以采用三态输出门电路，简称为三态门（Three-State Logic Gate，TSL）电路。三态门电路是在普通 TTL 门电路的基础上增加了控制端和控制电路，其电路及其逻辑符号如图 3-28 所示。

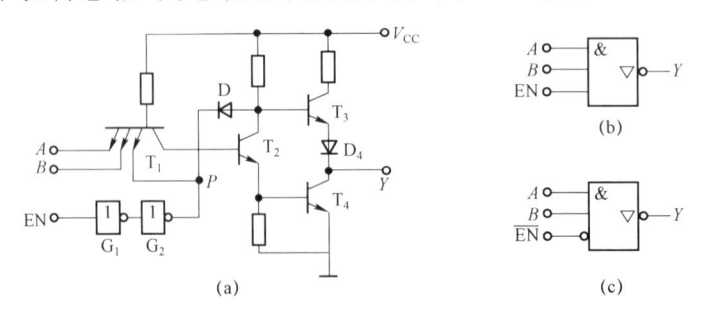

图 3-28　三态门电路及其逻辑符号

（a）三态门电路；（b），（c）逻辑符号

在这个电路中，当 EN = 0 时，P 点为低电平，它是多发射极的一个输入信号，因此 T_2，T_4 处于截止状态。同时，由于 P 点为低电平，所以二极管 D 导通，使 T_2 的集电极电位（即 T_3 的基极电位）被钳位在 1V 左右，T_3，D_4 也处于截止状态。这样，当 EN = 0 时，输出级 T_3，D_4 及 T_4 都处于截止状态，输出呈现高阻抗。当 EN = 1 时，P 点为高电平，二极管 D 截止，这时电路实现正常的与非逻辑功能，即 $Y = \overline{AB}$，电路输出由输入 A，B 决定。这样在 EN 的控制下，Y 有三种可能的输出状态——高阻态、关态（输出高电平）和开态（输出低电平）。在图 3–28（a）所示电路中，EN 称作三态使能端，当 EN = 0 时，呈现高阻态；当 EN = 1 时，电路实现正常的与非逻辑功能，叫作 EN 高电平有效，其逻辑符号如图 3–28（b）所示。如果在图 3–28（a）所示电路中，EN 的控制电路部分少一个非门，则在 EN = 0 时，为正常工作状态，称为 EN 低电平有效，其逻辑符号如图 3–28（c）所示。

利用三态门电路可以实现总线结构，如图 3–29 所示。

只要控制各个三态门电路的使能端 EN，轮流地使各 EN 为 1，并且在任何时刻只有一个 EN 为 1，就可以把各个三态门电路的输出信号轮流输出到总线上。同一时刻 EN_1，EN_2，…，EN_n 中只能有一个为高电平，使相应三态门电路工作，而其他三态门电路的输出处于高阻状态，从而实现了总线的复用。利用三态门电路还可以实现数据的双向传输。如图 3–30 所示，门 G_1 和门 G_2 为三态反相器，门 G_1 的使能端高电平有效，门 G_2 的使能端低电平有效。当 EN = 1 时，D_O 经门 G_1 反相送到数据总线，门 G_2 呈现高阻态；当 EN = 0 时，数据总线中的 D_I 由门 G_2 反相后输出，而门 G_1 呈现高阻态。

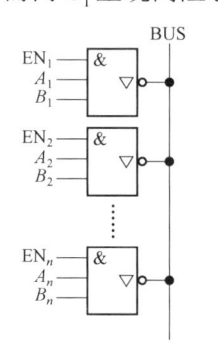

图 3–29　三态门电路接成总线结构

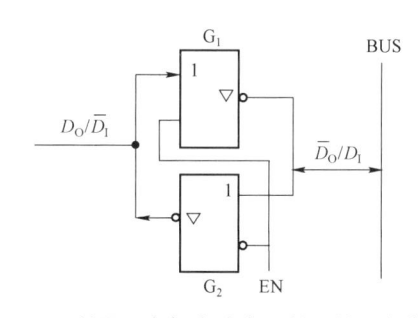

图 3–30　利用三态门电路实现数据的双向传输

3.4　CMOS 门电路

以增强型 P 沟道 MOS 管和增强型 N 沟道 MOS 管串联互补和并联互补为基本单元的组件称为互补型 MOS（Complementary MOS，CMOS）器件。

3.4.1　CMOS 反相器

CMOS 反相器由一个增强型 P 沟道 MOS 管（以下简称"P 管"）和增强型 N 沟道 MOS 管（以下简称"N 管"）串联组成，通常以 P 管作为负载管，以 N 管作为输入管，如图 3–31 所示。两只 MOS 管的栅极并接在一起作为 CMOS 反相器的输入端，漏极串接在一起作为

图 3–31　CMOS 反相器

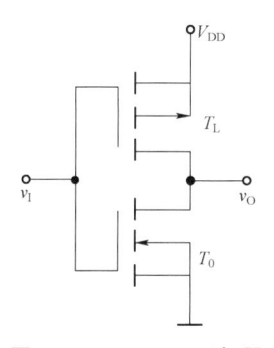

输出端，P 管的源极接电源，N 管的源极接地。它们的开启电压 $V_{GS(th)P} < 0$，$V_{GS(th)N} > 0$，通常为了保证正常工作，应满足

$$V_{DD} > |V_{GS(th)P}| + V_{GS(th)N} \tag{3-30}$$

1. CMOS 反相器的工作原理

当输入为低电平，如 $v_I = 0$ 时，因为 $v_I < V_{GS(th)N}$，所以输入管（N 管）截止，等效于一个很大的截止电阻 R_{off}（$10^9 \sim 10^{12} \Omega$）。同时，负载管（P 管）的栅源电压为

$$V_{GSP} = v_I - V_{DD} = -V_{DD} < V_{GS(th)P} \tag{3-31}$$

因此，负载管导通，等效于一个较小的导通电阻 R_{on}（$10^3 \Omega$ 左右），故输出电压为

$$v_O = \frac{R_{off}}{R_{on} + R_{off}} V_{DD} \approx V_{DD} \tag{3-32}$$

当输入为高电平，如 $v_I = V_{DD}$ 时，因为 $v_I > V_{GS(th)N}$，所以输入管（N 管）导通，等效于一个较小的导通电阻 R_{on}，而负载管（P 管）的栅源电压为

$$V_{GSP} = v_I - V_{DD} = 0 > V_{GS(th)P} \tag{3-33}$$

因此，负载管截止，等效于一个很大的截止电阻 R_{off}，故输出电压为

$$v_O = \frac{R_{on}}{R_{on} + R_{off}} V_{DD} \approx 0 \text{ V} \tag{3-34}$$

由以上分析可知，图 3-31 所示电路实现了反相器的功能，即非门。在 CMOS 反相器中，不管输入为高电平还是低电平，互补的两个 MOS 管总保持一个导通一个截止，因此，CMOS 门电路在稳态时的功耗很低。

在 CMOS 电路中，为了绝缘和隔离的需要，N 管的衬底应接电路中的最低电位，P 管的衬底应接电路中的最高电位，即它们总是接电源的正、负极。为了简明起见，电路中通常省略 MOS 管衬底的接线。

2. CMOS 反相器的主要参数

1）电压传输特性和电流转移特性

CMOS 反相器的电压传输特性和电流转移特性分别如图 3-32 和图 3-33 所示。

在区域 I，输入电位 $v_I < V_{GS(th)N}$，N 管截止，内阻很大；P 管导通，工作在可变电阻区，电阻很小。输出电压 $v_O = V_{DD}$，MOS 管的电流 i_D 近似为 0 A。

在区域 II，输入电位 v_I 稍高于 $V_{GS(th)N}$，截止的 N 管开始导通，但内阻仍然很大；原来导通的 P 管继续导通，且电阻仍然较小。输出电压随着 v_I 的升高略有下降，输出仍为高电平，输出电流 i_D 所有增加，不再为 0 A。

在区域 III，当 v_I 在 $\frac{1}{2}V_{DD}$ 附近时，N 管和 P 管均导通，导通电阻相对都较小。输出电位随着输入电位的增加而急剧下降，是输出电位从高电平转换到低电平的转折点，故将输入电位 $\frac{1}{2}V_{DD}$ 称为阈值电压或转折电压，用 V_{th} 表示。转折时的输出电流 i_D 达到最大，这时的动态功耗也最高。

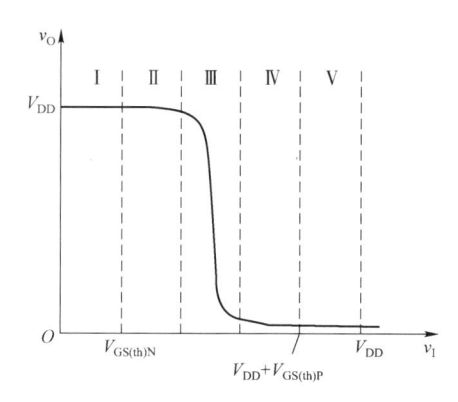

图 3-32　CMOS 反相器的电压传输特性 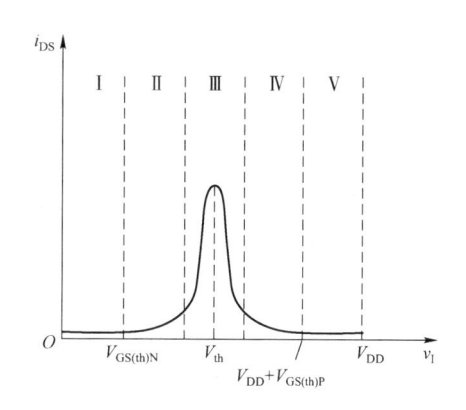　　　　图 3-33　CMOS 反相器的电流转移特性

在区域Ⅳ，v_I 继续升高，但低于 $V_{DD}-|V_{GS(th)P}|$（即 $V_{DD}+V_{GS(th)P}$），N 管的导通程度提高，电阻减小；而 P 管的导通程度降低，电阻增大。输出电压逐渐转为低电平 0V，i_D 也大大减小，功耗较低。

在区域Ⅴ，输入电压 v_I 高于 $V_{DD}-|V_{GS(th)P}|$，N 管导通，工作在可变电阻区，电阻很小；P 管截止，内阻很大。输出电压为低电平，电流 i_D 近似为 0 A。

从上面的分析可知，CMOS 反相器在输出高、低电平的稳定状态时，漏极电流 i_D 近似为 0 A，故静态功耗也接近 0 W；只有在高、低电平的动态转换期间，漏极电流较大，动态功耗不为 0 W。相比于 TTL 反相器，其功耗大大降低。

2）输入噪声容限

相比于 TTL 门电路，CMOS 门电路的阈值电压较高，近似为电源电压的一半。从图 3-32 可以看出，其输入低电平和输入高电平的噪声容限几乎相等。在工程上，考虑到一定的余量，噪声容限一般取电源电压的 30%。因此，相比于 TTL 门电路，其抗干扰能力较强。

3）输入特性

MOS 管的栅极和衬底之间有一层 SiO_2 绝缘层，其厚度为 0.1 μm，称为栅氧化层。栅氧化层的击穿电压典型值可达到 100～200V，但其直流电阻高达 $10^{12}\Omega$，因此少量的电荷量便可能在其上感应出强电场，造成氧化层永久性击穿。为了保护栅氧化层不被击穿，在目前生产的 CMOS 门电路中，一般采用二极管作输入保护电路，如图 3-34 所示。图中，D_1，D_2 为保护二极管，其正向导通电压为 $V_{Don}=0.5\sim0.7$ V，反向击穿电压为 30V 左右，电阻 R 为 1.5～2.5 kΩ，C_1 和 C_2 为 MOS 管本身的栅极等效电容。在正常工作时输入电位在 0V 至 V_{DD} 之间变化，保护用的二极管均反偏，处于截止状态，不会影响 CMOS 反相器工作。当 $v_I>V_{DD}+V_{Don}$ 时，D_1 导通，输入电压被钳位在 $(V_{DD}+V_{Don})$；当 $v_I<-V_{Don}$ 时，D_2 导通，输入电压被钳位在 $-V_{Don}-V_R$。即使干扰电压使二极管反向击穿，C_1 和 C_2 上的电压也被限制在 30V 以内，保证不致产生栅极击穿。

考虑了 CMOS 反相器的输入保护电路以后，它的输入特性如图 3-35 所示。在输入信号正常工作电压 $(0<v_I\leqslant V_{DD})$ 下，输入保护二极管均截止，输入电流 $i_I=0$ A。当输入信号 $v_I>V_{DD}+V_{Don}$ 时，D_1 导通，输入电流迅速增大。当 $v_I<-V_{Don}$ 时，D_2 导通，$|i_I|$ 随 $|v_I|$ 的升高而增大。

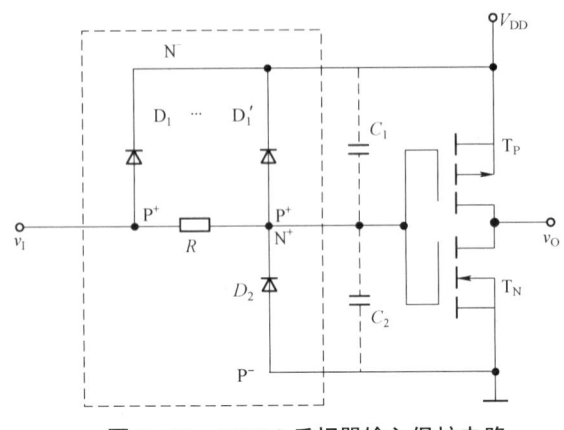

图 3-34　CMOS 反相器输入保护电路 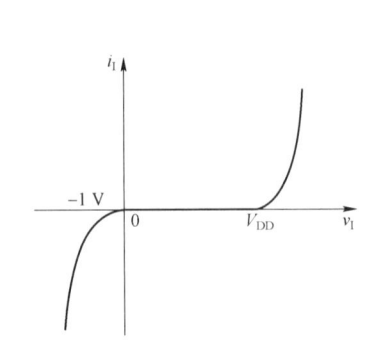　　　　图 3-35　CMOS 反相器的输入特性

4）输出特性

当输出为低电平时，N 管导通，P 管截止，等效电路如图 3-36 所示。这时，负载电流 I_{OL} 灌入 N 管，灌入电流即为 N 管的 i_{DS}，因此，$V_{OL}(v_{DSN})$ 与 $I_{OL}(i_{DSN})$ 的关系曲线和 N 管的漏极特性曲线一样，如图 3-37 所示。输出电阻的大小与 $v_{GS}(v_I)$ 有关，v_I 越高，输出电阻越小，CMOS 反相器的带负载能力越强。

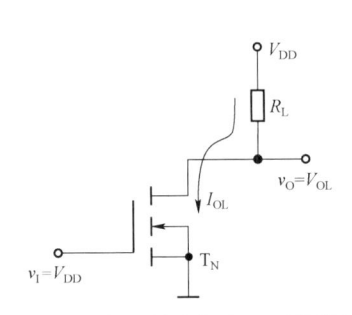

图 3-36　CMOS 反相器输出低电平时的等效电路 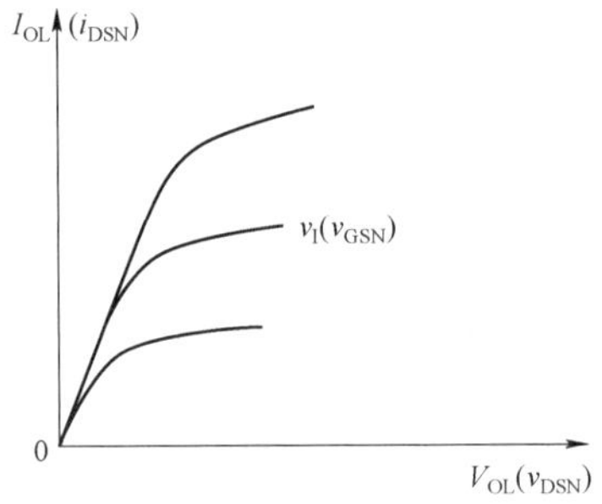　　　图 3-37　CMOS 反相器输出低电平时的输出特性

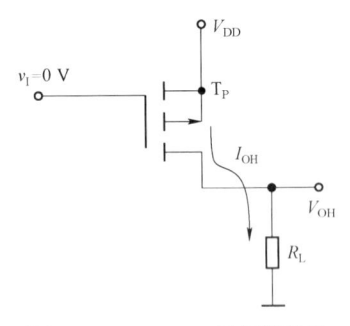

当输出为高电平时，N 管截止，P 管导通，等效电路如图 3-38 所示。这时，负载电流 I_{OH} 为拉电流。输出电压 $V_{OH} = V_{DD} - v_{SDP}$，拉电流 I_{OH} 即为 i_{SDP}。根据 P 管的漏极特性曲线可以得到图 3-39 所示的曲线，图 3-39（a）所示为 I_{OH} 与 v_{SDP} 的关系，图 3-39（b）所示为 I_{OH} 与 V_{OH} 的关系，即 CMOS 反相器输出高电平时的输出特性曲线。由图可知，$|v_{GSP}|$ 越高，负载电流的增加使 V_{OH} 下降越小，带拉电流负载能力就越强。

图 3-38　CMOS 反相器输出高电平时的等效电路

5）传输延迟时间

MOS 管是单极型晶体管，在开关过程中没有电荷的积累和消散现象，但由于晶体管的导通电阻较大，MOS 管的极间电容及负载电容的影响，使输出电压的变化滞后于输入电压的变化，相比于 TTL 门电路，其延时时间更长，为几十纳秒，故其开关速度较低。

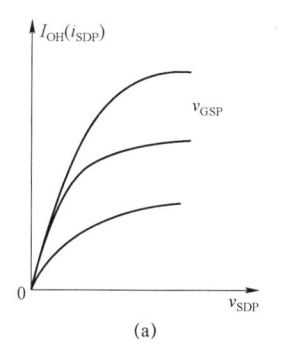

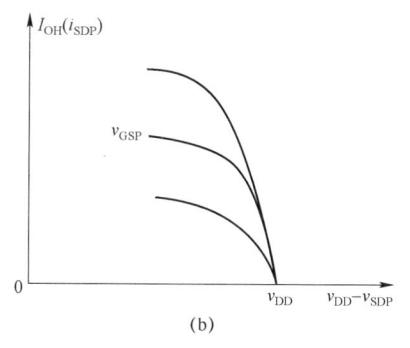

图 3-39 CMOS 反相器输出高电平时的输出特性

3.4.2 CMOS 与非门和或非门电路

1. CMOS 与非门电路

利用 CMOS 反相器构成的与非门电路如图 3-40 所示，其中包括两个 P 管和两个 N 管。两个 P 管并联，两个 N 管串联。

当 A、B 两个输入中有一个为低电平时，与该端相连的 N 管截止，P 管导通。由于两个 N 管串联，所以只要其中一个截止，输出端对地的电阻就非常大；两个并联的 P 管只要有一个导通，输出端的对地电阻就很小，因此输出 Y 就为高电平。只有两个输入 A 和 B 均为高电平时，两个 N 管均导通，两个 P 管均截止，这时输出 Y 才为低电平。因此，该电路具有与非逻辑功能。

2. CMOS 或非门电路

利用 CMOS 反相器构成的或非门电路如图 3-41 所示，其中两个 P 管串联，两个 N 管并联。

只要 A、B 中有一个为高电平，则与高电平相连的 N 管导通，两个 P 管截止，故输出 Y 为低电平。只有 A 和 B 均为低电平时，两个 N 管都截止，两个 P 管都导通，这时输出 Y 才为高电平。因此，该电路具有或非逻辑功能。

图 3-40 CMOS 与非门电路

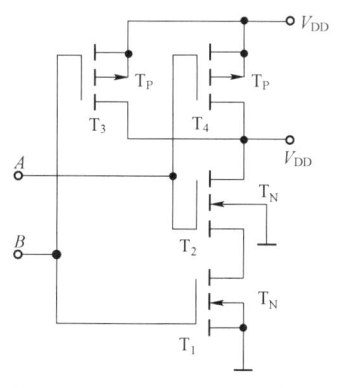

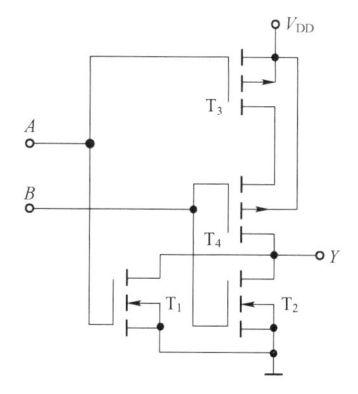

图 3-41 CMOS 或非门电路

3. 带缓冲级的 CMOS 与非门电路

图 3-40 所示的 CMOS 与非门电路结构虽然简单，但是存在一些问题。

首先，它的输出电阻 R 不确定，受到输入状态的影响。

当 $A=0$，$B=0$ 时，T_3 和 T_4 导通，输出电阻为 $R_o = R_{on3} /\!/ R_{on4}$。

当 $A=0$，$B=1$ 时，T_4 导通，输出电阻为 $R_o = R_{on4}$。

当 $A=1$，$B=0$ 时，T_3 导通，输出电阻为 $R_o = R_{on3}$。

当 $A=1$，$B=1$ 时，T_1 和 T_2 导通，输出电阻为 $R_o = R_{on1} + R_{on2}$。

其次，当输入数目增加时，输出低电平也随着相应提高。因为在输出低电平时，所有的 N 管导通，输出低电平各个串联的 N 管导通压降之和，因此输入数目越多，V_{OL} 也就越高，V_{OL} 的升高使低电平噪声容限降低，这是不利的。

图 3-41 所示的 CMOS 或非门电路也存在类似的问题。为了克服上述缺点，在基本 CMOS 门电路的基础上，每个输入端和输出端增加一级 CMOS 反相器，构成带缓冲级的 CMOS 门电路。带缓冲级的 CMOS 与非门电路是在 CMOS 或非门电路的输入端和输出端接入 CMOS 反相器构成，如图 3-42（a）所示，图 3-42（b）所示为其等效逻辑电路。

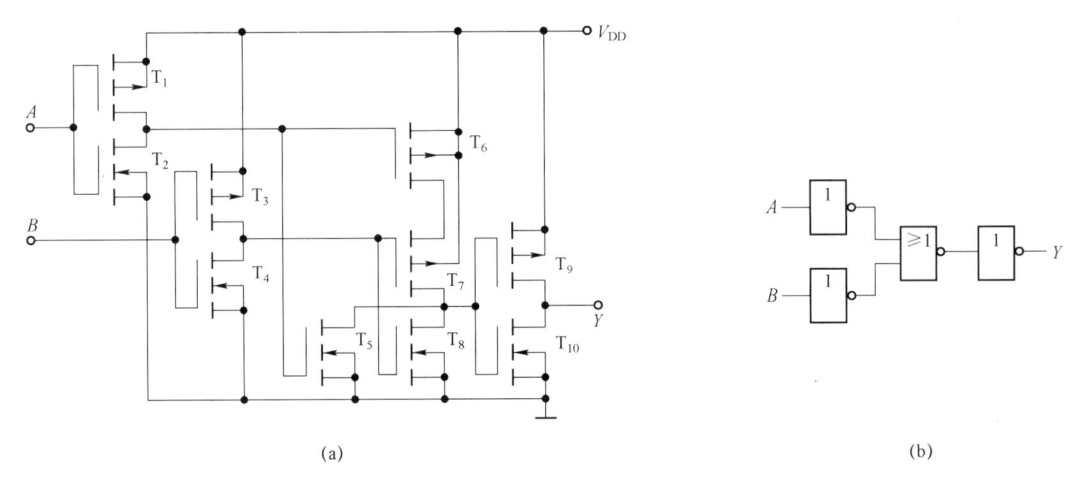

图 3-42 带缓冲级的 CMOS 与非门电路及其等效逻辑电路

（a）带缓冲级的 CMOS 与非门电路；（b）等效逻辑电路

由图 3-42 可以得出

$$Y = \overline{\overline{\overline{A} + \overline{B}}} = \overline{AB} \tag{3-35}$$

3.4.3 漏极开路输出门电路——OD 门电路

漏极开路输出（Open Drain，OD）门电路如图 3-43 所示。与 OC 门电路相似，OD 电路在使用时需外接上拉电阻 R_L，其常用作驱动器、电平转换器和实现线与等。

3.4.4 CMOS 传输门电路

CMOS 传输门（Transmission Gate，TG）电路及其逻辑符号如图 3-44 所示。P 管的源极与 N 管的漏极相连，作为输入/输出端；P 管的漏极与 N 管的源极相连，作为输出/输入端。两个栅极受一对互补控制信号 C 和 $\overline{C}$ 控制。

由于 MOS 管的源和漏两个扩散区是对称的，所以信号可以双向传输。

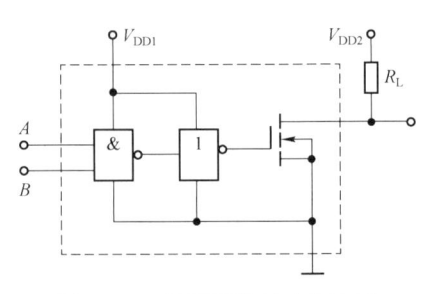

图 3-43 漏极开路输出门电路

当 $C=0$，$\bar{C}=V_{DD}$ 时，T_N 和 T_P 两个 MOS 管都截止。输出和输入之间呈现高阻抗，一般大于 $10^9\Omega$，因此 CMOS 传输门电路截止。当 $\bar{C}=0$，$C=V_{DD}$ 时，如果 $0\leqslant v_I\leqslant V_{DD}-V_{GS(th)N}$，则 T_N 导通，如果 $|V_{GS(th)P}|<v_I\leqslant V_{DD}$，则 T_P 导通。在参数取值合理的条件下，当 v_I 在 0 到 V_{DD} 之间变化时，总有一个 MOS 管导通，使输出和输入之间呈现低阻抗（小于 $10^3\Omega$），CMOS 传输门电路导通。

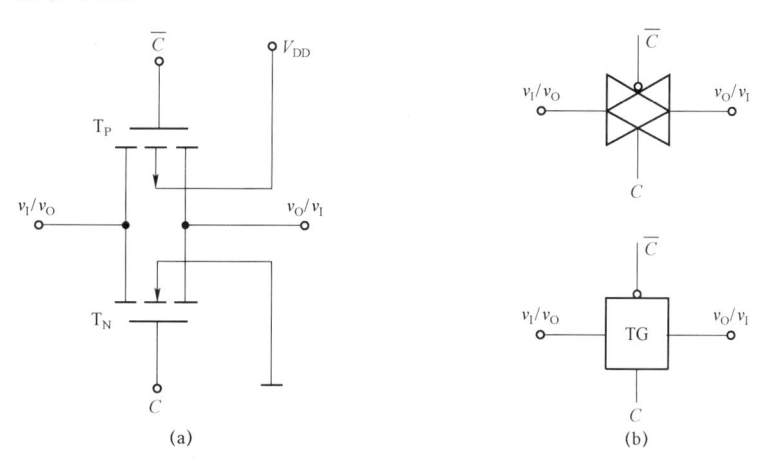

图 3-44 CMOS 传输门电路及其逻辑符号
（a）CMOS 传输门电路；（b）逻辑符号

CMOS 传输门电路输出高电平信号的过程如图 3-45（a）所示，输入端（左端）为高电平，输出端（右端）为低电平。控制端无控制信号时，CMOS 传输门电路不导通；当控制端加上控制信号时，$\bar{C}=0$，$C=V_{DD}$，则 T_N 和 T_P 管同时产生沟道，CMOS 传输门电路导通，便有电流从输入端经过沟道流向输出端，向负载电容 C_L 充电，输出电平 v_O 不断升高，直至输出电平与输入电平相同，充电结束，完成高电平的传输。

CMOS 传输门电路输出低电平信号的过程如图 3-45（b）所示，输出端为高电平，输入端为低电平。控制端无控制信号时，CMOS 传输门电路不导通；当控制端加上控制信号时，$\bar{C}=0$，$C=V_{DD}$，CMOS 传输门电路导通，便有电流从输出端流向输入端，负载电容 C_L 经 CMOS 传输门电路向输入端放电，输出端从高电平降为与输入端相同的低电平，完成低电平的传输。

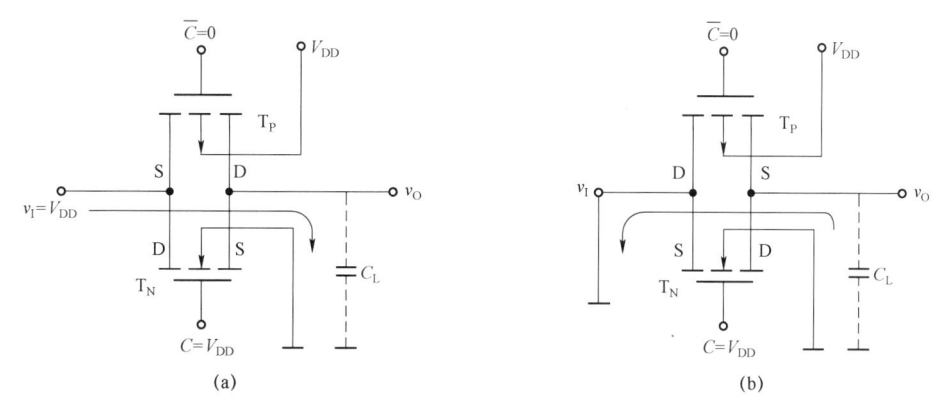

图 3-45 CMOS 传输门电路高、低电平传输情况
（a）高电平传输；（b）低电平传输

CMOS 传输门电路是一个理想的双向开关,可传输模拟信号,也可传输数字信号。

3.4.5 三态输出 CMOS 门电路

三态输出 CMOS 门电路是在普通 CMOS 门电路的基础上,增加了控制端和控制电路构成。三态输出 CMOS 门电路一般有三种形式。

第一种形式的电路结构如图 3-46 所示,它是在 CMOS 反相器的基础上增加一对 P 管 T_P' 和 N 管 T_N'。当控制端 $\overline{EN}=1$ 时,T_P' 和 T_N' 同时截止,输出呈现高阻态;当控制端 $\overline{EN}=0$ 时,T_P' 和 T_N' 同时导通,CMOS 反相器正常工作。因此,它是低电平有效的三态输出 CMOS 门电路。

第二种形式的电路结构如图 3-47 所示,它是在 CMOS 反相器的基础上增加一级 CMOS 传输门电路,作为 CMOS 反相器的控制开关。当 $\overline{EN}=1$ 时,CMOS 传输门电路截止,输出呈现高组态;当 $\overline{EN}=0$ 时,CMOS 传输门电路导通,输出 $Y=\overline{A}$。

第三种形式的电路结构如图 3-48 所示,图 3-48(a)所示是在 CMOS 反相器的基础上增加一个控制门 T_P' 和一个或非门,图 3-48(b)所示是在 CMOS 反相器的基础上增加一个控制门 T_N' 和一个与非门。在图 3-48(a)中,当 $\overline{EN}=1$ 时,T_P' 截止,同时或非门输出为 0,使 T_N 截止,故输出呈现高阻态。反之,当 $\overline{EN}=0$ 时,T_P' 导通,输出 $Y=\overline{A}$,即 $\overline{EN}$ 为低电平有效。同理可以分析,在图 3-48(b)中 EN 为高电平有效。

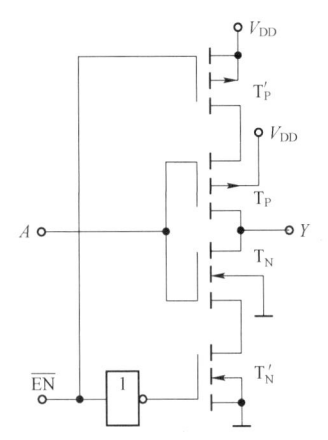

图 3-46 三态输出 CMOS 门电路结构(1)

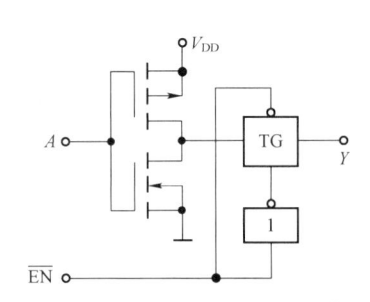

图 3-47 三态输出 CMOS 门电路结构(2)

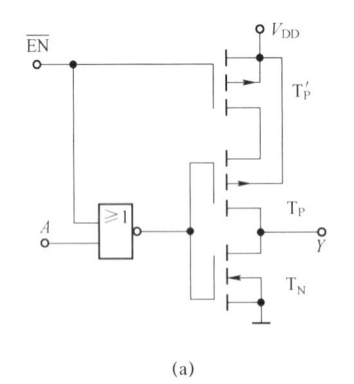

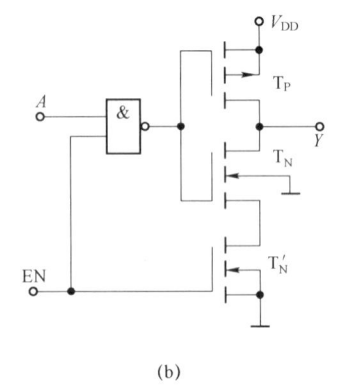

图 3-48 三态输出 CMOS 门电路结构(3)
(a)使能端为低电平有效;(b)使能端为高电平有效

3.4.6　CMOS 门电路的特点

与双极型 TTL 门电路相比，CMOS 门电路具有如下特点。

1. 静态功耗低

在电源电压 $V_{DD}=5\text{ V}$ 时，中规模 CMOS 门电路的静态功耗低于 100mW。还有利于提高集成度和封装密度，比较适合大规模集成。

2. 电源电压范围

CC4000 系列 CMOS 门电路的电源电压范围为 3～18V，选择电源的余地大，电源设计要求低。

3. 输入阻抗高

正常工作的 CMOS 门电路输入端的保护二极管处于反偏状态，直流输入阻抗大于 $100\text{ M}\Omega$。

4. 扇出能力强

在低频工作时，一个 CMOS 门电路可以驱动 50 个以上 CMOS 门电路的输入端，这主要是由于 CMOS 门电路输入阻抗高、输入端取用电流小。

5. 抗干扰能力强

CMOS 门电路的噪声容限可达电源电压的 45%，高、低电平的噪声容限基本相等。

6. 温度稳定性好，且有较强的抗辐射能力

CMOS 门电路的不足之处是工作速度比 TTL 门电路低，且功耗随频率的升高而显著升高。

CMOS 门电路的产品主要有 CC4000，74C，74HC，4000 等系列，后两种是高速 CMOS 门电路，其传输延迟时间已接近 TTL 门电路，其引脚排列和逻辑功能也和同型号的 74 系列 TTL 门电路一致。74HCT 系列 CMOS 门电路在电平上也和 74 系列的 TTL 门电路兼容，从而使两者互换使用更为方便。在 4000 系列的基础上发展起来的有 4000B 系列、4500 系列和 5000 系列等。

3.5　TTL 门电路与 CMOS 门电路的工程应用

3.5.1　两类门电路的使用

1. 闲置输入端的处理

在使用门电路时，如果输入信号数量比输入端个数少，就会有闲置的输入端。闲置输入端的处理原则是不能改变门电路工作状态。对于与门电路和与非门电路而言，闲置输入端应该接高电平或者与已经使用的输入端相连；对于或门和或非门电路，闲置输入端应该接低电平或者与已经使用的输入端相连。接高电平时，可以直接通过电阻与电源相连或者直接接高电平；接低电平可直接接地，但也有其他连接方式。对于 TTL 门电路和 CMOS 门电路，其接高电平和接低电平的方式有所不同。

1）悬空处理

理论上，悬空相当于接高电平，但是一般不允许闲置输入端悬空，以免引入干扰信号。特别是 CMOS 门电路的闲置输入端绝对不能悬空，因其较大的输入电阻易受到静电或者电磁场的影响。

2）与其他已经使用的输入端相连

TTL 门电路和 CMOS 门电路都可以用这种方法。但是，对于高速门电路的设计，这会增加等效的电容性负载，使信号传输速度下降。

3）闲置输入端需要接高电平时

TTL 门电路的闲置输入端可以通过 1～3 kΩ 电阻接正电源。CMOS 门电路直接接电源。TTL 门电路的闲置输入端还可以通过一个大电阻（大于开门电阻）接地，这相当于输入了高电平。

4）闲置输入端需要接低电平时

TTL 门电路和 CMOS 门电路的闲置输入端都可以直接接地。TTL 门电路的闲置输入端可以通过一个小电阻（小于关门电阻）接地，这相当于输入了低电平。由于 CMOS 门电路的输入端无取用电流，所以输入端对地接的电阻无电流，这相当于输入了低电平。

2. TTL 门电路使用中的注意事项

（1）TTL 门电路的电源电压不能高于 +5.5V，使用时不能将电源与"地"引线端颠倒错接，否则将因电流过大而将器件损坏。

（2）TTL 门电路的各输入端不能直接与高于 +5.5 V、低于 –0.5 V 的低内阻电源连接，因为低内阻电源会提供较大电流而使器件因过热而烧坏。

（3）除了三态门电路和 OC 门电路外，不能将门电路的输出端并联使用，OC 门电路线与时要合理选择上拉电阻。

（4）输出端不能与电源或"地"短接，否则会造成器件损坏，但可以通过电阻和电源相连，以提高输出高电平。

3. CMOS 门电路使用中的注意事项

为了防止产生静电击穿，CMOS 门电路在输入端都加了标准保护电路，但这并不能保证绝对安全，在使用过程中需要注意以下问题。

1）在输入电路加静电防护

虽然 CMOS 门电路输入端已经设置了保护电路，但它所能承受的静电电压和脉冲功率均有一定限度。因此，在运输时最好使用金属屏蔽层作为包装材料，不能用易产生静电电压的化工材料、化纤织物包装。在组装、调试时，仪器仪表、工作台面及电烙铁等均应良好接地。不使用的多余输入端不能悬空，以免拾取脉冲干扰。存放时要进行静电屏蔽，一般放在金属容器中，也可将引脚用金属箔短路。焊接时电烙铁功率不能大于 20W，电烙铁要有良好的接地线，最好利用电烙铁断电后的余热快速焊接。

2）在输入端加过流保护

由于输入保护电路中的钳位二极管电流容量有限，所以在可能出现大输入电流的场合必须加过流保护。如在输入端接低电阻信号源时，或在长线接到输入端时，或在输入端接有大电容时，均应在输入端接入保护电阻。

3）防止 CMOS 器件产生锁定效应

由于在 CMOS 器件结构中，在同一片 N 型衬底上要同时制作 P 沟道和 N 沟道两种 MOS 管，这就形成了多个 NPN 型及 PNP 型寄生三极管。在一定条件下，这些寄生三极管很可能构成正反馈电路，这称为锁定效应，它很容易使 CMOS 门电路损坏。因此，为了防止 CMOS

器件锁定效应的产生,在输入端和输出端可设置钳位电路;在电源输入端加去耦电路;在 v_1 输入端与电源之间加限流电阻,这样即使发生了锁定效应,也不至于损坏 CMOS 器件。

如果一个系统由几个电源分别供电,则各电源开关顺序必须合理,启动时应先接通 CMOS 门电路的电源,再接入信号源或负载电路;关闭时,应先切断信号源和负载电路,再切断 CMOS 门电路的电源。

特别需要注意的是,闲置输入端绝对不能悬空,否则会因干扰破坏逻辑关系。

3.5.2 两类门电路的接口

由于 CMOS 门电路具有功耗低、单电源工作、电源电压范围宽、噪声容限高等特点,所以其作为逻辑集成电路使用是非常合适的。但是,在大电流和超高速领域只使用 CMOS 门电路是不行的,还要使用分立元件、晶体管电路及 TTL 门电路等。因此,在设计电路时,需要考虑不同器件之间的连接。本小节主要讨论 TTL 门电路和 CMOS 门电路的接口问题。

1. 不同门电路之间的连接

按照逻辑要求,如图 3-49 所示,无论是 TTL 门电路驱动 CMOS 门电路,还是 CMOS 门电路驱动 TTL 门电路,驱动门电路和负载门电路之间的电位和电流应满足如下关系:

$$V_{OHmin1} \geqslant V_{IHmin2} \quad (3-36)$$
$$V_{OLmax1} \leqslant V_{ILmax2} \quad (3-37)$$
$$I_{OHmax1} \geqslant \sum I_{IHmax2} \quad (3-38)$$
$$I_{OLmax1} \geqslant \sum I_{ILmax2} \quad (3-39)$$

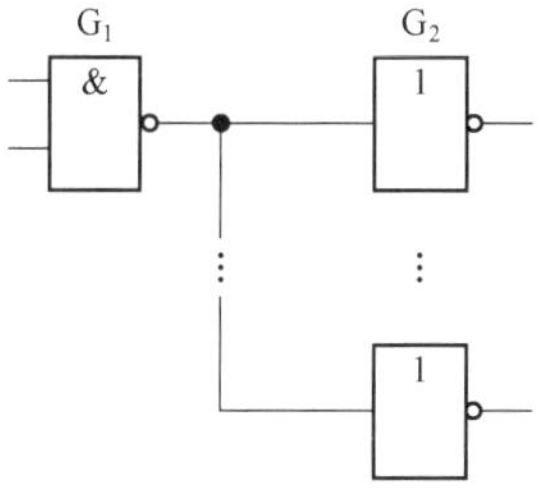

式中:V_{OH} 和 V_{OL} 为输出电压的高电平和低电平;V_{IH} 和 V_{IL} 为输入电压的高电平和低电平;I_{OH} 和 I_{OL} 为输出高电平时的电流和输出低电平时的电流;I_{IH} 和 I_{IL} 为输入高电平时的电流和输入低电平时的电流。

图 3-49 驱动门电路与负载门电路的连接

常用的 TTL 门电路和 CMOS 门电路的主要参数如表 3-4 所示,由于不同厂家生产的产品性能相差较大,表 3-5 中的参数仅作定性比较时参考,CMOS 门电路的参数是在电源电压为 5V 时测量得到的。

表 3-5 常用的 TTL 门电路和 CMOS 门电路的主要参数

系列名称	V_{OHmin} /V	V_{OLmax} /V	I_{OHmax} /mA	I_{OLmax} /mA	V_{IHmin} /V	V_{ILmax} /V	I_{IHmax} /μA	I_{ILmax} /mA
TTL74	2.4	0.4	0.4	16	2	0.8	40	1.6
TTL74H	2.4	0.4	0.5	20	2	0.8	50	2.0
TTL74LS	2.7	0.5	0.4	8	2	0.8	20	0.4
CC4000	4.6	0.05	0.51	0.51	3.5	1.5	0.1	0.001
74HC	4.4	0.1	4	4	3.5	1.35	0.1	0.001
74HCT	4.4	0.1	4	4	2	0.8	0.1	0.001

2. 用 TTL 门电路驱动 CMOS 门电路

1）用 TTL 门电路驱动 4000 系列和 74HC 系列 CMOS 门电路

由表 3-4 可知，TTL 门电路的输出高电平（V_{OHmin}）为 2.4V 或 2.7V，而 CMOS 门电路输入高电平（V_{IHmin}）为 3.5V，由式（3-36）可以判断，TTL 门电路不能直接驱动 CMOS 门电路。解决这一匹配问题，可以采用以下三种方法。

（1）当 $V_{CC} = V_{DD}$ 时，采用接上拉电阻的方法，如图 3-50 所示。

TTL 门电路输出高电平 V_{OH} 应高于等于 3.5V，即

$$V_{OH} = V_{DD} - R_U(I_O + nI_{IH}) \quad (3-40)$$

则上拉电阻为

$$R_U \leqslant \frac{V_{DD} - V_{OH}}{I_O + nI_{IH}} \quad (3-41)$$

式中，n 为输入电流的个数；I_O 为 TTL 门电路的输出电流，I_{IH} 为负载门电路输入电流，这两个电流都很小，只要 R_U 的取值不是特别大，就极易满足。

（2）当 $V_{CC} > V_{DD}$ 时，CMOS 门电路的输入高电平远高于 3.5V。为了防止 TTL 门电路输出级过载，可以将 TTL 门电路改为 OC 门电路或者增加一级 OC 门接口，如图 3-51 所示。其上拉电阻的计算可以参考 3.3.1 节中 OC 门电路计算上拉电阻的方法。

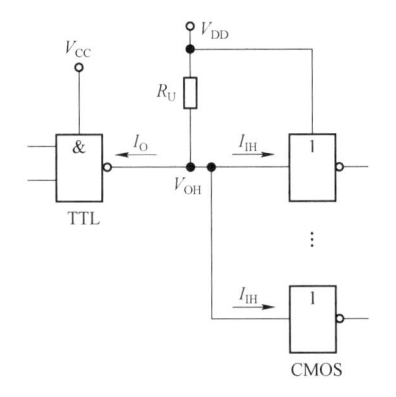

图 3-50 采用接上拉电阻的方法提高 TTL 门电路的输出高电平

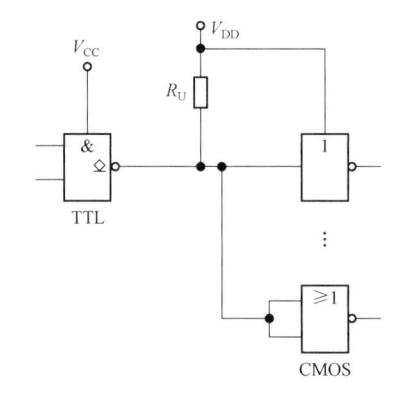

图 3-51 采用 OC 门电路的方法提高 TTL 电路输出高电平

（3）当 $V_{CC} < V_{DD}$ 时，可以采用带有电平转换作用的 CMOS 接口门电路（如 CC40109）进行电平转换，如图 3-52 所示；也可以采用 TTL 接口门电路，如 74LS06（或 7416、7426、7407、7417 等），如图 3-53 所示。

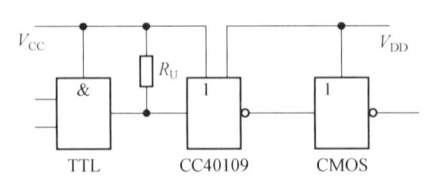

图 3-52 采用 CMOS 接口门电路实现电平转换

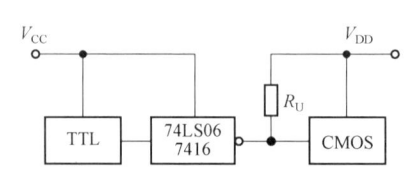

图 3-53 采用 TTL 接口门电路实现电平转换

2）用 TTL 门电路驱动 74HCT 系列 CMOS 门电路

为了方便 TTL 门电路与 CMOS 门电路接口，改进的 74HCT 系列 CMOS 门电路将输入高电平降到了 2V，无须外加接口，可以直接连接使用。

3. 用 CMOS 门电路驱动 TTL 门电路

1）用 4000 系列 CMOS 门电路驱动 74 和 74H 系列 TTL 门电路

由表 3-5 中的数据可以看出，用 4000 系列 CMOS 门电路驱动 74 和 74H 系列 TTL 门电路时，式（3-36）～式（3-38）均满足，只有式（3-39）不满足。因此，要扩大 CMOS 门电路输出低电平时灌电流负载的能力，常用以下三种方法。

第一种方法是将同一封装内的 CMOS 门电路并联使用，如图 3-54 所示。虽然同一封装内的 CMOS 门电路参数比较一致，但不可能完全相同，因此并联后的最大负载电流略小于每个 CMOS 门电路最大负载电流之和。

第二种方法是在输出端增加一级 CMOS 驱动器，如 CC4010，CC40107 等，如图 3-55 所示。同相输出的驱动器 CC4010 在电源电压为 5 V 时，负载电流 $I_{OL} \geqslant 3.2\,\text{mA}$，可以同时驱动两个 74 系列 TTL 门电路；CC40107OD 门电路在电源电压为 5 V 时，负载电流 $I_{OL} \geqslant 16\,\text{mA}$，能同时驱动 10 个 74 系列 TTL 门电路。

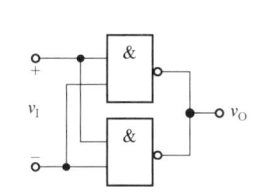

图 3-54 将 CMOS 门电路并联以提高带负载能力

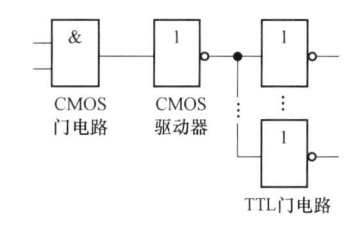

图 3-55 用 CMOS 驱动器驱动 TTL 门电路

在找不到合适的 CMOS 驱动器时，可以采用第三种方法——采用分立元件的晶体管电流放大器，如图 3-56 所示。参数的选择要满足在 CMOS 门电路输出高电平时，晶体管饱和导通（输出低电平），此时要求

$$i_B \geqslant I_{BS} = I_{CS} / \beta \tag{3-42}$$

且

$$i_B < I_{OH} \tag{3-43}$$

式中，

$$i_B = \frac{V_{OH} - V_{BE}}{R_b} \tag{3-44}$$

$$i_{CS} = m|I_{IL}| + \frac{V_{CC} - V_{CES}}{R_c} \tag{3-45}$$

式中，V_{OH}，I_{OH} 为 CMOS 门电路输出的高电平和输出高电平时的输出漏电流；I_{IL} 为 TTL 门电路输入低电平时的电流。

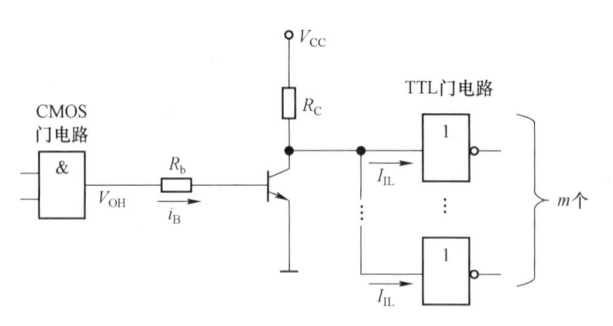

图 3-56 采用电流放大器驱动 TTL 门电路

2) 用 4000 系列 CMOS 门电路驱动 74LS 系列 TTL 门电路

当用 CMOS 门电路驱动 74LS 系列 TTL 门电路时,由表 3-5 可知,式(3-36)~式(3-39)均满足,故可将 CMOS 门电路的输出端直接和 74LS 系列 TTL 门电路连接,但当后面连接的 74LS 系列 TTL 门电路不止一个时,式(3-39)仍然不满足,需要采用上述三种方法之一才能驱动。

3) 用 74HC/74HCT 系列 CMOS 门电路驱动 TTL 门电路

此时不用转换,可以直接驱动。

由表 3-5 可知,无论负载门是 74 系列、74H 系列还是 74LS 系列 TTL 门电路,式(3-36)~式(3-39)均满足,可以直接用 74HC/74HCT 系列 CMOS 门电路驱动 TTL 门电路,可驱动的负载门的数目不难通过表 3-5 求出。

本章小结

本章主要内容:
(1) 晶体管开关特性及 TTL 门电路的基本工作原理。
(2) MOS 管开关特性及 CMOS 门电路的基本工作原理。
(3) 各类门电路的外部电气特性:电压传输特性、输入/输出特性、抗干扰特性、电源特性等。
(4) 门电路的推拉输出、开路输出、三态输出的特点及用途。
(5) 各类门电路性能的比较。

重点:
(1) 晶体管、MOS 管的开关特性。
(2) 门电路的外部电气特性和正确使用方法。
(3) 门电路开路输出、三态输出的特点和应用。

难点: 门电路的电路结构和参数计算。

本章习题

一、思考题

1. 二极管作为开关应用时所呈现的瞬态开关特性与理想开关有哪些区别?什么是反向

恢复时间和正向恢复时间？其产生的原因是什么？

2. 什么是三极管的饱和状态？如何判断三极管处于导通、饱和和截止状态？

3. 什么是三极管的延迟时间、上升时间、存储时间和下降时间？影响这些时间的因素有哪些？

4. TTL 与非门电路有哪些主要外部特性？TTL 与非门电路有哪些主要参数？

5. OC 门电路、三态输出门电路各有什么特点？什么是线与？什么是总线结构？如何用三态输出门电路实现数据双向传输？

6. 什么是 N 管的开启电压？如何判断 MOS 管所处的工作状态？

7. CMOS 反相器的电路结构是什么？CMOS 反相器有哪些特点？

8. CMOS 传输门的电路结构是什么？如何实现高、低电平的传输？

9. CMOS 门电路与 TTL 门电路各有什么特点？

10. CMOS 门电路和 TTL 门电路在使用时应注意哪些问题？多余输入端应如何正确处理？

二、判断题

1. 与门电路、或门电路和非门电路都具有多个输入端和一个输出端。（　　）

2. 在与门电路后面加上非门电路，就构成了与非门电路。（　　）

3. 所有系列的 TTL 门电路和 CMOS 门电路只要逻辑功能相同，在电路中就可以相互替代。（　　）

4. 门电路的应用日益广泛，利用它的组合可以产生新的逻辑功能，组成触发器、振荡器，并实现各种控制功能。（　　）

5. CMOS 门电路的输入端在使用中不允许悬空。（　　）

6. 二极管因为具有导通、截止两种工作状态，所以可以作为开关元件使用；三极管因为具有饱和、截止、放大三种工作状态，所以不可以作为开关元件使用。（　　）

7. 二极管、三极管、MOS 管在数字电路中均可以作为开关元件使用。（　　）

8. 门电路的阈值电压是输入高、低电平的分界点。（　　）

9. TTL 门电路和 CMOS 门电路相比，具有开关速度高、带负载能力强的优点。（　　）

10. TTL 门电路的输入端不能悬空。（　　）

11. CMOS 门电路的输入端悬空相当于接了一个高电平。（　　）

12. 传输门电路是用来传输模拟信号的，一般不用来传输数字信号。（　　）

13. 三态门电路除了可以输出高、低电平，还具有高阻悬浮的第三态。（　　）

14. 扇出系数是指带同类门电路的个数。（　　）

三、单项选择题

1. 输出端可并联使用的 TTL 门电路是（　　）。

A. 异或门电路　　　B. OC 门电路　　　C. 与非门电路　　　D. 或非门电路

2. 数字电路中的三极管工作在（　　）。

A. 饱和区　　　　　　　　　　　　　B. 截止区

C. 饱和区或截止区　　　　　　　　　D. 放大区

3. 正逻辑是指（　　）。

A. 高电平用 1 表示　　　　　　　　　B. 高电平用 1 表示，低电平用 0 表示

C. 低电平用 0 表示　　　　　　　　　D. 高电平用 0 表示，低电平用 1 表示
4. 下列各门电路中，（　　）的输出端可直接相连，实现线与。
   A. 一般 TTL 与非门电路　　　　　　B. 集电极开路 TTL 与非门电路
   C. 一般 CMOS 与非门电路　　　　　D. 一般 TTL 或非门电路
5. 下列门电路属于双极型的是（　　）。
   A. OC 门电路　　　B. PMOS 门电路　　　C. NMOS 门电路　　　D. CMOS 门电路
6. 输出端不能直接线与的门电路有（　　）。
   A. OC 门电路　　　　　　　　　　　B. 三态门电路
   C. 传输门电路　　　　　　　　　　　D. 普通 CMOS 门电路
7. 要使 CMOS 门电路输入高电平，不能使用的方法为（　　）。
   A. 通过大电阻接地　　　　　　　　　B. 通过电阻接电源
   C. 直接接高电平　　　　　　　　　　D. 以上方法都不能使用
8. 要使 TTL 门电路接高电平，不能使用的方法为（　　）。
   A. 悬空　　　　　　　　　　　　　　B. 通过大电阻接地
   C. 通过小电阻接地　　　　　　　　　D. 通过电阻接电源
9. 要使 TTL 或非门电路变成反相器，多余的输入端（　　）。
   A. 和使用端连接在一起　　　　　　　B. 接高电平
   C. 通过大电阻接低电平　　　　　　　D. 悬空
10. 要使 TTL 与非门电路变成反相器，多余的输入端不能（　　）。
    A. 和使用端连接　　　　　　　　　　B. 接高电平
    C. 通过小电阻接低电平　　　　　　　D. 悬空
11. CC4000 系列 CMOS 门电路不能直接接（　　）系列 TTL 门电路。
    A. 74HCT　　　B. 74HC　　　C. 74LS　　　D. 74H
12. 74H 系列 TTL 门电路不能直接接（　　）系列 TTL 门电路。
    A. 74HCT　　　B. 74HC　　　C. 74LS　　　D. 74H

四、填空题

1. OC 门电路是一种特殊的 TTL 与非门电路，它的特点是输出端可以并联输出，即可以实现____功能。
2. 三态门电路除了高电平、低电平两个状态外，还有第三个状态，这第三个状态常称为____。
3. 门电路中衡量带负载能力的参数称为_____。

五、简答题

1. 试说明下列各种门电路中哪些可以将输出端并联使用（输入端的状态不一定相同）。
   （1）具有推拉式输出级的 TTL 门电路；
   （2）OC 门电路；
   （3）TTL 三态门电路；
   （4）普通的 CMOS 门电路；
   （5）漏极开路输出的 CMOS 门电路；
   （6）三态输出 CMOS 门电路。

2. 指出图 T3-1 所示各 TTL 门电路的输出为什么状态（高电、低电平或高阻态）？

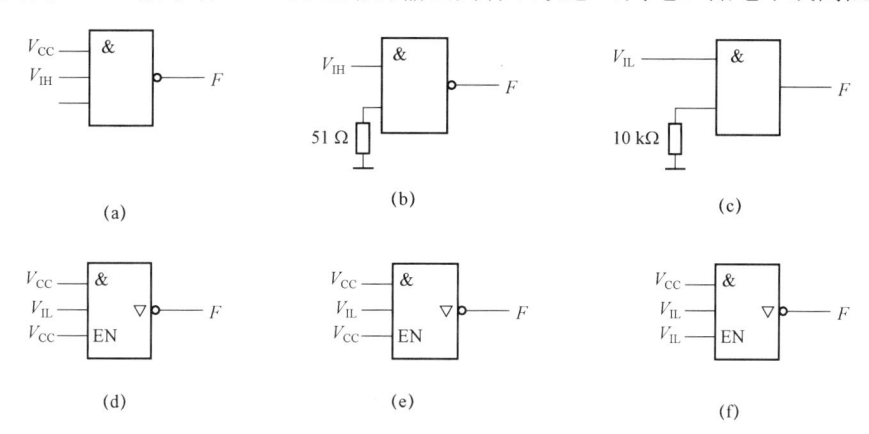

图 T3-1 简答题 2 的电路图

3. 试写出图 T3-2 所示 CMOS 门电路的输出逻辑表达式。

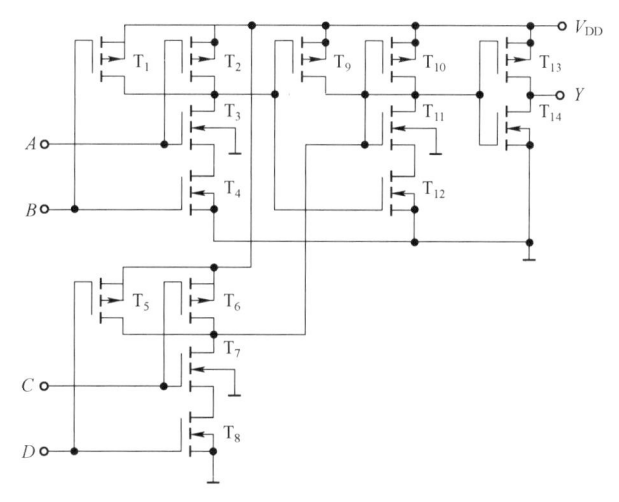

图 T3-2 简答题 3 的电路图

4. 试写出图 T3-3 所示各 TTL 门电路的输出逻辑表达式。

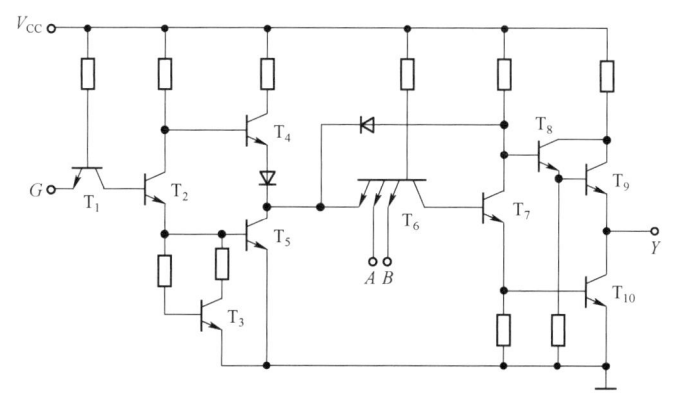

图 T3-3 简答题 4 的电路图

5. 已知 TTL 与非门电路输入端外接电路如图 T3-4 所示，当开关 S 合在不同位置时，用图中万用表（内阻为 $20\,\text{k}\Omega$）测量 V_I 和 V_O 的值，将结果填入表 T3-1。

表 T3-1　简答题 5 的表格

S 位置	V_I / V	V_O / V
A		
B		
C		
D		

6. 图 T3-5 所示电路是由 74 系列 TTL 反相器组成的电路。已知 $I_\text{IHmax} = 40\,\mu\text{A}$，$I_\text{ILmax} = -1.6\,\text{mA}$，$I_\text{OHmax} = -0.4\,\text{mA}$，$I_\text{OLmax} = 16\,\text{mA}$。计算扇出系数。

7. 指出图 T3-6 所示各 CMOS 门电路的输出为什么状态（高电、低电平或高阻态）？

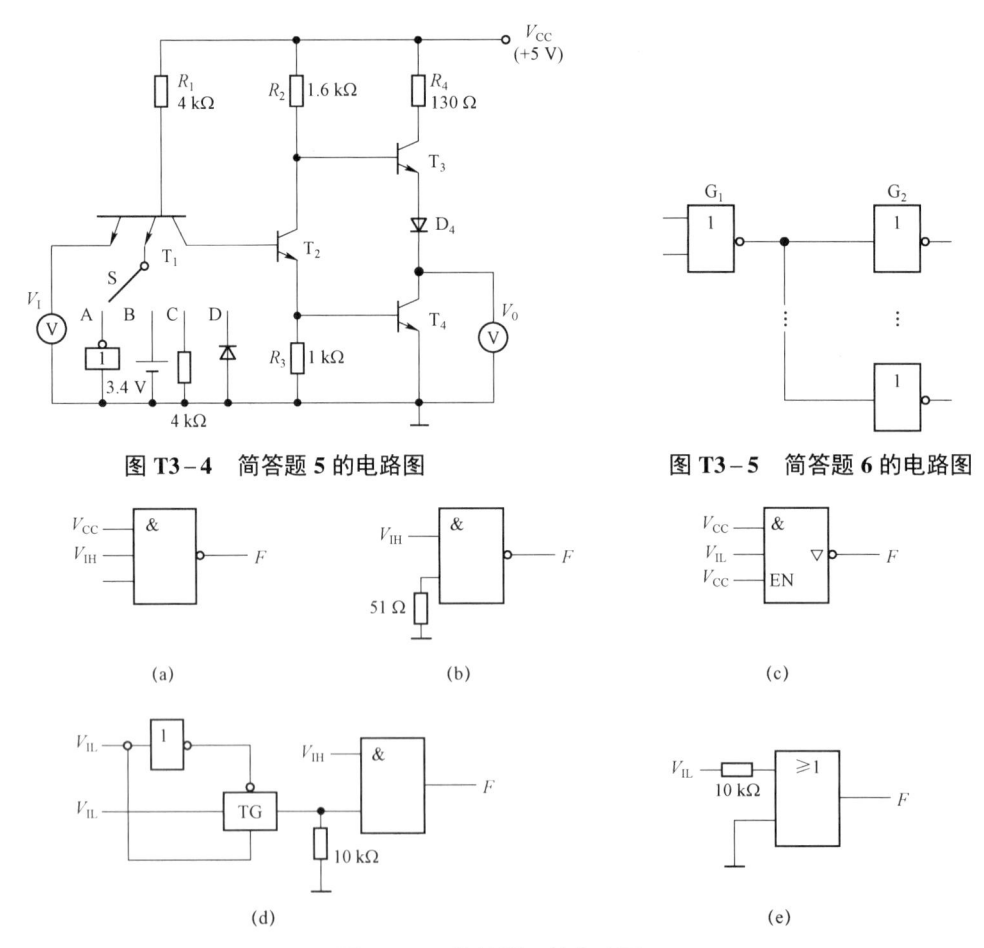

图 T3-4　简答题 5 的电路图

图 T3-5　简答题 6 的电路图

图 T3-6　简答题 7 的电路图

第4章
组合逻辑电路

知识目标：能够说出组合逻辑电路的功能和特点以及常用 MSI 组合逻辑电路的功能；阐明组合逻辑电路竞争冒险现象的原因及解决方法。

能力目标：能够熟练分析 SSI 组合逻辑电路的功能，并利用 SSI 进行设计；利用译码器、数据选择器、加法器等电路设计电路并适当应用；判别组合逻辑电路竞争冒险现象的类型。

素质目标：培养不断修正和完善自我的认知模式和思维模式。

【研讨1】在数字电路中，冗余的存在可能是由于设计上的考虑、系统的容错性要求，或者为了提高性能和可靠性而引入的。然而，冗余也可能导致系统资源浪费、复杂性增加以及性能下降。例如，化简逻辑函数时需要消除冗余项，而消除组合逻辑电路的静态冒险现象时又需要增加冗余项。结合本章实例，体会其中的哲学思想。

【研讨2】用 3 线 – 8 线译码器实现四变量逻辑函数。

【DIY 实践展示】组合逻辑电路的设计与实现（仿真+硬件电路）。

根据逻辑功能的不同特点，数字电路可以分成两大类，一类称为组合逻辑电路（简称组合电路），另一类称为时序逻辑电路（简称时序电路）。

组合逻辑电路（Combinational Logic Circuit）在逻辑功能上的特点是：电路在任何时刻的输出状态只取决于该时刻的输入状态，而与电路原来的状态无关。图 4-1 所示的电路就是一个组合逻辑电路的例子。由图 4-1 可知，输出 F 的值只由输入 A 和 B 的值确定，与电路过去的工作状态无关。

组合逻辑电路在结构上基本上由逻辑门组成，且只有输入到输出的通路，输入与输出之间没有反馈延迟电路，不包含记忆性元件，因此，组合逻辑电路没有记忆功能。

图 4-2 所示为组合逻辑电路框图。其中，$x_1 \sim x_n$ 为输入变量，$z_1 \sim z_m$ 为输出变量。它们之间的逻辑功能是用逻辑函数描述的，可以写成

$$\begin{cases} z_1 = f(x_1, x_2, \cdots, x_n) \\ z_2 = f(x_1, x_2, \cdots, x_n) \\ \quad \cdots \\ z_m = f(x_1, x_2, \cdots, x_n) \end{cases} \quad (4-1)$$

组合逻辑电路的逻辑功能可以用逻辑函数式、真值表、逻辑电路图、卡诺图和波形图等表示。

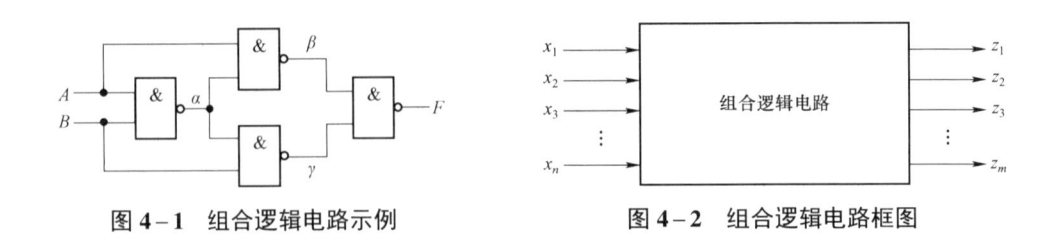

图 4-1 组合逻辑电路示例　　　　图 4-2 组合逻辑电路框图

4.1　组合逻辑电路的分析

组合逻辑电路的分析就是根据已知的组合逻辑电路，确定其输入与输出之间的逻辑关系，经过分析确定组合逻辑电路所完成的逻辑功能。

分析组合逻辑电路的一般步骤如下：已知组合逻辑电路—写出逻辑函数式—列真值表—简述逻辑功能。

1）由给定组合逻辑电路写出输出逻辑函数式

一般从输入端向输出端逐级写出各输出对其输入的逻辑函数式，从而写出整个组合逻辑电路的输出对输入的逻辑函数式。必要时，可对逻辑函数式进行化简与变换。

2）列真值表

将输入变量的各种取值组合代入输出逻辑函数式，求出相应的输出，列出真值表。

3）分析逻辑功能

一般通过分析真值表的特点来说明组合逻辑电路的逻辑功能。

在分析的过程中，通常对输出逻辑函数式进行化简与变换，若逻辑功能已明朗，则可通过逻辑函数式进行逻辑功能的评述。在一般情况下，只有通过分析真值表中输出和输入之间的取值关系才能准确判断组合逻辑电路的逻辑功能。

【例 4-1-1】分析图 4-1 所示组合逻辑电路的逻辑功能。

解：（1）由逻辑图逐级写出逻辑函数式：

$$\alpha = \overline{AB}; \quad \beta = \overline{A \cdot \alpha} = \overline{A \cdot \overline{B}}; \quad \gamma = \overline{B \cdot \alpha} = \overline{B \cdot \overline{A}}$$

于是，$F = \overline{\alpha \cdot \beta} = \overline{\overline{A\overline{B}} \cdot \overline{\overline{A}B}} = A\overline{B} + \overline{A}B$。

（2）化简与变换：$F = A\overline{B} + \overline{A}B$。

（3）由逻辑函数式列出真值表，如表 4-1 所示。

表 4-1　例 4-1-1 的真值表

A	B	F
0	0	0
0	1	1
1	0	1
1	1	0

（4）分析逻辑功能：当输入 A 和 B 不一致时，输出为 1。

【例 4-1-2】分析图 4-3 所示组合逻辑电路的逻辑功能。

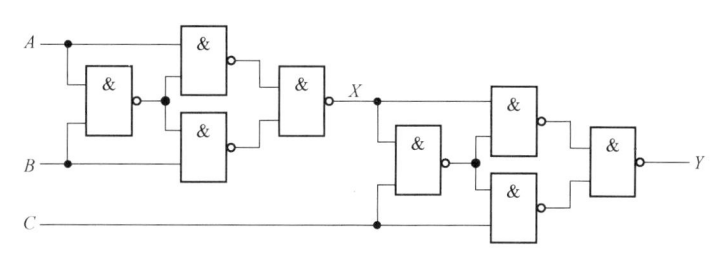

图 4-3　例 4-1-2 的组合逻辑电路

解：（1）逐级写出逻辑函数式并化简。

该组合逻辑电路由前、后两个完全相同的部分组成。前一部分的输入为 A 和 B，设其输出为 X，则 $X = \overline{A\overline{AB} \cdot B\overline{AB}} = \overline{A\overline{AB}} + \overline{B\overline{AB}} = A\overline{B} + \overline{A}B$。

后一部分的输入为 X 和 C，输出为 Y，由于与前一部分的结构完全相同，所以有 $Y = X\overline{C} + \overline{X}C$。

于是，$Y = (A\overline{B} + \overline{A}B)\overline{C} + \overline{A\overline{B} + \overline{A}B} \cdot C = A\overline{B}\overline{C} + \overline{A}B\overline{C} + (\overline{A}\overline{B} + AB)C = A\overline{B}\overline{C} + \overline{A}B\overline{C} + \overline{A}\overline{B}C + ABC$。

（2）由逻辑函数式列出真值表，如表 4-2 所示。

（3）说明逻辑功能。

由真值表可以看出，在 A，B，C 三个输入变量中，有奇数个 1 时，输出 Y 为 1，否则 Y 为 0，因此，图 4-3 所示组合逻辑电路是三位判奇电路。

表 4-2　例 4-1-2 的真值表

A	B	C	Y	A	B	C	Y
0	0	0	0	1	0	0	1
0	0	1	1	1	0	1	0
0	1	0	1	1	1	0	0
0	1	1	0	1	1	1	1

【例 4-1-3】分析图 4-4 所示组合逻辑电路的逻辑功能。

解：根据给定的逻辑电路图可写出逻辑函数式为

$$\begin{cases} Y_3 = A_3 \\ Y_2 = A_3 \oplus A_2 \\ Y_1 = A_2 \oplus A_1 \\ Y_0 = A_1 \oplus A_0 \end{cases}$$

列出真值表，如表 4-3 所示。

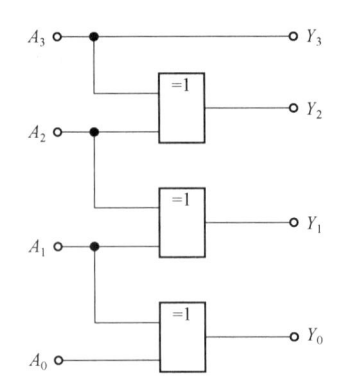

图 4-4　例 4-1-3 的组合逻辑电路

表 4-3　例 4-1-3 的真值表

输　　入				输　　出				输　　入				输　　出			
A_3	A_2	A_1	A_0	Y_3	Y_2	Y_1	Y_0	A_3	A_2	A_1	A_0	Y_3	Y_2	Y_1	Y_0
0	0	0	0	0	0	0	0	1	0	0	0	1	1	0	0
0	0	0	1	0	0	0	1	1	0	0	1	1	1	0	1
0	0	1	0	0	0	1	1	1	0	1	0	1	1	1	1
0	0	1	1	0	0	1	0	1	0	1	1	1	1	1	0
0	1	0	0	0	1	1	0	1	1	0	0	1	0	1	0
0	1	0	1	0	1	1	1	1	1	0	1	1	0	1	1
0	1	1	0	0	1	0	1	1	1	1	0	1	0	0	1
0	1	1	1	0	1	0	0	1	1	1	1	1	0	0	0

由真值表可以看出，输入为自然二进制码，输出为格雷码。因此，图 4-4 所示组合逻辑电路的逻辑功能是实现了自然二进制码向格雷码的转换。

【例 4-1-4】 组合逻辑电路如图 4-5 所示，其中 A，B 为输入变量，Y 为输出函数，试说明当 C_3，C_2，C_1，C_0 作为控制信号时，Y 与 A，B 的逻辑关系。

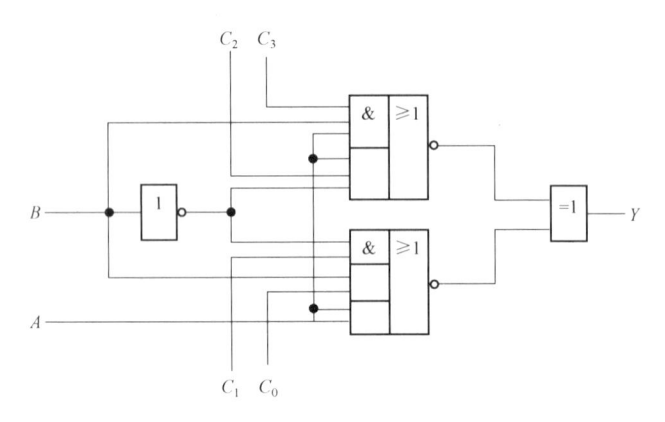

图 4-5　例 4-1-4 的组合逻辑电路

解：（1）由逻辑电路图写出逻辑函数式为

$$Y = \overline{C_3 AB + C_2 A\overline{B}} \oplus \overline{C_1 \overline{B} + C_0 B + \overline{A}}$$

（2）以 C_3，C_2，C_1，C_0 作为控制变量，列出输出 Y 的真值表，如表 4-4 所示。

表 4-4 例 4-1-4 的真值表

C_3	C_2	C_1	C_0	Y	C_3	C_2	C_1	C_0	Y
0	0	0	0	A	1	0	0	0	$A\overline{B}$
0	0	0	1	$A+B$	1	0	0	1	$A \oplus B$
0	0	1	0	$A+\overline{B}$	1	0	1	0	$\overline{B}$
0	0	1	1	1	1	0	1	1	$\overline{AB}$
0	1	0	0	AB	1	1	0	0	0
0	1	0	1	B	1	1	0	1	$\overline{AB}$
0	1	1	0	$A \odot B$	1	1	1	0	$\overline{A+B}$
0	1	1	1	$\overline{A}+B$	1	1	1	1	$\overline{A}$

（3）由真值表可知，该组合逻辑电路是多功能逻辑单元电路。

分析该题时，由于要求论证 Y 与 A，B 的逻辑关系，所以在列真值表时，切忌将 A，B 也作为输入变量列入真值表。

4.2 组合逻辑电路的设计

与分析过程相反，组合逻辑电路的设计是根据给定的实际逻辑问题，求出实现其逻辑功能的组合逻辑电路。组合逻辑电路需根据设计任务的复杂程度和具体技术要求选择不同集成度的器件来实现，如采用小规模集成逻辑电路（SSI）、中规模组合逻辑电路（MSI）等。实现方法不同，对应的设计方法也不同。这里给出组合逻辑电路的一般设计方法。

组合逻辑电路的设计步骤如下：已知逻辑功能—列真值表—写出逻辑函数式—化简或变换—画出逻辑电路图。

1）进行逻辑抽象

根据设计要求，确定输入、输出信号以及它们之间的逻辑关系，用英文字母表示相关的输入和输出信号。其中，表示输入信号的变量称为输入变量，也可以简称为变量；表示输出信号的变量称为输出变量，也称为输出函数或简称为函数。然后，对变量以及函数进行赋值，即用 0 和 1 表示信号的取值。

2）列真值表

根据逻辑关系，把变量的各种取值和相应的函数值，以表格的形式一一列出，而变量的取值一般按照二进制数递增的顺序排列。

3）写出输出函数并进行化简或变换

根据真值表写出输出函数，然后进行化简或变换。当输入变量比较少时，可以用卡诺图法化简；当输入变量比较多，用卡诺图法化简不方便时，可以用公式化简法化简。根据题目要求把输出函数转换成要求的形式，如与非与非式、或非或非式、与或非式等。

4) 根据要求画出逻辑电路图

在组合逻辑电路的设计中，除了最简问题，还要考虑最优问题。最优就是要使设计组合逻辑电路所用的元件数少、元件类型少、连线少、速度尽量高等。对于单一输出的组合逻辑电路，最简也许是最优，但对于多输出的组合逻辑电路要考虑到门电路共用的问题，使电路简单、接线少。另外，当遇到无关项时，可以利用无关项使组合逻辑电路更加简单。

下面举例说明设计组合逻辑电路的方法和步骤。

【例 4-2-1】 有一个火灾报警系统，设有烟感、温感和紫外光感三种类型的火灾探测器。为了防止误报警，只有当其中有两种或两种以上类型的探测器发出火灾检测信号时，火灾报警系统才产生报警控制信号。利用逻辑门电路设计一个产生报警控制信号的组合逻辑电路。

解：(1) 分析设计要求，设定输入、输出变量并进行逻辑赋值。

输入变量：烟感、温感、紫外光感三种信号分别用变量 A、B、C 表示。

输出变量：报警控制信号用变量 Y 表示。

逻辑赋值：用 1 表示肯定，用 0 表示否定。

(2) 列真值表，把逻辑关系转换成数字表示形式，如表 4-5 所示。

表 4-5 例 4-2-1 的真值表

输	入		输出	输	入		输出
A	B	C	Y	A	B	C	Y
0	0	0	0	1	0	0	0
0	0	1	0	1	0	1	1
0	1	0	0	1	1	0	1
0	1	1	1	1	1	1	1

(3) 由真值表写逻辑函数式：

$$Y = \overline{A}BC + A\overline{B}C + AB\overline{C} + ABC$$

化简为最简式：

$$Y = AB + BC + AC$$

(4) 画出逻辑电路图。

由最简式可知，可用 3 个与门和 1 个或门实现，故需要两种不同类型的门电路。

如果将逻辑函数式变换为

$$Y = \overline{\overline{AB + BC + AC}} = \overline{\overline{AB} \cdot \overline{BC} \cdot \overline{AC}}$$

则可以用 3 个两输入的与非门和 1 个三输入的与非门实现。

或者，可以将表达式变换为

$$Y = \overline{\overline{AB + BC + AC}}$$

则用 1 个与或非门和 1 个非门实现，如图 4-6 所示。

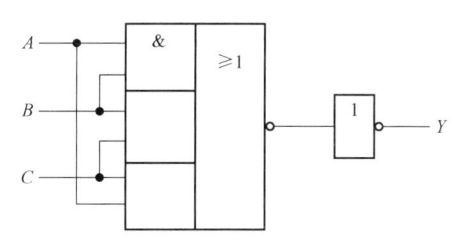

图 4-6 例 4-2-1 的逻辑电路图

【例 4-2-2】 设计一个码制转换电路，输入为 8421BCD 码，输出为余 3 码。

解： 设 $A_3A_2A_1A_0$ 表示输入的 8421BCD 码，$Y_3Y_2Y_1Y_0$ 表示输出的余 3 码。将 8421BCD 码转换为余 3 码的真值表如表 4-6 所示。

表 4-6 例 4-2-2 的真值表

\multicolumn{4}{c}{输入}	\multicolumn{4}{c}{输出}	\multicolumn{4}{c}{输入}	\multicolumn{4}{c}{输出}
A_3	A_2	A_1	A_0	Y_3	Y_2	Y_1	Y_0	A_3	A_2	A_1	A_0	Y_3	Y_2	Y_1	Y_0
0	0	0	0	0	0	1	1	1	0	0	0	1	0	1	1
0	0	0	1	0	1	0	0	1	0	0	1	1	1	0	0
0	0	1	0	0	1	0	1	1	0	1	0	×	×	×	×
0	0	1	1	0	1	1	0	1	0	1	1	×	×	×	×
0	1	0	0	0	1	1	1	1	1	0	0	×	×	×	×
0	1	0	1	1	0	0	0	1	1	0	1	×	×	×	×
0	1	1	0	1	0	0	1	1	1	1	0	×	×	×	×
0	1	1	1	1	0	1	0	1	1	1	1	×	×	×	×

需要注意的是，8421BCD 码有 6 个状态不会出现，作任意项处理。可将真值表填入卡诺图进行化简，由卡诺图可以写成四个输出 Y_3，Y_2，Y_1 和 Y_0 的最简式：

$$\begin{cases} Y_3 = A_3 + A_2A_0 + A_2A_1 \\ Y_2 = \overline{A_2}A_0 + \overline{A_2}A_1 + A_2\overline{A_1}\overline{A_0} \\ Y_1 = \overline{A_1}\overline{A_0} + A_1A_0 \\ Y_0 = \overline{A_0} \end{cases}$$

用与非门实现时，上式变换为

$$\begin{cases} Y_3 = A_3 + A_2A_0 + A_2A_1 = \overline{\overline{A_3} \cdot \overline{A_2A_0} \cdot \overline{A_2A_1}} \\ Y_2 = \overline{A_2}A_0 + \overline{A_2}A_1 + A_2\overline{A_1}\overline{A_0} = \overline{\overline{\overline{A_2}A_0} \cdot \overline{\overline{A_2}A_1} \cdot \overline{A_2\overline{A_1}\overline{A_0}}} \\ Y_1 = \overline{A_1}\overline{A_0} + A_1A_0 = \overline{\overline{\overline{A_1}\overline{A_0}} \cdot \overline{A_1A_0}} \\ Y_0 = \overline{A_0} \end{cases}$$

由此可以画出逻辑电路图。

【例 4-2-3】 在只有原变量输入的条件下，用与非门实现函数

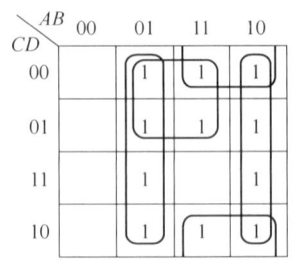

$$F(A,B,C,D) = \sum m(4,5,6,7,8,9,10,11,12,13,14)$$

解：用卡诺图对函数进行化简，如图 4-7 所示。化简结果为

$$F = A\overline{B} + \overline{A}B + B\overline{C} + A\overline{D}$$

两次求反，得到

$$F = \overline{\overline{A\overline{B}} \cdot \overline{\overline{A}B} \cdot \overline{B\overline{C}} \cdot \overline{A\overline{D}}}$$

在没有反变量输入的情况下，可以按照上式画出其逻辑电路

图 4-7 例 4-2-3 的卡诺图 图，如图 4-8（a）所示。第 1 级反相器用来产生反变量，为 3 级门电路结构，共需要 9 个逻辑门。

如果对表达式进行合并，则

$$F = A\overline{B} + \overline{A}B + B\overline{C} + A\overline{D} = A(\overline{B} + \overline{D}) + B(\overline{A} + \overline{C}) = A\overline{BD} + B\overline{AC} = \overline{\overline{A\overline{BD}} \cdot \overline{B\overline{AC}}}$$

按照这个表达式，可以画出图 4-8（b）所示的逻辑电路图。它也是 3 级门电路结构，比图 4-8（a）少了 4 个反相器，共需要 5 个逻辑门。

可以对逻辑函数式进行代数处理，增加冗余项，这里也称为生成项。

$$A\overline{B} + B\overline{C} = A\overline{B} + B\overline{C} + A\overline{C}$$
$$\overline{A}B + A\overline{D} = \overline{A}B + A\overline{D} + B\overline{D}$$

于是，$F = A\overline{B} + \overline{A}B + B\overline{C} + A\overline{D} + A\overline{C} + B\overline{D}$。

对上式进行合并，有

$$F = A(\overline{B} + \overline{C} + \overline{D}) + B(\overline{A} + \overline{C} + \overline{D}) = A\overline{BCD} + B\overline{ACD}$$

存在如下恒等变化：

$$A\overline{ABCD} = A(\overline{A} + \overline{BCD}) = A\overline{BCD}$$

同理，有

$$B\overline{ACD} = B\overline{ABCD}$$

于是，

$$F = A\overline{ABCD} + B\overline{ABCD} = \overline{\overline{A\overline{ABCD}} \cdot \overline{B\overline{ABCD}}}$$

由上式可以画出图 4-8（c）所示的逻辑电路图。它也是 3 级门电路结构，只需要 4 个与非门就可以实现。显然，图 4-8（c）所示逻辑电路图是最佳结果。

可以看出，在只有原变量输入的条件下，组合逻辑电路的结构为 3 级门电路结构。其中，第 1 级为输入级，与非门器件的多少取决于函数中乘积项所包含的尾部因子种类的多少。所谓尾部因子，是指每个乘积项中带非号部分的因子。例如，在 $\overline{A\overline{B}} \cdot \overline{\overline{A}B} \cdot \overline{B\overline{C}} \cdot \overline{A\overline{D}}$ 中有 $\overline{A}$、$\overline{B}$、$\overline{C}$、$\overline{D}$ 四种类型的尾部因子，因此在图 4-8（a）中输入级需要四个反相器；在 $\overline{A\overline{BD}} \cdot \overline{B\overline{AC}}$ 中只有 $\overline{BD}$ 和 $\overline{AC}$ 两种尾部因子，因此在图 4-8（b）中输入级需要两个与非门；在 $\overline{A\overline{ABCD}} \cdot \overline{B\overline{ABCD}}$ 中只有 $\overline{ABCD}$ 一种尾部因子，因此在图 4-8（c）中输入级只需要一个与非门。第 2 级为中间级或称为与项级，它们所包含与非门器件的多少取决于乘积项的个数。$F = \overline{A\overline{B}} \cdot \overline{\overline{A}B} \cdot \overline{B\overline{C}} \cdot \overline{A\overline{D}}$ 由四个乘积项组成，因此在图 4-8（a）中第 2 级需要四个与非门；$\overline{A\overline{BD}} \cdot \overline{B\overline{AC}}$ 和 $\overline{A\overline{ABCD}} \cdot \overline{B\overline{ABCD}}$ 均由两个乘积项组成，因此第 2 级含有两个与非门。第 3 级为输出级或称为或项级，需要一个与非门实现。因此，在只有原变量输入、没有反变量输入

的条件下,为了获得最佳设计结果,应尽可能地通过乘积项的合并来减少第 2 级的与非门器件数,同时尽可能减少尾部因子的种类,以减少第 1 级的与非门器件数。

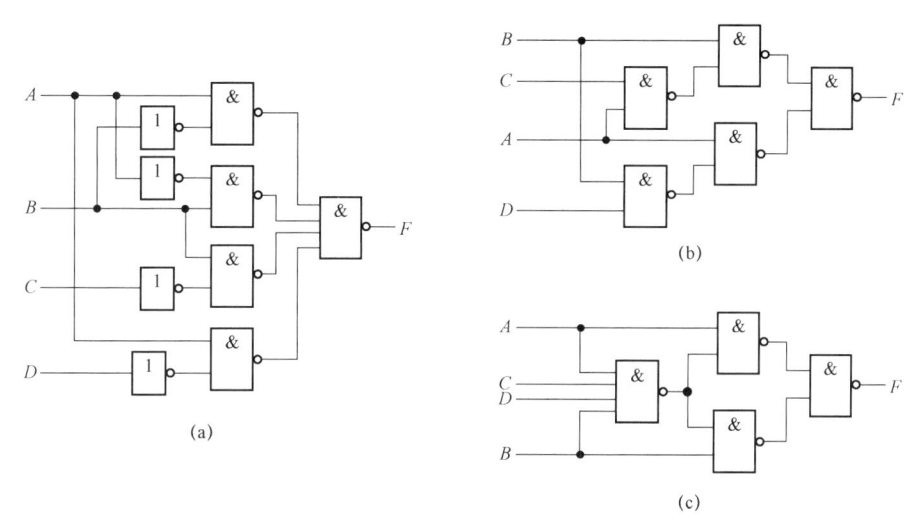

图 4-8 例 4-2-3 的逻辑电路图

一般采取下列步骤进行设计。

第一步,用卡诺图化简逻辑函数式,得到最简与或式。

第二步,利用公式 $AB+\overline{A}C=AB+\overline{A}C+BC$ 寻找所有的生成项 BC,将加入后能进行合并的有用生成项加入原最简式进行乘积项合并。能进行合并的乘积项指除尾部因子之外的其他变量因子完全相同的乘积项,例如 $AB\overline{C}$ 和 $AB\overline{D}$,这两个乘积项除尾部因子 $\overline{C}$ 和 $\overline{D}$ 以外,其他变量因子 AB 完全相同,则可以合并为 $AB\overline{CD}$,而 $AB\overline{C}$ 和 $AE\overline{D}$ 这两个乘积项除尾部因子以外,变量因子 AB 和 AE 不相同,则 $AB\overline{C}$ 和 $AE\overline{D}$ 这两个乘积项不能合并。根据这个原则选取有用生成项,加入最简式则进行乘积项合并。

第三步,进行尾部因子变换,尽可能减少尾部因子的种类。例如,乘积项 $AB\overline{C}$ 和乘积项 $AC\overline{B}$ 可以变换成 $AB\overline{BC}$ 和 $AC\overline{BC}$,以使原来两种尾部因子 $\overline{C}$ 和 $\overline{B}$ 变换为一种尾部因子 $\overline{BC}$。

第四步,两次求反,得到与非与非式。

第五步,画出逻辑电路图。

采用或非器件实现只有原变量输入条件下的组合逻辑电路时,可以由其对偶函数的最小项表达式按上述步骤进行设计。

4.3 数值比较器

数值比较器是比较一位或多位二进制数大小的电路。两个 n 位二进制数比较时,其结果有大于、小于和等于 3 种情况,即有三个输出。

4.3.1 1 位数值比较器

将两个 1 位二进制数 A 和 B 进行比较,分别用输出 $F_{A>B}$,$F_{A=B}$ 和 $F_{A<B}$ 表示比较结果。

设 $A>B$ 时 $F_{A>B}=1$，$A<B$ 时 $F_{A<B}=1$，$A=B$ 时 $F_{A=B}=1$，其余输出为 0。表 4-7 所示为 1 位数值比较器真值表。

表 4-7　1 位数值比较器真值表

输	入		输　　出	
A	B	$F_{A>B}$	$F_{A=B}$	$F_{A<B}$
0	0	0	1	0
0	1	0	0	1
1	0	1	0	0
1	1	0	1	0

由真值表可见，1 位数值比较器是一个二输入、三输出的组合逻辑电路，其逻辑函数式为

$$\begin{cases} F_{A>B} = A\overline{B} \\ F_{A=B} = \overline{A}\overline{B} + AB \\ F_{A<B} = \overline{A}B \end{cases} \quad (4-2)$$

根据式（4-2），采用与门、或非门和非门实现。也可以将式（4-2）进行变换：

$$\begin{cases} F_{A>B} = A\overline{B} = \overline{A\overline{AB}} \\ F_{A=B} = \overline{A}\overline{B} + AB = \overline{\overline{A\overline{B}} + \overline{AB}} = \overline{\overline{A\,\overline{AB}} + B\,\overline{AB}} \\ F_{A<B} = \overline{A}B = \overline{B\,\overline{AB}} \end{cases} \quad (4-3)$$

根据式（4-3）可以得到 1 位数值比较器，如图 4-9 所示。显然，该组合逻辑电路输出高电平有效。

同时，式（4-2）也可以写为更简洁的表达方式，见式（4-4）。

$$\begin{cases} F_{A>B} = A\overline{B} \\ F_{A=B} = A \odot B \\ F_{A<B} = \overline{A}B \end{cases} \quad (4-4)$$

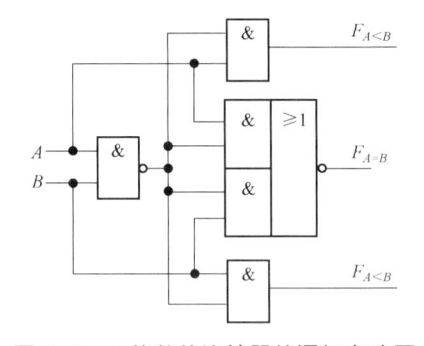

4.3.2 多位数值比较器

图 4-9　1 位数值比较器的逻辑电路图

当比较两个多位二进制数的大小时，必须从最高位开始逐步向低位进行。下面以 2 位数值比较器为例进行介绍。

2 位数值比较器输入为二进制数 $A = A_1 A_0$ 和 $B = B_1 B_0$，比较结果用 $F_{A>B}$、$F_{A<B}$ 和 $F_{A=B}$ 表示。当高位 A_1 大于 B_1 时，则 A 大于 B，$F_{A>B}$ 为 1；当高位 A_1 小于 B_1 时，则 A 小于 B，$F_{A<B}$ 为 1；当高位 A_1 等于 B_1 时，两数的比较结果由低位比较的结果决定。利用 1 位数值的比较结果，可列出 2 位数值比较器真值表，如表 4-8 所示。

表 4-8 2位数值比较器真值表

输入		输出		
$A_1\ B_1$	$A_0\ B_0$	$F_{A>B}$	$F_{A<B}$	$F_{A=B}$
$A_1 > B_1$	× ×	1	0	0
$A_1 < B_1$	× ×	0	1	0
$A_1 = B_1$	$A_0 > B_0$	1	0	0
$A_1 = B_1$	$A_0 < B_0$	0	1	0
$A_1 = B_1$	$A_0 = B_0$	0	0	1

由表 4-8 可见，以 1 位数值比较器的输出函数为变量，可得 2 位数值比较器输出函数为

$$\begin{cases} F_{A>B} = F_{A_1>B_1} + F_{A_1=B_1} \cdot F_{A_0>B_0} \\ F_{A<B} = F_{A_1<B_1} + F_{A_1=B_1} \cdot F_{A_0<B_0} \\ F_{A=B} = F_{A_1=B_1} \cdot F_{A_0=B_0} \end{cases} \quad (4-5)$$

式（4-5）所示的逻辑函数式为串行比较方式，也就是说必须先得到 1 位数值比较的结果才能进行 2 位数值的比较，运算速度较低。如果将 1 位数值比较的结果直接用逻辑函数式表示，就可以提高运算速度。例如，$F_{A_1>B_1}$ 用 $A_1\overline{B_1}$ 表示，$F_{A_1<B_1}$ 用 $\overline{A_1}B_1$ 表示，$F_{A_1=B_1}$ 用 $A_1 \odot B_1$ 表示，依此类推，得到并行比较方式的逻辑函数式

$$\begin{cases} F_{A>B} = A_1\overline{B_1} + (A_1 \odot B_1)A_0\overline{B_0} \\ F_{A<B} = \overline{A_1}B_1 + (A_1 \odot B_1)\overline{A_0}B_0 \\ F_{A=B} = (A_1 \odot B_1) \cdot (A_0 \odot B_0) \end{cases} \quad (4-6)$$

4.3.3 集成数值比较器

集成芯片 74LS85 是具有 4 位数值比较功能的逻辑器件，其功能表如表 4-9 所示。其中 $A_3A_2A_1A_0$ 和 $B_3B_2B_1B_0$ 是待比较的两个 4 位二进制数，">"、"<" 和 "=" 为扩展输入信号，在两个 4 位以上的二进制数比较时供芯片之间连接使用。

表 4-9 74LS85 功能表

输入数据				级联输入			输出		
$A_3\ B_3$	$A_2\ B_2$	$A_1\ B_1$	$A_0\ B_0$	>	<	=	$F_{A>B}$	$F_{A<B}$	$F_{A=B}$
$A_3 > B_3$	×	×	×	×	×	×	1	0	0
$A_3 < B_3$	×	×	×	×	×	×	0	1	0
$A_3 = B_3$	$A_2 > B_2$	×	×	×	×	×	1	0	0
$A_3 = B_3$	$A_2 < B_2$	×	×	×	×	×	0	1	0

续表

输入数据				级联输入			输出		
$A_3\ B_3$	$A_2\ B_2$	$A_1\ B_1$	$A_0\ B_0$	>	<	=	$F_{A>B}$	$F_{A<B}$	$F_{A=B}$
$A_3=B_3$	$A_2=B_2$	$A_1>B_1$	×	×	×	×	1	0	0
$A_3=B_3$	$A_2=B_2$	$A_1<B_1$	×	×	×	×	0	1	0
$A_3=B_3$	$A_2=B_2$	$A_1=B_1$	$A_0>B_0$	×	×	×	1	0	0
$A_3=B_3$	$A_2=B_2$	$A_1=B_1$	$A_0<B_0$	×	×	×	0	1	0
$A_3=B_3$	$A_2=B_2$	$A_1=B_1$	$A_0=B_0$	1	0	0	1	0	0
$A_3=B_3$	$A_2=B_2$	$A_1=B_1$	$A_0=B_0$	0	1	0	0	1	0
$A_3=B_3$	$A_2=B_2$	$A_1=B_1$	$A_0=B_0$	0	0	1	0	0	1

74HC85 是 4 位 CMOS 集成数值比较器,其功能与 74LS85 相同。

比较两个 4 位二进制数 $A_3A_2A_1A_0$ 和 $B_3B_2B_1B_0$ 时,若 $A_3>B_3$,则 $A>B$;若 $A_3<B_3$,则 $A<B$;若 $A_3=B_3$,则比较 A_2 和 B_2,依此类推。只有当 $A_3=B_3$,$A_2=B_2$,$A_1=B_1$,$A_0=B_0$ 和"="为 1 时,才有 $A=B$。当要比较的 4 位二进制数没有来自低位的比较结果时,应令">"和"<"为 0,"="为 1。

如果不考虑级联输入,其输出逻辑函数式为

$$\begin{cases} F_{A<B} = \overline{A_3}B_3 + (A_3 \odot B_3)\overline{A_2}B_2 + (A_3 \odot B_3)(A_2 \odot B_2)\overline{A_1}B_1 + (A_3 \odot B_3)(A_2 \odot B_2)(A_1 \odot B_1)\overline{A_0}B_0 \\ F_{A=B} = (A_3 \odot B_3)(A_2 \odot B_2)(A_1 \odot B_1)(A_0 \odot B_0) \\ F_{A>B} = A_3\overline{B_3} + (A_3 \odot B_3)A_2\overline{B_2} + (A_3 \odot B_3)(A_2 \odot B_2)A_1\overline{B_1} + (A_3 \odot B_3)(A_2 \odot B_2)(A_1 \odot B_1)A_0\overline{B_0} \end{cases}$$

(4-7)

由于两个二进制数比较的结果只有 $A>B$,$A<B$ 和 $A=B$ 三种可能,所以又有如下关系:

$$F_{A>B} = \overline{F_{A=B} + F_{A<B}} \tag{4-8}$$

$$F_{A<B} = \overline{F_{A=B} + F_{A>B}} \tag{4-9}$$

图 4-10 所示是 4 位数值比较器 74LS85 的逻辑电路图。

当比较两个 4 位二进制数时,只要将级联输入"="接高电平即可。若扩展成 8 位数值比较器,则需要两片 74LS85,其级联电路如图 4-11 所示。低位片用于低 4 位二进制数比较,高位片用于高 4 位二进制数比较,比较结果由高位片输出。当高 4 位相同时,其比较结果由低 4 位的比较结果确定,故将低位片的输出接到高位片的扩展输入端。

图 4-11 所示为串联扩展方式。当位数较多且满足一定的速度要求时,可采用并联扩展方式。图 4-12 所示为用 74LS85 采用并联扩展方式实现的 16 位数值比较器。根据 74LS85 的功能表可以分析其工作原理,这里不再赘述。

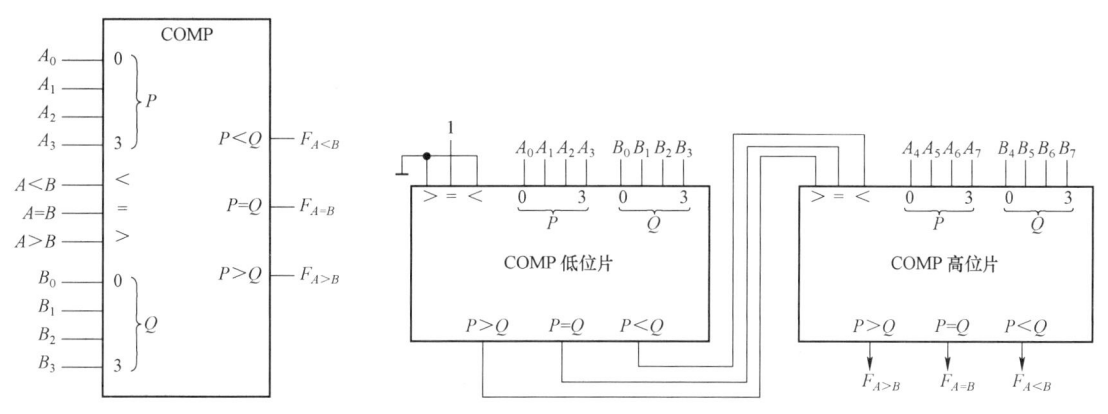

图 4-10　74LS85 的逻辑电路图

图 4-11　8 位数值比较器级联电路

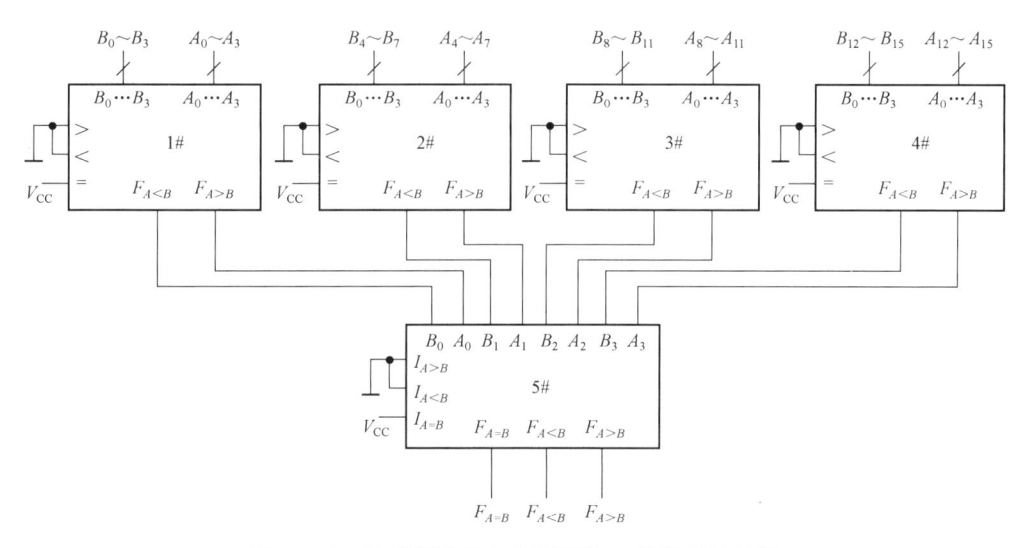

图 4-12　用并联扩展方式实现的 16 位数值比较器

4.4　数值计算电路

加法器是能实现二进制加法逻辑运算的组合逻辑电路。在数字系统中，二进制数之间的算术运算（加、减、乘、除）都是化作加法计算进行的。因此，加法器是构成算术运算电路的基本单元。

4.4.1　1 位加法器

不考虑低位来的进位，只将两个 1 位二进制数相加，称为半加。实现半加操作的电路叫作半加器（Half Adder，HA）。

设输入为两个 1 位二进制数 A 和 B，输出有两个，一个是两数相加的和 F，另一个是相加后向高位的进位 S。根据半加器的定义，依据二进制数加法运算规则得到半加器真值表，如表 4-10 所示。

表 4-10 半加器真值表

A	B	F	S
0	0	0	0
0	1	1	0
1	0	1	0
1	1	0	1

由真值表写出输出逻辑函数式为

$$\begin{cases} F = \overline{A}B + A\overline{B} = A \oplus B \\ S = AB \end{cases} \quad (4-10)$$

显然，半加器的和 F 是其输入 A 和 B 的异或函数；进位 S 是 A 和 B 的逻辑乘。用一个异或门和一个与门即可实现半加器功能。

两个多位二进制数相加时，除了最低位以外，每 1 位不仅应考虑本位的两个 1 位二进制数相加，还应与来自低位的进位相加，产生本位的和 F_n 及向高位进位 C_n，这种运算称为全加。实现全加运算的电路叫作全加器（Full Adder，FA）。

根据全加运算的逻辑关系，可列出全加器真值表，如表 4-11 所示，其中输入信号 A_n 和 B_n 为相加的两个 1 位二进制数，C_{n-1} 为相邻低位向本位的进位，输出 F_n 为本位相加的和，C_n 为本位相加后向高位的进位。

表 4-11 全加器真值表

A_n	B_n	C_{n-1}	F_n	C_n	A_n	B_n	C_{n-1}	F_n	C_n
0	0	0	0	0	1	0	0	1	0
0	0	1	1	0	1	0	1	0	1
0	1	0	1	0	1	1	0	0	1
0	1	1	0	1	1	1	1	1	1

全加器的输出函数有多种形式，其最小项表达式形式为

$$\begin{cases} F_n(A_n, B_n, C_{n-1}) = \sum m(1,2,4,7) \\ C_n(A_n, B_n, C_{n-1}) = \sum m(3,5,6,7) \end{cases} \quad (4-11)$$

为了尽量简化电路，将上式转换为

$$\begin{cases} F_n = A_n \odot B_n \odot C_{n-1} \\ C_n = (A_n \odot B_n)C_{n-1} + A_n B_n \end{cases} \quad (4-12)$$

全加器逻辑电路图如图 4-13 所示。

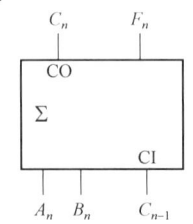

图 4-13 全加器逻辑电路图

4.4.2 多位加法器

多位加法器用于实现两个 n 位二进制数相加。多位加法器可以采用一般组合逻辑电路的设计方法实现，或采用其他组合逻辑器件，但这些方法只适用于规模较小的情况。对于多位加法器，可以利用 1 位加法器基本模块组合的方法实现。

根据进位方式的不同，多位加法器有串行进位加法器和超前进位加法器。

把全加器串联起来，依次将低位全加器进位输出端 CO 接到高位全加器的进位输入端 CI，最低位全加器的 CI 接地，这样就可以组成串行进位加法器。图 4-14 所示是一个 4 位串行进位加法器。

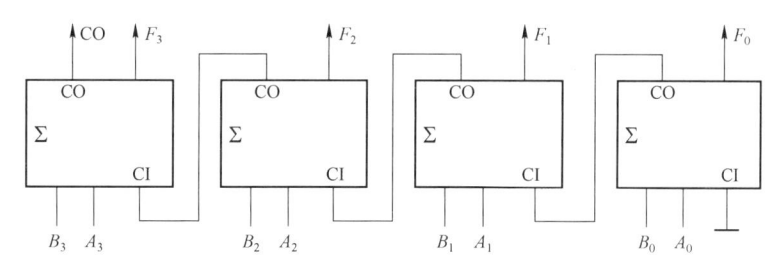

图 4-14 4 位串行进位加法器

在串行进位方式中，进位信号是由低位向高位逐级传递的，高位数的相加必须在低位运算完成后才能进行，由于门电路具有平均传输延迟时间 t_{pd}，经过 n 级存储，输出信号要经过 $n \times t_{pd}$ 时间才能稳定，即总平均传输延迟时间等于 $n \times t_{pd}$，所以串行进位方式运算速度较低，仅适用于位数不多、对工作速度要求不高的场合。

提高多位加法器运算速度的方法之一是采用超前进位方式（超前进位加法器），该方法通过组合逻辑电路先得出每位全加器的进位输入信号，而无须从最低位开始向高位逐级传递信号，有效地提高了运算速度。超前进位原理如下。

由式（4-12）可知，第 i 位输出和的表达式为

$$F_i = A_i \oplus B_i \oplus C_{i-1} = P_i \oplus C_{i-1} \quad (4-13)$$

第 i 位的进位表达式为

$$C_i = (A_i \oplus B_i) C_{i-1} + A_i B_i = P_i C_{i-1} + G_i \quad (4-14)$$

式中，$P_i = A_i \oplus B_i$ 为进位传递函数，$G_i = A_i B_i$ 定义为进位生成函数。这里，$i = 0, 1, \cdots$，由于最低位无进位输入，故 $C_{-1} = 0$。

对于 4 位加法器，可推得 4 位超前进位加法器的递推公式如下。

第 1 级输出为

$$\begin{cases} F_0 = P_0 \oplus C_{-1} = P_0 \\ C_0 = P_0 C_{-1} + G_0 = G_0 \end{cases} \quad (4-15)$$

第 2 级输出为

$$\begin{cases} F_1 = P_1 \oplus C_0 = P_1 \oplus G_0 \\ C_1 = P_1 C_0 + G_1 = P_1 G_0 + G_1 \end{cases} \quad (4-16)$$

第 3 级输出为

$$\begin{cases} F_2 = P_2 \oplus C_1 = P_2 \oplus (P_1G_0 + G_1) \\ C_2 = P_2C_1 + G_2 = P_2(P_1G_0 + G_1) + G_2 \end{cases} \quad (4-17)$$

第 4 级输出为

$$\begin{cases} F_3 = P_3 \oplus C_2 = P_3 \oplus [P_2(P_1G_0 + G_1) + G_2] \\ C_3 = P_3C_2 + G_3 = P_3P_2P_1G_0 + P_3P_2G_1 + P_3G_2 + G_3 \end{cases} \quad (4-18)$$

可见，所有的 F_i 和 C_i 都是由 P_i 和 G_i 组成的与或式，其中 P_i 和 G_i 分别是外输入信号 A_i 和 B_i 异或运算和与运算。因此，整个电路的运算速度很高。超前进位方法提高了电路的工作速度，但增加了电路的复杂程度。

4.4.3 集成加法器

典型的集成加法器有 4 位全加器、4 位超前进位加法器等。4 位全加器 74LS283 由两个功能相同又相互独立的 1 位全加器组成。4 位超前进位加法器芯片有 TTL 的 74LS28 和 CMOS 的 74HC283、CC4008 等。4 位超前进位加法器 74HC283 内部电路采用超前进位原理构成，其逻辑电路图如图 4-15 所示。

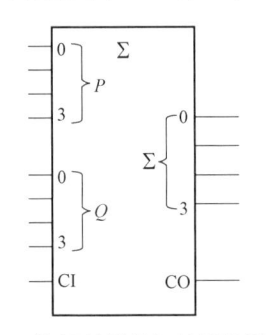

P 和 Q 为 4 位二进制加数输入信号，CI 为低位进位输入信号，Σ 为和的输出信号，CO 为本位向高位的进位输出信号。芯片内进位直接由加数和最低位进位形成，各位运算并行进行，运算速度高。

图 4-15 4 位超前进位加法器的逻辑电路图

【例 4-4-1】使用 4 位超前进位加法器 74HC283 将 8421BCD 码转换成余 3 码。

解： 余 3 码为无权码，在数值上比对应的 8421BCD 码大 3，如表 4-12 所示，故将 74HC283 的一个 4 位输入接入 8421BCD 码，另一个 4 位输入接入 0011，输出即余 3 码，其逻辑电路图如图 4-16 所示。

表 4-12 8421BCD 码和余 3 码的关系

输出（8421BCD 码）				输入（余 3 码）				输出（8421BCD 码）				输入（余 3 码）			
0	0	0	0	0	0	1	1	0	1	0	1	1	0	0	0
0	0	0	1	0	1	0	0	0	1	1	0	1	0	0	1
0	0	1	0	0	1	0	1	0	1	1	1	1	0	1	0
0	0	1	1	0	1	1	0	1	0	0	0	1	0	1	1
0	1	0	0	0	1	1	1	1	0	0	1	1	1	0	0

【例 4-4-2】使用 4 位超前进位加法器 74HC283 构成 8 位加法器。

解： 要实现 8 位加法器，需要两片 74HC283，分别对应低位片和高位片。两芯片之间的进位信号级联采用串行进位方式实现，即将低位片的进位输出端 CO 接到高位片的进位输入端 CI 上。由高位片输出的进位 CO 即为最终的进位。由 74HC283 构成的 8 位二进制加法器如图 4-17 所示。

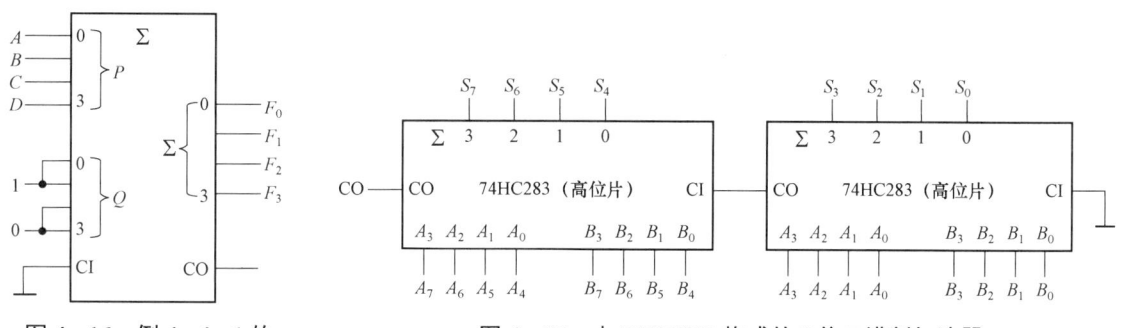

图 4-16　例 4-4-1 的逻辑电路图

图 4-17　由 74HC283 构成的 8 位二进制加法器

【例 4-4-3】用 4 位全加器求 2 个 8421BCD 码的加法。

分析：8421BCD 码相加是位对位相加，需要注意的是 8421BCD 码表示的是十进制数，应满足十进制数的运算规则。但是，由于在 8421BCD 码加法运算中，1 位十进制数由 4 位二进制数构成，每 1 位二进制数运算时是"逢二进一"，4 位是"逢十六进一"，而十进制数相加是"逢十进一"，这样就造成了十进制数运算和 8421BCD 码运算时的进位差 6。例如：

$$5+5=10：00010000（8421 码），1010（二进制）$$
$$8+9=17：00010111（8421 码），10001（二进制）$$

也就是说，当使十进制数相加发生进位时，8421BCD 码的 4 位二进制数还差 6 才能使第 4 位发生进位。反之，如果 8421BCD 码产生了进位，则本位结果比十进制数也差 6。因此，要在运算结果中加 6 修正。这样，两个 1 位 8421BCD 码相加时，电路必须由三部分组成，如图 4-18 所示。第一部分，进行两个数相加；第二部分，判别是否加以修正，即产生修正控制信号；第三部分，完成加 6 修正，如图 4-18 所示。第一部分和第三部分均由 4 位全加器实现。第二部分判别信号的产生，应在 4 位 8421BCD 码相加有进位信号 CO 产生或者和数为 10～15 的情况下产生修正控制信号 F，因此 F 应该为

$$F = CO + F_3 F_2 F_1 F_0 (10～15) \Rightarrow F = CO + F_3 F_2 + F_3 F_1$$

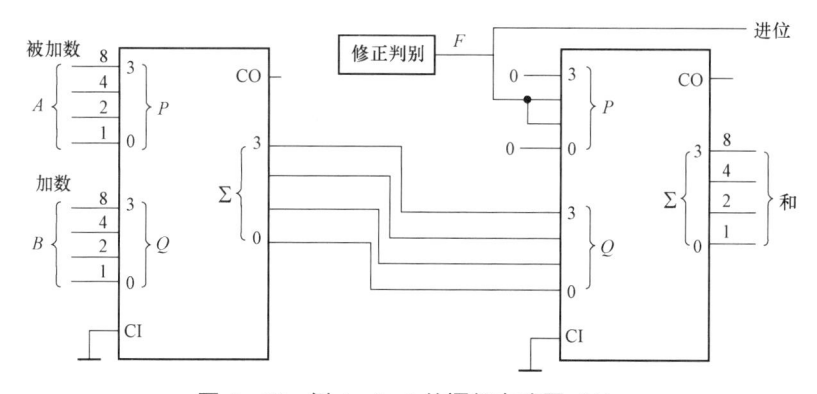

图 4-18　例 4-4-3 的逻辑电路图（1）

根据上述分析及 F 信号产生的逻辑函数式，可以得到两个 1 位 8421BCD 码相加的逻辑电路图，如图 4-19 所示。

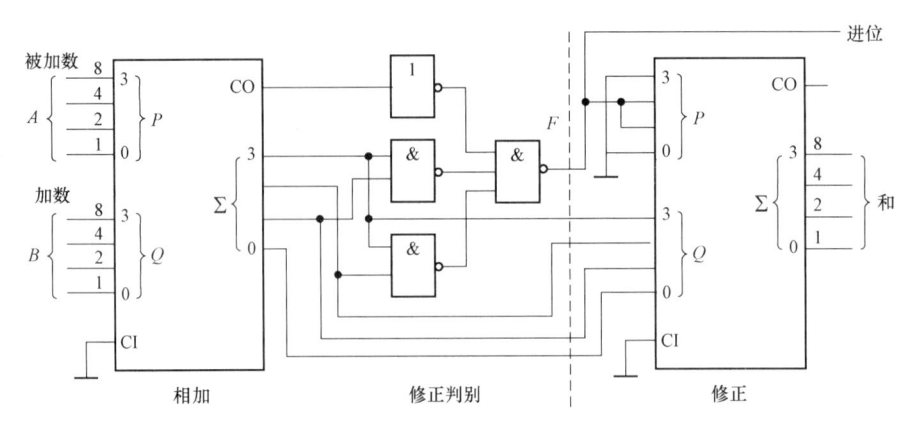

图 4-19 例 4-4-3 的逻辑电路图（2）

4.4.4 减法电路

在减法电路中，输入信号为被减数 A_n 和减数 B_n，还有一个输入信号是 C_{n-1}，表示低位向本位的借位；输出信号有两个，一个表示两个 1 位二进制数相减得到的差，表示为 F_n，另一个为本位向高位的借位，用 C_n 表示。根据二进制数的减法运算规则，可以得到 1 位减法器真值表，如表 4-13 所示。

表 4-13　1 位减法器真值表

A_n	B_n	C_{n-1}	F_n	C_n	A_n	B_n	C_{n-1}	F_n	C_n
0	0	0	0	0	1	0	0	1	0
0	0	1	1	1	1	0	1	0	0
0	1	0	1	1	1	1	0	0	0
0	1	1	0	1	1	1	1	1	1

由真值表可以得到两个输出的最小项表达式为

$$\begin{cases} F_n(A_n, B_n, C_{n-1}) = \sum m(1,2,4,7) \\ C_n(A_n, B_n, C_{n-1}) = \sum m(1,2,3,7) \end{cases} \quad (4-19)$$

在数字系统中，二进制数的减法运算通常是通过加法器来实现的，例如，A 减 B 可用 A 加负 B 来完成。原码按位取反得到反码，也就是 n 位原码加上它对应的 n 位反码之和为 (2^n-1)。而补码是在反码的基础上加 1，因此有

$$B_{补} = B_{反} + 1 = (2^n - 1 - B_{原}) + 1 = 2^n - B_{原} \quad (4-20)$$

即

$$B_{原} = 2^n - B_{补} \quad (4-21)$$

于是，在二进制计数体制中，两数相减（$A-B$）可以表示为

$$A_{原} - B_{原} = A_{原} + B_{补} - 2^n = A_{原} + B_{反} + 1 - 2^n \quad (4-22)$$

因此，$A-B$ 可由 A 的原码加上 B 的补码并减 2^n 完成，其中 2^n 是自然二进制数的第

（$n+1$）位的权，在 n 位二进制算术运算中，（-2^n）是向（$n+1$）位的借位。图 4–20 所示为用 74283 组成的 4 位二进制全减电路。

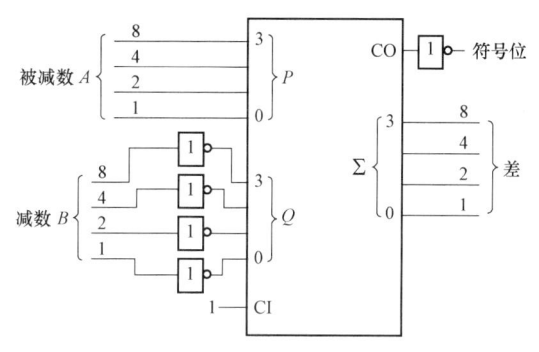

图 4–20 4 位二进制全减电路

当 $A>B$ 时，例如 $5-1=4$，若直接做加法运算，则有 $0101-0001=0100$（4 的自然二进制码）；用图 4–20 所示电路实现，减数用补码表示，$0101+1111=$（1）0100，第 5 位的"1"表示在 4 位加法器中有进位输出，1 经反相器反相后进位信号为 0，运算结果是 0100，即 4。演算过程如下。

```
    0  1  0  1              0  1  0  1   (A)
 -  0  0  0  1              1  1  1  0   (B反)
 ─────────────           +            1   (加1)
    0  1  0  0              ─────────────
                            1  0  1  0  0
                                 ↓
                            0  0  1  0  0  (进位取反)
```

当 $A<B$ 时，例如 $1-5=-4$，直接做减法运算，由 $0001-0101=$（1）1100（-4 的有符号位补码）；用 4 位二进制加法，减数用补码表示，$0001+1011=01100$，第 5 位的"0"表示在 4 位加法器中无进位输出，0 经反相器反相后进位信号为 1，运算结果为 1100（4 的补码）。演算过程如下。

```
    0  0  0  1              0  0  0  1   (A)
 -  0  1  0  1              1  0  1  0   (B反)
 ─────────────           +            1   (加1)
 -  0  1  0  0  负数        ─────────────
         ↓                  0  1  1  0  0
    1  1  0  1  1  反码            ↓
    1  1  1  0  0  补码     1  1  1  0  0  (进位取反)
```

符号位输出为 CO 的反相，"0"表示输出的"和"信号是原码（正数），"1"表示输出的"和"信号是补码（负数）。

如果用异或门代替非门，加上控制变量 T，就可以用 74283 实现 4 位无符号二进制数的加或减，如图 4-21 所示。在实现加法运算时，控制信号为 0，送入 74283 的两个数都是原码（B 不反相），运行结果为两个数之和。在实现减法运算时，控制信号为 1，送入 74283 的两个数，一个是原码，另一个是反码（B 反相），同时 CI=1 完成反码加 1 运算，运行结果为两个数之差。符号位输出也进行了设置。在实现加法运算时，控制信号为 0，因此符号位输出为 0；在实现减法运算时，控制信号为 1，符号位是 CO 取反。

用加法器既能实现加法运算，又能实现减法运算，可以简化数字系统结构。

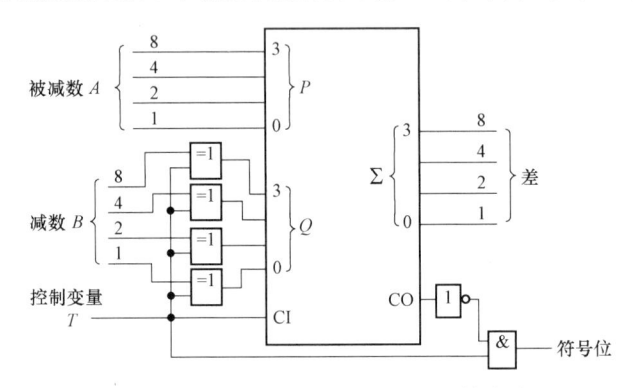

图 4-21 4 位二进制数的加/减运算电路

4.5 编 码 器

数字信号不仅可以用来表示数量，也可以用来表示各种指令和信息。用二进制代码表示文字、符号或者数码等特定对象的过程称为编码。例如，在电子设备中将字符变换成二进制数码，叫作字符编码，用二进制数码表示十进制数，叫作二-十进制编码。实现编码的组合逻辑电路称为编码器（Encoder）。若编码器的输出为 N 位二进制代码，输入有 2^N 个信号，则其称为 N 位编码器，也称为 2^N 线-N 线编码器。

这也体现一个编码的原则，N 位二进制代码可以表示 2^N 个信号。对 M 个信号编码时，应如何确定位数？例如，对 101 键盘编码时，采用 7 位二进制代码。因为 7 位二进制代码可以表示 $2^7=128$ 个信号，而 6 位二进制代码可以表示 $2^6=64$ 个信号，所以对 M 个信号编码时，应由 $2^N \geqslant M$ 来确定位数 N。

按照编码方式的不同，编码器一般分为普通编码器和优先编码器两种。

4.5.1 普通编码器

普通编码器在任何时刻只允许输入一个有效编码请求信号，否则输出将发生混乱，这个请求信号可以是高电平有效，也可以是低电平有效。

现以 8 线-3 线编码器为例分析普通编码器的工作原理，一般 8 线-3 线编码器有以下几个特征。

（1）将 $I_0 \sim I_7$ 这 8 个输入信号编制成二进制代码。

（2）编码器每次只能对一个信号进行编码，不允许两个或两个以上的信号同时有效。

（3）设输入信号为高电平有效。

由此可得 8 线 – 3 线二进制编码器真值表，如表 4 – 14 所示。

需要注意的是，这个真值表是不完整的，还有其他输入组合（无关项）未列出。由表 4 – 14 并利用无关项进行化简，推出逻辑函数式为

$$\begin{cases} Y_2 = I_4 + I_5 + I_6 + I_7 = \overline{\overline{I_4}\,\overline{I_5}\,\overline{I_6}\,\overline{I_7}} \\ Y_1 = I_2 + I_3 + I_6 + I_7 = \overline{\overline{I_2}\,\overline{I_3}\,\overline{I_6}\,\overline{I_7}} \\ Y_0 = I_1 + I_3 + I_5 + I_7 = \overline{\overline{I_1}\,\overline{I_3}\,\overline{I_5}\,\overline{I_7}} \end{cases} \quad (4-23)$$

8 线 – 3 线编码器可用或门或者与非门实现。

表 4 – 14　8 线 – 3 线二进制编码器真值表

输入									输出		
I_0	I_1	I_2	I_3	I_4	I_5	I_6	I_7	Y_2	Y_1	Y_0
1	0	0	0	0	0	0	0	0	0	0
0	1	0	0	0	0	0	0	0	0	1
0	0	1	0	0	0	0	0	0	1	0
0	0	0	1	0	0	0	0	0	1	1
0	0	0	0	1	0	0	0	1	0	0
0	0	0	0	0	1	0	0	1	0	1
0	0	0	0	0	0	1	0	1	1	0
0	0	0	0	0	0	0	1	1	1	1

4.5.2　优先编码器

普通编码器要求输入信号必须互相排斥，即每次只允许一个输入信号有效，否则会出现逻辑错误，而优先编码器不存在这个问题。优先编码器允许同时输入两个以上的有效编码请求信号。当几个输入信号同时出现时，只对其中优先权最高的输入信号进行编码。

下面以 8 线 – 3 线优先编码器为例介绍其工作原理。表 4 – 15 所示为 8 线 – 3 线优先编码器真值表，表中"×"表示任意。其逻辑符号如图 4 – 22 所示。当 8 个输入中有一个为 0 时，对应输出一组 3 位二进制代码。例如，当输入线 $\overline{IN}_6$ 为 0 时，输出 $\overline{Y_2}\,\overline{Y_1}\,\overline{Y_0} = 001$，用二进制反码形式表示数 "6"。当在几根输入线上同时出现几个输入信号时，只对其中优先权最高的一个输入信号进行编码。

表 4 – 15　8 线 – 3 线优先编码器真值表

输入									输出				
$\overline{ST}$	$\overline{IN}_0$	$\overline{IN}_1$	$\overline{IN}_2$	$\overline{IN}_3$	$\overline{IN}_4$	$\overline{IN}_5$	$\overline{IN}_6$	$\overline{IN}_7$	$\overline{Y}_2$	$\overline{Y}_1$	$\overline{Y}_0$	$\overline{Y}_{EX}$	Y_S
1	×	×	×	×	×	×	×	×	1	1	1	1	1
0	1	1	1	1	1	1	1	1	1	1	1	1	0

续表

$\overline{ST}$	$\overline{IN_0}$	$\overline{IN_1}$	$\overline{IN_2}$	$\overline{IN_3}$	$\overline{IN_4}$	$\overline{IN_5}$	$\overline{IN_6}$	$\overline{IN_7}$	$\overline{Y_2}$	$\overline{Y_1}$	$\overline{Y_0}$	$\overline{Y_{EX}}$	Y_S
0	×	×	×	×	×	×	×	0	0	0	0	0	1
0	×	×	×	×	×	×	0	1	0	0	1	0	1
0	×	×	×	×	×	0	1	1	0	1	0	0	1
0	×	×	×	×	0	1	1	1	0	1	1	0	1
0	×	×	×	0	1	1	1	1	1	0	0	0	1
0	×	×	0	1	1	1	1	1	1	0	1	0	1
0	×	0	1	1	1	1	1	1	1	1	0	0	1
0	0	1	1	1	1	1	1	1	1	1	1	0	1

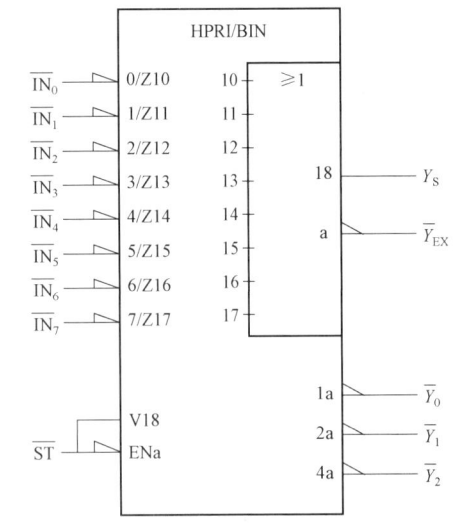

图 4-22 8 线-3 线优先编码器的逻辑符号

在图 4-22 所示 8 线-3 线优先编码器中，输入 $\overline{IN_7}$ 的优先级最高，输入 $\overline{IN_0}$ 的优先级最低。其中，$\overline{ST}$ 为输入控制端，或称为选通输入端，低电平有效。只有当 $\overline{ST}=0$ 时，8 线-3 线优先编码器才能正常工作，而在 $\overline{ST}=1$ 时，所有输出端均被封锁。Y_S 为选通输出端，$\overline{Y_{EX}}$ 为扩展端，可以用来扩展 8 线-3 线优先编码器的功能。

上述 8 线-3 线优先编码器的逻辑功能描述如下。

（1）编码输入端：逻辑符号输入端上面均有"—"号，这表示编码输入低电平有效。

（2）编码输出端：从真值表可以看出，编码输出是反码。

（3）选通输入端：只有在 $\overline{ST}=0$ 时，8 线-3 线优先编码器才处于工作状态；而在 $\overline{ST}=1$ 时，8 线-3 线优先编码器处于禁止状态，所有输出端均被封锁为高电平。

（4）选通输出端 Y_S 和扩展输出端 $\overline{Y_{EX}}$：为扩展 8 线-3 线优先编码器的功能而设置。

图 4-23 所示为两片 8 线-3 线优先编码器扩展为 16 线-4 线优先编码的逻辑电路图。图中将高位片的选通输出端 Y_S 接到低位片的选通输入端 $\overline{ST}$。当高位片 $\overline{8}\sim\overline{15}$ 输入线中有一个为 0 时，则 $Y_S=1$，控制低位片的 $\overline{ST}$，使 $\overline{ST}=1$，则低位片的输出被封锁，低位片的输出 $\overline{Y_2}\overline{Y_1}\overline{Y_0}=111$。此时，总输出 $\overline{Y_3}\overline{Y_2}\overline{Y_1}\overline{Y_0}$ 取决于高位片 $\overline{Y_2}\overline{Y_1}\overline{Y_0}$ 的输出。例如，$\overline{13}$ 线输入为低电平 0，高位片 $\overline{Y_2}\overline{Y_1}\overline{Y_0}=010$，$\overline{Y_{EX}}=0$，因此总输出为 $\overline{Y_3}\overline{Y_2}\overline{Y_1}\overline{Y_0}=0010$。当高位片 $\overline{8}\sim\overline{15}$ 线输入全部为高电平 1 时，则 $Y_S=0$，$\overline{Y_{EX}}=1$，因此低位片的 $\overline{ST}=0$，低位片正常工作。例如，$\overline{4}$ 线输入为低电平 0，则低位片 $\overline{Y_2}\overline{Y_1}\overline{Y_0}=011$，总输出 $\overline{Y_3}\overline{Y_2}\overline{Y_1}\overline{Y_0}=1011$。

常用的中规模优先编码器有 8 线-3 线优先编码器 CT54148/CT74148、CT54LS148/74LS148、CC4532 及 10 线-4 线优先编码器 CT54147/CT74147、CT54LS147/CT74LS147、

CC40147 等。

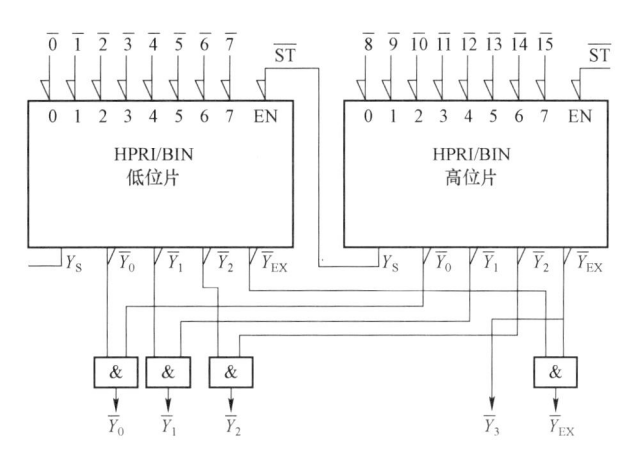

图 4-23 8 线-3 线优先编码器的扩展

4.6 译 码 器

译码是编码的逆操作，即把二进制代码转换成输出信号的高、低电平。信号输出实现译码的电路称为译码器，译码器可分为二进制译码器、二–十进制译码器和显示译码器。

4.6.1 二进制译码器

如果译码器输入的二进制代码为 N 位，输出的信号个数为 2^N，这样的译码器被称为二进制译码器，也被称为 N 线-2^N 线译码器。图 4-24 所示电路为两位二进制译码器，即 2 线-4 线译码器，其输入 A_1 和 A_0 也被称为地址输入，输入 $\overline{ST}$ 为使能端或者选通输入端。其真值表如表 4-16 所示，可以写出其输出的逻辑表达式：

$$\overline{Y}_0 = \overline{\overline{A}_1 \overline{A}_0 \cdot \overline{\overline{ST}}}, \quad \overline{Y}_1 = \overline{\overline{A}_1 A_0 \cdot \overline{\overline{ST}}}$$
$$\overline{Y}_2 = \overline{A_1 \overline{A}_0 \cdot \overline{\overline{ST}}}, \quad \overline{Y}_3 = \overline{A_1 A_0 \cdot \overline{\overline{ST}}}$$

（4-24）

由式（4-24）中的各式可以看出，当选通输入 $\overline{ST}=0$ 时，译码器的输出等于输入二进制代码的最小项取反，即 $\overline{Y}_i = \overline{m}_i$，故又被称为最小项译码器。二进制译码器能译出输入变量的全部取值组合，故又被称为变量译码器。

表 4-16 2 线-4 线译码器真值表

输入			输出			
$\overline{ST}$	A_1	A_0	$\overline{Y}_3$	$\overline{Y}_2$	$\overline{Y}_1$	$\overline{Y}_0$
1	×	×	1	1	1	1
0	0	0	1	1	1	0
0	0	1	1	1	0	1
0	1	0	1	0	1	1
0	1	1	0	1	1	1

从真值表可以看出，在选通输入端 $\overline{ST}$（低电平有效）为 0 时，对应译码地址输入端的每一组代码都能在对应输出端输出低电平 0。例如，当地址输入 $A_1A_0=10$ 时，则在对应输出端 $\overline{Y}_2=0$。

合理地应用选通输入端 $\overline{ST}$，可以扩大二进制译码器的逻辑功能。例如，图 4-25 所示为两片 2 线-4 线译码器构成的 3 线-8 线译码器。当 $A_2=0$ 时，片 Ⅰ 的 $\overline{ST}=0$，片 Ⅱ 的 $\overline{ST}=1$，则片 Ⅰ 正常工作，片 Ⅱ 被封锁，$\overline{Y}_3 \sim \overline{Y}_0$ 在地址输入 A_1A_0 的作用下有输出。当 $A_2=1$ 时，片 Ⅰ 的 $\overline{ST}=1$，被封锁，片 Ⅱ 的 $\overline{ST}=0$，正常工作，$\overline{Y}_7 \sim \overline{Y}_4$ 在地址输入 A_1A_0 的作用下有输出，从而实现表 4-17 所示的逻辑功能。

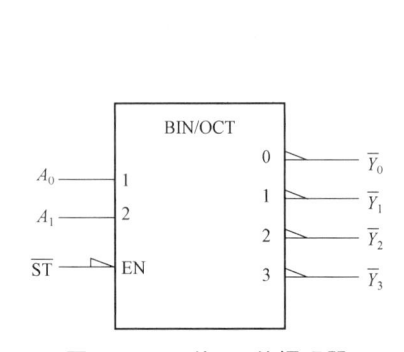

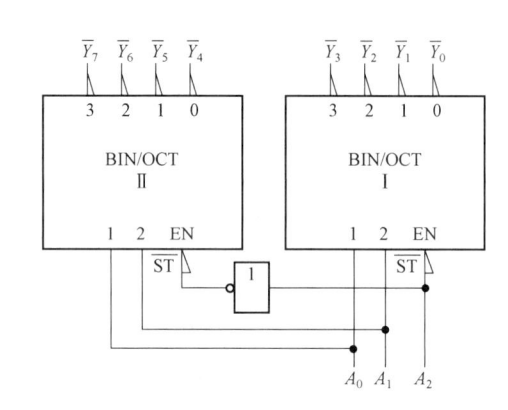

图 4-24 2 线-4 线译码器　　图 4-25 两片 2 线-4 线译码器构成的 3 线-8 线译码器

表 4-17 图 4-25 所示 3 线-8 线译码器真值表

A_2	A_1	A_0	$\overline{Y}_0$	$\overline{Y}_1$	$\overline{Y}_2$	$\overline{Y}_3$	$\overline{Y}_4$	$\overline{Y}_5$	$\overline{Y}_6$	$\overline{Y}_7$
0	0	0	0	1	1	1	1	1	1	1
0	0	1	1	0	1	1	1	1	1	1
0	1	0	1	1	0	1	1	1	1	1
0	1	1	1	1	1	0	1	1	1	1
1	0	0	1	1	1	1	0	1	1	1
1	0	1	1	1	1	1	1	0	1	1
1	1	0	1	1	1	1	1	1	0	1
1	1	1	1	1	1	1	1	1	1	0

典型的中规模集成译码器有 2 线-4 线译码器、3 线-8 线译码器、4 线-16 线译码器等，它们的共同特点是输出为低电平有效。3 线-8 线译码器芯片有 74LS138（TTL）和 74HC138（CMOS）等，它们的逻辑功能和引脚相同，电气性能参数不同。

表 4-18 所示为 3 线-8 线译码器（138）真值表，其中 ST_A，$\overline{ST}_B$ 和 $\overline{ST}_C$ 为选通输入端。ST_A 为高电平有效，$\overline{ST}_B$ 和 $\overline{ST}_C$ 为低电平有效。3 线-8 线译码器的逻辑符号如图 4-26 所示。

表 4−18 3 线−8 线译码器（138）真值表

输入					输出							
ST_A	$\overline{ST_B}+\overline{ST_C}$	A_2	A_1	A_0	$\overline{Y_0}$	$\overline{Y_1}$	$\overline{Y_2}$	$\overline{Y_3}$	$\overline{Y_4}$	$\overline{Y_5}$	$\overline{Y_6}$	$\overline{Y_7}$
×	1	×	×	×	1	1	1	1	1	1	1	1
0	×	×	×	×	1	1	1	1	1	1	1	1
1	0	0	0	0	0	1	1	1	1	1	1	1
1	0	0	0	1	1	0	1	1	1	1	1	1
1	0	0	1	0	1	1	0	1	1	1	1	1
1	0	0	1	1	1	1	1	0	1	1	1	1
1	0	1	0	0	1	1	1	1	0	1	1	1
1	0	1	0	1	1	1	1	1	1	0	1	1
1	0	1	1	0	1	1	1	1	1	1	0	1
1	0	1	1	1	1	1	1	1	1	1	1	0

4.6.2　二−十进制译码器

将 BCD 码的 10 组代码翻译成 0~9 共 10 个对应输出信号的电路，称为二−十进制译码器。由于二−十进制译码器有 4 根输入线、10 根输出线，所以它又称为 4 线−10 线译码器。在 4 线−10 线译码器中，有 6 个输出无对应的代码，这些代码称为伪码。

中规模集成 4 线−10 线译码器，即 BCD 译码器，将输入的 1 组 8421BCD 码译为 10 路输出信号，典型的 8421BCD 码译码器芯片有 TTL 的 74LS42、CMOS 的 74HC42 等。表 4−19 所示为 4 线−10 线译码器真值表，其逻辑符号如图 4−27 所示。

表 4−19 4 线−10 线译码器真值表

A_3	A_2	A_1	A_0	$\overline{Y_0}$	$\overline{Y_1}$	$\overline{Y_2}$	$\overline{Y_3}$	$\overline{Y_4}$	$\overline{Y_5}$	$\overline{Y_6}$	$\overline{Y_7}$	$\overline{Y_8}$	$\overline{Y_9}$
0	0	0	0	0	1	1	1	1	1	1	1	1	1
0	0	0	1	1	0	1	1	1	1	1	1	1	1
0	0	1	0	1	1	0	1	1	1	1	1	1	1
0	0	1	1	1	1	1	0	1	1	1	1	1	1
0	1	0	0	1	1	1	1	0	1	1	1	1	1
0	1	0	1	1	1	1	1	1	0	1	1	1	1
0	1	1	0	1	1	1	1	1	1	0	1	1	1
0	1	1	1	1	1	1	1	1	1	1	0	1	1
1	0	0	0	1	1	1	1	1	1	1	1	0	1
1	0	0	1	1	1	1	1	1	1	1	1	1	0

$A_3 \sim A_0$ 为 BCD 码地址输入，$\overline{Y_9} \sim \overline{Y_0}$ 为低电平输出有效，在 $A_3 \sim A_0$ 处于无效输入状态时，所有输出均为高电平。

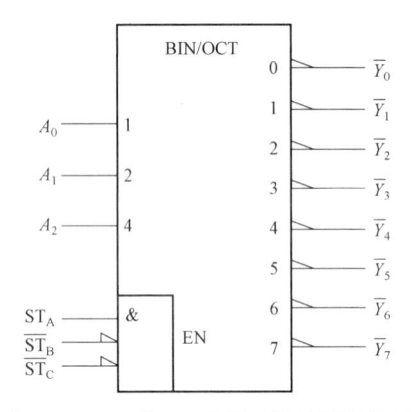

图 4-26　3线-8线译码器的逻辑符号 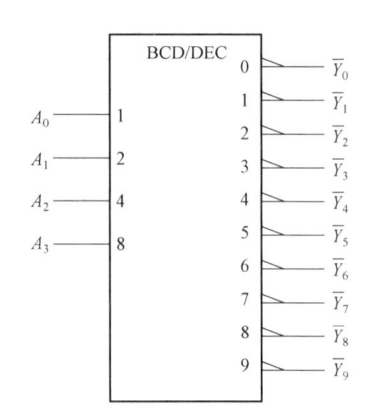　　　　图 4-27　4线-10线译码器的逻辑符号

利用4片4线-10线译码器和1片2线-4线译码器,可以组成5输入32输出(5线-32线)译码器,如图4-28所示。地址输入中A_4、A_3经2线-4线译码器片I产生$\overline{Y_3} \sim \overline{Y_0}$ 4个片选信号,分别送到4线-10线译码器的A_3输入端,$A_2 \sim A_0$为4片4线-10线译码器的地址输入,因此这4片4线-10线译码器实质上完成了3线-8线译码器的功能,每片只取$\overline{Y_7} \sim \overline{Y_0}$这8个输出。

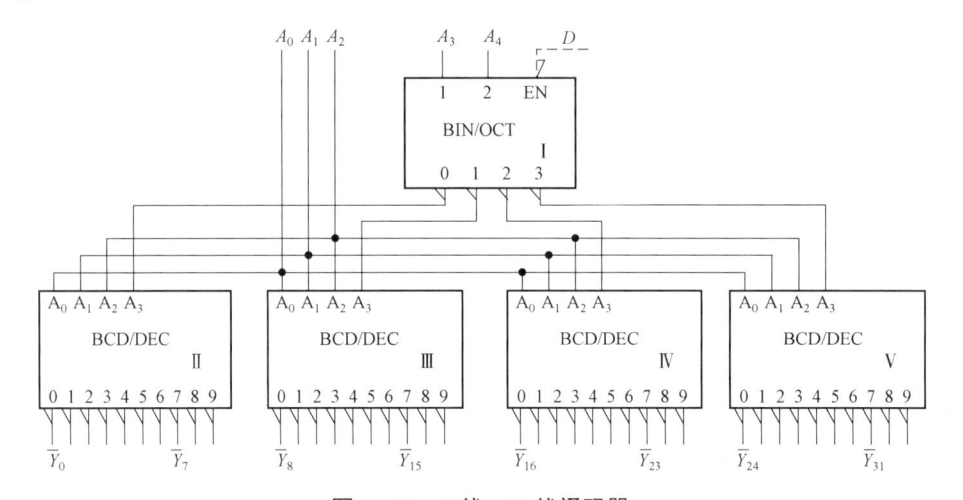

图 4-28　5线-32线译码器

4.6.3　用译码器实现组合逻辑函数

由上面的分析可以知道,一个N个变量的完全译码器的输出包含了N个变量的所有最小项,例如3线-8线译码器的8个输出包含了3个变量的所有最小项。用N变量译码器加上输出门电路,就能获得任何形式的输入变量不大于N的组合逻辑函数,因为任何一个函数都可以写成如下形式:

$$F(A,B,C) = \sum m_i (i = 0 \sim 7) \quad (4-25)$$

如果把地址输入作为逻辑函数的输入变量,并设置输入选通端为有效电平,则将译码器的输出端加上适当的输出门电路,即可实现某个组合逻辑电路的功能,因为译码器的每个输出端$\overline{Y_i}$都与某个最小项的反变量$\overline{m_i}$对应。

【例 4-6-1】试用 3 线-8 线译码器实现逻辑函数 $F(A,B,C)=\sum m(1,3,5,6,7)$。

$$F = m_1 + m_3 + m_5 + m_6 + m_7 = \overline{\overline{m_1} \cdot \overline{m_3} \cdot \overline{m_5} \cdot \overline{m_6} \cdot \overline{m_7}} = \overline{\overline{Y_1} \cdot \overline{Y_3} \cdot \overline{Y_5} \cdot \overline{Y_6} \cdot \overline{Y_7}}$$

只需将输入变量 A、B、C 分别加到译码器的地址输入端 A_2、A_1、A_0（注意高、低位的对应关系），用与非门作为输出就可以得到用 3 线-8 线译码器实现逻辑函数的逻辑电路图，如图 4-29 所示。

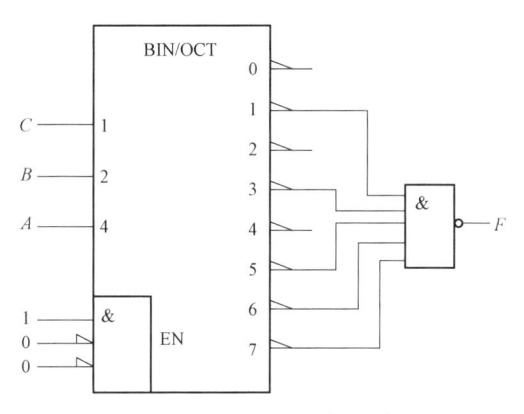

图 4-29　例 4-6-1 的逻辑电路图

4.6.4　显示译码器

在许多数字系统中，如数字温度计、电子手表、计算机等，需要把译码器输出的高、低电平信号，显示成人们所熟悉的数码 0~9、字母或图案，这就需要显示器件，而驱动显示器件的译码器称为显示译码器。数字显示电路通常由计数器、显示译码器、驱动器和显示器等部分组成，如图 4-30 所示。

图 4-30　数字显示电路框图

数字显示器件是用来显示数字、文字或者符号的器件，常见的有辉光数码管、荧光数码管、液晶数码管、LED 数码管等。LED 数码管又称为半导体数码管，它是由多个 LED 分段封装制成的，有两种形式——共阴极和共阳极，如图 4-31 所示。共阴极 LED 数码管适用于高电平驱动，共阳极 LED 数码管适用于低电平驱动。由于集成电路的高电平输出电流小，而低电平输出电流相对较大，所以采用集成门电路直接驱动 LED 数码管时，较多地采用低电平驱动方式。

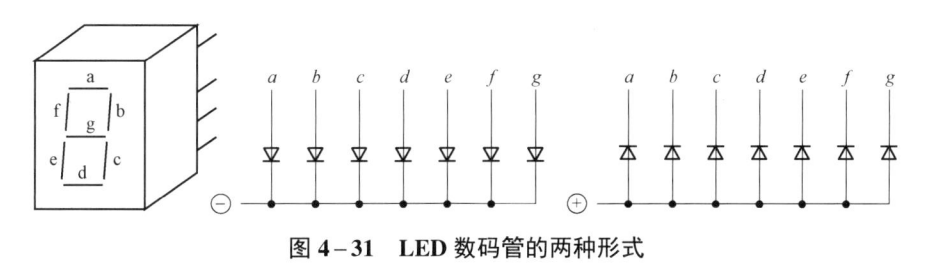

图 4-31　LED 数码管的两种形式

为了使 LED 数码管显示十进制数,需要使用显示译码器将 BCD 码译成 LED 数码管所需要的驱动信号。设 $A_3A_2A_1A_0$ 为 7 段显示译码器输入的 BCD 码,$Y_a \sim Y_g$ 为输出的 7 位二进制代码。若要求直接驱动共阴极 LED 数码管,即输出高电平时相应的字段被点亮,则根据字形要求,可列出表 4-20 所示的真值表,其逻辑符号如图 4-32 所示。

表 4-20 7 段显示译码器真值表

十进制或功能	输入						$\overline{BI}/\overline{RBO}$	输出						
	$\overline{LT}$	$\overline{RBI}$	A_3	A_2	A_1	A_0		Y_a	Y_b	Y_c	Y_d	Y_e	Y_f	Y_g
0	1	1	0	0	0	0	1	1	1	1	1	1	1	0
1	1	×	0	0	0	1	1	0	1	1	0	0	0	0
2	1	×	0	0	1	0	1	1	1	0	1	1	0	1
3	1	×	0	0	1	1	1	1	1	1	1	0	0	1
4	1	×	0	1	0	0	1	0	1	1	0	0	1	1
5	1	×	0	1	0	1	1	1	0	1	1	0	1	1
6	1	×	0	1	1	0	1	0	0	1	1	1	1	1
7	1	×	0	1	1	1	1	1	1	1	0	0	0	0
8	1	×	1	0	0	0	1	1	1	1	1	1	1	1
9	1	×	1	0	0	1	1	1	1	1	0	0	1	1
10	1	×	1	0	1	0	1	0	0	0	1	1	0	1
11	1	×	1	0	1	1	1	0	0	1	1	0	0	1
12	1	×	1	1	0	0	1	0	1	0	0	0	1	1
13	1	×	1	1	0	1	1	1	0	0	1	0	1	1
14	1	×	1	1	1	0	1	0	0	0	1	1	1	1
15	1	×	1	1	1	1	1	0	0	0	0	0	0	0
消隐	×	×	×	×	×	×	0	0	0	0	0	0	0	0
脉冲消隐	1	0	0	0	0	0	0	0	0	0	0	0	0	0
灯测试	0	×	×	×	×	×	1	1	1	1	1	1	1	1

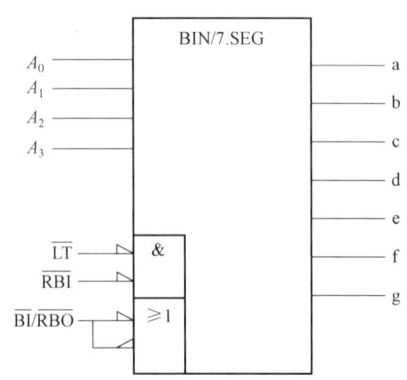

图 4-32 7 段显示译码器的逻辑符号

$\overline{LT}$ 为灯测试输入。当 $\overline{LT}=0$（低电平有效）且 $\overline{BI}=1$（无效）时，不论 $A_3 \sim A_0$ 状态如何，输出 $Y_a \sim Y_g$ 全部为高电平，可以使被驱动的 LED 数码管的 7 段同时点亮。因此，$\overline{LT}=0$ 可以检查 LED 数码管的各段是否能正常发光。

$\overline{BI}/\overline{RBO}$ 是双重功能的端口，即可以作为输入信号 $\overline{BI}$ 端口，又可以作为输出信号 $\overline{RBO}$ 端口，且 $\overline{RBO} = \overline{A_3 A_2 A_1 A_0} \cdot \overline{RBI} \cdot \overline{LT}$。$\overline{BI}$ 为消隐输入，当 $\overline{BI}=0$（低电平有效）时，不论 $\overline{LT}$、$\overline{RBI}$ 及输入 $A_3 \sim A_0$ 为何值，输出 $Y_a \sim Y_g$ 全部为低电平，使 7 段显示处于熄灭状态（不显示）。$\overline{RBO}$ 为灭零输出。

$\overline{RBI}$ 为灭零输入。有时不希望数码 0 显示出来，例如，在小数点前面只要有一个 0 就可以了，则多余的 0 可以用 $\overline{RBI}$ 信号熄灭，即当 $\overline{LT}=1$（无效），$\overline{RBI}=0$（低电平有效），且 $A_3 A_2 A_1 A_0 = 0000$ 时，使 $Y_a \sim Y_g$ 均为 0，不显示 0，而 $A_3 \sim A_0$ 输入为其他数码时，均能正常显示对应数码。$\overline{RBI}$ 只熄灭数码 0，不熄灭其他数码。将 $\overline{BI}/\overline{RBO}$ 和 $\overline{RBI}$ 配合使用，很容易实现多位数码显示的灭零控制。图 4-33 所示为一个数码显示系统。

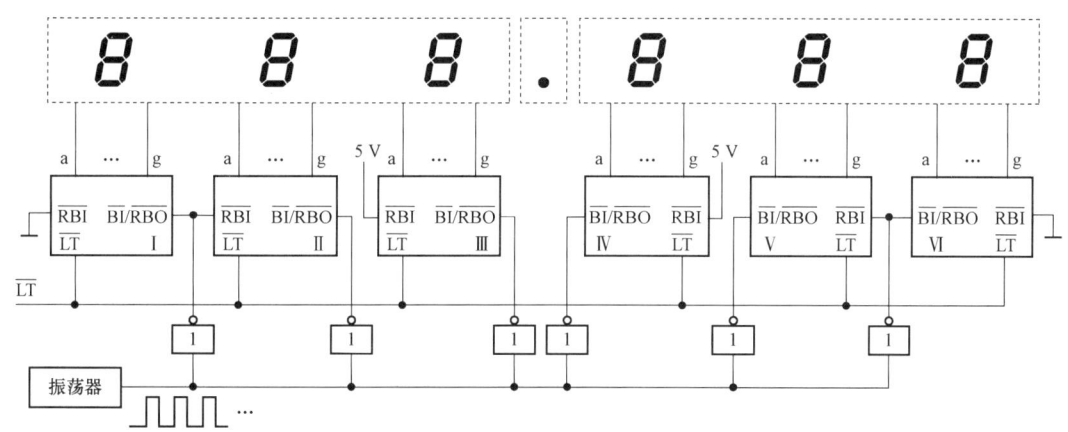

图 4-33 数码显示系统

在图 4-33 中，片Ⅰ（最高位，百位）的 $\overline{RBI}$ 接地，把片Ⅰ的 $\overline{BI}/\overline{RBO}$ 和片Ⅱ（十位）的 $\overline{RBI}$ 相连，片Ⅲ（个位）的 $\overline{RBI}$ 接高电平（5V），片Ⅵ（最低位，1/1 000 位）的 $\overline{RBI}$ 接地，把片Ⅵ的 $\overline{BI}/\overline{RBO}$ 和片Ⅴ（1/100 位）的 $\overline{RBI}$ 相连，片Ⅳ的 $\overline{RBI}$ 接高电平（5V）。这样就会使不希望显示的 0 熄灭，同时还能保证个位和十位一直有显示。例如，显示"5.6"而不希望显示"005.600"。由于片Ⅰ、片Ⅱ的输入数码均为 0000，而片Ⅰ的 $\overline{RBI}=0$，它的输出为 $\overline{RBO} = \overline{A_3 A_2 A_1 A_0} \cdot \overline{RBI} \cdot \overline{LT} = 0$，所以片Ⅱ处于灭零状态，这样百位、十位的 0 均被熄灭；片Ⅴ、片Ⅵ的灭零原理和片Ⅰ、片Ⅱ相似，因此只显示"5.6"，而不会显示"005.600"。图 4-33 所示的数码显示系统还使用了一个占空比约为 50% 的多谐振荡器与 $\overline{BI}/\overline{RBO}$ 连接，其目的是实现"亮度调制"。数码显示系统在振荡波形的作用下，间歇地闪现数码。改变脉冲波形宽度可以控制数码闪现的时间。

4.7 数据选择器

数据选择器又称为多路选择器、多路开关，如图 4-34（a）所示。它有 n 位地址，实现 2^n 位数据输入、1 位数据输出。每次在地址输入的控制下，从多路输入数据中选择一路输出，其功能类似单刀多掷开关,如图 4-34（b）所示。目前,常用的数据选择器有 2 选 1、4 选 1、8 选 1 和 16 选 1 等多种类型。

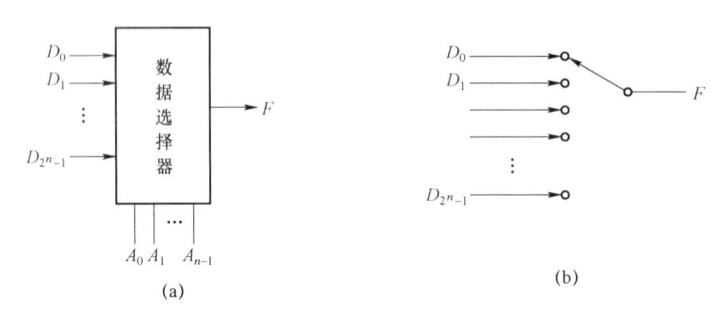

图 4-34 数据选择器示意

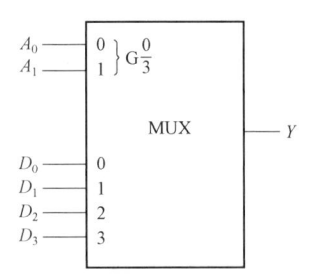

4.7.1 4 选 1 数据选择器

4 选 1 数据选择器的逻辑符号如图 4-35 所示,其 $D_0 \sim D_3$ 是供选择的数据输入信号,A_1,A_0 为控制数据传送的地址输入信号,Y 是输出信号,其真值表如表 4-21 所示。

图 4-35 4 选 1 数据选择器的逻辑符号

表 4-21 4 选 1 数据选择器真值表

地址输入		数据输入				输出
A_1	A_0	D_0	D_1	D_2	D_3	Y
0	0	×	×	×	×	D_0
0	1	×	×	×	×	D_1
1	0	×	×	×	×	D_2
1	1	×	×	×	×	D_3

由表 4-21 可以写出输出逻辑函数式:

$$Y = D_0 \overline{A_1} \overline{A_0} + D_1 \overline{A_1} A_0 + D_2 A_1 \overline{A_0} + D_3 A_1 A_0 = m_0 D_0 + m_1 D_1 + m_2 D_2 + m_3 D_3 \qquad (4-26)$$

双 4 选 1 数据选择器 74LS153 的逻辑符号如图 4-36 所示。$\overline{ST}$ 为使能端,低电平有效,两个数据选择器的地址共用。

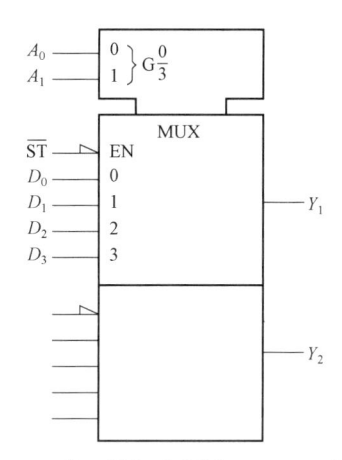

图 4-36　双 4 选 1 数据选择器 74LS153 的逻辑符号

4.7.2　8 选 1 数据选择器

常用的还有 8 选 1 数据选择器,如 74LS151、74HC151 等。例如,74LS151 为互补输出的 8 选 1 数据选择器,数据选择端(地址端)为 $A_2 \sim A_0$,按二进制译码,从 8 个输入数据 $D_0 \sim D_7$ 中选择 1 个需要的数据。$\overline{ST}$ 为选通输入端,低电平有效。8 选 1 数据选择器的逻辑符号如图 4-37 所示,其真值表如表 4-22 所示。由真值表可以写出其逻辑函数式:

$$Y = m_0 D_0 + m_1 D_1 + m_2 D_2 + m_3 D_3 + m_4 D_4 + m_5 D_5 + m_6 D_6 + m_7 D_7 \quad (4-27)$$

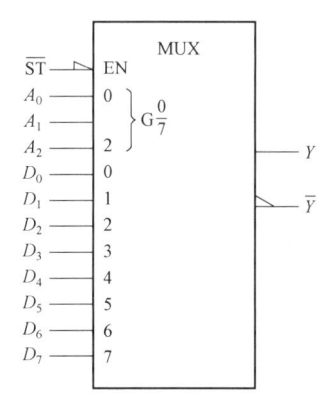

图 4-37　8 选 1 数据选择器的逻辑符号

表 4-22　8 选 1 数据选择器真值表

$\overline{ST}$	A_2	A_1	A_0	Y	$\overline{Y}$
1	×	×	×	0	1
0	0	0	0	D_0	$\overline{D}_0$
0	0	0	1	D_1	$\overline{D}_1$
0	0	1	0	D_2	$\overline{D}_2$
0	0	1	1	D_3	$\overline{D}_3$

续表

$\overline{ST}$	A_2	A_1	A_0	Y	$\overline{Y}$
0	1	0	0	D_4	$\overline{D}_4$
0	1	0	1	D_5	$\overline{D}_5$
0	1	1	0	D_6	$\overline{D}_6$
0	1	1	1	D_7	$\overline{D}_7$

利用选通输入端可以实现功能扩展。例如，图 4-38 所示为用两片 8 选 1 数据选择器和门电路构成的 16 选 1 数据选择器。扩展时将 8 选 1 数据选择器的 3 位地址输入扩展为 16 选 1 数据选择器的 4 位地址输入。将两个 8 选 1 数据选择器的 3 位地址输入 A_2，A_1，A_0 共用，作为低 3 位地址输入，第 4 位高位地址输入借用使能端实现。

当 $A_3=0$ 时，片Ⅰ工作，片Ⅱ被封锁，按照低 3 位地址码将 $D_0 \sim D_7$ 中的一个选送到输出端，而当 $A_3=1$ 时，片Ⅱ工作，片Ⅰ被封锁，按照低 3 位地址码将 $D_8 \sim D_{15}$ 中的一个选送到输出端。根据 8 选 1 数据选择器（151）真值表，芯片被封锁时输出 $Y=0$，因此将两片 8 选 1 数据选择器的输出端经过一个或门输出。显然，使用与门还是或门取决于使能端无效（芯片被封锁）时其输出端的状态：使能端无效时输出端全为低电平，则选用或门；使能端无效时输出全为高电平，则选用与门。

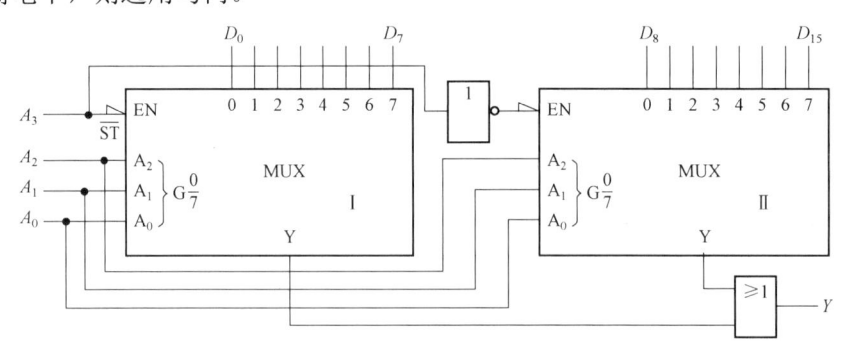

图 4-38 16 选 1 数据选择器

图 4-39 所示为由 4 片 8 选 1 数据选择器和 1 片 4 选 1 数据选择器构成的 32 选 1 数据选择器，它是数据扩展的一种结构形式。当 $A_4A_3=00$ 时，由 $A_2 \sim A_0$ 选择片Ⅰ输入 $D_0 \sim D_7$ 中的数据；当 $A_4A_3=01$ 时，由 $A_2 \sim A_0$ 选择片Ⅱ输入 $D_8 \sim D_{15}$ 中的数据；当 $A_4A_3=10$ 时，由 $A_2 \sim A_0$ 选择片Ⅲ输入 $D_{16} \sim D_{23}$ 中的数据；当 $A_4A_3=11$ 时，由 $A_2 \sim A_0$ 选择片Ⅳ输入 $D_{24} \sim D_{31}$ 中的数据。

4.7.3 用数据选择器实现组合逻辑电路

用数据选择器实现组合逻辑电路一般有以下三种情况。

（1）用具有 n 个地址输入端的数据选择器实现 n 变量逻辑函数。

一片具有 n 个地址输入的数据选择器，具有对 2^n 个数据选择的功能。例如，$n=3$，可以完成 8 选 1 功能。对于 8 选 1 数据选择器，可以根据真值表、逻辑函数式，利用卡诺图的形式（图 4-40）表示。利用 8 选 1 数据选择器，通过比对卡诺图或者表达式，可以实现任意 3

输入变量的组合逻辑函数。

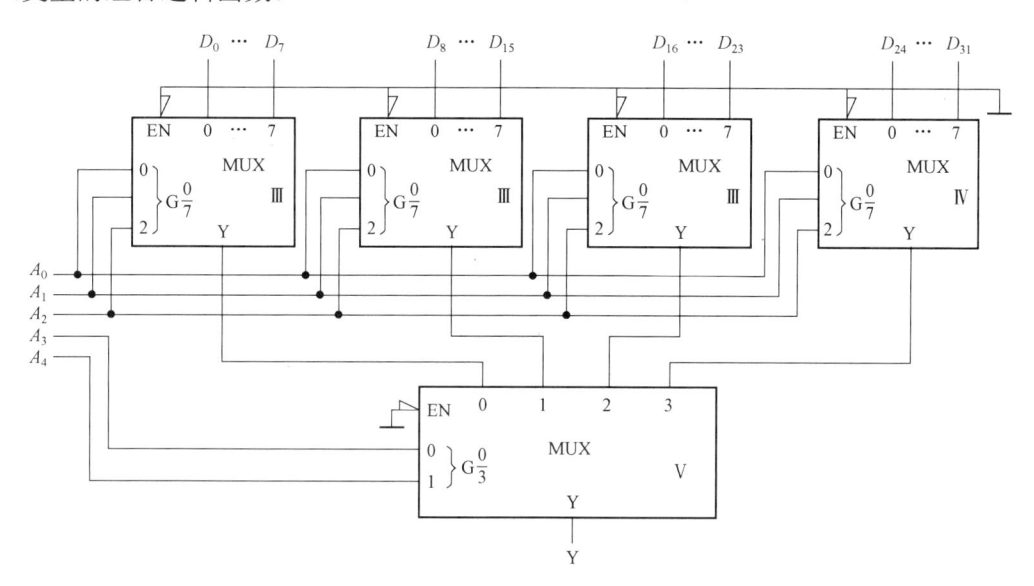

图 4-39 32 选 1 数据选择器

图 4-40 8 选 1 数据选择器卡诺图

8 选 1 数据选择器的输出逻辑函数式为

$$Y(A,B,C) = \sum m_i D_i \tag{4-28}$$

【例 4-7-1】用 8 选 1 数选器实现 $F = \overline{A}\overline{B}\overline{C} + \overline{A}BC + A\overline{B}C + ABC$。

解：将 A，B，C 分别接在地址输入端 A_2，A_1，A_0 作为输入变量，把 8 选 1 数据选择器的输出端 Y 作为输出 F。

$$F(A,B,C) = m_0 + m_3 + m_5 + m_7$$

令 $\overline{\text{ST}} = 0$，则接入的数据分别为

$$D_0 = D_3 = D_5 = D_7 = 1$$
$$D_1 = D_2 = D_4 = D_6 = 0$$

画出逻辑电路图，如图 4-41 所示。

用具有 n 个地址输入的数据选择器实现 n 变量逻辑函数是十分方便的，它不需要将逻辑函数化简为最简式，只需要将输入变量加到地址输入端，数据选择器的数据输入端按卡诺图中最小项格中的值（0 或 1）对应相连即可，当然使能端必须有效。

（2）用具有 n 个地址输入端的数据选择器实现 m 变量逻辑函数（$m < n$）。

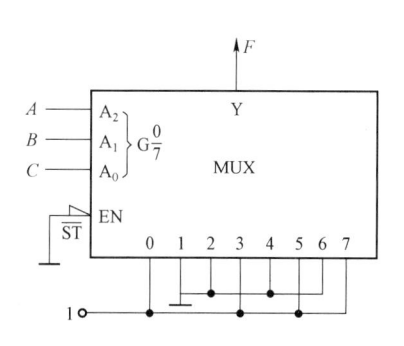

图 4-41 例 4-7-1 的逻辑电路图

当输入变量少于选择器的地址输入端时，只需将任意一位地址输入端接地或者接 1，然后考虑相应的数据输入端即可实现，对于同一逻辑函数式而言，有很多不同的实现方案。

【例 4-7-2】 用 74LS151 实现 2 变量异或表示式。

解：2 变量异或表达式为

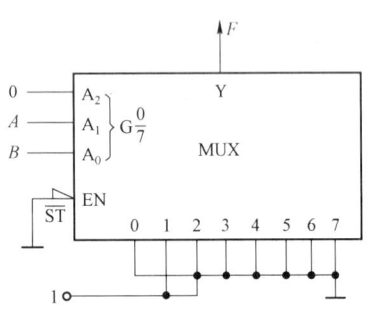

$$F(A,B) = \overline{A}B + A\overline{B} = \sum m(1,2)$$

如果将高位地址输入端接地，则可以得到图 4-42 所示的逻辑电路图。这里，数据 $D_4 \sim D_7$ 不会被输出，可以任意接 0 或者 1。

（3）用具有 n 个地址输入端的数据选择器实现 m 变量逻辑函数（$m > n$）。

由于具有 n 个地址输入端的数据选择器一共有 2^n 个数据输入端，而 m 变量逻辑函数一共有 2^m 个最小项，所以用具有 n 个地址输入端的数据选择器来实现 m 变量逻辑函数一般有两种方法。一种方法是将 2^n 选 1 数据选择器扩展成 2^m

图 4-42 例 4-7-2 的逻辑电路图

选 1 数据选择器，这称为扩展法；另一种方法是将 m 变量逻辑函数采用降维的方法转换为 n 变量逻辑函数，使由 2^m 个最小项组成的逻辑函数转换为由 2^{m-n} 个子函数组成的逻辑函数，而每个子函数又由 2^n 个最小项组成，从而可以用 2^n 选 1 数据选择器实现具有 2^m 个最小项的逻辑函数，这通常称为降维图法。

下面先举例说明扩展法。

【例 4-7-3】 用 74LS151 实现 4 变量逻辑函数 $F(A,B,C,D) = \sum m(1,5,6,7,9,11,12,13,14)$。

解：8 选 1 数据选择器有 3 个地址输入端、8 个数据输入端，而 4 变量逻辑函数一共有 16 个最小项，因此采用两片 8 选 1 数据选择器扩展成 16 选 1 数据选择器，如图 4-43 所示。

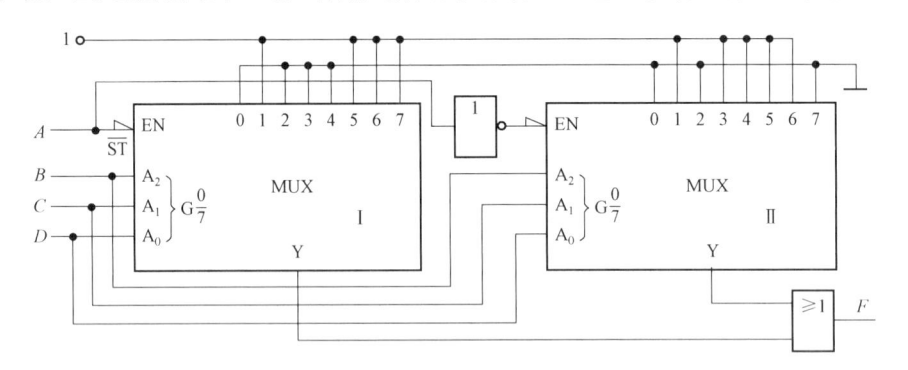

图 4-43 例 4-7-3 的逻辑电路图

在图 4-43 中，以输入变量 A 作为使能 EN 的控制信号 $\overline{ST}$，输入变量 B，C，D 作为 8 选 1 数据选择器的地址输入端 A_2，A_1，A_0 的输入地址。当 $A=0$ 时，片 I 执行数据选择功能，片 II 被封锁，在 B，C，D 输入变量的作用下，输出 $m_0 \sim m_7$ 中的函数值。在 $A=1$ 时，片 I 被封锁，片 II 执行数据选择功能，在 B，C，D 输入变量的作用下，输出 $m_8 \sim m_{15}$ 中的函数值。每片数据输入端的连接与具有 n 个地址输入端的数据选择器实现 n 变量逻辑函数的方法相同。

当 $A=0$（低 8 位）时，$F(A,B,C,D) = \sum m(0,1,2,3,4,5,6,7)$；

当 $A=1$（高 8 位）时，$F(A,B,C,D) = \sum m(8,9,10,11,12,13,14,15)$；

本例中，当 $A=0$ 时，$F(B,C,D) = \sum m(1,5,6,7)$；当 $A=1$ 时，$F(B,C,D) = \sum m(1,3,4,5,6)$。最后，两片 8 选 1 数据选择器的输出结果相或。

接下来介绍降维法。首先介绍降维图的概念。

在一个函数的卡诺图中，函数的所有变量均为卡诺图的变量，图中每个最小项小方格都填有 1 或 0 或任意 ×。一般将卡诺图的变量数称为该图的维数。如果把某些变量也作为卡诺图小方格内的值，就会减少卡诺图的维数，这种卡诺图称为降维卡诺图，简称降维图。降维图小方格中的变量称为记图变量。

例如，图 4-44（a）所示为四变量卡诺图，若将变量 D 作为记图变量，以 A，B，C 作为三变量降维图的输入变量，则三变量降维图如图 4-44（b）所示。

将四变量卡诺图转换为三变量降维图的具体做法如下。

根据四变量卡诺图，若变量 $D=0$ 及 $D=1$ 时，函数值 $F(A,B,C,0) = F(A,B,C,1) = 0$，则在相应三变量降维图对应的 $F(A,B,C)$ 小方格中填 0，即 $\bar{D} \cdot 0 + D \cdot 0 = 0$。例如，在图 4-44（b）中，在 $F(0,0,0)$、$F(0,0,1)$ 及 $F(0,1,0)$ 小方格中填 0。

若变量 $D=0$ 及 $D=1$ 时，函数值 $F(A,B,C,0) = F(A,B,C,1) = 1$，则在相应三变量降维图对应的 $F(A,B,C)$ 小方格中填 1，即 $\bar{D} \cdot 1 + D \cdot 1 = 1$。例如，在图 4-44（b）中，在 $F(0,1,1)$、$F(1,1,1)$ 小方格中填 1。

若变量 $D=0$ 时，函数值 $F(A,B,C,0) = 0$，而变量 $D=1$ 时，函数值 $F(A,B,C,1) = 1$，则在相应三变量降维图对应的 $F(A,B,C)$ 小方格中填 D，即 $\bar{D} \cdot 0 + D \cdot 1 = D$。例如，在图 4-44（b）中，在 $F(1,0,0)$，$F(1,1,0)$ 小方格中填 D。

若变量 $D=0$ 时，函数值 $F(A,B,C,0) = 1$，而变量 $D=1$ 时，函数值 $F(A,B,C,1) = 0$，则在相应三变量降维图对应的 $F(A,B,C)$ 小方格中填 $\bar{D}$，即 $\bar{D} \cdot 1 + D \cdot 0 = \bar{D}$。例如，在图 4-44（b）中，在 $F(1,0,1)$ 小方格中填 $\bar{D}$。

如果需要进一步降维，则在三变量降维图 [图 4-44（b）] 的基础上，令 C 作为记图变量，形成二变量降维图 [图 4-44（c）]。根据上述论述，可以得出下列逻辑函数式：

$$\begin{cases} F(A,B) = F(0,0) = \bar{C} \cdot 0 + C \cdot 0 = 0 \\ F(A,B) = F(0,1) = \bar{C} \cdot 0 + C \cdot 1 = C \\ F(A,B) = F(1,0) = \bar{C} \cdot D + C \cdot \bar{D} \\ F(A,B) = F(1,1) = \bar{C} \cdot D + C \cdot 1 = C + D \end{cases}$$

（a）F 的卡诺图；（b）三变量降维图；（c）二变量降维图

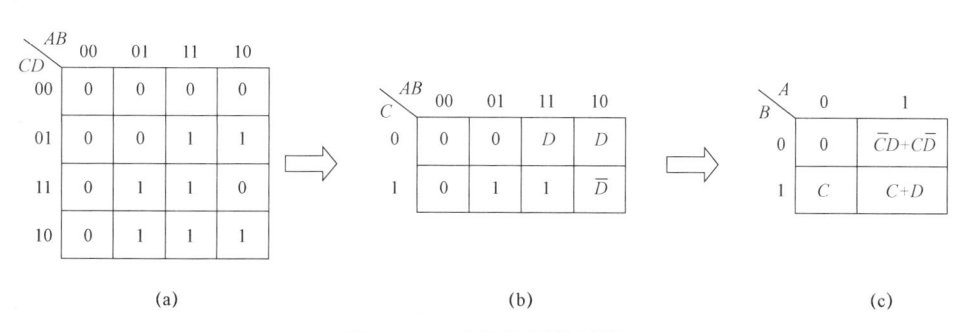

图 4-44 卡诺图降维过程

4.8　组合逻辑电路综合分析

4.8.1　数据分配器

译码器可以作为数据分配器使用。例如，在 2 线 – 4 线译码器 $\overline{ST}$ 端输入数据 D，A_1，A_0 作为分配地址，就构成了 4 输出数据分配器。其逻辑符号如图 4 – 45 所示。可以根据 2 线 – 4 线译码器的功能写出真值表，如表 4 – 23 所示，并简化为表 4 – 24，得到数据分配器真值表。其功能是根据地址，将数据 D 分配到不同的输出端。同理，使用其他译码器也可以实现数据分配功能。

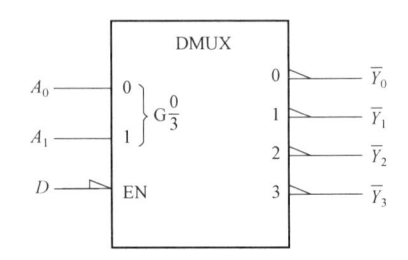

图 4 – 45　4 输出数据分配器的逻辑符号

表 4 – 23　2 线 – 4 线译码器真值表

A_1	A_0	D	$\overline{Y}_0$	$\overline{Y}_1$	$\overline{Y}_2$	$\overline{Y}_3$
0	0	0	0	1	1	1
0	0	1	1	1	1	1
0	1	0	1	0	1	1
0	1	1	1	1	1	1
1	0	0	1	1	0	1
1	0	1	1	1	1	1
1	1	0	1	1	1	0
1	1	1	1	1	1	1

表 4 – 24　数据分配器真值表

A_1	A_0	$\overline{Y}_0$	$\overline{Y}_1$	$\overline{Y}_2$	$\overline{Y}_3$
0	0	D	1	1	1
0	1	1	D	1	1
1	0	1	1	D	1
1	1	1	1	1	D

图 4 – 46 所示为利用 3 线 – 8 线译码器实现的 1 路 – 8 路数据分配器。$\overline{ST}_B$ 为数据输入信号 D，A_2，A_1，A_0 为地址输入信号，$\overline{ST}_C$ 和 ST_A 为使能信号，$\overline{Y}_0 \sim \overline{Y}_7$ 为 8 路输出信号。根据译码器的逻辑功能，当 $\overline{ST}_C = 0$，$ST_A = 1$ 时，有

$$\overline{Y}_i = \overline{Dm_i}\,(i = 0, 1, 2, \cdots) \tag{4-29}$$

m_i 是地址输入变量 A_2，A_1，A_0 的最小项。当输入某一地址时，相应的 $m_i = 1$，该地址对应的通道输出数据 $Y_i = D$。例如，地址输入 $A_2A_1A_0 = 000$ 时，数据由通道 $\overline{Y}_0$ 输出，其他输出端为逻辑常量 1；若改变地址输入，则数据的输出通道也改变，从而实现了数据分配功能。

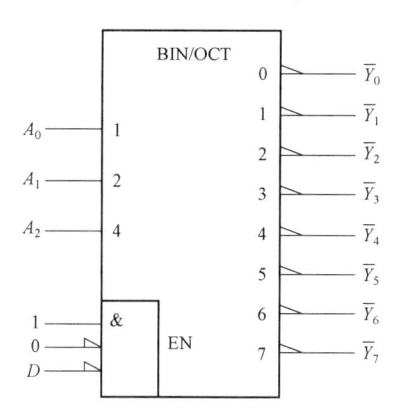

图 4-46 1路-8路数据分配器

【例 4-8-1】 8选1数据选择器74LS151和3线-8线译码器74LS138组成的组合逻辑电路如图4-47所示，试分析该电路的逻辑功能。

解：由图4-47可知，3线-8线译码器作为1路-8路数据分配器应用。根据8选1数据选择器74LS151和3线-8线译码器74LS138的逻辑功能，在地址输入端输入某一地址$A_2A_1A_0$后，74LS151和74LS138将$D_0 \sim D_7$中与该地址对应的数据传到8个输出端$\overline{Y}_0 \sim \overline{Y}_7$中对应的一个。因此，8选1数据选择器74LS151和3线-8线译码器74LS138一起构成了数据分时传输系统，其功能是在3位地址输入信号的控制下，将8个输入数据中的其中一个分时传送到8个输出端中对应的一个。

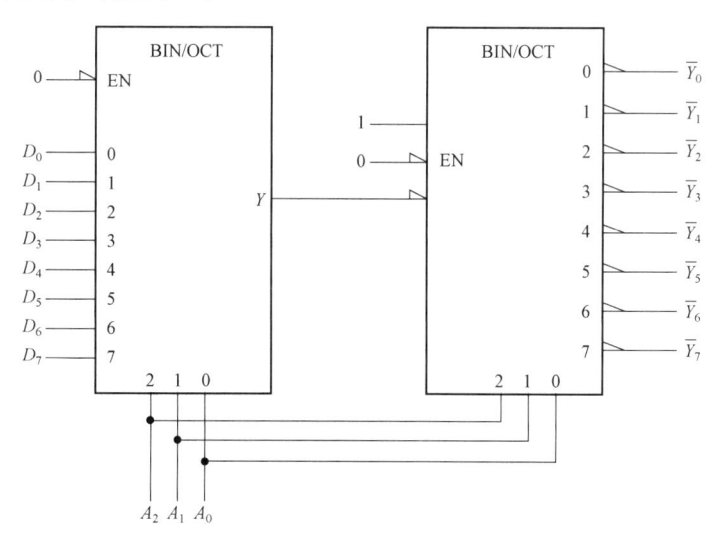

图 4-47 例 4-8-1 的逻辑电路图

在本例中，数据选择器和译码器的地址是相同的。如果不将两个芯片的地址输入端接在一起，也可以实现不同地址之间的数据传输。同时，本例也给出了MSI组合逻辑电路的分析方法。

4.8.2 MSI组合逻辑电路综合分析

MSI组合逻辑电路的分析步骤如下：

(1) 划分功能块。
(2) 分析功能块的逻辑功能。
(3) 分析整体组合逻辑电路的功能。

如有必要，可以写出输入与输出的逻辑函数式，或列出真值表。

【例 4-8-2】 由双 4 选 1 数据选择器 74LS153 和门电路组成的组合逻辑电路如图 4-48 所示。试分析输出 Z 与输入 X_3，X_2，X_1，X_0 之间的逻辑关系。

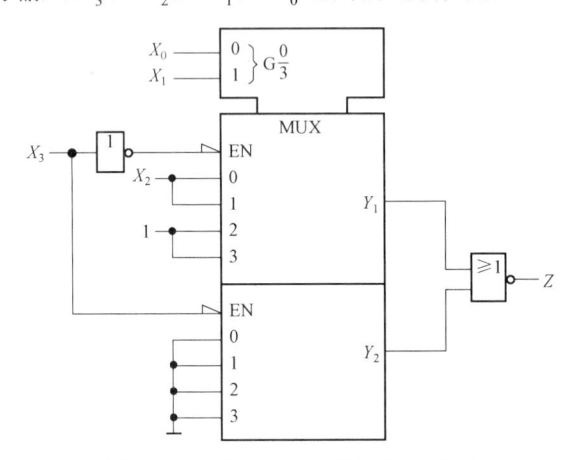

图 4-48 例 4-8-2 的逻辑电路图

解：由图 4-48 可知，输入信号为 X_3，X_2，X_1，X_0，输出信号为 Z，输出逻辑函数式为

$$Z = \overline{Y_1 + Y_2}$$

Y_1 和 Y_2 分别为数据选择器 1 和数据选择器 2 的输出。当 $X_3=0$ 时，数据选择器 1 处于封锁状态，数据选择器 2 处于工作状态；当 $X_3=1$ 时，数据选择器 2 处于封锁状态，而数据选择器 1 处于工作状态。根据逻辑函数式，可以列出真值表，如表 4-25 所示。

表 4-25 例 4-8-2 的真值表

X_3	X_2	X_1	X_0	Y_1	Y_2	Z	X_3	X_2	X_1	X_0	Y_1	Y_2	Z
0	0	0	0	0	0	1	1	0	0	0	0	0	1
0	0	0	1	0	0	1	1	0	0	1	0	0	1
0	0	1	0	0	0	1	1	0	1	0	1	0	0
0	0	1	1	0	0	1	1	0	1	1	1	0	0
0	1	0	0	0	0	1	1	1	0	0	1	0	0
0	1	0	1	0	0	1	1	1	0	1	1	0	0
0	1	1	0	0	0	1	1	1	1	0	1	0	0
0	1	1	1	0	0	1	1	1	1	1	1	0	0

分析真值表可知，当 $X_3X_2X_1X_0$ 为 0000～1001 时，电路的输出为 1，否则输出为 0。该电路可实现检测 4 位输入信号是否为 8421BCD 码的逻辑功能。

【例 4-8-3】 3 线-8 线译码器 74LS138 和 8 选 1 数据选择器 74LS151 组成的组合逻辑

电路图如图 4-49 所示,试分析该电路的逻辑功能。

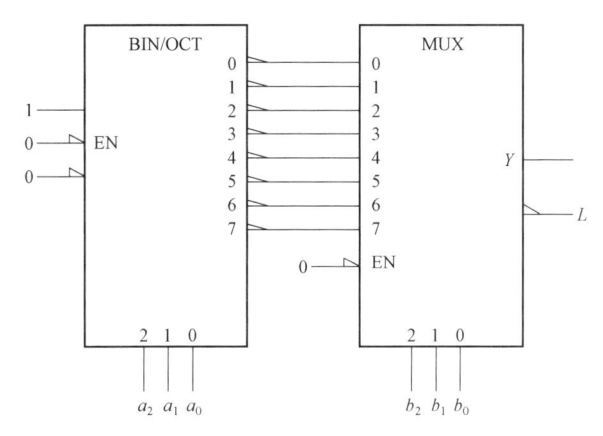

图 4-49　例 4-8-3 的逻辑电路图

解：由图 4-49 可以看出，$D_0 \sim D_7$ 和 $\overline{Y}_0 \sim \overline{Y}_7$ 对应相连，当译码器的地址输入 $a_2a_1a_0$ 为某一给定值时，对应的译码器输出为 0，其余译码器输出为 1。对于数据选择器而言，如果地址输入 $b_2b_1b_0$ 为某一给定值时，数据 $D_0 \sim D_7$ 中有一个会取反之后由 L 输出。

例如，当 $a_2a_1a_0 = 000$ 时，译码器的输出 $\overline{Y}_0 \sim \overline{Y}_7$ 中只有 $\overline{Y}_0 = 0$，译码器的其余输出均为 1，对应数据选择器的输入数据中，只有 $D_0 = 0$，数据选择器的其余输入数据均为 1。若数据选择器的地址输入 $b_2b_1b_0 = 000$，则数据选择器的输出 Y 为 D_0，因此电路的最终输出 L 为 1。如果数据选择器的地址输入 $b_2b_1b_0 \ne 000$，则数据选择器的输出 Y 不是 $D_0 = 0$，而是其他数据，都为 1，这样电路的输出 L 为 0。也就是说，只有在译码器的地址输入 $a_2a_1a_0 = 000$，数据选择器的地址输入 $b_2b_1b_0 = 000$ 时，电路的输出 L 才为 1，也即当 $a_2a_1a_0 = b_2b_1b_0$ 时，$L = 1$，当 $a_2a_1a_0 \ne b_2b_1b_0$ 时，$L = 0$。因此，该电路实现了两个 3 位二进制数是否相同的比较功能。

4.9　组合逻辑电路中的竞争与冒险现象

前面介绍的组合逻辑电路的分析与设计，都是把门电路当作理想器件，并在输入、输出处于稳定的逻辑电平下进行的。实际上，所有门电路都存在传输延迟时间，信号发生变化时也有一定的上升时间和下降时间。在组合逻辑电路中，某一输入变量经不同途径传输后，到达电路中某一会合点的时间有先有后的现象称为竞争。竞争导致门电路输出产生不应有的尖峰干扰脉冲（又称为过渡干扰脉冲）。因此，在组合逻辑电路中，当输入信号的状态改变时，输出端可能出现不正常的干扰信号，使电路产生错误的输出，这种现象称为冒险。门电路存在传输延迟时间是组合逻辑电路发生竞争和冒险现象的根本原因。

在组合逻辑电路中，如果输入信号变化前、后稳定，输出相同，而在转换瞬间有冒险，则称为静态冒险。如果输入变化前、后稳态输出为 1，而转换瞬间出现 0 的毛刺（输出序列为 1-0-1），则这种静态冒险称为静态 0 冒险；如果输入变化前、后稳态输出为 0，而转换瞬间出现 1 的毛刺（输出序列为 0-1-0），则这种静态冒险称为静态 1 冒险。在组合逻辑电路中，若输入信号变化前、后稳定状态输出不同，则不会出现静态冒险。但如果在得到最终稳定输出之前，输出发生了三次变化，即中间经历了瞬态 0-1 或 1-0（输出序列为 1-0-1-0

或 0-1-0-1），则这种冒险称为动态冒险。动态冒险只有在多级电路中才会发生，在两级与或（或与）门电路中是不会发生的。本节仅讨论组合逻辑电路的静态冒险现象。

4.9.1 静态冒险

以简单的与门和或门电路为例，在图 4-50（a）中，输出 $Y_1 = A\overline{A}$。在理想情况下，输出 Y_1 的值恒为 0。但实际上，考虑门电路的传输延迟时间，A 从 0 跳变为 1 时，在输出端就出现了极窄的 $Y_1 = 1$ 正向尖峰脉冲，这称为静态 1 冒险。

同样，在图 4-50（b）中，输出 $Y_2 = A + \overline{A}$。在理想情况下，输出 Y_2 的值恒为 1。考虑门电路的传输延迟时间，当 A 从 1 跳变为 0 时，在输出端出现了极窄的 $Y_2 = 0$ 负向尖峰脉冲，这种现象称为静态 0 冒险。

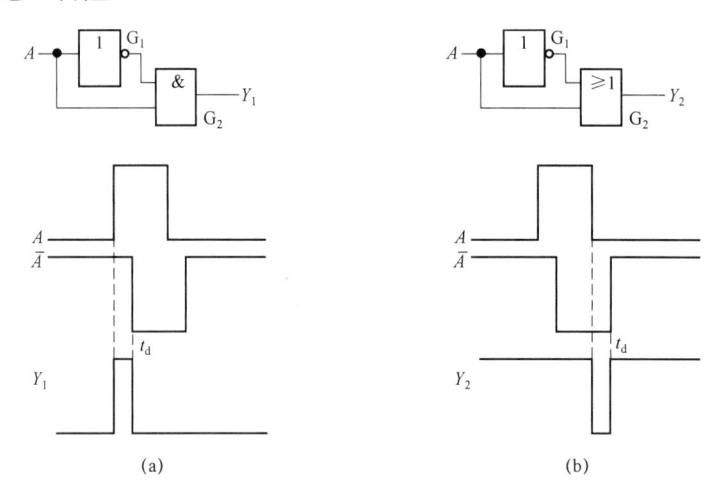

图 4-50 与门和或门电路的冒险现象

【例 4-9-1】分析图 4-51（a）所示的组合逻辑电路，当输入信号 abc 由 000 变化到 010 及 abc 由 000 变化到 110 时的输出波形。

解：（1）该组合逻辑电路的卡诺图如图 4-51（b）所示。当输入信号 abc 由 000 变化到 010 时，在稳定状态下，$F(0,0,0) = F(0,1,0) = 1$。在 b 信号由 0 变化到 1，$\overline{b}$ 由 1 变化到 0 时，考虑 b 和 $\overline{b}$ 的变化有一定的过渡时间，与门 1 和与门 2 的传输也有一定的延迟，且假设 $t_{pd1} < t_{pd2}$，则工作波形如图 4-52（a）所示。在 b 发生变化时，由于与门的传输延迟，输出波形 $F = 1$ 中出现了短暂的 0，这就是通常所说的毛刺，这种现象称为静态 0 冒险。

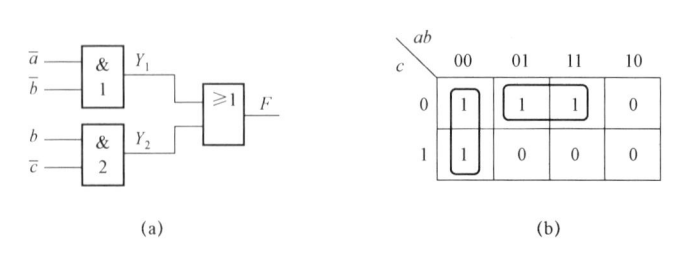

图 4-51 例 4-9-1 的逻辑电路图及卡诺图
（a）逻辑电路图；（b）卡诺图

(2) 当输入信号由 000 变化到 110 时,由图 4-51（b）所示的卡诺图可见,在稳定状态下,$F(0,0,0) = F(1,1,0) = 1$。a,b 两输入信号的变化不可能同时发生,会出现先后的差异,可能 a 的变化先于 b,也可能 b 的变化先于 a。假设 b 信号滞后于 a 信号 t_d 时间（t_d 时间很短暂）,如果忽略与门的传输延迟,则其工作波形图如图 4-52（b）所示。在稳定输出的信号中出现短暂的 0 毛刺,这也是静态 0 冒险。

由上述分析可见,这种短暂的冒险毛刺信号仅出现在输入信号变化的瞬间,而在输入稳定状态下是不会出现的。另外,在输入信号发生变化时,输出也不一定会产生毛刺。例如,当输入信号由 000 变化到 010 时,假设与门 2 的传输延迟时间比与门 1 的传输延迟时间短,则输出信号 1 时不会出现 0 毛刺。又如输入信号由 000 变化到 110 时,如果 b 信号先于 a 信号变化,则在输出 1 时也不会出现 0 毛刺。在实际工作中,所有可能均存在。因此,在输入信号发生变化时,组合逻辑电路中可能发生冒险现象。

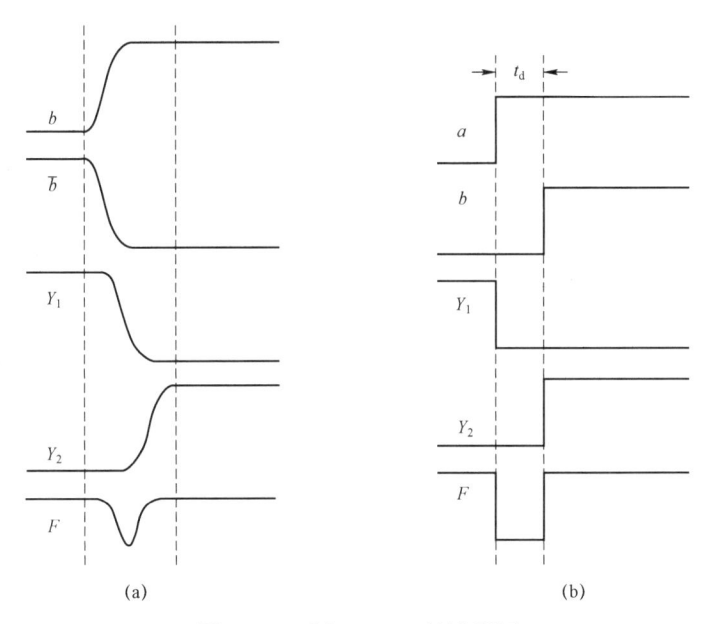

图 4-52 例 4-9-1 的波形图

4.9.2 静态冒险现象的识别

由以上分析可见,发生静态冒险现象有两种情况。

第 1 种情况,当输入变量 A 和 $\overline{A}$ 通过不同的传输途径到达输出端时,那么如果输入变量 A 的取值变化,则输出端有可能发生静态冒险现象。

判断静态冒险现象是否发生,只需要将输出逻辑函数在一定条件下化简,如果存在 $A + \overline{A}$（与或式）或 $A \cdot \overline{A}$（或与式）,则可判断变量 A 取值变化时,输出端有可能发生静态冒险现象。

【例 4-9-2】试用公式化简法判断 $Y = \overline{A}B + \overline{B}C + A\overline{C}$ 所表示的组合逻辑电路是否发生静态冒险现象。

解：当 $B = 1$,$C = 0$ 时,$Y = A + \overline{A}$；

当 $A = 1$,$B = 0$ 时,$Y = C + \overline{C}$；

当 $A=0$，$C=1$ 时，$Y=B+\bar{B}$。

因此，该电路发生静态 0 冒险现象。

第 2 种情况，当有两个或两个以上输入变量发生变化时，输出端有可能发生静态冒险现象。

对于这种静态冒险现象，也可以根据逻辑函数式来判断。对于具有 N 个输入变量的函数，当 $P(N>P\geqslant 2)$ 个输入变量发生变化时，如果由不变的 $(N-P)$ 个输入变量组成的乘积项不是该逻辑函数式中的乘积项或者多余项，则该 P 个变量发生变化时，就有可能发生静态冒险现象。

【例 4-9-3】 分析 $F=A\bar{C}+B\bar{D}+CD$ 所表示的组合逻辑电路，当输入信号 $ABCD$ 由 0100 变化到 1101、由 0111 变化到 1110 及由 1001 变化到 1011 时，是否有静态冒险现象发生。

解：（1）当输入信号 $ABCD$ 由 0100 变化到 1101 时，变量 A、D 发生变化，由于不变的变量 B、C 组成的乘积项 $B\bar{C}$ 不是函数 F 的乘积项和多余项，所以可能发生静态冒险现象。这种静态冒险现象的发生也可以由卡诺图（图 4-53）来证明。

由卡诺图可知，在稳定状态下，$F(0,1,0,0)=F(1,1,0,1)=1$。在 A，D 两个输入信号发生变化时，可能出现 A 先于 D 变化或 D 先于 A 变化的情况。如果 D 先于 A 变化，则输入信号由 0100 变化到 1101 时，要经历 0100—0101—1101 的途径，由于 $F(0,1,0,1)=0$，所以在输出中将出现 1-0-1 的情况，发生静态 0 冒险现象。同理分析，若 A 先于 D 变化，则输入信号要经历 0100—1100—1101 的途径，所经历的过渡过程 $F(1,1,0,0)=1$，因此输出端不会发生静态冒险现象。综上，在输入信号由 0100 变化到 1101 时有发生静态冒险现象的可能。

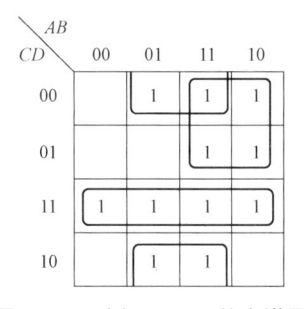

图 4-53 例 4-9-3 的卡诺图

（2）当输入信号由 0111 变化到 1110 时，由不变的变量 B、C 组成的乘积项 BC 是逻辑函数的多余项，因此在发生变化时，不会发生由变量 A，D 发生变化的先后所导致的静态冒险现象。但在一定条件下，即 $B=1$，$C=1$ 时，存在 $F=D+\bar{D}$ 的情况，而此时变量 D 发生变化，考虑到门电路的传输延迟时间，有可能发生静态冒险现象。

（3）当输入信号由 1001 变化到 1011 时，仅变量 C 发生了变化。由于在 $A=1$，$B=0$，$D=1$ 时，存在 $F=C+\bar{C}$ 的情况，所以当变量 C 发生变化时，有可能发生静态冒险现象。

最后必须指出，在多个输入变量同时发生状态改变时，如果输入变量很多，很难通过逻辑函数式找出所有可能情况，则可以通过计算机辅助分析，判断电路是否发生静态冒险现象，目前已有较成熟的程序可供选用。

4.9.3 静态冒险现象的消除方法

1. 修改逻辑设计，增加冗余项

通过 $F=AB+\bar{A}C+BC$，增加冗余项，以消除 A 变化所引起的静态冒险现象。因为当 $B=1$，$C=1$ 时，存在 $F=A+\bar{A}$ 的情况，由于增加了 BC 项，则不论 A 如何变化，BC 项始终为 1，输出始终为 1，这样输出端不会发生静态冒险现象。由于 BC 项为冗余项，所以此方法又称为增加冗余项法。

例如，在 $F=AC+B\bar{C}$ 中，当 $A=B=1$ 时，$F=C+\bar{C}$，可能发生静态 0 冒险。

增加冗余项，使 $F=AC+B\bar{C}+AB$，当 $A=B=1$ 时，$F=C+\bar{C}+1$，静态 0 冒险被消除。

但是，增加冗余项法的适用范围非常有限，它仅能改变函数 $F = AB + A\bar{C}$ 中，当 $B=1$，$C=1$ 时，由 A 的状态改变所引起的静态冒险现象。

2. 引入取样脉冲

从上述静态冒险的分析可以看出，静态冒险现象仅发生在输入信号变化转换的瞬间，在稳定状态下是不会发生的。因此，引入取样脉冲，错开输入信号发生转换的瞬间，正确反映组合逻辑电路稳定时的输出值，可以有效地避免发生静态冒险现象。常用的取样脉冲极性及所加位置如图 4-54 所示，一般包括以下三种情况。

（1）前封——引入封锁脉冲，在输入信号发生竞争期间，封锁门的输出；封锁脉冲必须与输入信号的转换同步。

（2）中选——引入选通脉冲，等电路达到新稳态后再输出。

（3）取样——引入取样脉冲对逻辑冒险及功能冒险都有效。目前大多数中规模集成模块都设有使能端，可以将取样信号作用于该端，待电路稳定后才使输出有效。

在引入取样脉冲时，对取样脉冲的宽度和产生的时间有一定要求，而且引入取样脉冲后，组合逻辑电路的输出已不是电位信号，而是脉冲信号，即当有输出脉冲时表示输出为 1，没有输出脉冲时表示输出为 0。

3. 在输出端加滤波电容

在对输出波形要求不高的等情况下还可以在输出端加滤波电容，以滤除静态冒险现象中的毛刺，如图 4-55 所示。

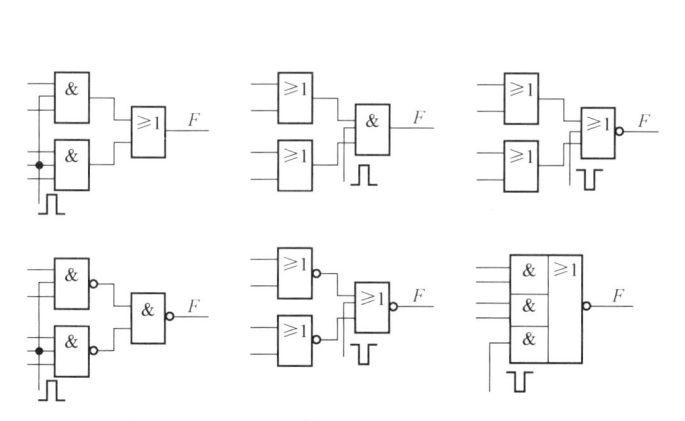

图 4-54 在组合逻辑电路中引入取样脉冲

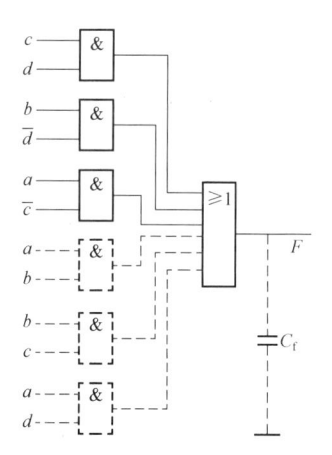

图 4-55 在输出端加滤波电容

本章小结

本章主要内容：

本章主要讲述了组合逻辑电路的基本概念、特点及其分析和设计方法。

（1）组合逻辑电路在逻辑功能上的特点是在任何时刻的输出仅取决于该时刻的输入信号，而与这一时刻输入信号作用前原来的状态无关。组合逻辑电路在结构上基本上由逻辑门组成，且只有从输入到输出的通路，没有从输出到输入的回路。组合逻辑电路没有记忆功能。

（2）组合逻辑电路的分析是根据给定电路，判断电路的逻辑功能。本章以常用组合逻辑功能器件全加器、数值比较器、编码器、译码器、数据选择器为例，介绍了组合逻辑电路的分析方法，同时介绍了上述各组合逻辑功能器件的逻辑功能。

（3）组合逻辑电路的设计是根据实际逻辑命题，设计出实现该命题所需功能的最简组合逻辑电路。本章主要讲述了采用 SSI 和 MSI 设计组合逻辑电路的方法。

（4）本章介绍了组合逻辑电路中的竞争与冒险的概念，以及静态冒险现象的判断和避免方法。

重点：

（1）组合逻辑电路的分析和设计方法。

（2）常用组合逻辑功能器件的逻辑功能和使用方法。

难点： 组合逻辑电路中竞争与冒险现象的判断。

本章习题

一、思考题

1. 什么是组合逻辑电路？组合逻辑电路在结构上和逻辑功能上各有什么特征？

2. 组合逻辑电路分析目的是什么？

3. 组合逻辑电路为什么会发生竞争与冒险现象？如何判断组合逻辑电路在某些输入信号变化时是否会发生竞争与冒险现象？如何避免或消除竞争与冒险现象？

4. 简述编码器、译码器、全加器、数据选择器和数值比较器的逻辑功能及主要用途。

5. 简述采用集成逻辑门设计组合逻辑电路的方法和采用中规模组合逻辑功能器件设计组合逻辑电路的方法。

二、判断题

1. $A \cdot \overline{A}$ 型冒险也称为 0 型冒险。（   ）

2. 在任何时刻，输出状态只取决于该时刻的输入，而与该时刻之前的状态无关的逻辑电路，称为组合逻辑电路。（   ）

3. 组合逻辑电路的逻辑功能可以用逻辑电路图、真值表、逻辑函数式、卡诺图和波形图五种方法来描述，它们在本质上是相通的，可以互相转换。（   ）

4. $A + \overline{A}$ 型冒险也称为 1 型冒险。（   ）

5. 3 位译码器应有 3 个输入端和 8 个输出端。（   ）

6. 共阴极 LED 数码管需要选用有效输出为高电平的 7 段显示译码器来驱动。（   ）

7. 使用 4 选 1 数据选择器，不能实现 3 变量逻辑函数。（   ）

8. 3 线－8 线译码电路是三－八进制译码器。（   ）

9. 16 路数据选择器的地址输入端有 4 个。（   ）

10. 能将一个数据，根据需要传送到多个输出端中的任何一个输出端的电路，称为数据选择器。（   ）

11. 组合逻辑电路任意时刻的稳态输出与输入信号作用前电路的原来状态有关。（   ）

12. 编码器在任何时刻只能对一个输入信号进行编码。（   ）

13. 优先编码器的编码信号是相互排斥的，不允许多个编码信号同时有效。（   ）

14. 编码器能将特定的输入信号变为二进制代码,而译码器能将二进制代码变为特定含义的输出信号,因此编码器与译码器的使用是可逆的。(　　)

15. 译码器相当于最小项发生器,便于实现组合逻辑电路。(　　)

三、单项选择题

1. 组合逻辑电路由(　　)构成。
   A. 门电路　　　　　B. 触发器　　　　　C. 门电路和触发器　　D. 计数器

2. 组合逻辑电路(　　)。
   A. 具有记忆功能　　　　　　　　　B. 没有记忆功能
   C. 有时有记忆功能,有时没有　　　D. 以上都不对

3. 对于两个4位二进制数 $A(A_3A_2A_1A_0)$,$B(B_3B_2B_1B_0)$,下面的说法正确的是(　　)。
   A. 如果 $A_3 > B_3$,则 $A > B$　　　　B. 如果 $A_3 < B_3$,则 $A > B$
   C. 如果 $A_0 > B_0$,则 $A > B$　　　　D. 如果 $A_0 < B_0$,则 $A > B$

4. 在下列逻辑电路中不是组合逻辑电路的有(　　)。
   A. 译码器　　　　B. 编码器　　　　C. 全加器　　　　D. 寄存器

5. 关于8线-3线优先编码器,下面的说法正确的是(　　)。
   A. 有3根输入线,8根输出线　　　　B. 有8根输入线,3根输出线
   C. 有8根输入线,8根输出线　　　　D. 有3根输入线,3根输出线

6. 函数 $F = \overline{A}B + A\overline{B}$ 转换成或非-或非式为(　　)。
   A. $\overline{\overline{A+B} + \overline{\overline{A}+\overline{B}}}$　　B. $\overline{\overline{\overline{A}+B} + \overline{A+\overline{B}}}$　　C. $\overline{\overline{AB} + \overline{A\overline{B}}}$　　D. $\overline{\overline{A+B} + \overline{A+\overline{B}}}$

7. 判断实现函数 $F = \overline{A}\overline{B}D + B\overline{D} + A\overline{B}C + AB\overline{C}$ 的组合逻辑电路,当输入变量 ABCD 按 0110→1100 变化时,是否会发生静态冒险现象。(　　)
   A. 不会发生静态冒险现象　　　　　B. 可能发生静态0冒险现象
   C. 可能发生静态1冒险现象　　　　D. 不确定

8. 若在编码器中有50个编码对象,则可输出二进制代码位数为(　　)。
   A. 5　　　　B. 6　　　　C. 10　　　　D. 50

9. 若一个译码器有100个译码输出端,则其译码输入端有(　　)个。
   A. 5　　　　B. 6　　　　C. 7　　　　D. 8

10. 16选1数据选择器的地址输入(选择控制输入)端有(　　)个。
    A. 1　　　　B. 2　　　　C. 4　　　　D. 16

四、填空题

1. _____是编码的逆过程。

2. 从奇偶校验的角度来说,1011011 是_____码,1001011 是_____码。

3. 根据逻辑功能的不同特点,逻辑电路可分为两大类:_____和_____。

4. 具有 N 个输入端的译码器共有____个输出端。对于每组输入代码,有____个输出端是有效电平。

5. 给36个字符编码,至少需要_____位二进制数。

五、分析题

1. 写出图 T4-1 所示电路的输出最小项之和表达式。

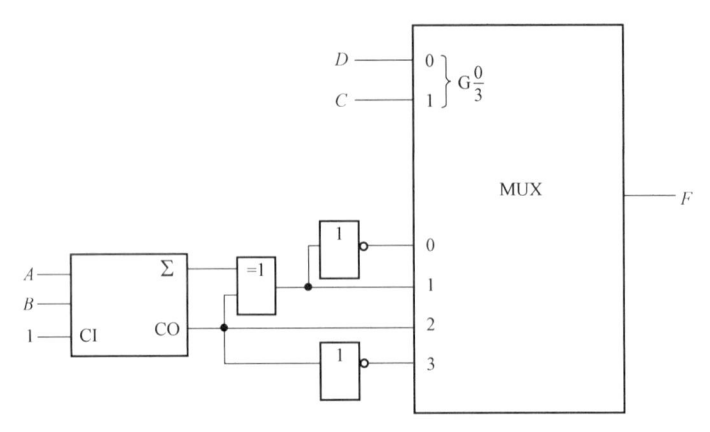

图 T4-1 分析题 1 的电路图

2. 组合逻辑电路如图 T4-2 所示，分析该电路的逻辑功能。

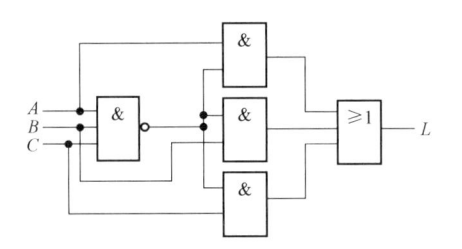

图 T4-2 分析题 2 的逻辑电路图

3. 分析图 T4-3 所示的组合逻辑电路，求 F 的逻辑函数式，并画出逻辑电路图。

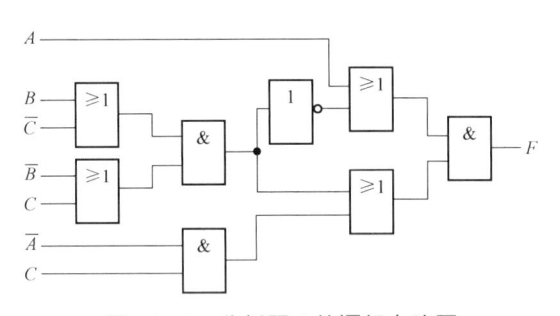

图 T4-3 分析题 3 的逻辑电路图

4. 分析图 T4-4 所示的组合逻辑电路，已知 A，B 和 C 为输入信号，写出输出信号 L 的标准与或式和最简与或式。

5. 分析图 T4-5 所示的组合逻辑电路，已知 A，B，C 和 D 为输入信号，写出输出信号 F 的标准与或式和最简与或式。

6. 分析图 T4-6 所示的组合逻辑电路，已知 A，B，C 和 D 为输入信号，写出输出信号 F 的标准与或式和最简与或式。

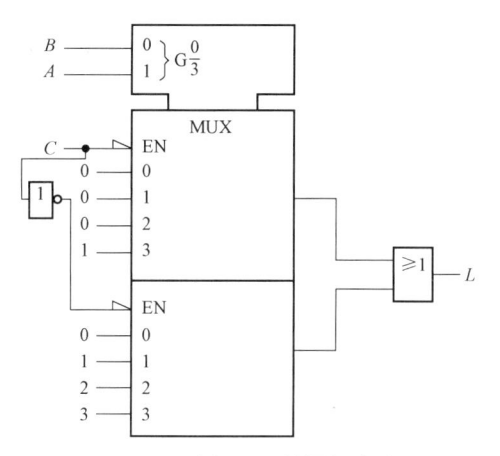

图 T4-4 分析题 4 的逻辑电路图

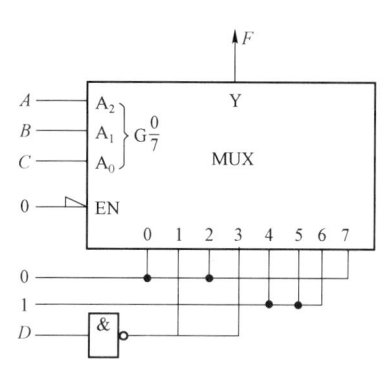

图 T4-5 分析题 5 的逻辑电路图

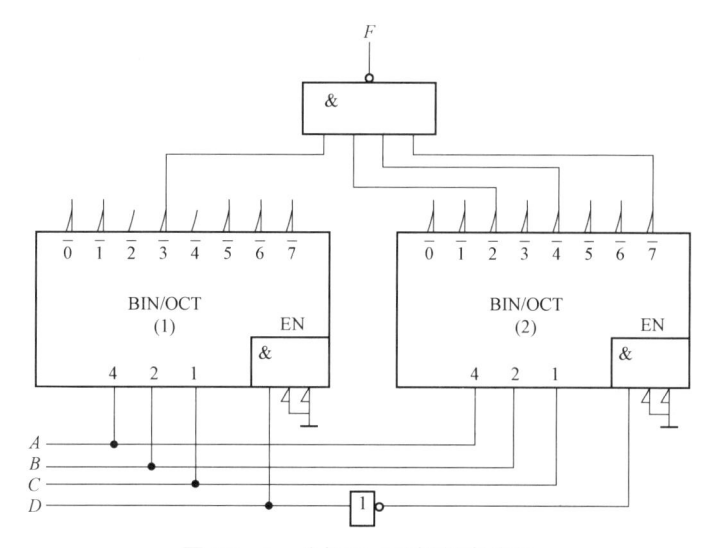

图 T4-6 分析题 6 的逻辑电路图

六、设计题

1. 用与非门电路设计一个举重裁判表决电路，要求如下。
（1）举重比赛有 3 个裁判，包括一个主裁判和两个副裁判。
（2）杠铃完全举上的裁决由每个裁判按一下自己面前的按钮来确定。
（3）只有当两个或两个以上裁判判明成功，并且其中有一个为主裁判时，表明成功的灯才亮。

2. 用译码器 74LS138 和门电路实现逻辑函数 $L = AB + BC + AC$。

3. 用 8 选 1 数据选择器和门电路实现逻辑函数 $L = \overline{A}BC + A\overline{B}C + AB\overline{C} + ABC$。

4. 用 1 片 4 选 1 数据选择器和必要的门电路实现逻辑函数 $L = AB + BC + A\overline{C}$。

5. 设计 1 位全减器，要求：① 用门电路实现；② 用通用译码器 74LS138 和门电路实现；③ 用双 4 选 1 数据选择器和门电路实现。

6. 如图 T4-7 所示，一个水箱由大、小两台水泵 M_L 和 M_S 供水。水箱中设置了 3 个水位检测元件 A，B，C。水面低于检测元件时，检测元件给出高电平；水面高于检测元件时，检测元件给出低电平。要求当水位超过 C 时水泵停止工作；水位低于 C 而高于 B 时 M_S 单独工作；水位低于 B 而高于 A 时 M_L 单独工作；水位低于 A 时 M_L 和 M_S 同时工作。要求：① 用门电路实现，电路尽量简单；② 用 3 线 – 8 线译码器和必要门电路实现；③ 用双 4 选 1 数据选择器和必要的门电路实现。

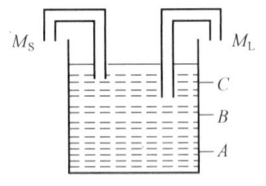

图 T4-7 设计题 6 的示意图

7. 设计一个多功能组合逻辑电路，要求实现表 T4-1 所示的功能。M_1，M_0，A 为选择信号，F 为输出，用 8 选 1 数据选择器实现。

表 T4-1 设计题 7 的功能表

M_1	M_0	F
0	0	$\overline{A+B}$
0	1	$A \cdot B$
1	0	$A \oplus B$
1	1	$A \odot B$

8. 用一片 8 选 1 数据选择器和必要的门电路实现 4 个变量的异或逻辑。已知 A，B，C 和 D 为输入信号，输出信号为 F。

9. 用 2 片 8 选 1 数据选择器和必要的门电路实现 4 个变量的同或逻辑。已知 A，B，C 和 D 为输入信号，输出信号为 F。

10. 使用两片 4 位集成比较器 74HC85 和门电路构成 3 个 4 位二进制数 $A=A_3A_2A_1A_0$，$B=B_3B_2B_1B_0$ 和 $C=C_3C_2C_1C_0$ 的比较电路，要求能判断 A 最大、A 最小和 3 个数相等。

11. 设计组合逻辑电路，当控制信号 $S=0$ 时，实现两个 1 位二进制数全减；当控制信号 $S=1$ 时，实现两个 1 位二进制全加。要求：① 用门电路实现，电路尽量简单；② 用 1 片双 4 选 1 数据选择器和必要的门电路实现；③ 用 2 片 3 线 – 8 线译码器和必要的门电路实现。

第5章
集成触发器

知识目标：阐明触发器的定义以及基本 RS 触发器、同步触发器、主从触发器、边沿触发器的工作原理及动作特点。

能力目标：学会触发器逻辑功能的各种描述方法及转换方法。

素质目标：培养学生良好的职业素养和专业精神。

【研讨 1】当代大学生要主动思考总结，要在专业领域里主动思考"为什么、做什么、如何做"，不人云亦云、不照抄照搬，通过自己的实践、学习与反思，结合具体情况，掌握专业发展规律。结合触发器的应用，谈谈大学生如何培养职业素养。

【研讨 2】边沿触发器的转换问题分析。

前面介绍的各种集成逻辑门以及由它们构成的逻辑电路都属于组合逻辑电路，其没有记忆、保持功能，也就是说某一时刻的输出完全取决于当时的输入信号。在数字系统中，常常需要存储数字信息。触发器就是具有记忆功能、能存储数字信息的、最常用的一种基本单元电路。

触发器逻辑功能的基本特点是可以保存 1 位二值信息。由于输入方式以及触发器状态随输入信号变化的规律不同，触发器在具体的逻辑功能上有区别，可以将触发器分成基本 RS 触发器、钟控触发器、主从触发器、边沿触发器等几种类型。这些逻辑功能可以用状态转移真值表、特征（状态）方程、激励（驱动）表、状态转移图和工作波形（时序图）来描述。

5.1 基本 RS 触发器

5.1.1 基本 RS 触发器的电路及原理分析

基本 RS 触发器电路如图 5–1 所示。它可由两个与非门交叉耦合组成，如图 5–1（a）所示；也可由两个或非门交叉耦合组成，如图 5–1（b）所示。现以两个与非门交叉耦合组成的基本 RS 触发器为例，分析其工作原理。

在图 5–1（a）中，G_1 和 G_2 是两个与非门，它们可以是 TTL 门，也可以是 CMOS 门。$\overline{R}_D$ 和 $\overline{S}_D$ 为输入端，它们上面的非号表示低电平有效，在逻辑符号中用小圆圈表示。Q 和 $\overline{Q}$ 为输出端，在触发器处于稳定状态时，它们的输出状态相反。当 $Q=0$，$\overline{Q}=1$ 时，称触发器状态为 0 或者触发器处于 0 状态；当 $Q=1$，$\overline{Q}=0$ 时，称触发器状态为 1 或者触发器处于 1 状态。

根据与非逻辑关系，可以得出以下结论

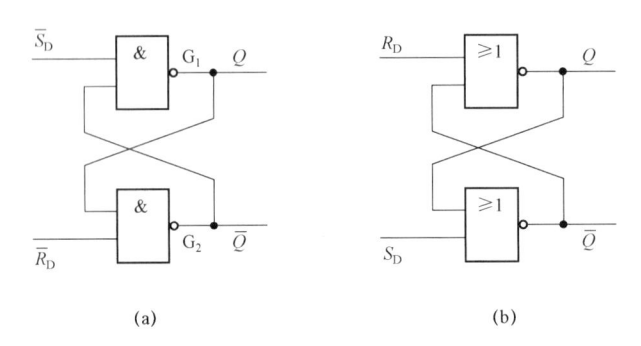

图 5-1 基本 RS 触发器电路

1. 复位（清零）

当 $\overline{R}_D=0$，$\overline{S}_D=1$ 时，触发器置 0。因为 $\overline{R}_D=0$，G_2 门输出 $\overline{Q}=1$，所以这时 G_1 门输入都为高电平 1，输出 $Q=0$，触发器被置 0。使触发器处于 0 状态的输入端 $\overline{R}_D$ 称为置 0 端，也称为复位端，低电平有效。

2. 置位

当 $\overline{R}_D=1$，$\overline{S}_D=0$ 时，触发器置 1。因为 $\overline{S}_D=0$，G_1 门输出 $Q=1$，所以这时 G_2 门输入都为高电平 1，输出 $\overline{Q}=0$，触发器被置 1。使触发器处于 1 状态的输入端 $\overline{S}_D$ 称为置 1 端，也称为置位端，也是低电平有效。

3. 保持

当 $\overline{R}_D=1$，$\overline{S}_D=1$ 时，触发器保持原状态不变。如果触发器处于 $Q=0$，$\overline{Q}=1$ 的 0 状态，则 $Q=0$ 反馈到 G_2 门的输入端，G_2 门因输入有低电平 0，输出 $\overline{Q}=1$；$\overline{Q}=1$ 又反馈到 G_1 门的输入端，输入都为高电平 1，输出 $Q=0$。电路保持 0 状态不变。如果触发器原来处于 1 状态，则电路同样能保持 1 状态不变。

4. 禁止

当 $\overline{R}_D=\overline{S}_D=0$ 时，触发器既不是 0 状态，也不是 1 状态。

这时触发器输出 $Q=\overline{Q}=1$，这既不是 1 状态，也不是 0 状态；而且，在 $\overline{R}_D$ 和 $\overline{S}_D$ 同时由 0 变为 1 时，由于无法判断 G_1 门还是 G_2 门的输出会先到达另外一个门的输入端，因此其输出状态无法预知，可能是 0 状态，也可能是 1 状态。实际上，这种情况是不允许（禁止）的，属于约束项，这种输入取值对应的输出用"×"表示。

图 5-2 所示为基本 RS 触发器的工作波形，图中虚线部分表示状态不定。工作波形也可以称为时序图。

5.1.2 基本 RS 触发器的逻辑功能描述

描述触发器的逻辑功能，通常采用下面三种方式。

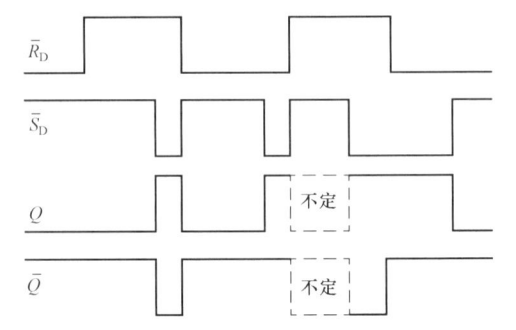

图 5-2 基本 RS 触发器的工作波形

1. 状态转移真值表

为了表明在输入信号作用下，触发器下一稳定状态（次态）与触发器的原有状态（现态）、输入信号之间的关系，可以用状态转换真值表进行描述。现态是指触发器输入信号（$\bar{R}_D$，$\bar{S}_D$ 端）变化前的状态，用 Q^n 表示；次态是指触发器输入信号变化后的状态，用 Q^{n+1} 表示。反映触发器的次态 Q^{n+1} 与输入信号和触发器的原有状态（现态）Q^n 之间关系的真值表称作状态转移真值表（或者称为特性表）。表 5-1 所示为基本 RS 触发器的状态转换真值表，它也可以简化为表 5-2 的形式。

表 5-1 基本 RS 触发器的状态转换真值表

$\bar{R}_D$	$\bar{S}_D$	Q^n	Q^{n+1}	说明
0	0	0	×	不允许出现的输入
		1	×	
0	1	0	0	触发器置 0
		1	0	
1	0	0	1	触发器置 1
		1	1	
1	1	0	0	触发器保持原来的状态
		1	1	

表 5-2 简化的状态转换真值表

$\bar{R}_D$	$\bar{S}_D$	Q^{n+1}
0	0	×
0	1	0
1	0	1
1	1	Q^n

2. 特征方程（状态方程）

触发器的逻辑功能还可以用逻辑函数式来描述。描述触发器逻辑功能的逻辑函数式称为特征方程或状态转移方程，简称状态方程。由表 5-1 通过卡诺图化简，可以得到特征方程为

$$\begin{cases} Q^{n+1} = \bar{\bar{S}}_D + \bar{R}_D Q^n = S_D + \bar{R}_D Q^n \\ \bar{S}_D + \bar{R}_D \neq 0 \Rightarrow \bar{S}_D + \bar{R}_D = 1 \end{cases} \quad (5-1)$$

式中，$\bar{S}_D + \bar{R}_D = 1$ 为约束条件。由于 $\bar{R}_D$ 和 $\bar{S}_D$ 同时为 0 时，输出既不为 0 状态，又不为 1 状态，而且 $\bar{R}_D$ 和 $\bar{S}_D$ 同时由 0 变为 1 时，输出状态不确定，所以为了获得确定的输出状态，$\bar{R}_D$ 和 $\bar{S}_D$ 不能同时为 0。

3. 激励表和状态转移图

触发器的逻辑功能还可以采用表格的形式描述。表 5-3 表示基本 RS 触发器由当前状态 Q^n 转移至所要求的下一状态 Q^{n+1} 时对输入信号的要求，该表称为基本 RS 触发器的激励表或者驱动表。它实质上是状态转换真值表 5-1 的派生表。

表 5-3 基本 RS 触发器的激励表

Q^n	Q^{n+1}	$\overline{R}_D$	$\overline{S}_D$
0	0	×	1
0	1	1	0
1	0	0	1
1	1	1	×

由表 5-3 的第一行可以看出，如果触发器当前状态 $Q^n=0$，则在输入信号 $\overline{R}_D=1$ 或者 $\overline{R}_D=0$（在表 5-3 中用"×"表示取任意值，下同）并且 $\overline{S}_D=0$ 的条件下，触发器维持 0 状态；表 5-3 的第二行说明，如果触发器当前状态 $Q^n=0$，则在输入信号 $\overline{R}_D=1$，$\overline{S}_D=0$ 的条件下，触发器转移至下一状态 $Q^{n+1}=1$；表 5-3 的第三行说明，如果触发器当前状态 $Q^n=1$，则在输入信号 $\overline{R}_D=0$，$\overline{S}_D=1$ 的条件下，触发器转移至下一状态 $Q^{n+1}=0$；表 5-3 的第四行说明，如果触发器当前状态 $Q^n=1$，则在输入信号 $\overline{R}_D=1$，$\overline{S}_D$ 取任意值的条件下，触发器维持 1 状态。

激励表也可以用图形的方式，即状态转移图来描述，如图 5-3 所示。

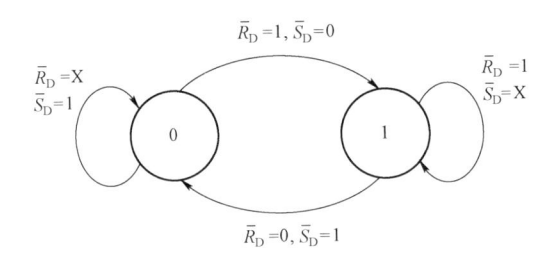

图 5-3 基本 RS 触发器的状态转移图

圆圈代表两个稳定的状态，箭头表示状态转移方向，箭头旁的标注表示状态转移所需要的输入条件。激励表和状态转换图是等价的，只是表示形式不同。

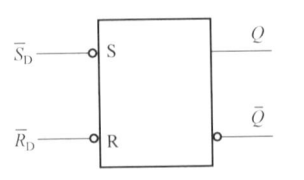

5.1.3 基本 RS 触发器的应用

基本 RS 触发器的逻辑符号如图 5-4 所示。图中输入端的小圆圈表示低电平或负脉冲有效。由表 5-1 可知，基本 RS 触发器在触发信号的作用下，有复位、置位、保持和禁止四种情况。其动作特点是输入触发信号在任何时候都会影响输出端的状态。

基本 RS 触发器是其他类型触发器的核心，同时，它在按键消抖电路中有广泛的应用，如图 5-5 所示。图 5-5（a）所示为按键波形，在按键被按下和释放的过程中高、低电平不能立即转换，需要一个过渡。用图 5-5（b）所示的电路可以实现按键消抖，称为按键消抖电路。

图 5-4 基本 RS 触发器的逻辑符号

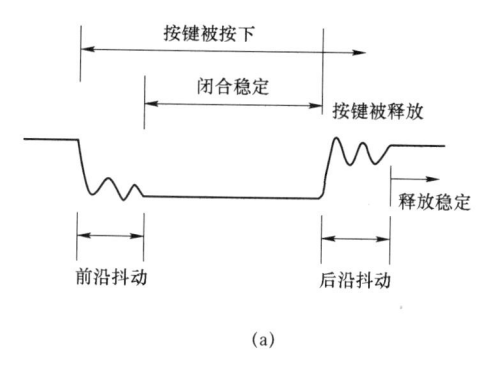

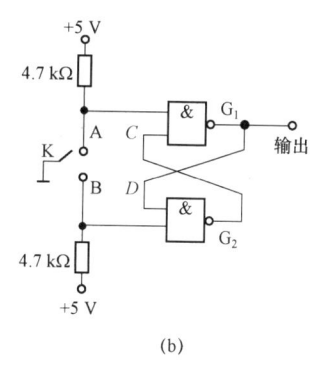

图 5-5　由基本 RS 触发器构成的按键消抖电路
（a）按键波形；（b）按键消抖电路

设开关 K 首先处于位置 A，此时基本 RS 触发器的 G_1 门的输出为 1，G_2 门的输出为 0，此输出又反馈到 G_1 门的另一个输入端 C，将 G_1 门封锁，使 G_1 门的输出保持为 1。如果这时拨动开关 K，即使 K 在位置 A 因弹性而瞬时抖动，在 A 处形成一连串抖动的波形，亦即 G_1 门的输入端出现一连串 0 和 1，则由于 G_1 门的另一输入端 C 在 K 未到达 B 时始终为 0，所以无论 A 处电压如何变化，G_1 门的输出恒为 1。当 K 到达 B 时，基本 RS 触发器的状态翻转，此时，G_2 门的输出恒为 1，G_1 门的输出为 0，该输出端又引回 G_2 门的输入端 D，将 G_2 门封锁，让其输出恒为 1，即使 B 处的电压波形出现一连串抖动，亦即 G_2 门输入端出现一连串 0 和 1，也不会影响 G_2 门的输出，因此 G_1 门的输出恒为 0。如果将基本 RS 触发器当作一个黑匣子，只看输入与输出的波形，会发现输出是消除抖动的输入。同样，在松开按键的过程中，只要接通 A，G_1 门的输出就为 1，在接通 A 的过程中，即使 K 产生弹性抖动而瞬间离开 A，只要 K 不再与 B 接触，双稳态电路的输出就不会改变。

5.2　钟控触发器

基本 RS 触发器触发翻转过程直接由输入信号控制，而实际上一个数字系统往往包含多个触发器，常常要求数字系统中各触发器在规定的时刻按照各自的输入信号所决定的状态同步触发翻转，这个时刻可由外加时钟脉冲 CP 决定。在时钟脉冲 CP 的作用下状态发生转移，称为电位触发方式。在基本 RS 触发器的基础上加触发导引门，构成具有时钟脉冲控制的触发器，称为钟控触发器，又称为同步触发器。钟控触发器状态的改变与时钟脉冲同步。只有在 CP 端出现有效时钟脉冲信号时，钟控触发器的状态才能变化。

5.2.1　钟控 RS 触发器

钟控 RS 触发器是在基本 RS 触发器的基础上增加了两个由时钟脉冲 CP 控制的门 G_3，G_4 组成的，如图 5-6 所示，其中，CP 为时钟脉冲输入端，简称钟控端或 CP 端。

当 CP = 0 时，G_3，G_4 被封锁，输出都为 1，即 $\bar{R}_D = \bar{S}_D = 1$。这时，不管 R 端和 S 端的信号如何变化，触发器的状态都保持不变，即 $Q^{n+1} = Q^n$。当 CP = 1 时，G_3，G_4 解除封锁，R，

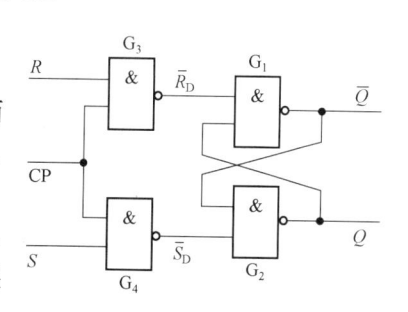

图 5-6　钟控 RS 触发器

S 端的输入信号通过这两个门使基本 RS 触发器的状态翻转。其输出状态仍由 R，S 端的输入信号和电路的原有状态 Q^n 决定。在 $R=S=1$ 时，即基本 RS 触发器的 $\overline{R}_D = \overline{S}_D = 0$ 情况，为禁止状态，为了避免出现这种情况，应使 R 和 S 不能同时为 1，至少有一个为 0，即 $RS=0$。

钟控 RS 触发器的工作特点是在 $CP=1$ 的全部时间内，R 和 S 的变化都将引起触发器输出端的变化。而在 $CP=0$ 的全部时间内，R 和 S 的变化都不会引起触发器状态的变化。可以得到它的状态转移真值表如表 5-4 所示。

在 $CP=1$ 时，将 $\overline{R}_D = \overline{CP \cdot R}$、$\overline{S}_D = \overline{CP \cdot S}$ 代入基本 RS 触发器的特征方程可以得到钟控 RS 触发器的状态方程

$$\begin{cases} Q^{n+1} = S + \overline{R}Q^n \\ RS = 0 \end{cases} \qquad (5-2)$$

式中，$RS=0$ 为约束条件。它表明在 $CP=1$ 时，触发器的状态转换情况。根据状态转换真值表可以得到 $CP=1$ 时钟控 RS 触发器的激励表（表 5-5）和状态转移图（图 5-7）。

表 5-4 钟控 RS 触发器的状态转移真值表

S	R	Q^{n+1}
0	0	Q^n
0	1	0
1	0	1
1	1	不允许

表 5-5 钟控 RS 触发器的激励表

Q^n	Q^{n+1}	S	R
0	0	0	×
0	1	1	0
1	0	0	1
1	1	×	0

图 5-8 所示为钟控 RS 触发器的工作波形。当 $CP=0$ 时，不论 R 和 S 如何变化，触发器状态维持不变。只有当 $CP=1$ 时，R 和 S 的变化才能引起触发器状态的改变。

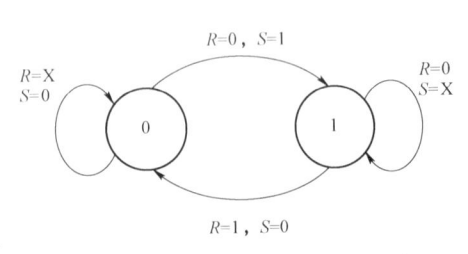

图 5-7 钟控 RS 触发器的状态转移图

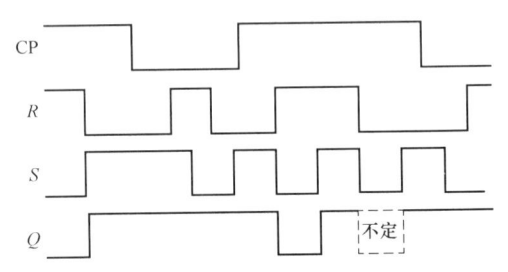

图 5-8 钟控 RS 触发器的工作波形

5.2.2 钟控 D 触发器

为了避免钟控 RS 触发器同时出现 R 和 S 都为 1 的情况，可在 R 和 S 之间接入非门 G_5，如图 5-9 所示，这种单输入的触发器称为钟控 D 触发器。

由图 5-9 可见，基本 RS 触发器输入在 CP=0 时，$\overline{R}_D = \overline{S}_D = 1$，由基本 RS 触发器的功能可知，触发器的状态 Q 维持不变。当 CP=1 时，触发器状态发生转移：

$$\begin{cases} \overline{R}_D = \overline{CP \cdot \overline{S}_D} \\ \overline{S}_D = \overline{CP \cdot D} \end{cases} \tag{5-3}$$

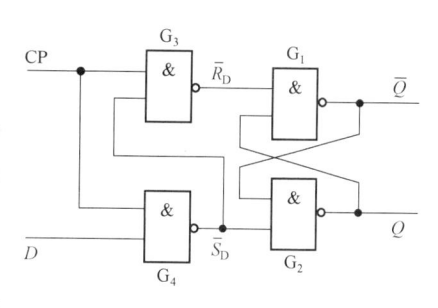

图 5-9 钟控 D 触发器

当 CP=1 时，$\overline{S}_D = \overline{D}$，$\overline{R}_D = D$，将 $\overline{R}_D$ 和 $\overline{S}_D$ 的表达式代入基本 RS 触发器的特征方程，可得

$$Q^{n+1} = S_D + \overline{R}_D Q^n = D + D Q^n = D \tag{5-4}$$

基本 RS 触发器的约束条件 $\overline{R}_D + \overline{S}_D = D + \overline{D} = 1$ 始终满足，即钟控 D 触发器无约束条件。因此，在 CP=1 时，钟控 D 触发器的特征方程为

$$Q^{n+1} = D \tag{5-5}$$

同理，可以得到钟控 D 触发器在 CP=1 时的状态转移真值表（表 5-6）、激励表（表 5-7）和状态转移图（图 5-10）。由于 D 触发器的下一次状态始终和 D 输入一致，因此，钟控 D 触发器又称为锁存器或延迟触发器。

表 5-6 钟控 D 触发器的状态转移真值表

D	Q^{n+1}
0	0
1	1

表 5-7 钟控 D 触发器的激励表

Q^n	Q^{n+1}	D
0	0	0
0	1	1
1	0	0
1	1	1

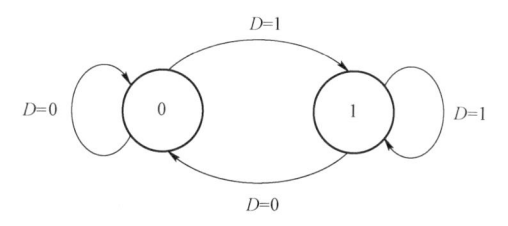

图 5-10 钟控 D 触发器的状态转移图

5.2.3 钟控 JK 触发器

钟控 JK 触发器如图 5-11 所示，G_1 门和 G_2 门构成基本 RS 触发器，G_3 门和 G_4 门构成触发导引电路。从图中可以看出，当 CP=0 时，$\overline{R}_D = \overline{S}_D = 1$，触发器的状态保持不变。当 CP=1 时，触发器接收输入激励，发生状态转移。

当 CP=1 时，$\overline{R}_D = \overline{K \cdot Q^n}$，$\overline{S}_D = \overline{J \cdot \overline{Q^n}}$，代入基本 RS 触发器的特征方程，得

$$Q^{n+1} = S_D + \overline{R}_D Q^n = J\overline{Q^n} + \overline{K \cdot Q^n} Q^n = J\overline{Q^n} + \overline{K} Q^n \tag{5-6}$$

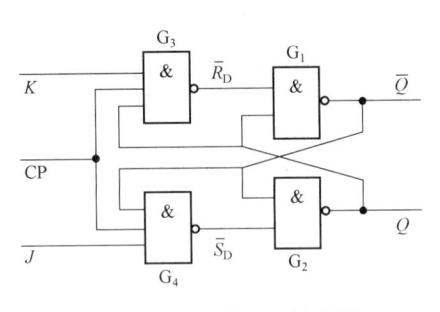

图 5-11 钟控 JK 触发器

其约束条件 $\overline{R}_D + \overline{S}_D = \overline{K \cdot Q^n} + \overline{J\overline{Q^n}} = \overline{K \cdot Q^n \cdot J\overline{Q^n}} = 1$ 始终满足，即无约束条件。因此，当 CP=1 时钟控 JK 触发器的特征方程为

$$Q^{n+1} = J\overline{Q^n} + \overline{K} Q^n \tag{5-7}$$

同样，可以得出其状态转移真值表(表 5-8)、激励表(表 5-9)和状态转移图(图 5-12)。

表 5-8 钟控 JK 触发器的状态转移真值表

J	K	Q^{n+1}
0	0	Q^n
0	1	0
1	0	1
1	1	$\overline{Q^n}$

表 5-9 钟控 JK 触发器的激励表

Q^n	Q^{n+1}	J	K
0	0	0	×
0	1	1	×
1	0	×	1
1	1	×	0

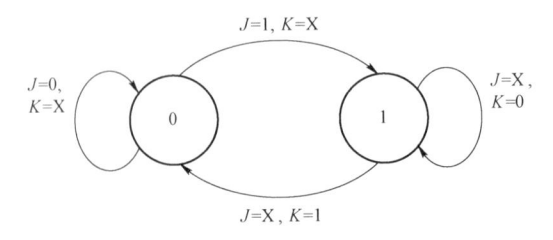

图 5-12 钟控 JK 触发器的状态转移图

5.2.4 钟控 T 触发器

如果将图 5-11 中的 J 和 K 连在一起改作 T，作为输入信号，则该触发器称为钟控 T 触发器。因此，当 CP=1 时，其特征方程为

$$Q^{n+1} = T\bar{Q}^n + \bar{T}Q^n = T \oplus Q^n \tag{5-8}$$

钟控 T 触发器的特点是当 T=1 时，在时钟 CP 的作用下，每来一个 CP 信号它的状态就翻转一次；而当 T=0 时，CP 信号到达后它的状态保持不变。由此可以得到钟控 T 触发器的状态转移真值表（表 5-10）和激励表（表 5-11）。

表 5-10 钟控 T 触发器的状态转移真值表

T	Q^{n+1}
0	Q^n
1	$\bar{Q}^n$

表 5-11 钟控 T 触发器的激励表

Q^n	Q^{n+1}	T
0	0	0
0	1	1
1	0	1
1	1	0

上面分析的钟控触发器的共同特点是当 CP=0 时，触发器不接收输入信号，触发器的状态保持不变；当 CP=1 时，触发器接收输入信号，状态发生转移。这种钟控方式称为电位触发方式。

电位触发方式的特点是，在约定钟控信号电平（CP=1 或 CP=0）期间，钟控触发器接受输入信号，输入信号的变化会引起钟控触发器状态的改变。而在非约定钟控信号电平（CP=0 或 CP=1）期间，钟控触发器不接收输入信号，钟控触发器状态保持不变。在非约定钟控信号电平期间，不论输入信号如何变化，都不影响钟控触发器的状态。在 CP 为高电平 1 期间，如果钟控触发器的输入信号发生多次变化，其输出状态也会相应发生多次变化，这种现象称为钟控触发器的空翻。

图 5-13 所示为钟控 D 触发器的工作波形，在 CP=1 期间，输入 D 的状态发生多次变化时，其输出状态也随之变化。如果要求每来一个 CP 信号触发器只发生一次翻转，则对约定钟控信号电平的宽度要求极其苛刻，必须采用其他电路结构。因此，钟控触发器一般只能用于数据锁存，而不能用于计数器和移位寄存器等电路中。

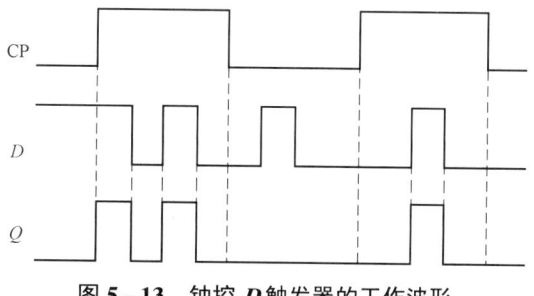

图 5-13 钟控 D 触发器的工作波形

5.3 主从触发器

上述钟控触发器在约定钟控信号电平期间对输入信号均敏感,从而造成了在某些输入条件下产生多次翻转,形成空翻现象。避免空翻的方法之一就是采用具有存储功能的触发导引电路,主从触发器就是这类触发导引电路。

5.3.1 主从 RS 触发器

图 5-14 所示为主从 RS 触发器。它由两个电位触发方式的触发器串接构成,其中门 G_5,G_6,G_7,G_8 构成主触发器,钟控信号为 CP,输出为 $Q_主$,$\overline{Q}_主$,输入为 R,S。门 G_1,G_2,G_3,G_4 构成从触发器,钟控信号为 $\overline{CP}$,输入为 $Q_主$,$\overline{Q}_主$,输出为 Q 和 $\overline{Q}$。从触发器的输出为整个主从 RS 触发器的输出,主触发器的输入为整个主从 RS 触发器的输入。

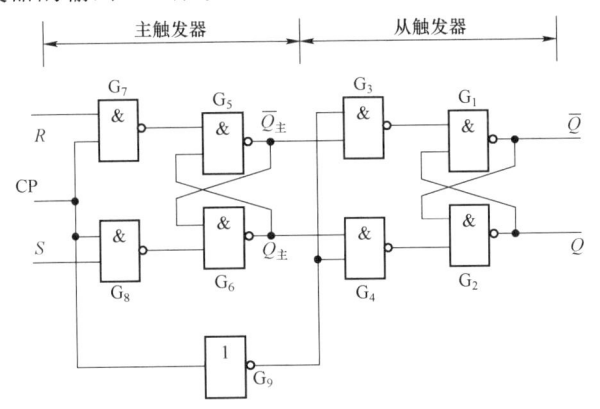

图 5-14 主从 RS 触发器

在 CP=1 时,主触发器根据 S 和 R 的触发状态翻转,从触发器的 $\overline{CP}=0$ 保持原状态不变。在 CP=0 时,从触发器的 $\overline{CP}=1$,按照与主触发器相同的状态翻转。主触发器的特征方程为

$$\begin{cases} Q_主^{n+1} = S + \overline{R}Q_主^n = S + \overline{R}Q^n \\ SR = 0 \end{cases} \quad (5-9)$$

在 CP=1 期间,$Q_主$ 仍然会随 S 和 R 的状态变化而多次改变,因此输入信号仍需要约束条件。此时,由于 $\overline{CP}=0$,所以从触发器保持原状态不变。

当 CP 由 1 负向跳变至 0 时,由于 CP=0,所以主触发器的状态维持不变;而 $\overline{CP}$ 由 0 正向跳变至 1,从触发器跟随主触发器 CP 由 1 负向跳变至 0 时刻的状态而发生变化,特征方程为

$$\begin{cases} Q^{n+1} = Q_主^{n+1} = S + \overline{R}Q^n \\ SR = 0 \end{cases} \quad (5-10)$$

由上述分析可知,主从 RS 触发器的工作分两步进行。第一步,当 CP 由 0 正向跳变至 1 及 CP=1 期间,主触发器接受输入信号,状态发生变化;而由于 $\overline{CP}$ 由 1 变为 0,从触发器被封锁,因此整个主从 RS 触发器状态保持不变,这一步称为准备阶段。第二步,当 CP 由 1 负向跳变至 0 及 CP=0 期间,主触发器被封锁,状态保持不变,而从触发器的 $\overline{CP}$ 由 0 正向跳

变至 1，接收在这一时刻主触发器的状态，整个主从 RS 触发器输出状态发生变化。由于 CP 由 1 负向跳变至 0 后，在 CP=0 期间，主触发器不再接收输入信号，所以也不会引起整个主从 RS 触发器发生两次以上的翻转，这样就克服了空翻现象。

图 5-15 所示为主从 RS 触发器的工作波形。

可以看出，主从 RS 触发器由主、从触发器组成，受互补脉冲控制。当 CP=1 时，RS 决定主触发器的状态；当 CP=0 时，主触发器决定从触发器的状态。主从 RS 触发器输出状态的转移发生在 CP 信号负向跳变时刻，即 CP 的下降沿时刻。

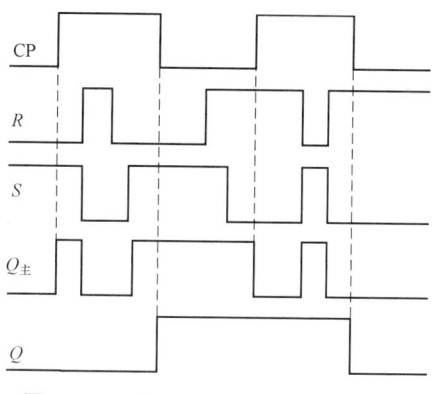

图 5-15 主从 RS 触发器的工作波形

5.3.2 主从 JK 触发器

主从 JK 触发器如图 5-16 所示，它由两个钟控 RS 触发器构成，并将 $Q(\overline{Q})$ 反馈至输入端，与外加输入信号 J 和 K 共同作为触发器的输入信号，$S=J\overline{Q}^n$，$R=KQ^n$。在 CP=1 期间，主触发器工作，其特征方程为

$$Q_{主}^{n+1} = S + \overline{R}Q_{主}^n = J\overline{Q}^n + \overline{KQ^n} \cdot Q_{主}^n \tag{5-11}$$

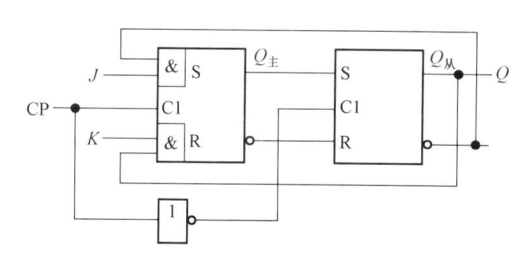

图 5-16 主从 JK 触发器

在主触发器状态发生改变之前，即 CP=0 期间，从触发器工作，其特征方程为

$$Q^{n+1} = S + \overline{R}Q^n = Q_{主}^n + \overline{\overline{Q_{主}^n}} \, Q^n = Q_{主}^n \tag{5-12}$$

原 RS=0 的约束条件转换为 $J\overline{Q}^n \cdot KQ^n = 0$，即不论 J、K 为何种状态都能满足，因此主从 JK 触发器没有约束条件。

但是，主从 JK 触发器存在"一次翻转特性"，也就是说主触发器在 CP 上升沿以及 CP=1 期间，如果接受 J，K 输入信号而状态发生一次翻转，则主触发器的状态一直保持不变，不再随输入信号的改变而改变。从触发器是跟随 CP 由 1 至 0 这一时刻主触发器的状态而翻转的。例如，当 CP=0 时，$Q_{主}^n = Q^n$；在 CP=1 及 CP 上升沿期间，主触发器接收输入信号，发生状态翻转，使得 $Q_{主}^n = \overline{Q}^n$，则

$$Q_{主}^{n+1} = J\overline{Q}^n + \overline{KQ^n}\overline{Q}^n = J\overline{Q}^n + (\overline{K}+\overline{Q}^n)\overline{Q}^n = \overline{Q}^n \tag{5-13}$$

与 J，K 无关。

图 5-17 所示为主从 JK 触发器的工作波形。

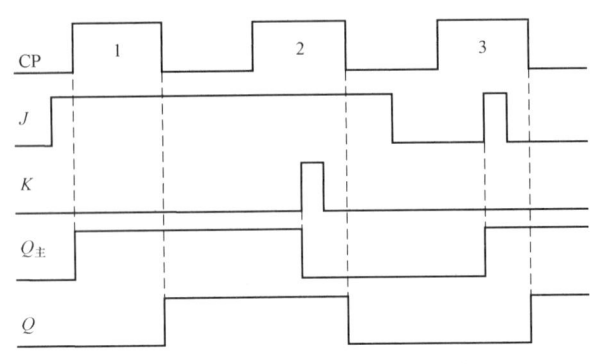

图 5-17 主从 JK 触发器的工作波形

在 CP = 0 期间,主触发器的状态保持不变,从触发器的状态跟随主触发器的状态。在 CP 上升沿及 CP = 1 期间,主触发器接收输入信号,在第一个 CP = 1 期间,$J=1$,$K=0$,因此主触发器输出为 1。在第二个 CP = 1 期间,$J=1$,$K=0$,主触发器输出仍为 1。之后,$J=1$,$K=1$,主触发器的状态翻转为 0;然后 $J=1$,$K=0$,主触发器的状态不再发生变化(这是由于一次翻转特性导致的;按照特征方程,主触发器的状态应为 1)。在第三个 CP = 1 期间,$J=0$,$K=0$,主触发器的状态保持不变。之后,$J=1$,$K=0$,主触发器输出为 1。可以看出,由于主从 JK 触发器存在一次翻转特性,所以主从 JK 触发器在 CP 由 1 至 0 时发生状态转移,这与主从 JK 触发器特征方程描述的转移状态不一致。主从 JK 触发器正常工作要求 CP = 1 期间输入信号不发生变化,因此其抗干扰能力较差。

图 5-18 所示为集成主从 JK 触发器。当 $\overline{R}_D$ 或 $\overline{S}_D$ 端加低电平或负脉冲作用时,触发器被直接置 0 或置 1,触发器的状态不受时钟 CP 及输入信号 J、K 的影响。$\overline{R}_D$ 称为异步置 0 端(清除信号),$\overline{S}_D$ 称为异步置 1 端(置位信号)。为了可靠地置 0 或置 1,$\overline{R}_D$ 和 $\overline{S}_D$ 同时作用于主触发器和从触发器。例如,当 $\overline{R}_D=0$,$\overline{S}_D=1$ 时,由于 $\overline{R}_D=0$ 封锁了 A 门使 $\overline{Q}=1$,同时封锁了 E 门、F 门,这样使 $\overline{Q}_主=1$。而此时 $\overline{S}_D=1$,使 $Q_主=0$,不论 CP 为何值,T_2 均截止,使 $Q'=1$。同理可以分析,当 $\overline{R}_D=1$,$\overline{S}_D=0$ 时,可以使触发器可靠置 1。与基本 RS 触发器的要求相同,集成主从 JK 触发器不允许 $\overline{R}_D$ 和 $\overline{S}_D$ 同时为 0。

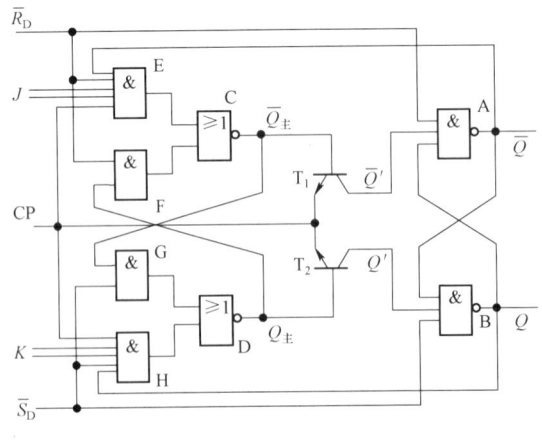

图 5-18 集成主从 JK 触发器

当 $\overline{R}_D$ 和 $\overline{S}_D$ 同时为 1 时,可以实现主从 JK 触发器的功能。当 CP=0 时,封锁了 E 门和 H 门,因此主触发器的状态保持不变。此时,三极管 T_1 和 T_2 的发射极为低电平,由于 T_1 和 T_2 导通起反相作用,所以 T_1 的集电极输出 $\overline{Q}'=\overline{\overline{Q}}_{主}=Q_{主}$;$T_2$ 的集电极输出 $Q'=\overline{Q}_{主}$。因此,从触发器的状态为 $Q^{n+1}=\overline{Q}'+\overline{Q}'Q^n=\overline{Q}'=Q_{主}$,跟随主触发器状态。当 CP 由 0 正向跳变至 1 后,在 CP=1 期间,T_1 和 T_2 的发射极为高电平,T_1,T_2 均处于截止状态,A 门和 B 门的输入信号不会发生变化,从触发器的状态保持不变。此时,由于 CP=1,解除了对 E 门和 H 门的封锁,所以主触发器接收输入信号,发生状态转移。

集成主从 JK 触发器的逻辑符号如图 5-19 所示,一般用"ㄱ"表示主从触发方式,$\overline{R}_D$ 和 $\overline{S}_D$ 端的小圆圈表示低电平有效。

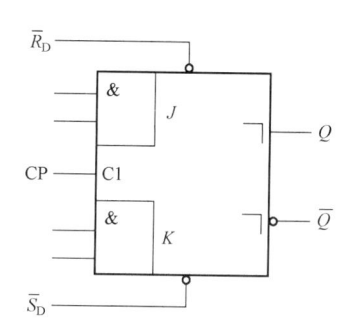

图 5-19 集成主从 JK 触发器的逻辑符号

集成主从 JK 触发器的功能表如表 5-12 所示。

表 5-12 集成主从 JK 触发器的功能表

输入					输出	
$\overline{R}_D$	$\overline{S}_D$	CP	J	K	Q	$\overline{Q}$
0	1	×	×	×	0	1
1	0	×	×	×	1	0
1	1	↓	0	0	Q^n	$\overline{Q}^n$
1	1	↓	0	1	0	1
1	1	↓	1	0	1	0
1	1	↓	1	1	$\overline{Q}^n$	Q^n

从上述分析可以看出集成主从 JK 触发器的工作特性。

CP 上升沿及 CP=1 期间为准备阶段,要完成主触发器状态的正确转移,因此要求在 CP 上升沿到达时,J,K 信号已处于稳定状态,并且在 CP=1 期间,J,K 信号不发生变化。主触发器状态变化从 CP 上升沿开始至最后稳定,需经历两级与或非门的传输延迟时间,假设一级与或非门的传输延迟时间为 $1.4t_{pd}$(t_{pd} 为与非门的平均延迟时间),因此为了使主触发器能实现状态转移,必须经历 $2.8t_{pd}$ 的时间,于是要求 CP=1 持续期 $t_{CPH}>2.8t_{pd}$。

CP 由 1 负向跳变至 0 时,在这一时刻从触发器接收主触发器的状态。假设 T_1 和 T_2 开关的传输延迟时间为 $0.5t_{pd}$,因此,从 CP 由 1 负向跳变至 0 开始,至触发器状态转移完成,需经历 $2.5t_{pd}$ 时间,这就要求 CP=0 的持续期 $t_{CPL}>2.5t_{pd}$。在 CP=0 期间,主触发器已被封锁,因此 J,K 信号可以变化。

为了保证集成主从 JK 触发器可靠地发生状态转移,集成主从 JK 触发器的工作频率应满足

$$f_{\text{CPmax}} \leqslant \frac{1}{t_{\text{CPH}} + t_{\text{CPL}}} = \frac{1}{5.3 t_{\text{pd}}} \qquad (5-14)$$

必须指出，上述讨论允许最高工作频率时未考虑负载电容的影响。

5.4 边沿触发器

采用主从触发方式，可以克服电位触发方式的空翻现象，但主从 JK 触发器存在一次翻转特性，这就降低了其抗干扰能力。边沿触发器不仅可以克服电位触发方式的空翻，而且仅在 CP 的上升沿或下降沿时刻才对输入信号产生响应，这大大提高了抗干扰能力。边沿触发器有 CP 上升沿（前沿）触发和 CP 下降沿（后沿）触发两种形式。

5.4.1 维持-阻塞 RS 触发器

图 5-20 为维持-阻塞 RS 触发器。它在钟控 RS 触发器的基础上增加了置 0、置 1 维持和置 0、置 1 阻塞 4 条线。

假设 CP=0 时，$S=0$，$R=1$。由于 CP=0，使 $\overline{S}'_D=1$，$\overline{R}'_D=1$，触发器的状态保持不变，而此时，F 门输出 $a=0$，G 门输出 $b=1$。当 CP 由 0 正向跳变至 1 时，由于 $a=0$，所以 C 门输出 $\overline{R}'_D=1$，E 门输出 $\overline{S}'_D=0$。$\overline{S}'_D=0$ 有以下 3 个作用。

(1) 将触发器置 1，使 $Q=1$。

(2) 通过置 0 阻塞线反馈至 C 门输入端，封锁了 C 门，不论 a 如何变化，均使 $\overline{R}'_D=1$，阻塞了触发器置 0 的功能。

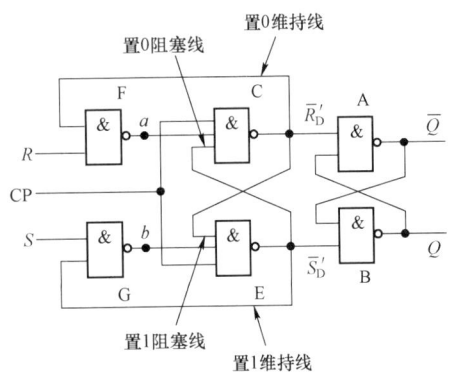

图 5-20 维持-阻塞 RS 触发器

(3) 通过置 1 维持线反馈至 G 门输入端，使 $b=1$，这样就保持 $\overline{S}'_D=0$，维持了触发器置 1 的功能。

由于置 0 阻塞线和置 1 维持线的作用，在 CP=1 期间，触发器的状态不会发生改变。当 CP 由 1 负向跳变至 0 及 CP=0 期间，由于 $\overline{S}'_D=1$，$\overline{R}'_D=1$，所以触发器的状态也不会发生变化。同理可以分析：假设 CP=0 时，$S=1$，$R=0$，F 门输出 $a=1$，G 门输出 $b=0$，当 CP 由 0 正向跳变至 1 时，$b=0$，使 C 门输出 $\overline{R}'_D=0$，$\overline{R}'_D=0$ 又将触发器置 0，同时通过置 1 阻塞线使 $\overline{S}'_D=1$，阻塞触发器置 1 的功能，以及通过置 0 维持线使 $a=1$，$\overline{R}'_D=0$，维持触发器置 0 的功能。

因此，维持-阻塞的作用使触发器仅在 CP 由 0 变到 1 的上升沿时刻才发生状态转移，而在其余时间触发器的状态均保持不变，是 CP 的上升沿触发。

5.4.2 边沿 D 触发器

图 5-21 所示为边沿 D 触发器，其中 $\overline{R}_D$ 和 $\overline{S}_D$ 为直接异步清 0 和置 1 输入。当 $\overline{R}_D=0$，$\overline{S}_D=1$ 时，$\overline{R}_D$ 封锁 F 门，使 $a=1$，封锁 E 门，使 $\overline{S}'_D=1$，这样保证触发器可靠置 0；当 $\overline{R}_D=1$，$\overline{S}_D=0$ 时，$\overline{S}_D$ 封锁 G 门，使 $b=1$，在 CP=1 时，使 $\overline{S}'_D=0$，从而使 $\overline{R}'_D=1$，保证触发器可靠

置 1。当 $\bar{R}_D = 1$，$\bar{S}_D = 1$ 时，如果 CP = 0，则触发器的状态保持不变，$a = \bar{D}$，$b = D$，CP 由 0 正向跳变至 1 时 $\bar{S}'_D = \bar{D}$，$\bar{R}'_D = D$。触发器的状态发生转移，实现了其逻辑功能：

$$Q^{n+1} = \overline{\bar{S}'_D} + \bar{R}'_D Q^n = D \qquad (5-15)$$

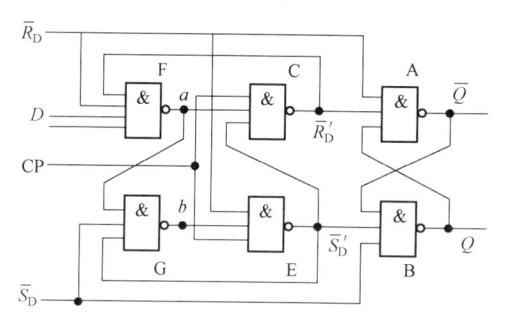

图 5-21 边沿 **D** 触发器

表 5-13 所示为边沿 D 触发器的功能表。图 5-22 所示为其逻辑符号，一般用"∧"表示边沿触发方式。图中 CP 端没有小圆圈，表示 CP 上升沿到达时触发器的状态发生转移，因此其特征方程为

$$Q^{n+1} = [D] \cdot CP\uparrow \qquad (5-16)$$

表 5-13 边沿 **D** 触发器的功能表

$\bar{R}_D$	$\bar{S}_D$	CP	D	Q	$\bar{Q}$
0	1	×	×	0	1
1	0	×	×	1	0
1	1	↑	0	0	1
1	1	↑	1	1	0

边沿 D 触发器的工作分两个阶段，在 CP = 0 时，为准备阶段；CP 由 0 正向跳变至 1 时刻为状态转移阶段。在 CP 由 0 正向跳变至 1 之前，F 门和 G 门输出端 a 和 b 应建立稳定状态。由于 a 和 b 稳定状态的建立需要经历两个与非门的传输延迟时间，所以这段时间称为建立时间 t_{set}，$t_{set} = 2t_{pd}$。在这段时间内要求输入信号 D 不能发生变化，因此 CP = 0 的持续时间应满足 $t_{CPL} \geq t_{set} = 2t_{pd}$。

在 CP 由 0 正向跳变至 1 时，CP 上升沿到达后，要达到维持-阻塞作用，必须使 $\bar{S}'_D$ 或 $\bar{R}'_D$ 由 1 变为 0，这需要经历一个与非门的传输延迟时间。在这段时间内，输入信号 D 也不能发生变化，将这段时间称为保持时间 t_h，$t_h = t_{pd}$。

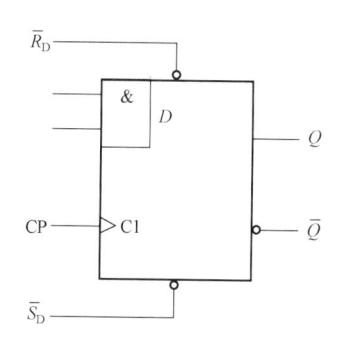

图 5-22 边沿 **D** 触发器的逻辑符号

从 CP 由 0 正向跳变至 1 开始，直至触发器状态转移完成稳定于新的状态，需要经历 $\bar{S}'_D$ 或 $\bar{R}'_D$ 信号的建立及经历基本触发器状态翻转时间，这样一共需要经历 $3t_{pd}$ 的时间，因此要求

CP=1 的维持时间必须长于 $3t_{pd}$，即 $t_{CPH} > 3t_{pd}$。

为了使边沿 D 触发器稳定可靠地工作，边沿 D 触发器的工作频率应满足

$$f_{CPmax} \leqslant \frac{1}{t_{CPL}+t_{CPH}} = \frac{1}{5t_{pd}} \tag{5-17}$$

从上面的分析可以看出，在 CP 由 0 至 1 上升沿到达之前 $2t_{pd}$ 时间内和上升沿到达之后 t_{pd} 时间内，输入信号 D 不能发生变化，也就是说，在这段时间内对输入信号 D 敏感。在其余时间内输入信号 D 的变化对触发器的状态不会产生影响，因此，边沿触发器比主从触发器的抗干扰性强。图 5-23 所示为边沿 D 触发器的工作波形。

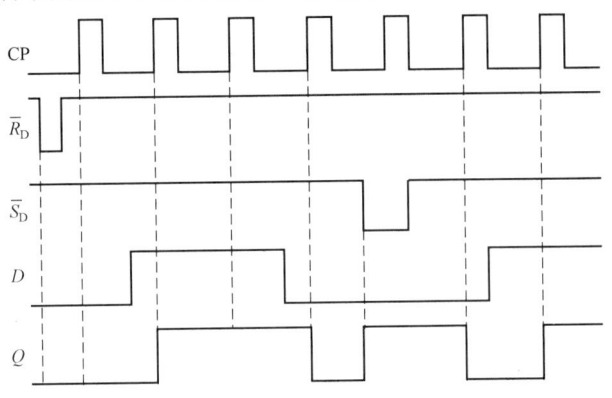

图 5-23 边沿 D 触发器的工作波形

5.4.3 边沿 JK 触发器

图 5-24 所示为边沿 JK 触发器，其中 $\bar{R}_D$ 和 $\bar{S}_D$ 为异步清 0 和置 1 输入。

要实现正确的逻辑功能，必须具备的条件是触发引导门 G 和 H 的平均延迟时间比基本 RS 触发器的平均延迟时间长。当 $\bar{R}'_D = 0$，$\bar{S}'_D = 1$ 时，C 门和 D 门输出均为 0，$\bar{Q}=1$，H 门输出为 1，因此 E 门输出为 1，$Q=0$，实现置 0。当 $\bar{R}'_D = 1$，$\bar{S}'_D = 0$ 时，E 门、F 门输出为 0，$Q=1$，且 G 门输出为 1，则 D 门输出为 1，$\bar{Q}=0$，实现置 1。在 $\bar{R}'_D = 1$，$\bar{S}'_D = 1$ 的条件下，当 CP=1 时，由于 $Q = \overline{\bar{S}_D \cdot CP \cdot \bar{Q} + \bar{S}_D \cdot \bar{Q} \cdot b} = Q$，$\bar{Q} = \overline{\bar{R}_D \cdot CP \cdot Q + \bar{R}_D \cdot Q \cdot a} = \bar{Q}$，所以触发器的状态保持不变。此时，触发导引电路输出为 $a = \overline{KQ^n}$，$b = \overline{J\bar{Q}^n}$，为触发器状态转移准备条件。

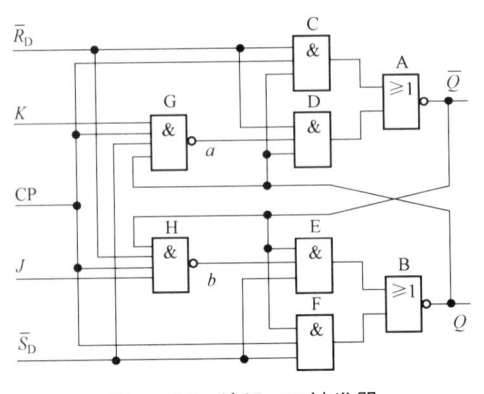

图 5-24 边沿 JK 触发器

当 CP 由 1 负向跳变至 0 时，由于 G 门和 H 门的平均延迟时间比基本 RS 触发器的平均延迟时间长，所以 CP=0 首先封锁了 C 门和 F 门，使其输出均为 0，这样由 A 门、B 门、D 门、E 门构成了类似两个与非门组成的基本 RS 触发器，b 起 $\bar{S}_D$ 信号作用，a 起 $\bar{R}_D$ 信号作用，$Q^{n+1}=\bar{b}+aQ^n$。

在基本 RS 触发器状态转移完成之前，G 门和 H 门输出保持不变，因此

$$Q^{n+1}=\overline{\overline{J\bar{Q}^n}}+\overline{\overline{KQ^n}}Q^n=J\bar{Q}^n+\bar{K}Q^n \tag{5-18}$$

此后，G 门和 H 门被 CP=0 封锁，输出均为 1，触发器的状态保持不变，触发器在完成一次状态转移后，不会再发生多次翻转现象。但是，如果 G 门和 H 门的平均延迟时间短于基本 RS 触发器的平均延迟时间，则在 CP 负向跳变至 0 后，G 门和 H 门即被封锁，输出均为 1，触发器的状态会保持不变，就不能实现正确的逻辑功能。

由上述分析可知，在稳定的 CP=0 及 CP=1 期间，触发器的状态均保持不变，只有在 CP 下降沿到达时刻，触发器才发生状态转移，该触发器是下降沿触发的，特征方程可写为

$$Q^{n+1}=[J\bar{Q}^n+\bar{K}Q^n]\cdot \text{CP}\downarrow \tag{5-19}$$

边沿 JK 触发器的功能表如表 5-14 所示，其逻辑符号如图 5-25 所示。

表 5-14 边沿 JK 触发器的功能表

$\bar{R}_D$	$\bar{S}_D$	CP	J	K	Q	$\bar{Q}$
0	1	×	×	×	0	1
1	0	×	×	×	1	0
1	1	↓	0	0	Q^n	$\bar{Q}^n$
1	1	↓	0	1	0	1
1	1	↓	1	0	1	0
1	1	↓	1	1	$\bar{Q}^n$	Q^n

假设基本 RS 触发器的翻转延迟时间为 $2t_{pd}$，G 门和 H 门的平均延迟时间长于 $2t_{pd}$。由以上分析可见，在 CP 下降沿到达之前，必须建立 $a=\overline{KQ^n}$，$b=\overline{J\bar{Q}^n}$，因此 CP=1 的持续时间应长于 $2t_{pd}$，且在这段时间内 J、K 信号要保持稳定，不能发生变化。在 CP 下降沿到达之后，为了保证触发器可靠地翻转，CP=0 的持续期也应长于 $2t_{pd}$。这样，边沿 JK 触发器的工作频率应满足

$$f_{\text{CPmax}}\leqslant \frac{1}{t_{\text{CPL}}+t_{\text{CPH}}}=\frac{1}{4t_{pd}} \tag{5-20}$$

由于边沿 JK 触发器只需要在 CP 下降沿到达之前，信号 a 和 b 建立时间内对输入信号 J、K 进行保持，所以该触发器的抗干扰能力强，工作速度也较高。图 5-26 所示为边沿 JK 触发器的工作波形。

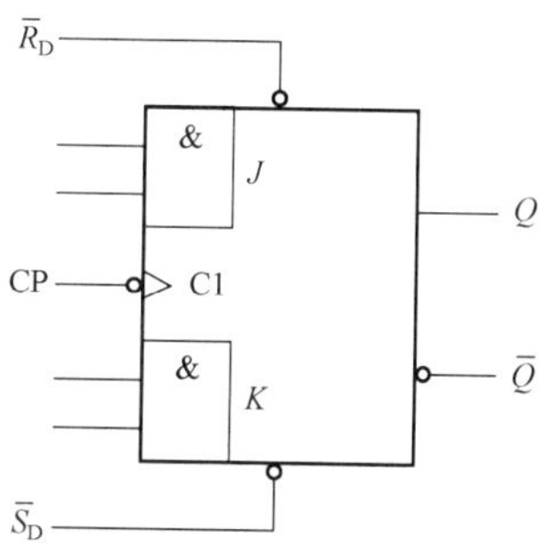

图 5-25 边沿 JK 触发器的逻辑符号

图 5-26 边沿 JK 触发器的工作波形

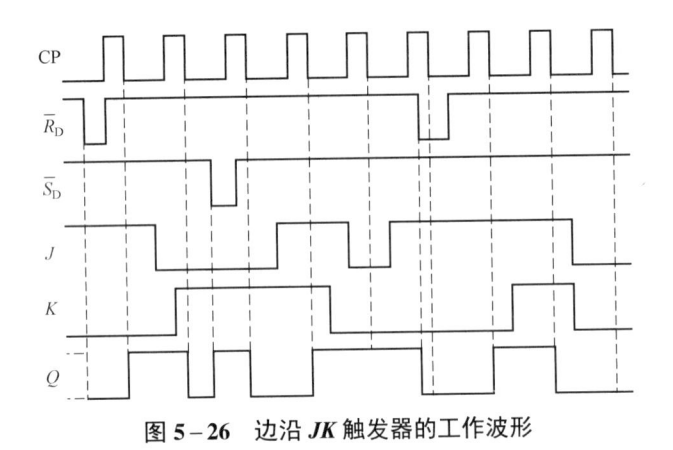

5.4.4 边沿 T 触发器和边沿 T′ 触发器

边沿 T 触发器具有保持和翻转的功能，即当 T=0 时保持原态，当 T=1 时状态翻转。其功能表如表 5-15 所示。

表 5-15 边沿 T 触发器的功能表

CP	T	Q^{n+1}
↑	0	Q^n
↑	1	$\bar{Q}^n$

由表 5-15 可以写出边沿 T 触发器的特征方程为

$$Q^{n+1} = T\bar{Q}^n + \bar{T}Q^n = T \oplus Q^n \tag{5-21}$$

比较式（5-21）和式（5-19）可知，在边沿 JK 触发器中，令 J=K=T，则可以得到边沿 T 触发器，如图 5-27 所示。

同理，可以利用边沿 D 触发器构成边沿 T 触发器，如图 5-28 所示。由图 5-28 可知

$$Q^{n+1} = D = T \oplus Q^n \tag{5-22}$$

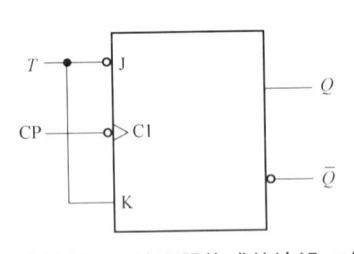

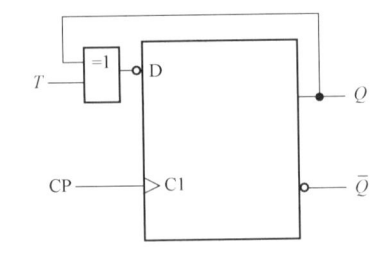

图 5-27 由边沿 JK 触发器构成的边沿 T 触发器

图 5-28 由边沿 D 触发器构成的边沿 T 触发器

由图 5-27 和图 5-28 可知，边沿触发器之间可以进行相应的转换，即用 A 触发器加上适当的门电路或者连线，可以实现 B 触发器的逻辑功能。

图 5-29 所示为边沿 T 触发器的工作波形。

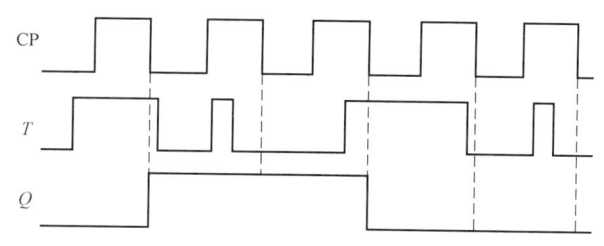

图 5-29　边沿 T 触发器的工作波形

在边沿 T 触发器中，若令 T=1，则构成了边沿 T' 触发器，其特征方程为

$$Q^{n+1} = \bar{Q}^n \tag{5-23}$$

可由边沿 JK 触发器和边沿 D 触发器构成边沿 T' 触发器，如图 5-30 和图 5-31 所示。

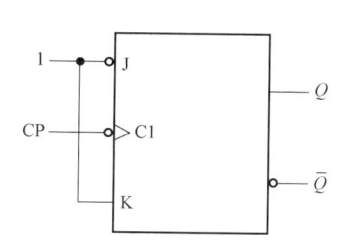

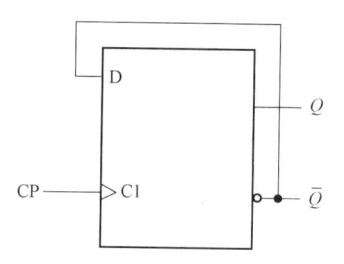

图 5-30　由边沿 JK 触发器构成的边沿 T' 触发器　　图 5-31　由边沿 D 触发器构成的边沿 T' 触发器

图 5-31 所示的边沿 T' 触发器的工作波形如图 5-32 所示，由图中可以看出，触发器输出 Q 的周期等于时钟脉冲 CP 周期的 2 倍，因此 Q 的频率为时钟脉冲 CP 频率的 1/2，称触发器输出 Q 为时钟脉冲 CP 的二分频信号。

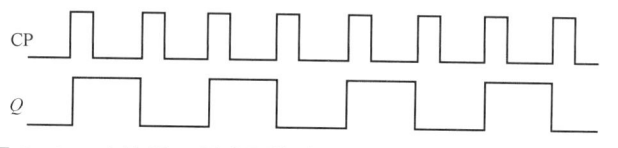

图 5-32　由边沿 D 触发器构成的边沿 T' 触发器的工作波形

本章小结

本章主要内容：

（1）基本 RS 触发器的电路组成和工作原理。

（2）基本 RS 触发器、JK 触发器、D 触发器、T 触发器的逻辑功能以及描述方法：状态转移真值表、特征方程、激励表、状态转移图和工作波形。

（3）触发器的几种触发方式：置位-复位方式、钟控触发方式、主从触发方式及边沿触发方式。触发器的时钟脉冲的工作特性，主要体现为建立时间、保持时间和最高工作频率等。

重点：

（1）各类触发器的逻辑功能和逻辑功能描述方法。

（2）各种触发方式的特点、时钟脉冲工作特性。

难点： 触发器的电路结构。

本章习题

一、思考题

1. 为什么说触发器具有记忆功能？
2. 描述触发器的逻辑功能有哪五种方法？
3. 触发器主要有哪些动态参数特性？什么是建立时间、保持时间？如何确定最高工作频率？
4. 钟控触发方式和边沿触发方式各有什么特点？
5. 什么是主从触发方式？为什么主从 JK 触发器存在一次翻转特性？

二、单项选择题

1. 对于触发器和组合逻辑电路，以下说法正确的是（　　）。
   A. 两者都有记忆能力　　　　　　　　B. 两者都无记忆能力
   C. 只有组合逻辑电路有记忆能力　　　D. 只有触发器有记忆能力

2. JK 触发器在 CP 的作用下，若使 $Q^{n+1}=\bar{Q}^n$，则输入信号应为（　　）。
   A. $J=K=1$　　　　　　　　　　　　B. $J=Q^n$，$K=\bar{Q}^n$
   C. $J=\bar{Q}^n$，$K=Q^n$　　　　　　D. $J=K=0$

3. 边沿触发器的触发方式为（　　）。
   A. 上升沿触发　　　　　　　　　　　B. 下降沿触发
   C. 上升沿或下降沿触发　　　　　　　D. 高电平或低电平触发

4. 为了避免一次翻转特性的影响，应采用（　　）触发器。
   A. 高电平　　　B. 低电平　　　C. 主从　　　D. 边沿

5. 对于钟控 RS 触发器，若要求其输出的 0 状态不变，则输入的 RS 信号应为（　　）。
   A. $RS=X0$　　B. $RS=0X$　　C. $RS=X1$　　D. $RS=1X$

6. 对于图 T5-1 所示电路，若输入 CP 的频率为 100 kHz，则输出 Q 的频率为（　　）。
   A. 500 kHz　　B. 200 kHz　　C. 100 kHz　　D. 50 kHz

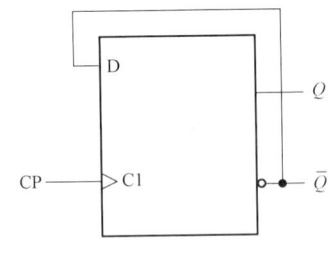

图 T5-1　选择题 5 的电路

7. 为了将 JK 触发器转换为 D 触发器，应使（　　）。
   A. $J=D$，$K=\bar{D}$　　B. $J=K=D$　　C. $J=1$，$K=D$　　D. $J=K=1$

8. JK 触发器的异步清 0 端和异步置 1 端不能取值为（　　）。
   A. $\bar{R}_D\bar{S}_D=00$　　B. $\bar{R}_D\bar{S}_D=01$　　C. $\bar{R}_D\bar{S}_D=11$　　D. $\bar{R}_D\bar{S}_D=10$

三、填空题

1. 图 T5-2 所示触发器的特征方程为_____。
2. 钟控 RS 触发器状态的改变是与_____信号同步的。
3. 在 CP 有效期间，若钟控触发器的输入信号发生多次变化，则其输出状态也会相应发生多次变化，这种现象称为_____。
4. 存在空翻现象的触发器是_____触发器。
5. 钟控触发器属于_____触发的触发器；主从触发器属于_____触发的触发器。
6. 与主从触发器相比，_____触发器的抗干扰能力较强。
7. 对于 JK 触发器，若 $J = K$，则可完成_____触发器的逻辑功能。
8. 对于 JK 触发器，若 $J = \bar{K}$，则可完成_____触发器的逻辑功能。
9. 将 D 触发器的 D 端与 $\bar{Q}$ 端直接相连时，D 触发器可转换成_____触发器。

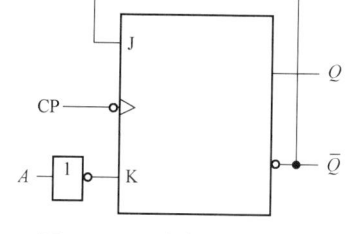

图 T5-2 填空题 1 的电路

四、分析题

1. 钟控 RS 触发器如图 T5-3（a）所示，根据图 T5-3（b）所示的工作波形，画出输出 Q 的工作波形（假设触发器初始状态为 0 状态）。

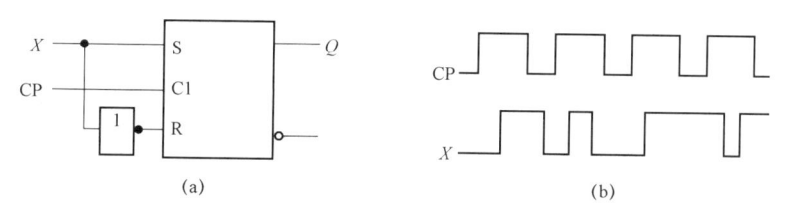

T5-3 分析题 1 的电路和工作波形

2. 主从 JK 触发器的输入端波形如图 T5-4 所示，试画出输出端的工作波形（假设触发器初始状态为 0 状态）。

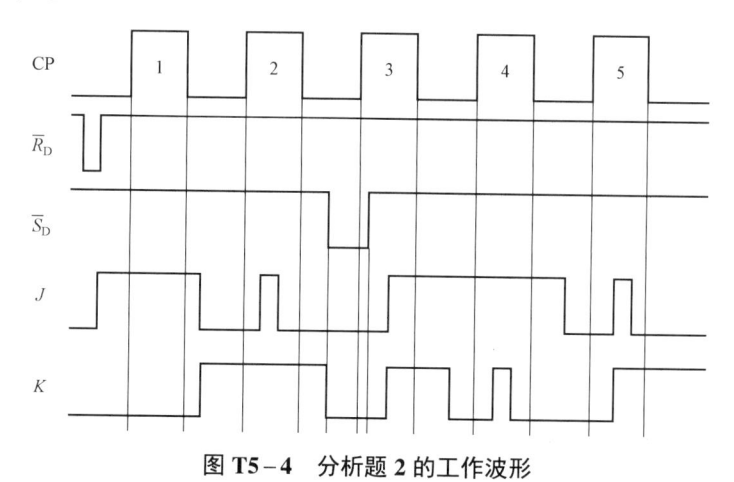

图 T5-4 分析题 2 的工作波形

3. 图 T5-5（a）所示的边沿 JK 触发器输入端的工作波形如图 T5-5（b）所示，试画出输出 Q 的工作波形（假设触发器初始状态为 0 状态）。

(a) 图

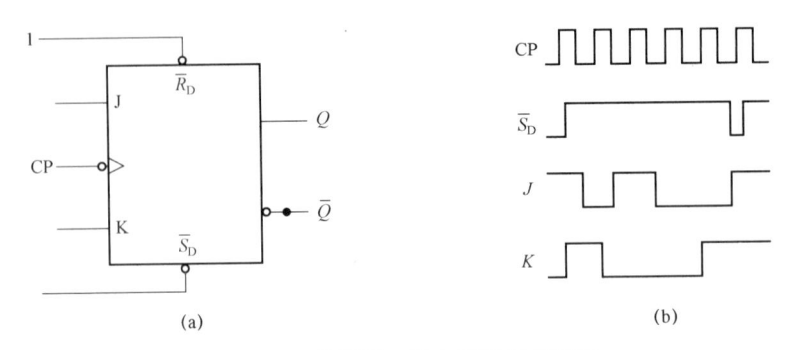

(b) 图

图 T5-5　分析题 3 的电路及工作波形

4. 电路如图 T5-6（a）所示，D 触发器是正边沿触发器，图中 T5-3（b）所示为时钟脉冲 CP 及输入 K 的工作波形（假设触发器初始状态为 0 状态）。

（1）试写出电路次态输出的逻辑函数式。

（2）画出输出端的工作波形。

(a)

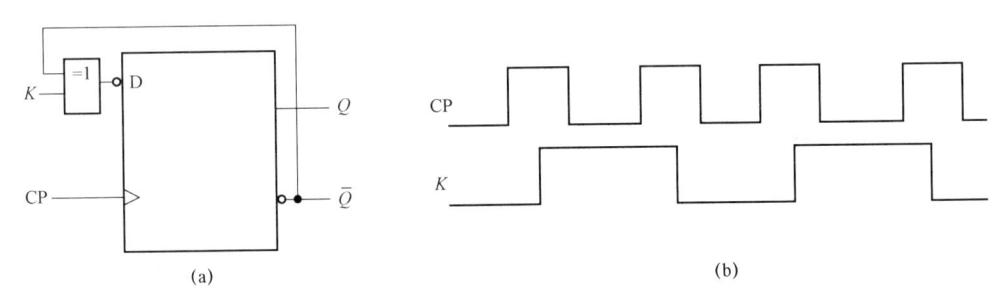

(b)

图 T5-6　分析题 4 的电路和工作波形

5. 试用边沿 T 触发器构成边沿 D 触发器。

6. 试用边沿 JK 触发器构成边沿 D 触发器。

7. 由 JK 触发器构成的电路如图 T5-7 所示，已知 CP 为占空比为 50% 的周期信号，画出 CP（6 个周期）、A 和 B 的工作波形（假设触发器初始状态为 0 状态）。

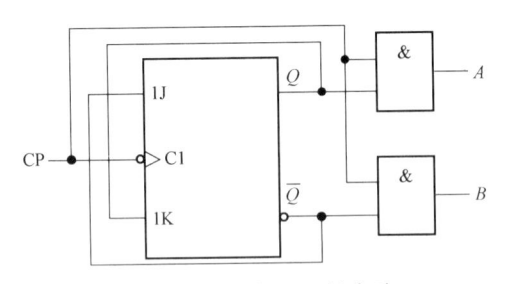

图 T5-7　分析题 7 的电路

8. 已知 CP 为占空比为 50% 的周期信号，试画出图 T5-8 示电路的 CP（6 个周期）以及输出（Q_1，Q_2 和 Z）的工作波形（假设触发器初始状态均为 0 状态）。

9. 由两个 JK 触发器构成的电路如图 T5-9（a）所示，根据图 T5-9（b）所示的工作波形，画出两个触发器的输出 Q_1 和 Q_2 的工作波形（假设触发器初始状态均为 0 状态）。

图 T5-8 分析题 8 的电路

(a)   (b)

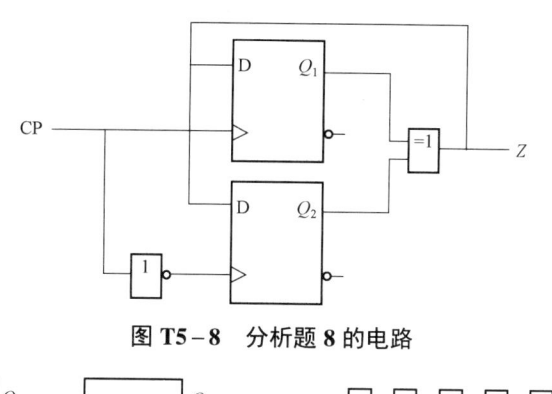

图 T5-9 分析题 9 的电路和工作波形

第6章
时序逻辑电路

知识目标：描述时序逻辑电路的定义及其与组合逻辑电路的区别。

能力目标：分析时序逻辑电路的逻辑功能，用同步时序逻辑电路设计电路。理解时序逻辑电路中状态的概念并在实际电路中进行应用。

素质目标：树立尊重规律和勇于创新的科学观念和开拓意识。

【研讨1】北斗卫星导航系统是我国迄今为止规模最大、覆盖范围最广、性能要求最高的巨型复杂航天系统。北斗卫星导航系统破解了星载原子钟、导航芯片、星间链路等"不可能"，攻克了160余项核心关键技术和世界级难题，实现了500余种核心器部件国产化研制的突破。利用本章学习内容，给出数字时钟的设计思路。

【研讨2】简述设计同步计数器时的状态分配方法。

【DIY实践展示】时序逻辑电路的设计与实现（仿真+硬件电路）。

6.1 时序逻辑电路概述

6.1.1 时序逻辑电路的特点

时序逻辑电路又称为时序电路，它主要由存储电路和组合逻辑电路两部分组成，其方框图如图6-1所示。存储电路是必不可少的，因为它用于记忆时序逻辑电路以前的输出状态。存储电路可以由触发器构成，也可以由带反馈的组合逻辑电路构成，因此时序逻辑电路是具有反馈结构的电路，组合逻辑电路中至少有一个输出端要反馈到存储电路的输入端，存储电路的状态至少有一个要作为组合逻辑电路的输入与其他信号共同决定时序逻辑电路的输出。

在图6-1中，$X(x_1, x_2, \cdots, x_i)$ 为外部输入；$Z(z_1, z_2, \cdots, z_j)$ 为时序逻辑电路的输出；$W(w_1, w_2, \cdots, w_k)$ 为存储电路的输入；$Q(q_1, q_2, \cdots, q_l)$ 为存储电路的输出（触发器的状态），也是组合逻辑电路的部分输入。

t_{n+1} 时刻时序逻辑电路的输出表达式为

$$Z(t_{n+1}) = F[X(t_{n+1}), Q(t_{n+1})] \tag{6-1}$$

t_{n+1} 时刻存储电路的输入表达式为

$$W(t_{n+1}) = G[X(t_{n+1}), Q(t_{n+1})] \qquad (6-2)$$

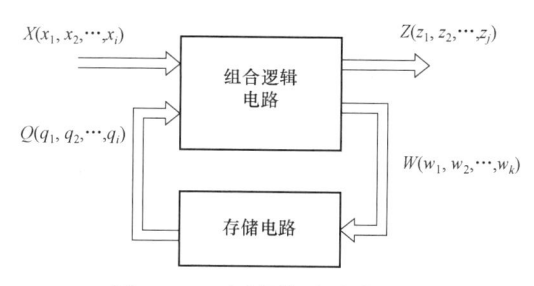

图 6-1 时序逻辑电路方框图

存储电路的特征方程为

$$Q(t_{n+1}) = H[W(t_n), Q(t_n)] \qquad (6-3)$$

式中，$Q(t_n)$ 表示 t_n 时刻存储电路的当前状态（现态），$Q(t_{n+1})$ 为存储电路的下一个状态（次态）。可以看出，t_{n+1} 时刻时序逻辑电路的输出 $Z(t_{n+1})$ 是由 t_{n+1} 时刻的输入 $X(t_{n+1})$ 及存储电路 t_{n+1} 时刻的状态 $Q(t_{n+1})$ 决定的；而 $Q(t_{n+1})$ 由 t_n 时刻存储电路的输入 $W(t_n)$ 和存储电路的当前状态 $Q(t_n)$ 决定。因此，t_{n+1} 时刻时序逻辑电路的输出不仅取决于 t_{n+1} 时刻的输入 $X(t_{n+1})$，还取决于 t_n 时刻存储电路的输入 $W(t_n)$ 和存储电路的当前状态 $Q(t_n)$。可见，时序逻辑电路在任何时刻的输出不仅取决于当时的输入，还取决于其原来的状态。

时序逻辑电路的分类一般有以下几种方式。

根据电路状态转换情况的不同，将时序逻辑电路分为同步时序逻辑电路和异步时序逻辑电路。在同步时序逻辑电路中，所有触发器的时钟脉冲输入端 CP 都连在一起，在同一个时钟脉冲 CP 的作用下，凡具备翻转条件的触发器在同一时刻状态翻转。也就是说，触发器状态的更新和时钟脉冲 CP 是同步的；在异步时序逻辑电路中，触发器状态的翻转有先有后，并不都和时钟脉冲 CP 同步。

根据输出信号的特点，将时序逻辑电路分为米里型（Mealy）和摩尔型（More）两类。米里型时序逻辑电路是指输出信号取决于存储电路的状态和输入变量；摩尔型时序逻辑电路的输出信号仅取决于存储电路的状态。

一般地，可将时序逻辑电路的输出与输入之间的关系描述成如下逻辑函数式：

$$Z_i = f_i(x_1, x_2, \cdots, x_n, q_1, q_2, \cdots, q_l), i = 1, 2, \cdots, m \qquad (6-4)$$
$$Y_j = g_j(x_1, x_2, \cdots, x_n, q_1, q_2, \cdots, q_l), j = 1, 2, \cdots, l$$

式中，Z_i 称为输出函数；Y_j 称为激励函数或控制函数。可以看出，Z_i 不仅与时序逻辑电路的外部输入 $X(x_1, x_2, \cdots, x_n)$ 有关，还与存储电路的输出，即内部输入 $Q(q_1, q_2, \cdots, q_l)$ 有关，由上述逻辑函数式所描述的时序逻辑电路称为米里型时序逻辑电路。

在实际的时序逻辑电路中，有时外部输出 Z_i 仅与 $Q(q_1, q_2, \cdots, q_l)$ 有关，而与 $X(x_1, x_2, \cdots, x_n)$ 无关，其输出函数和激励函数可表示为

$$Z_i = f_i(y_1, y_2, \cdots, y_l), i = 1, 2, \cdots, m \tag{6-5}$$
$$Y_j = g_j(x_1, x_2, \cdots, x_n, q_1, q_2, \cdots, q_l), j = 1, 2, \cdots, l$$

这种时序逻辑电路称为摩尔型时序逻辑电路。

6.1.2 时序逻辑电路的描述方法

时序逻辑电路的描述方法有逻辑方程组、状态转移真值表、状态转移图和工作波形等。

1. 逻辑方程组

由图 6-1 可以看出,时序逻辑电路的逻辑方程包括输出方程、触发器驱动方程(或激励方程)和输出状态方程,分别用函数的形式表示为

$$Z = F(X, Q^n), \quad W = G(X, Q^n), \quad Q^{n+1} = H(W, Q^n) \tag{6-6}$$

与组合逻辑电路不同的是,触发器现态 Q^n 与激励 W 虽然是同一时刻的信号,但 Q^n 却是前一个时钟脉冲作用的结果,也就是说,W 的作用是在时钟脉冲的作用下确定触发器下一时刻的状态,即次态 Q^{n+1}。将触发器驱动方程和触发器现态方程代入触发器特征方程所求得的状态方程即触发器次态方程 Q^{n+1}。这样,时序逻辑电路可以用输出方程 Z 和输出状态方程 Q^{n+1} 来描述。表 6-1 所示为组合逻辑电路和时序逻辑电路的区别。

表 6-1 组合逻辑电路与时序逻辑电路的区别

项目	组合逻辑电路	时序逻辑电路
结构特点	不含记忆元件	含记忆元件
逻辑功能特点	输出仅由当前输入确定	输出由当前输入与电路状态确定
方程描述	输出方程	输出方程+状态方程

2. 状态转移真值表

状态转移真值表简称状态表,是用列表的方式来描述时序逻辑电路的输出 Z、触发器次态 Q^{n+1}、外部输入 X、触发器现态 Q^n 之间的逻辑关系。状态转移真值表可由时序逻辑电路的输出方程和输出状态方程得到,需要逐一列出所有外部输入以及触发器现态的所有可能取值,对应求出触发器次态和输出。

3. 状态转移图

状态转移图简称状态图。相比于状态转移真值表,状态转移图可以更直观、更形象地表现时序逻辑电路的状态转移关系。状态转移图的几种表示方法如图 6-2 所示,圆形框(或其他形状)表示时序逻辑电路的一个状态,箭头从现态指向次态,表示状态的转移方向。箭头一侧表明状态转移的条件和输出的取值,标注形式为"状态转移条件/输出"。状态与标注定义须在图侧加以说明。图 6-2(a)中没有输入,只有输出和状态转移;图 6-2(b)中有输入、输出和状态转移;图 6-2(c)中没有输入和输出,只有状态转移。状态转移图的绘制根据具体时序逻辑电路形式确定。状态转移真值表和状态转移图都用于表示时序逻辑电路的全部状态转移关系,它们的实质是一样的,只是形式不同。

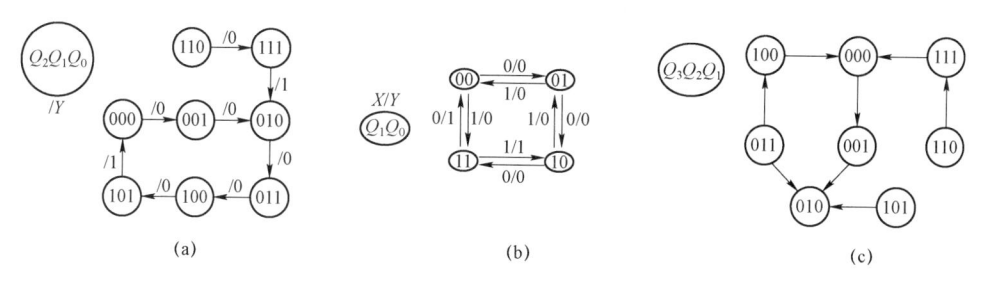

图 6-2 状态转移图的几种表示方法

4. 工作波形

工作波形也称为时序图,是根据时间变化顺序画出的时钟脉冲、输入、触发器状态和输出之间对应关系的波形图。一般根据状态转移真值表或状态转移图,画出在时钟脉冲作用下时序逻辑电路的工作波形。图 6-3 所示为某电路的工作波形,图中的时间轴可以不标。在实验测试或计算机仿真分析中,工作波形是检查时序逻辑电路的逻辑功能的有效工具。

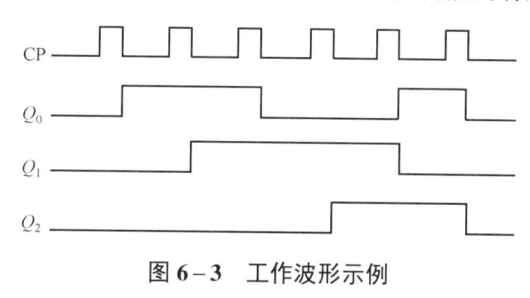

图 6-3 工作波形示例

6.2 时序逻辑电路的分析

SSI 时序逻辑电路一般是指由几个集成触发器构成的时序逻辑电路。分析由小规模逻辑器件构成的时序逻辑电路的一般步骤如下。

(1) 写出各触发器驱动方程,也就是触发器的输入信号(激励)的逻辑函数式。
(2) 写出时序逻辑电路的输出方程(如果没有输出电路,则可以省略)。
(3) 写出各触发器状态转移方程。将触发器驱动方程代入相应的触发器特征方程,得到时序逻辑电路的状态转移方程。
(4) 列出时序逻辑电路的状态转移真值表。将时序逻辑电路中现态的各种取值代入输出方程和状态方程进行计算,求出相应的输出和次态,从而列出状态转换真值表。如果现态的起始值已给定,则从给定值开始计算。如果现态的起始值没有给定,则可任意设定一个现态的起始值(例如全 0)依次进行计算。
(5) 画出状态转移图或工作波形。
(6) 描述时序逻辑电路的逻辑功能。

6.2.1 同步时序逻辑电路的分析方法

同步时序逻辑电路与异步时序逻辑电路的分析步骤是一致的。不同之处在于,对于同步时序逻辑电路，因为触发器都受同一个时钟脉冲 CP 控制，其状态在同一时刻发生变化，所以各触发器的时钟脉冲方程可以不写。下面举例说明同步时序逻辑电路的具体分析方法。

【例 6-2-1】 分析图 6-4 所示的同步时序逻辑电路，说明该电路的逻辑功能，并画出状态转换图和工作波形。

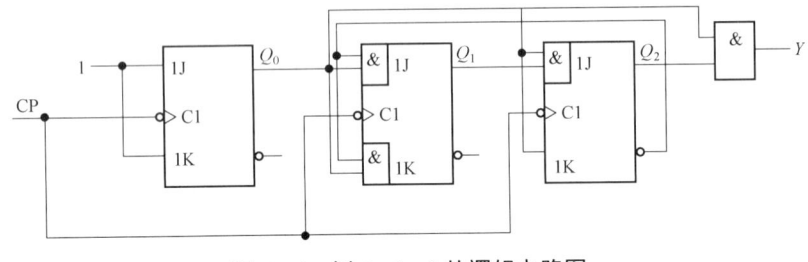

图 6-4　例 6-2-1 的逻辑电路图

解：该电路是由 3 个 JK 触发器和 1 个与门构成的时序逻辑电路。3 个触发器受同一个时钟脉冲 CP 的下降沿控制，为同步时序逻辑电路。根据分析步骤进行求解。

（1）写出各触发器驱动方程：

$$J_0 = K_0 = 1$$

$$J_1 = \overline{Q}_2^n \cdot Q_0^n, \quad K_1 = \overline{Q}_2^n Q_0^n$$

$$J_2 = Q_1^n \cdot Q_0^n, \quad K_2 = Q_0^n$$

（2）写出输出方程：

$$Y = Q_2^n Q_0^n$$

（3）写出各触发器状态转移方程（对于同步时序逻辑电路，不用写出 CP）。

将各触发器驱动方程代入 JK 触发器特征方程（$Q_i^{n+1} = J_i \overline{Q}_i^n + \overline{K}_i Q_i^n$）：

$$Q_0^{n+1} = J_0 \overline{Q}_0^n + \overline{K}_0 Q_0^n = 1 \cdot \overline{Q}_0^n + \overline{1} \cdot Q_0^n = \overline{Q}_0^n$$

$$Q_1^{n+1} = J_1 \overline{Q}_1^n + \overline{K}_1 Q_1^n = \overline{Q}_2^n \cdot Q_0^n \cdot \overline{Q}_1^n + \overline{\overline{Q}_2^n Q_0^n} \cdot Q_1^n$$

$$Q_2^{n+1} = J_2 \overline{Q}_2^n + \overline{K}_2 Q_2^n = Q_1^n \cdot Q_0^n \cdot \overline{Q}_2^n + \overline{Q}_0^n \cdot Q_2^n$$

（4）列出状态转换真值表。

状态转移真值表就是将任何一组输入变量及存储电路的初始状态取值，代入状态转移方程和输出逻辑函数式进行计算，可以求出存储电路的次态和输出值；把得到的次态作为新的初态和这时的输入变量取值一起，再代入状态转移方程和输出逻辑函数式进行计算，又可以得到存储电路的新的次态和输出值。如此继续下去，把这些计算结果列成真值表的形式，就得到状态转移真值表。

在本例中，时序逻辑电路没有外加输入信号，因此存储电路的次态和输出只取决于它的初态。设存储电路的初态为 $Q_2^n Q_1^n Q_0^n = 000$，代入状态转移方程和输出方程，可以计算出，在 CP 下降沿的触发下，各触发器的次态为 $Q_2^{n+1} = 0$，$Q_1^{n+1} = 0$，$Q_0^{n+1} = 1$，输出为 $Y = 0$。将这一结果作为新的初态，即 $Q_2^n Q_1^n Q_0^n = 001$，再次代入状态转移方程和输出方程，得到次态为 $Q_2^{n+1} Q_1^{n+1} Q_0^{n+1} = 010$，输出 $Y = 0$。如此继续下去，当 $Q_2^n Q_1^n Q_0^n = 101$ 时，代入状态转移方程，可以求得次态为 $Q_2^{n+1} Q_1^{n+1} Q_0^{n+1} = 000$，返回最初设定的初态。如果再继续计算，电路状态的转移和输出将按前面的过程反复循环,如表 6-2 所示。

在表 6-2 中,有 6 个状态反复循环,这 6 个状态为该时序逻辑电路的有效状态。然而,采用 3 个触发器,$Q_2^n Q_1^n Q_0^n$ 共有 8 种状态组合,现在除 6 种有效状态外,还有两个状态(110 和 111)为无效状态,或称为偏离态。为了了解该时序逻辑电路的全部状态转移情况,还必须将无效的偏离状态代入输入方程和状态转移方程,这样就得到了表 6-2 所示的完整的状态转移真值表。

表 6-2 例 6-2-1 的状态转移真值表

CP 下降沿	现态			次态			输出
	Q_2^n	Q_1^n	Q_0^n	Q_2^{n+1}	Q_1^{n+1}	Q_0^{n+1}	Y
1	0	0	0	0	0	1	0
2	0	0	1	0	1	0	0
3	0	1	0	0	1	1	0
4	0	1	1	1	0	0	0
5	1	0	0	1	0	1	0
6	1	0	1	0	0	0	1
偏离态	1	1	0	1	1	1	0
	1	1	1	0	1	0	1

根据状态转移真值表可以画出状态转移图,如图 6-5 所示。图中的圆圈内表示电路的一个状态,箭头表示电路状态的转移方向。通常将输入变量写在斜线上方,输出值写在斜线下方。箭头线上方标注的 X/Y 为转移条件,X 为转移前输入变量的取值,Y 为输出值,由于本例没有输入变量,故 X 没有标出。

(5)画出工作波形。

工作波形如图 6-6 所示。由图 6-6 可以看出,在时钟脉冲 CP 的作用下该时序逻辑电路的状态和输出随时间的变化情况。

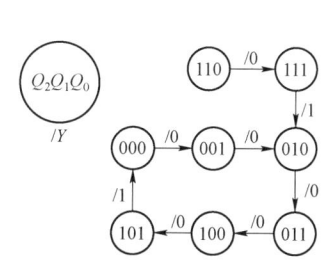

图 6-5 例 6-2-1 的状态转移图

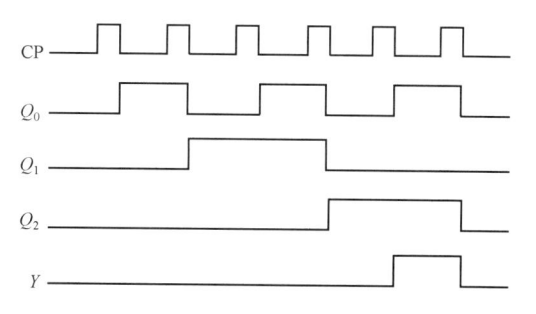

图 6-6 例 6-2-1 的工作波形

（6）说明逻辑功能。

由状态转移真值表可以看出，该时序逻辑电路在输入第 6 个计数脉冲 CP 后，返回原来的状态，同时输出端输出一个进位脉冲。因此，该时序逻辑电路为同步六进制计数器，也可以称为模六计数器。这里，要注意六进制计数器和模六计数器的区别。根据六进制的定义，六进制有 0，1，2，3，4，5 六个数码，而且六进制计数器一般按照递增（加法计数）或者递减（减法计数）的顺序进行计数；模六计数器中有六个不同的状态（或者说数码）在循环转换，无须考虑数码大小和计数顺序。

（7）检查该时序逻辑电路能否自启动。

该时序逻辑电路应有 $2^3=8$ 个工作状态，它只有 6 个有效状态。还有 110 和 111 为无效状态（或者偏离态）。将无效状态 110 代入状态转移方程进行计算，次态为 111，再将 111 代入状态转移方程得次态为 010，为有效状态。可见，该时序逻辑电路如果由于某种原因而进入无效状态，只要继续输入计数脉冲 CP，它便会自动返回有效状态，因此，该时序逻辑电路能够自启动。

综上，该时序逻辑电路为具有自启动功能的六进制计数器。

【**例 6-2-2**】分析图 6-7 所示时序逻辑电路的逻辑功能，并画出状态转移图和工作波形。

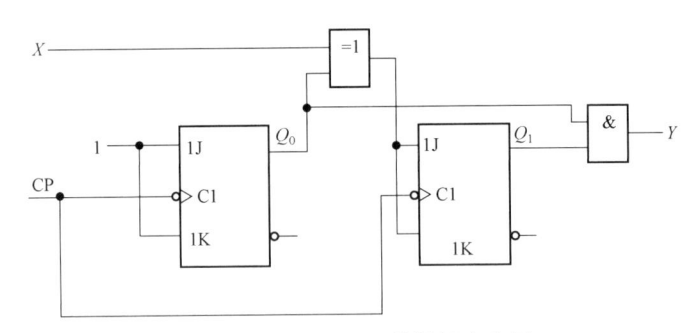

图 6-7 例 6-2-2 的逻辑电路图

解：（1）输出方程为

$$Y = Q_1^n Q_0^n$$

（2）各触发器驱动方程为

$$J_0 = 1，K_0 = 1，J_1 = X \oplus Q_0^n，K_1 = X \oplus Q_0^n$$

（3）各触发器状态转移方程为

$$Q_0^{n+1} = \overline{Q}_0^n，Q_1^{n+1} = X \oplus Q_0^n \oplus Q_1^n$$

（4）列出状态转移真值表。

状态转移真值表如表 6-3 所示。

（5）画出状态转移图和工作波形。

根据状态转移真值表可以分别画出输入变量 X 取不同值时的状态转移图，如图 6-8 所示，也可以合并成一个图，如图 6-9 所示。

表 6-3 例 6-2-2 的状态转移真值表

输入	现态		次态		输出
X	Q_1^n	Q_0^n	Q_1^{n+1}	Q_0^{n+1}	Y
0	0	0	0	1	0
	0	1	1	0	0
	1	0	1	1	0
	1	1	0	0	1
1	0	0	1	1	0
	1	1	1	0	1
	1	0	0	1	0
	0	1	0	0	0

(a)

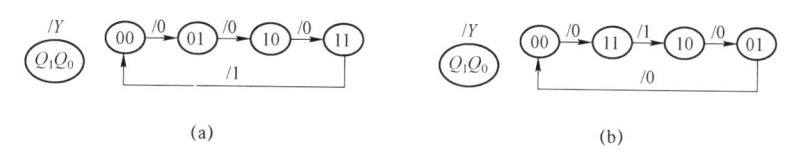

(b)

图 6-8 例 6-2-2 的状态转移图（1）

（a）$x=0$ 时；（b）$x=1$ 时

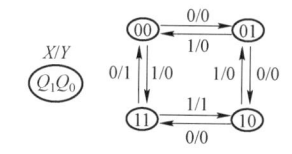

图 6-9 例 6-2-2 的状态转换图（2）

根据状态转移真值表（或者状态转移图），可以通过输入变量 X 的不同画出工作波形，如图 6-10 所示。

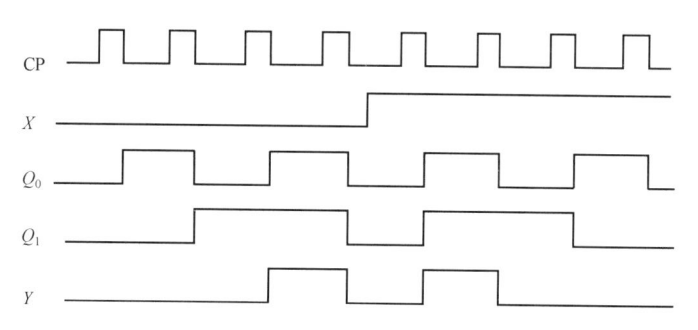

图 6-10 例 6-2-2 的工作波形

（6）说明逻辑功能。

当 $X=0$ 时，该时序逻辑电路为四进制加法计数器；当 $X=1$ 时，为四进制减法计数器，也称为可逆计数器。

【例 6-2-3】 画出图 6-11 所示时序逻辑电路的工作波形。

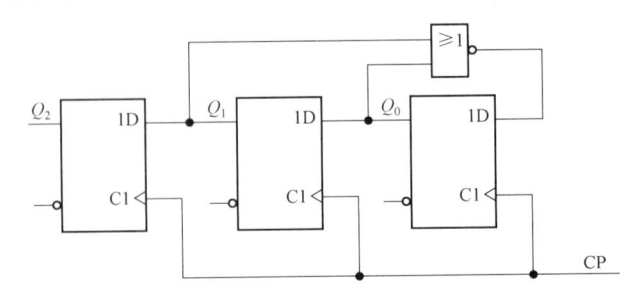

图 6-11 例 6-2-3 的逻辑电路图

解：（1）各触发器驱动方程为

$$D_2 = Q_1^n \quad D_1 = Q_0^n \quad D_0 = \overline{Q_0^n + Q_1^n}$$

（2）各触发器状态转移方程为

$$Q_2^{n+1} = Q_1^n \quad Q_1^{n+1} = Q_0^n \quad Q_0^{n+1} = \overline{Q_0^n + Q_1^n}$$

（3）状态转移真值表如表 6-4 所示。

表 6-4 例 6-2-3 的状态转移真值表

Q_2^n	Q_1^n	Q_0^n	Q_2^{n+1}	Q_1^{n+1}	Q_0^{n+1}
0	0	0	0	0	1
0	0	1	0	1	0
0	1	0	1	0	0
1	0	0	0	0	1
0	1	1	1	1	0
1	1	0	1	0	0
1	0	1	0	1	0
1	1	1	1	1	0

（4）该时序逻辑电路的工作波形如图 6-12 所示。

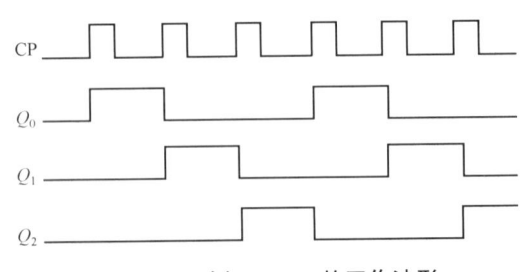

图 6-12 例 6-2-3 的工作波形

从图 6-12 可以看出，在时钟脉冲 CP 的作用下，该时序逻辑电路把宽度为 T（CP 周期）的脉冲依次分配给 Q_0，Q_1 和 Q_2 各输出端，这种时序逻辑电路称为脉冲分配器，每经过 3 个时钟周期循环 1 次。从状态转移真值表可以看出，该时序逻辑电路具有自启动能力。

小结如下。

（1）同步时序逻辑电路的特点是各存储电路（触发器）的触发信号是同一时钟脉冲的同一边沿（即同为上升沿或者同为下降沿），因此在时钟脉冲的作用下，各存储电路同时发生状态转移。

（2）分析同步时序逻辑电路要正确写出状态转移方程，列出状态转移真值表，画出状态转移图。

（3）完整的状态转移图除去有效状态外，还必须包括偏离态。如果偏离态能在时钟脉冲的作用下自动进入有效状态，则该同步时序逻辑电路具有自启动功能，如果偏离态不能自动进入有效状态，则该同步时序逻辑电路就出现封锁现象，要使其正常工作必须重新启动（置位或复位）。

6.2.2 异步时序逻辑电路的分析方法

在异步时序逻辑电路中，各触发器的时钟脉冲不统一，或某些触发器在异步置数、复位时，触发器状态翻转是异步进行的，因此，其分析过程比同步时序逻辑电路复杂。异步时序逻辑电路的分析方法和同步时序逻辑电路基本相同，但由于在异步时序逻辑电路中，触发器的触发信号不同（可以是不同时钟脉冲或者同一时钟脉冲的不同边沿）。因此，在分析异步时序逻辑电路时，应考虑各触发器的时钟条件，即写出时钟方程。这样，各触发器只有在满足时钟条件后，其状态转移方程才能使用。

【例 6-2-4】试分析图 6-13 所示电路的逻辑功能，并画出状态转移图和工作波形。

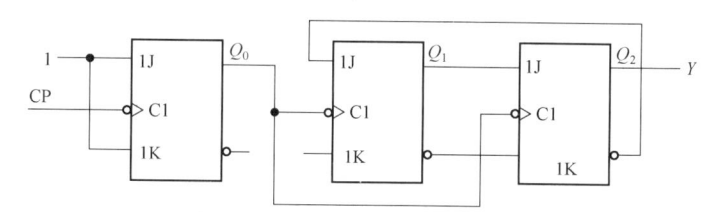

图 6-13 例 6-2-4 的逻辑电路图

（1）时钟方程为

$$CP_0 = CP\downarrow, \quad CP_1 = Q_0\downarrow, \quad CP_2 = Q_0\downarrow$$

（2）输出方程为

$$Y = Q_2^n$$

（3）各触发器驱动方程为

$$J_0 = 1, \quad K_0 = 1, \quad J_1 = \overline{Q}_2^n, \quad K_1 = 1, \quad J_2 = Q_1^n, \quad K_2 = \overline{Q}_1^n$$

（4）各触发器状态转移方程为

$$Q_0^{n+1} = [\overline{Q}_0^n] \cdot CP\downarrow, \quad Q_1^{n+1} = [\overline{Q}_2^n \overline{Q}_1^n] \cdot Q_0\downarrow, \quad Q_2^{n+1} = [Q_1^n] \cdot Q_0\downarrow$$

（5）状态转移真值表如表 6-5 所示。

假设现态为 000，则在计数脉冲 CP 下降沿的作用下，$CP_0 = CP$，有一个下降沿，$Q_0^{n+1} = \overline{Q}_0^n$，$Q_0$ 从 0 翻转为 1；因为 $CP_1 = CP_2 = Q_0$，所以 CP_1 和 CP_2 都有一个上升沿，故触发器 1 和 2 无

法触发，$Q_2^{n+1} = Q_2^n = 0$，$Q_1^{n+1} = Q_1^n = 0$，于是 000 的下一个状态为 001。假设现态为 $Q_2^n Q_1^n Q_0^n = 101$，则在计数脉冲 CP 下降沿的作用下，$CP_0 = CP$，有一个下降沿，$Q_0^{n+1} = \bar{Q}_0^n$，Q_0 从 1 翻转为 0，$CP_1 = CP_2 = Q_0$，CP_1 和 CP_2 都有一个下降沿，因此 $Q_1^{n+1} = \bar{Q}_2^n \bar{Q}_1^n = 0$，$Q_2^{n+1} = Q_1^n = 0$，故 101 的下一状态为 000。其余依此类推。

表 6-5 例 6-2-4 的状态转移真值表

现态			次态			输出	时钟脉冲		
Q_2^n	Q_1^n	Q_0^n	Q_2^{n+1}	Q_1^{n+1}	Q_0^{n+1}	Y	CP_2	CP_1	CP_0
0	0	0	0	0	1	0	↑	↑	↓
0	0	1	0	1	0	0	↓	↓	↓
0	1	0	0	1	1	0	↑	↑	↓
0	1	1	1	0	0	0	↓	↓	↓
1	0	0	1	0	1	1	↑	↑	↓
1	0	1	0	0	0	1	↓	↓	↓
1	1	0	1	1	1	1	↑	↑	↓
1	1	1	1	0	0	1	↓	↓	↓

表 6-5 中还列出了偏离态的转移情况，其状态转移图如图 6-14 所示。
（6）画出工作波形。

工作波形如图 6-15 所示，当计数至第 6 个计数脉冲 CP 时，电路状态进入循环，同时画出输出 Y。

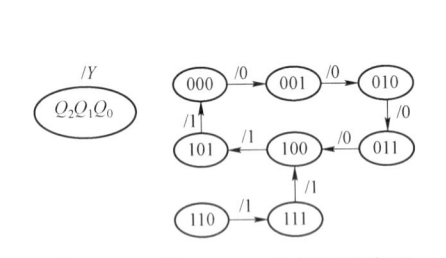

图 6-14 例 6-2-3 的状态转移图 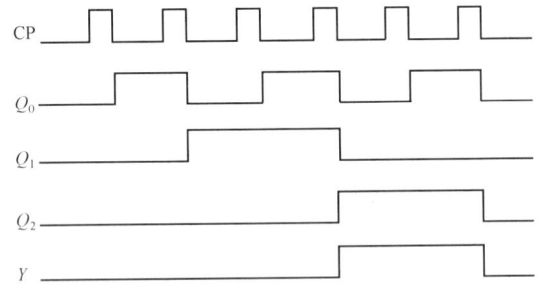　　图 6-15 例 6-2-4 的工作波形

（7）说明逻辑功能。

该时序逻辑电路为具有自启动功能的六进制计数器。

【例 6-2-5】试分析图 6-16 所示时序逻辑电路的逻辑功能，并画出状态转移图和工作波形。

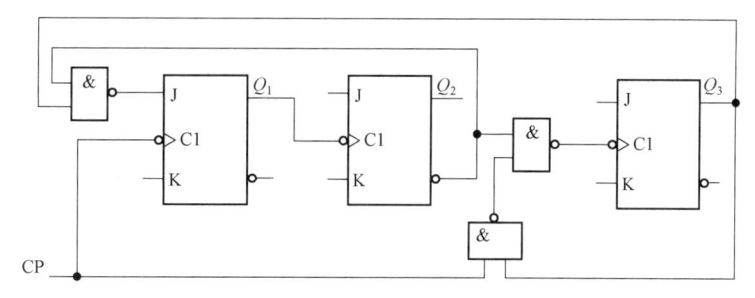

图 6-16 例 6-2-5 的逻辑电路图

解：(1) 由于三个触发器的时钟脉冲都不同，所以该时序逻辑电路为异步时序逻辑电路。时钟方程为

$$CP_1 = CP\downarrow,\quad CP_2 = Q_1\downarrow,\quad CP_3 = \overline{\overline{Q_3}\cdot CP\cdot \overline{Q_2}}\downarrow$$

(2) 各触发器驱动方程为

$$J_1 = \overline{Q_3^n \overline{Q_2^n}},\quad K_1 = 1,\quad J_2 = K_2 = 1,\quad J_3 = K_3 = 1$$

(3) 各触发器状态转移方程为

$$Q_1^{n+1} = \left[\overline{Q_3^n \overline{Q_2^n}} \cdot \overline{Q_1^n}\right]\cdot CP\downarrow$$

$$Q_2^{n+1} = \left[\overline{Q_2^n}\right]\cdot [Q_1]\downarrow$$

$$Q_3^{n+1} = \left[\overline{Q_3^n}\right]\cdot [Q_3\cdot CP + Q_2]\downarrow$$

(4) 状态转移真值表如表 6-6 所示。

表 6-6 例 6-2-5 的状态转移真值表

序号	现态 Q_3^n	现态 Q_2^n	现态 Q_1^n	次态 Q_3^{n+1}	次态 Q_2^{n+1}	次态 Q_1^{n+1}
1	0	0	0	0	0	1
2	0	0	1	0	1	0
3	0	1	0	0	1	1
4	0	1	1	1	0	0
5	1	0	0	0	0	0
偏离态	1	0	1	0	1	0
偏离态	1	1	0	1	1	1
偏离态	1	1	1	0	0	0

假设现态为 $Q_3^n Q_2^n Q_1^n = 011$，则在计数脉冲的作用下，$Q_1^{n+1} = \overline{Q_3^n \overline{Q_2^n}} \cdot \overline{Q_1^n} = 0$。$Q_1$ 由 1 翻转为 0，产生一个下降沿触发 Q_2，使 Q_2 由 1 翻转为 0，使 $CP_3 = Q_3\cdot CP + Q_2$，产生一个下降沿作用于触发器 3，使 $Q_3^{n+1} = 1$，因此，计数器状态由 011 转移到 100。当现态为 $Q_3^n Q_2^n Q_1^n = 100$ 时，在下一个时钟脉冲 CP 下降沿的作用下，$Q_1^{n+1} = \overline{Q_3^n \overline{Q_2^n}} \cdot \overline{Q_1^n} = 0$，$Q_1$ 没有下降沿产生，因此触

发器 2 没有受到时钟脉冲触发，维持原状态 0 不变。在时钟脉冲 CP 下降沿到达之前，$CP_3 = Q_3 \cdot CP + Q_2 = CP$，因此在 CP 下降沿到达时，$CP_3$ 也产生一个下降沿作用到触发器 3，使 Q_3 由 1 转移至 0。表 6-6 还列出了偏离态的转移情况。该时序逻辑电路的状态转移图如图 6-17（a）所示。

（5）画出工作波形，如图 6-17（b）所示。

（6）说明逻辑功能。

从上面的分析可以看出，该时序逻辑电路具有 5 个有效序列产生循环，且偏离态能自动转移到有效序列中，因此它是一个模五（也是五进制）且具有自启动功能的异步计数器。

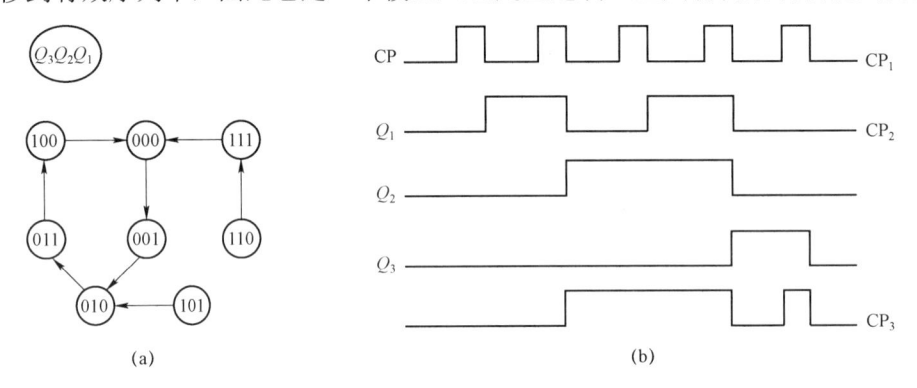

图 6-17 例 6-2-5 的状态转移图和工作波形

（a）状态转移图；（b）工作波形

小结如下。

（1）异步时序逻辑电路的特点是各存储电路（触发器）的时钟脉冲不同，只有在有效的时钟脉冲的作用下存储电路的状态才可能发生转移。

（2）异步时序逻辑电路的分析方法与同步时序逻辑电路相同，只需要特别注意时钟脉冲，在写状态转移方程时要写出触发信号。

6.3 时序逻辑电路的设计

时序逻辑电路的设计是其分析的逆过程，即在给定逻辑功能的情况下，通过求得各触发器驱动方程，得到实现逻辑功能的时序逻辑电路。设计异步时序逻辑电路时要考虑各触发器的时钟脉冲，其设计过程要比同步时序逻辑电路复杂一些。本节只介绍同步时序逻辑电路的设计。

6.3.1 同步时序逻辑电路的设计步骤

由于同步时序逻辑电路的时钟脉冲受同一时钟控制，所以在设计时，不需要考虑各触发器时钟脉冲的连接问题，一般可按照下列步骤进行设计。

第一步，按照给定的逻辑功能，确定输入变量、输出变量以及时序逻辑电路的状态个数，画出时序逻辑电路的状态转移图。

第二步，进行状态化简。如果两个或两个以上状态在同一输入信号的作用下产生相同的输出，并且次态等价，则这些状态称为等价状态，可合并为一个状态。其中次态等价包括次态相同、次态交错、次态循环（这里不介绍）等。例如，某状态转移图如图 6-18 所示，其中 S_3 和 S_4 在 $X=1$ 时次态相同，都是 S_1，且输出为 $Y=1$；在 $X=0$ 时次态相同，都是 S_3，且输出为 $Y=1$，故它们为等价状态，可以合并。而 S_1 和 S_2 在 $X=1$ 时次态相同，都是 S_4，且输出为 $Y=0$；在 $X=0$ 时，次态交错，即 S_1 的次态是 S_2，S_2 的次态是 S_1，且输出为 $Y=1$，它们也是等价状态，可以合并。将状态 S_2 和 S_4 去掉，得到化简后的状态转移图，如图 6-19 所示。图 6-18 所示的 5 个状态需要 3 个触发器实现，而图 6-19 所示的状态只有 3 个，需要 2 个触发器即可实现，因而时序逻辑电路得到简化。

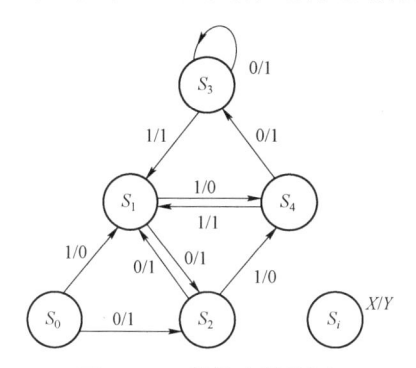

图 6-18　某状态转移图

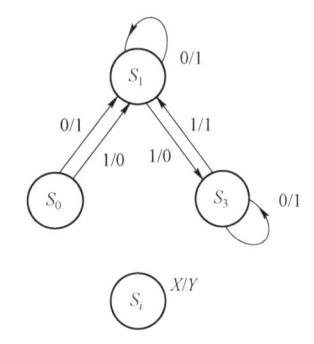

图 6-19　简化后的状态转移图

在拟定状态转移图时，在保证满足逻辑功能要求的前提下，时序逻辑电路越简单越好。

第三步，根据化简后的状态转移图确定触发器的数目及类型，并进行状态编码。

设时序逻辑电路的状态数目为 M，触发器的数目为 n，则 n 应满足

$$2^n \geqslant M > 2^{n-1} \qquad (6-7)$$

触发器的数目 n 确定后，需要根据逻辑功能要求对触发器的输出状态进行编码，即用 n 位二进制代码表示触发器输出的每个状态。通常，编码时应遵循一定的规律，如二进制编码、8421BCD 码、循环码、格雷码等，一般原则如下。

（1）当两个以上状态具有相同的次态时，它们的代码尽可能安排为相邻代码，所谓相邻代码是指两个代码中只有一个变量取值不同，其余变量均相同。

（2）当两个以上状态属于同一状态的次态时，它们的代码尽可能安排为相邻代码。

（3）为了使输出电路结构简单，尽可能使输出相同状态的代码相邻。通常以原则（1）为主，统筹兼顾。

如果状态较少，则可以不受上述原则约束，结果差别不大。

第四步，根据状态转移图以及所选择触发器的类型，求出各触发器状态转移方程、各触发器驱动方程、输出方程。在求出各触发器状态转移方程、输出方程后，再将各触发器状态转移方程和触发器的特征方程进行比较，从而求得各触发器驱动方程。由于 JK 触发器使用比较灵活，所以在设计中多选用 JK 触发器。

第五步，检查时序逻辑电路有无自启动功能。这里有两种方法考虑自启动的情况。

（1）最小风险设计，就是在分配状态时，指定偏离态的次态，使之具有自启动功能。最小风险设计能够保证时序逻辑电路一定具有自启动功能。

（2）最小成本设计，就是将偏离态设置为任意项（无关项），这样可以得到较为简单的时序逻辑电路，但是无法保证时序逻辑电路的自启动功能，需要进行验证。在这种情况下，需要将触发器剩余的 $(2^n - M)$ 个状态代入各触发器状态转移方程，观察次态（或次态的次态）是否能进入状态的有效循环，如果不能保证自启动功能，则需要修改各触发器状态转移方程。

第六步，根据各触发器驱动方程和输出方程画出逻辑电路图。

6.3.2 同步时序逻辑电路的设计实例

同步时序逻辑电路的设计主要有同步计数器设计、工作波形设计和序列检测设计等几种类型，下面分别举例说明。

同步计数器的设计步骤与同步时序逻辑电路的设计步骤相同，但由于一般同步计数器的计数模值即状态数，所以无须进行状态化简。关于状态编码，通常选用二进制代码、循环代码或移存型代码等。因此，同步计数器的设计主要是完成一般步骤中的第三、四、五步。

【**例 6 – 3 – 1**】用 JK 触发器设计一个模六同步计数器。

解：由于模六同步计数器必须记忆 6 个状态，分别为 S_0，S_1，S_2，S_3，S_4 和 S_5，所以需要用 3 位二进制代码表示。

（1）进行状态分配。令 $S_0 = 000$，$S_1 = 001$，$S_2 = 010$，$S_3 = 011$，$S_4 = 100$，$S_5 = 101$。

由此可列出状态转移真值表，如表 6 – 7 所示。画出次态的卡诺图和输出的卡诺图，如图 6 – 20 所示。

表 6 – 7 例 6 – 3 – 1 的状态转移真值表

现态			次态			输出
Q_3^n	Q_2^n	Q_1^n	Q_3^{n+1}	Q_2^{n+1}	Q_1^{n+1}	Z
0	0	0	0	0	1	0
0	0	1	0	1	0	0
0	1	0	0	1	1	0
0	1	1	1	0	0	0
1	0	0	1	0	1	0
1	0	1	0	0	0	1

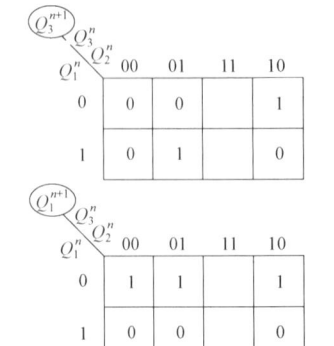

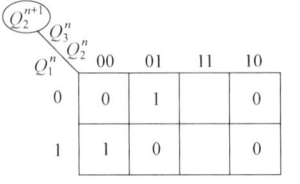

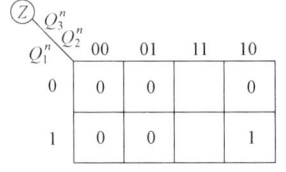

图 6 – 20 例 6 – 3 – 1 的卡诺图

化简得

$$Q_3^{n+1} = Q_3^n \overline{Q}_1^n + \overline{Q}_3^n Q_2^n Q_1^n, \quad Q_1^{n+1} = \overline{Q}_1^n$$

$$Q_2^{n+1} = Q_2^n \overline{Q}_1^n + \overline{Q}_3^n \overline{Q}_2^n Q_1^n, \quad Z = Q_3^n Q_1^n$$

（2）检验偏离态。将偏离态 110、111 代入状态转移方程得到 110→111→100，能自动纳入有效状态，具有自启动功能。

如果采用 JK 触发器，则可将各触发器的状态转移方程变换成 JK 触发器特征方程 $Q^{n+1} = J\overline{Q}^n + \overline{K}Q^n$ 的形式，从而求得 J、K 激励方程为

$$J_3 = Q_2^n Q_1^n, \quad K_3 = Q_1^n, \quad J_2 = \overline{Q}_3^n Q_1^n, \quad K_2 = Q_1^n, \quad J_1 = K_1 = 1$$

画出逻辑电路图，如图 6-21 所示。

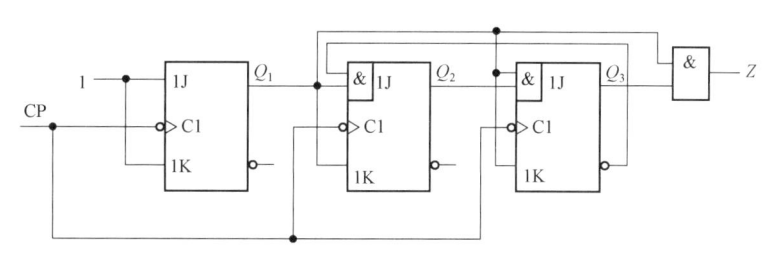

图 6-21 例 6-3-1 的逻辑电路图

【例 6-3-2】设计一个可变计数模值同步计数器。要求：当 $M=0$ 时，为模七计数；当 $M=1$ 时，为模五计数；带进位输出，能够自启动。

解：（1）初始状态移转图如图 6-22 所示。

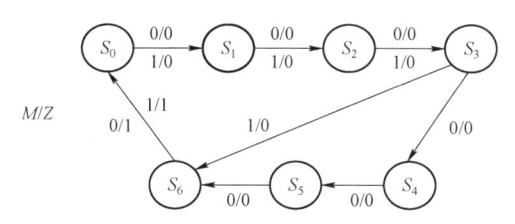

图 6-22 例 6-3-2 的初始状态转移图

（2）分配状态为

$S_0 = 000$，$S_1 = 001$，$S_2 = 011$，$S_3 = 110$，$S_4 = 101$，$S_5 = 010$，$S_6 = 100$

（3）初始状态转移真值表如表 6-8 所示。

表 6-8 例 6-4-2 的初始状态转移真值表

序号	Q_3^n	Q_2^n	Q_1^n	\multicolumn{4}{c	}{$M=0$}	\multicolumn{4}{c	}{$M=1$}
				Q_3^{n+1}	Q_2^{n+1}	Q_1^{n+1}	Z	Q_3^{n+1}	Q_2^{n+1}	Q_1^{n+1}	Z
0	0	0	0	0	0	1	0	0	0	1	0
1	0	0	1	0	1	1	0	0	1	1	0

续表

序号	Q_3^n	Q_2^n	Q_1^n	\multicolumn{4}{c	}{$M=0$}	\multicolumn{4}{c	}{$M=1$}
				Q_3^{n+1}	Q_2^{n+1}	Q_1^{n+1}	Z	Q_3^{n+1}	Q_2^{n+1}	Q_1^{n+1}	Z
2	0	1	1	1	1	0	0	1	1	0	0
3	1	1	0	1	0	1	0	1	0	0	0
4	1	0	1	0	1	0	0				
5	0	1	0	1	0	0	0				
6	1	0	0	0	0	0	1	0	0	0	1

采用最小风险设计，可以直接在初始状态转换真值表中设定偏离态的转移情况，如表 6-9 所示。

表 6-9 例 6-3-2 的完整状态转移真值表

序号	Q_3^n	Q_2^n	Q_1^n	\multicolumn{4}{c	}{$M=0$}	\multicolumn{4}{c	}{$M=1$}
				Q_3^{n+1}	Q_2^{n+1}	Q_1^{n+1}	Z	Q_3^{n+1}	Q_2^{n+1}	Q_1^{n+1}	Z
0	0	0	0	0	0	1	0	0	0	1	0
1	0	0	1	0	1	1	0	0	1	1	0
2	0	1	1	1	1	0	0	1	1	0	0
3	1	1	0	1	0	1	0	1	0	0	0
4	1	0	1	0	1	0	0	0	1	0	0
5	0	1	0	1	0	0	0	1	0	0	0
6	1	0	0	0	0	0	1	0	0	0	1
7	1	1	1	1	1	0	0	1	1	0	0

（4）化简，求出次态和输出的逻辑函数式，分别为

$$Q_3^{n+1} = Q_2^n, \qquad Q_2^{n+1} = Q_1^n$$
$$Q_1^{n+1} = (\overline{Q}_3^n \overline{Q}_2^n + \overline{M} Q_3^n Q_2^n)\overline{Q}_1^n + \overline{Q}_3^n \overline{Q}_2^n Q_1^n, \quad Z = Q_3^n \overline{Q}_2^n \overline{Q}_1^n$$

（5）选择 JK 触发器，将各触发器状态转移方程与 JK 触发器特征方程比较，写出各触发器驱动方程，分别为

$$J_3 = Q_2^n, \qquad K_3 = \overline{Q}_2^n$$
$$J_2 = Q_1^n, \qquad K_2 = \overline{Q}_1^n$$
$$J_1 = \overline{Q}_3^n \overline{Q}_2^n + \overline{M} Q_3^n Q_2^n, \quad K_1 = \overline{\overline{Q}_3^n \overline{Q}_2^n}$$

（6）根据各触发器驱动方程和输出方程，画出逻辑电路图，如图 6-23 所示。

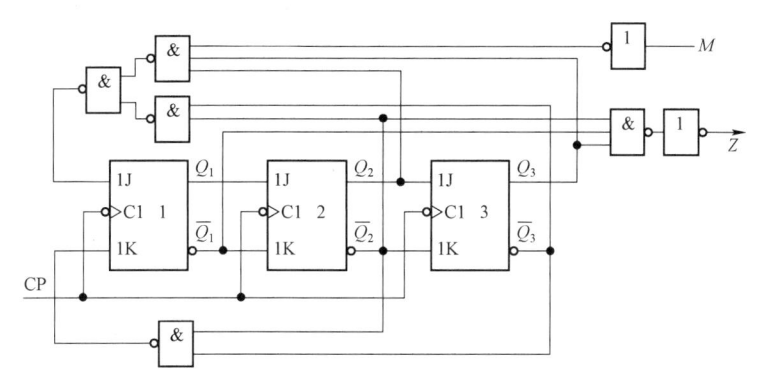

图 6-23 例 6-3-2 的逻辑电路图

【例 6-3-3】 设计一个能实现图 6-24 所示工作波形的同步时序逻辑电路。

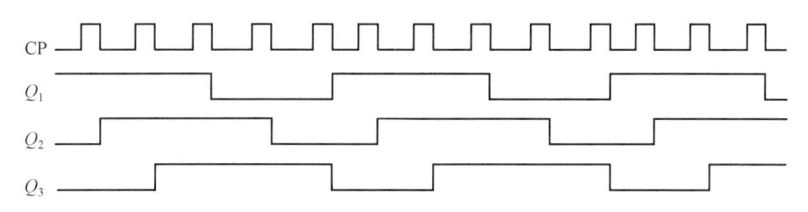

图 6-24 例 6-3-3 的工作波形

解：（1）根据图 6-24 所示的工作波形，可以列出状态转移真值表（注意状态转移真值表中次态就是下一次转移的状态），直至完成状态转移循环，如表 6-10 所示。

表 6-10 例 6-3-3 的状态转移真值表

现态			次态		
Q_3^n	Q_2^n	Q_1^n	Q_3^{n+1}	Q_2^{n+1}	Q_1^{n+1}
0	0	1	0	1	1
0	1	1	1	1	1
1	1	1	1	1	0
1	1	0	1	0	0
1	0	0	0	0	1

（2）画出状态转移真值表对应的卡诺图，如图 6-25 所示。

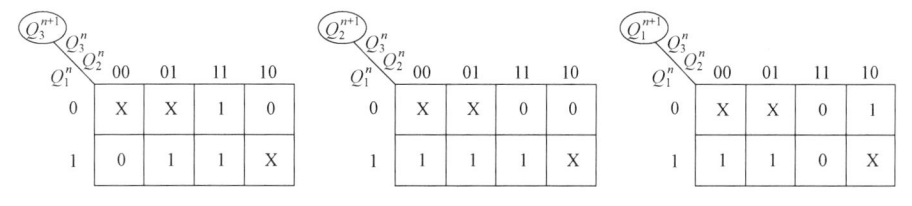

图 6-25 例 6-3-3 的卡诺图

通过化简卡诺图，可求得各触发器状态转移方程为

$$Q_3^{n+1} = Q_2^n, \quad Q_2^{n+1} = Q_1^n, \quad Q_1^{n+1} = \overline{Q_3^n} + \overline{Q_2^n}$$

（3）采用 D 触发器的激励信号为

$$D_3 = Q_2^n, \quad D_2 = Q_1^n, \quad D_1 = \overline{Q_3^n Q_2^n}$$

（4）检查是否具有自启动功能。

偏离态有 000，010 和 101，其转移为 000→001，010→101→011，都能进入有效状态，具有自启动功能。

（5）画出逻辑电路图，如图 6-26 所示。

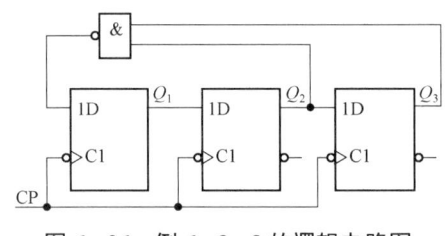

图 6-26 例 6-3-3 的逻辑电路图

波形设计的思路，就是把工作波形转换成状态转移真值表（或状态转移图），其余步骤与同步计数电路设计相同。但是，在设计时一定要考虑工作波形中不存在的偏离态，保证时序逻辑电路具有自启动功能。

还有一种比较常见的设计为序列检测设计。例如，已知串行输入序列（X）为 101010100，要求检测连续序列 101，输出为 Y。这里有两种检测方式："允许序列重复检测"和"不允许序列重复检测"。输入序列共 9 位，按照时间顺序依次为 $X_1 = 1$，$X_2 = 0$，$X_3 = 1$，$X_4 = 0$，$X_5 = 1$，$X_6 = 0$，$X_7 = 1$，$X_8 = 0$，$X_9 = 0$。当输入为 $X_1 = 1$ 时，输出为 $Y_1 = 0$；当输入为 $X_2 = 1$ 时，输出为 $Y_2 = 0$；当输入为 $X_3 = 1$ 时，输出为 $Y_3 = 1$，因为此时已经检测到了连续"101"序列；当输入为 $X_4 = 0$ 时，输出为 $Y_4 = 0$；当输入为 $X_5 = 1$ 时，如果允许序列重复检测，即 $X_3 = 1$ 可以连续检测，则此时接收到 $X_3 X_4 X_5 = 101$，输出 $Y_5 = 1$，如果不允许序列重复检测，则 $X_3 = 1$ 不可以再次进行检测，输出 $Y_5 = 0$；当输入为 $X_6 = 0$ 时，输出为 $Y_6 = 0$。依此类推，具体结果如下。

（1）允许序列重复检测。

输入序列：X = 1 0 1 0 1 0 1 0 0；

输出结果：Y = 0 0 1 0 1 0 1 0 0。

（2）不允许序列重复检测。

输入序列：X = 1 0 1 0 1 0 1 0 0；

输出结果：Y = 0 0 1 0 0 0 1 0 0。

【例 6-3-4】设计序列检测电路。当连续输入信号 101 时，输出为 1，否则输出为 0。要求：允许序列重复检测。

（1）解法 1。

① 建立初始状态转移图（状态转移真值表）。

该电路有一个输入端（设为 X），串行输入，输出端设为 Z。根据检测要求，当连续输入的二进制序列为 101 时，电路输出为 1。因此，该电路必须记忆 2 位连续输入序列，一共有 4 种情况，即 00，01，10 和 11，设这四种状态分别为 A，B，C 和 D。用 $S(t)$ 表示现态，用 $N(t)$ 表示次态。原始状态转移表如表 6-11 所示。

表 6-11 例 6-3-4 的原始状态转移表（1）

$S(t)$	$X=0$		$X=1$	
	$N(t)$	Z	$N(t)$	Z
A	A	0	B	0
B	C	0	D	0
C	A	0	B	1
D	C	0	D	0

② 合并状态（化简）。

两个状态在相同输入条件下，对应的次态和输出均相同，那么这两个状态等价，可以合并。因此，状态 B 和 D 可以合并，去掉 D 用 B，化简后的状态转移真值表如表 6-12 所示。

表 6-12 例 6-3-4 的化简后的状态转移真值表

$S(t)$	$X=0$		$X=1$	
	$N(t)$	Z	$N(t)$	Z
A	A	0	B	0
B	C	0	B	0
C	A	0	B	1

③ 分配状态。A，B 和 C 分别用 00，01 和 11 表示，表 6-13 所示为状态转移真值表。

表 6-13 例 6-3-4 的状态转移真值表

Q_2^n	Q_1^n	$X=0$			$X=1$		
		Q_2^{n+1}	Q_1^{n+1}	Z	Q_2^{n+1}	Q_1^{n+1}	Z
0	0	0	0	0	0	1	0
0	1	1	1	0	0	1	0
1	1	0	0	0	0	1	1

④ 后面的设计方法与同步计数器的设计方法相同。

（2）解法 2。检测 101 三位串行码，需要记忆 3 个输入序列 1，10 和 101。电路开始时有一个初态（可能是 0，也可能是 1），这样总共有 4 种状态，依次用 A，B，C，D 表示接收到序列 0，1，10，101。但是，A，B，C，D 的分配与 0，1，10 和 101 无关。当现态为 A 时，表示电路接收了一个 0，在此基础上输入 $X=0$ 时，序列为 00，与状 A 表示的含义相同；当现态为 A 时且输入 $X=1$ 时，序列为 01，与状态 B 表示的含义相同。依此类推，原始状态转移表如表 6-14 所示。

表 6-14 例 6-3-4 的原始状态转移表（2）

	$X=0$	$X=1$
A	$A/0$	$B/0$
B	$C/0$	$B/0$
C	$A/0$	$D/1$
D	$C/0$	$B/0$

6.4 计数器电路

计数器用于累计输入时钟脉冲的个数，还常用于分频和进行数字运算。计数器按照时钟控制方式分为同步计数器和异步计数器，同步计数器比异步计数器的速度高得多；按照计数增减分为加法计数器、减法计数器和加/减计数器（又称为可逆计数器），加法计数器是对计数脉冲作递增计数的电路，减法计数器是对计数脉冲作递减计数的电路，加/减计数器是在加/减控制信号的作用下，既可递增计数，也可递减计数的电路。

6.4.1 计数器电路分析

1. 3 位同步二进制加/减计数器

图 6-27 所示电路为 3 位同步二进制加/减计数器。按照时序逻辑电路的分析方法，依次写出方程。

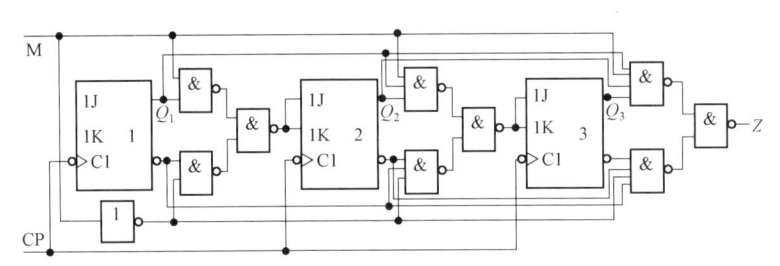

图 6-27 3 位同步二进制加/减计数器

输出方程为

$$Z = MQ_1^n Q_2^n Q_3^n + \overline{M}\,\overline{Q}_1^n \overline{Q}_2^n \overline{Q}_3^n$$

各触发器驱动方程为

$$J_1 = K_1 = 1$$

$$J_2 = K_2 = MQ_1^n + \overline{M}\,\overline{Q}_1^n$$

$$J_3 = K_3 = MQ_1^n Q_2^n + \overline{M}\,\overline{Q}_1^n \overline{Q}_2^n$$

各触发器状态转移方程为

$$Q_1^{n+1} = \overline{Q}_1^n$$

$$Q_2^{n+1} = (MQ_1^n + \overline{M}\,\overline{Q}_1^n) \oplus Q_2^n$$

$$Q_3^{n+1} = (MQ_1^n Q_2^n + \overline{M}\overline{Q}_1^n \overline{Q}_2^n) \oplus Q_3^n$$

由输出方程和各触发器状态转移方程可以得出状态转移真值表,如表 6–15 所示。

由表 6–16 可知,当 $M=0$ 时,计数状态为 000–111–110–…–001–000,进行减法计数,当状态从 000 转移到 111 时,输出信号 $Z=1$,为借位信号;当 $M=1$ 时,计数状态为 000–001–010–…–111–000,进行加法计数,当状态从 111 转移到 000 时,输出信号 $Z=1$,为进位信号。由此可见,图 6–27 所示电路为 3 位同步二进制加/减计数器。

表 6–15 3 位同步二进制加/减计数器的状态转移真值表

M	Q_3^n	Q_2^n	Q_1^n	Q_3^{n+1}	Q_2^{n+1}	Q_1^{n+1}	Z	M	Q_3^n	Q_2^n	Q_1^n	Q_3^{n+1}	Q_2^{n+1}	Q_1^{n+1}	Z
0	0	0	0	1	1	1	1	1	0	0	0	0	0	1	0
	1	1	1	1	1	0	0		0	0	1	0	1	0	0
	1	1	0	1	0	1	0		0	1	0	0	1	1	0
	1	0	1	1	0	0	0		0	1	1	1	0	0	0
	1	0	0	0	1	1	0		1	0	0	1	0	1	0
	0	1	1	0	1	0	0		1	0	1	1	1	0	0
	0	1	0	0	0	1	0		1	1	0	1	1	1	0
	0	0	1	0	0	0	0		1	1	1	0	0	0	1

2. 同步二–十进制计数器

虽然二进制计数器电路简单,运算方便,但人们对二进制不如对十进制熟悉,也不便于译码显示输出,因此常使用二–十进制计数器。图 6–28 所示电路为同步二–十进制计数器,它由 4 级 *JK* 触发器组成。

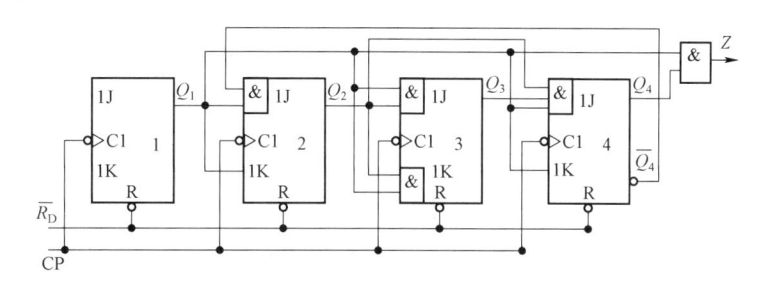

图 6–28 同步二–十进制计数器

图 6–28 所示电路的输出方程为

$$Z = Q_4^n Q_1^n$$

各触发器驱动方程为

$$J_1 = 1, \quad K_1 = 1, \quad J_2 = \overline{Q}_4^n Q_1^n, \quad K_2 = Q_1^n$$

$$J_3 = Q_2^n Q_1^n, \quad K_3 = Q_2^n Q_1^n, \quad J_4 = Q_3^n Q_2^n Q_1^n, \quad K_4 = Q_1^n$$

各触发器状态转移方程为

$$Q_1^{n+1} = \overline{Q}_1^n, \quad Q_2^{n+1} = \overline{Q}_4^n Q_1^n \overline{Q}_2^n + \overline{Q}_1^n Q_2^n$$

$$Q_3^{n+1} = Q_2^n Q_1^n \overline{Q}_3^n + \overline{Q_2^n Q_1^n} Q_3^n, \quad Q_4^{n+1} = Q_3^n Q_2^n Q_1^n \overline{Q}_4^n + \overline{Q}_1^n Q_4^n$$

由输出方程和各触发器状态转移方程可以得到状态转移真值表，如表 6-16 所示。

表 6-16　同步二-十进制计数器的状态转移真值表

序号	$S(t)$				$N(t)$				输出
	Q_4^n	Q_3^n	Q_2^n	Q_1^n	Q_4^{n+1}	Q_3^{n+1}	Q_2^{n+1}	Q_1^{n+1}	Z
0	0	0	0	0	0	0	0	1	0
1	0	0	0	1	0	0	1	0	0
2	0	0	1	0	0	0	1	1	0
3	0	0	1	1	0	1	0	0	0
4	0	1	0	0	0	1	0	1	0
5	0	1	0	1	0	1	1	0	0
6	0	1	1	0	0	1	1	1	0
7	0	1	1	1	1	0	0	0	0
8	1	0	0	0	1	0	0	1	0
9	1	0	0	1	0	0	0	0	1
偏离态	1	0	1	0	1	0	1	1	0
	1	0	1	1	0	1	0	0	1
	1	1	0	0	1	1	0	1	0
	1	1	0	1	0	1	0	0	1
	1	1	1	0	1	1	1	1	0
	1	1	1	1	0	0	0	0	1

表中计数器的每个稳定状态 $S(t)$ 的 4 位二进制代码表示一个十进制数，用 8421BCD 码表示；输出 $Z=1$，相当于十进制数的逢十进一。表中共有 10 个有效状态，对应十进制数 0~9，还有 6 个状态为无效状态，即偏离态。同步二-十进制计数器的状态转移图如图 6-29 所示。

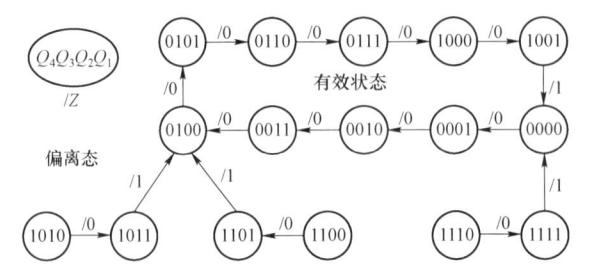

图 6-29　同步二-十进制计数器的状态转移图

在同步二-十进制计数器正常工作时，6个偏离态（1010、1011、1100、1101、1110、1111）是不会出现的；如果同步二-十进制计数器受到某种干扰，错误地进入偏离态，例如进入1100状态，则经过一个计数脉冲后，转入1101状态，再经过一个计数脉冲，进入0100状态，同步二-十进制计数器正常循环工作。

从图6-29所示的状态转移图可以看出，偏离态经过一个或者两个计数脉冲都可以进入正常循环，故该电路具有自启动功能。图6-30所示为同步二-十进制计数器的工作波形。

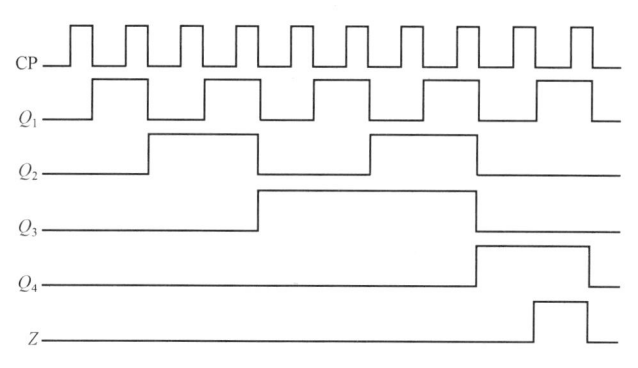

图6-30 同步二-十进制计数器的工作波形

从图6-30所示的工作波形可以看出，输出信号Z是同步二-十进制计数器的进位信号，而Z的周期恰好为输入计数脉冲CP周期的10倍。因此，输出信号Z也可以视为输入计数脉冲CP的10分频信号。因此，图6-28所示的电路也可以看作10分频电路。

3. 异步二-五-十进制计数器

图6-31所示电路为异步二-五-十进制计数器，它由两个T触发器（FF_0、FF_2）和两个JK触发器（FF_1、FF_3）构成，各触发器都具有复位信号R和置位信号S（均为低电平有效）。

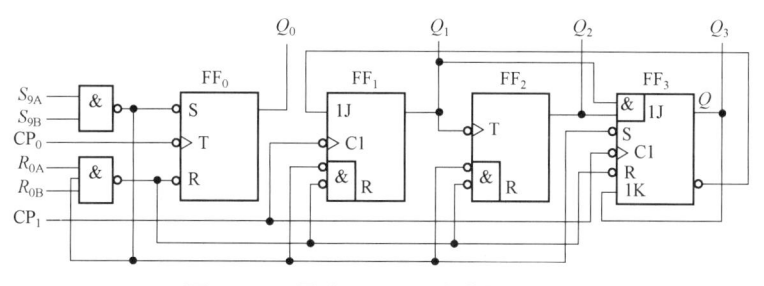

图6-31 异步二-五-十进制计数器

当$R_{0A} \cdot R_{0B} = 1$，且$S_{9A} \cdot S_{9B} = 0$时，4个触发器$FF_0 \sim FF_3$的复位信号$R=0$，不论有无时钟脉冲CP，计数器输出将被直接置0；当$S_{9A} \cdot S_{9B} = 1$时，触发器FF_0和FF_3的置位信号$S=0$，触发器FF_1和FF_2的复位信号$R=1$，此时加法器输出为$Q_3Q_2Q_1Q_0 = 1001$，计数器输出被直接置9。当$R_{0A} \cdot R_{0B} = 0$，且$S_{9A} \cdot S_{9B} = 0$时，4个触发器$FF_0 \sim FF_3$的复位信号和置位信号均为1，即$R=S=1$，触发器不复位也不置位，进行计数。异步二-五-十进制计数器的功能表如表6-17所示。

表 6-17 异步二-五-十进制计数器的功能表

复位输入		置位输入		时钟脉冲	输出				工作模式
R_{0A}	R_{0B}	S_{9A}	S_{9B}	CP	Q_3	Q_2	Q_1	Q_0	
1	1	0	×	×	0	0	0	0	异步清零
1	1	×	0	×	0	0	0	0	
×	×	1	1	×	1	0	0	1	异步置数
0	×	0	×	↓	计数				加法计数
0	×	×	0	↓	计数				
×	0	0	×	↓	计数				
×	0	×	0	↓	计数				

可以写出各触发器驱动方程和状态转移方程：

$$T_0 = 1, \qquad Q_0^{n+1} = [\bar{Q}_0^n] \cdot \text{CP}_0 \downarrow$$

$$J_1 = \bar{Q}_3^n, \quad K_1 = 1, \qquad Q_1^{n+1} = [\bar{Q}_3^n \bar{Q}_1^n] \cdot \text{CP}_1 \downarrow$$

$$T_2 = 1, \qquad Q_2^{n+1} = [\bar{Q}_2^n] \cdot Q_1 \downarrow$$

$$J_3 = Q_2^n Q_1^n, \quad K_3 = Q_3^n, \qquad Q_3^{n+1} = [\bar{Q}_3^n Q_2^n Q_1^n] \cdot \text{CP}_1 \downarrow$$

异步二-五-十进制计数器有三种计数方式，分别为二进制计数、五进制计数和十进制计数。

1）二进制计数方式

输入时钟脉冲为CP_0，输出为Q_0，此时对应的状态转移真值表如表 6-18 所示。

2）五进制计数方式

输入时钟脉冲为CP_1，输出为$Q_3 Q_2 Q_1$，此时对应的状态转移真值表如表 6-19 所示。

表 6-18 二进制计数方式的状态转移真值表

输入时钟脉冲	Q_0^n	Q_0^{n+1}
CP_0	0	1
	1	0

表 6-19 五进制计数方式的状态转移真值表

输入时钟脉冲	Q_3^n	Q_2^n	Q_1^n	Q_3^{n+1}	Q_2^{n+1}	Q_1^{n+1}
CP_1	0	0	0	0	0	1
	0	0	1	0	1	0
	0	1	0	0	1	1
	0	1	1	1	0	0
	1	0	0	0	0	0

3）十进制计数方式

将 Q_0 与 CP_1 相连，当 CP_0 作为输入时钟脉冲，$Q_3Q_2Q_1Q_0$ 作为输出时，为 8421BCD 码计数方式，各触发器状态转移方程为

$$Q_0^{n+1}=[\overline{Q}_0^n]\cdot CP\downarrow,\quad Q_1^{n+1}=[\overline{Q}_3^n\overline{Q}_1^n]\cdot Q_0\downarrow$$

$$Q_2^{n+1}=[\overline{Q}_2^n]\cdot Q_1\downarrow,\quad Q_3^{n+1}=[\overline{Q}_3^nQ_2^nQ_1^n]\cdot Q_0\downarrow$$

此时，对应的状态转移真值表如表 6-20 所示。

将 Q_3 与 CP_0 相连，当 CP_1 作为输入时钟脉冲，$Q_0Q_3Q_2Q_1$ 作为输出时，为 5421BCD 码计数方式，各触发器状态转移方程为

$$Q_0^{n+1}=[\overline{Q}_0^n]\cdot Q_3\downarrow,\quad Q_1^{n+1}=[\overline{Q}_3^n\overline{Q}_1^n]\cdot CP\downarrow$$

$$Q_2^{n+1}=[\overline{Q}_2^n]\cdot Q_1\downarrow,\quad Q_3^{n+1}=[\overline{Q}_3^nQ_2^nQ_1^n]\cdot CP\downarrow$$

此时，对应的状态转移真值表如表 6-21 所示。

表 6-20 8421BCD 码计数方式的状态转移真值表

输入时钟脉冲	Q_3	Q_2	Q_1	Q_0
CP_0	0	0	0	0
	0	0	0	1
	0	0	1	0
	0	0	1	1
	0	1	0	0
	0	1	0	1
	0	1	1	0
	0	1	1	1
	1	0	0	0
	1	0	0	1

表 6-21 5421BCD 码计数方式的状态转移真值表

输入时钟脉冲	Q_0	Q_3	Q_2	Q_1
CP_1	0	0	0	0
	0	0	0	1
	0	0	1	0
	0	0	1	1
	0	1	0	0
	1	0	0	0
	1	0	0	1
	1	0	1	0
	1	0	1	1
	1	1	0	0

6.4.2 常用集成计数器

常用集成计数器分为二进制计数器（含同步、异步、加减和可逆）和非二进制计数器（含同步、异步、加减和可逆），这里介绍集成计数器 CT54/74161 和 CT54/74160。集成计数器 CT54/74161 为 4 位同步二进制加法计数器，CT54/74160 为同步十进制加法计数器。图 6-32 所示为 CT54/74161 芯片引脚示意。其中 CO 为满值输出信号，$Q_0 Q_1 Q_2 Q_3$ 为计数输出信号（有时用 1、2、4、8 表示），其余为输入信号。CT54/74161 具有如下功能。

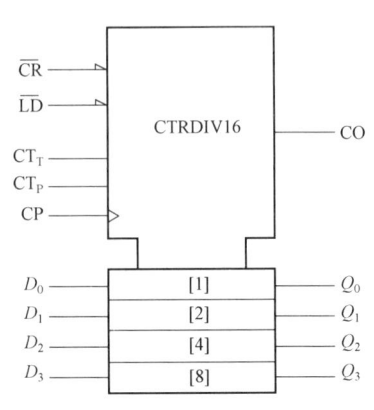

图 6-32 CT54/74161 芯片引脚示意

1）异步清零

当 $\overline{CR}=0$ 时，无论其他输入信号的取值如何，计数器的输出将被直接清零，称为异步清零，$\overline{CR}$ 称为清零端或者清除端，低电平有效。

2）同步并行预置

当 $\overline{CR}=1$，$\overline{LD}=0$，且有时钟脉冲 CP 的上升沿到达时，预置输入 $D_0 D_1 D_2 D_3$ 将同时分别置入 $Q_0 Q_1 Q_2 Q_3$。由于在时钟脉冲的作用下完成置入，所以称为同步预置。$\overline{LD}$ 称为预置端，低电平有效。

3）保持

在 $\overline{CR}=\overline{LD}=1$ 时，若 $CT_P \cdot CT_T = 0$，则计数器保持原状态不变。但当 $CT_T=0$，$CT_P=1$ 时，输出 CO=0；而当 $CT_T=1$，$CT_P=0$ 时，输出 CO 也保持不变。

4）计数

当 $\overline{CR}=\overline{LD}=CT_T=CT_P=1$ 时，计数器在 CP 上升沿的作用下，进行 4 位同步二进制加法计数。160 系列芯片与 161 系列芯片的功能基本相同，只是 160 系列芯片为十进制计数，161 系列芯片为十六进制计数。当计数达到最大值时，进位输出（满位输出）CO 为 1。160 系列芯片的计数最大值为 1001，161 系列芯片的计数最大值为 1111。CT54/74161（CT54/74160）功能表如表 6-22 所示。

表 6-22 CT54/74161（CT54/74160）功能表

清零	预置	使能		时钟脉冲	预置输入				输出			
$\overline{CR}$	$\overline{LD}$	CT_T	CT_P	CP	D_0	D_1	D_2	D_3	Q_0	Q_1	Q_2	Q_3
0	×	×	×	×	×	×	×	×	0	0	0	0
1	0	×	×	↑	d_0	d_1	d_2	d_3	d_0	d_1	d_2	d_3
1	1	0	×	×	×	×	×	×	计数输出保持，CO=0			
1	1	×	0	×	×	×	×	×	计数输出和 CO 均保持			
1	1	1	1	↑	×	×	×	×	计数			

应用 N 进制中规模集成器件实现任意计数模值 M（$M < N$）计数分频器时，主要是从

N 进制计数器的状态转移真值表中跳越（$N-M$）个状态，从而得到 M 个状态转移的 M 计数分频器。通常利用中规模集成器件的清零端和预置端来实现。

当中规模 N 进制计数器从 S_0 状态开始计数时，输入 M 个计数脉冲后，N 进制计数器处于 S_M 状态。如果利用 S_M 状态产生一个清除信号，加到清零端，使 N 进制计数器返回到 S_0 状态，这样就跳越了（$N-M$）个状态，从而实现模 M 计数分频器。

【例 6-4-1】利用 4 位同步二进制加法计数器 CT54/74161 实现模 10 计数分频器。

解：CT54/74161 共有 16 个状态，模 10 计数分频器只需要 10 个状态，因此在 CT54/74161 的基础上，需要加上判别和清零信号产生电路。图 6-33 所示为利用 CT54/74161 的清零端构成的模 10 计数分频器。

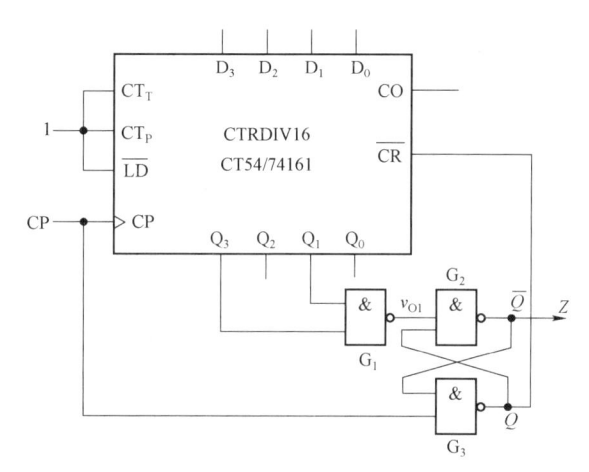

图 6-33 利用 CT54/74161 的清零端构成的模 10 计数分频器

在图 6-33 中，G_1 门为判别门，当第 10 个计数脉冲上升沿输入后，计数器进入 1010 状态；则 G_1 门的输出 $v_{O1}=\overline{Q_3Q_1}$ 为低电平，作用于 G_2 门和 G_3 门组成的基本 RS 触发器，使 Q 端为 0，作用于计数器的 $\overline{CR}$ 端，则使计数器清零。此后又在计数脉冲的作用下，从 0000 开始计数，每当输入 10 个脉冲，计数器即进入 1010 状态，通过 $\overline{CR}$ 端使计数器复位为 0，输出一个脉冲，其工作波形如图 6-34 所示。

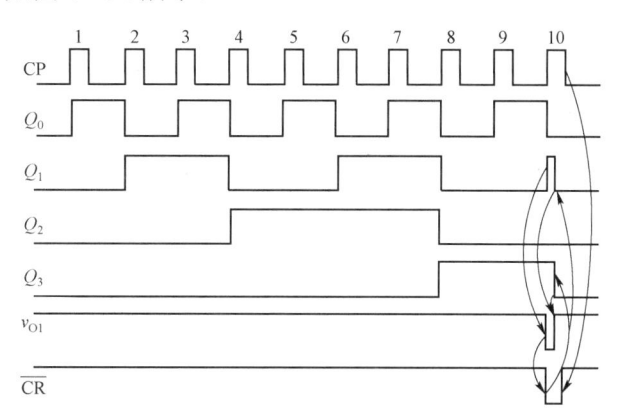

图 6-34 例 6-4-1 的工作波形

在图 6-33 中，由 G_2 门和 G_3 门组成基本 RS 触发器的目的是保持 G_1 门产生的清除信号 v_{O1}，保证可靠清零。如果没有基本 RS 触发器，而用 G_1 门的输出 v_{O1} 直接加到 $\overline{CR}$ 端，从原理上看也是可以实现清零的。当计数到 1010 时，清零信号才为 0，因此 1010 这个状态存在，之后计数为 0000，此时 $\overline{CR}=1$，即 $\overline{CR}=0$ 持续的时间很短暂，可能不会使全部触发器都清零。为了保证触发器可靠清零，在输出 v_{O1} 和清零信号之间加基本 RS 触发器。采用了基本 RS 触发器后，Q 输出的清零信号宽度和计数脉冲 CP = 1 的持续时间相同。

其工作原理为一旦计数器进入 $M=10$（$Q_3Q_2Q_1Q_0 = 1010$）状态，G_1 门输出就为 0，使 G_2 门输出为 1。由于 CP = 1，所以 G_3 门输出为 0，作用于 $\overline{CR}$，使计数器清零，同时 G_1 门输出为 1。G_3 门输出为 0 的持续时间为 CP = 1 的持续时间。此后 CP = 0，使 G_3 门输出为 1。由于 1010 出现的时间十分短暂，所以不包含在有效状态中。计数器的状态从 0000 变化到 1001，实现模 10 计数，输出 Z 为 CP 的 10 分频信号。

这种方法比较简单，清零信号的产生电路有固定的结构形式，如图 6-35 所示，其由 G_1 门、G_2 门、G_3 门组成。在利用中规模集成计数器时，只需将计数模值 M 二进制代码中 1 的输出连接至 G_1 门的输入端，即可实现模 M 计数分频器。

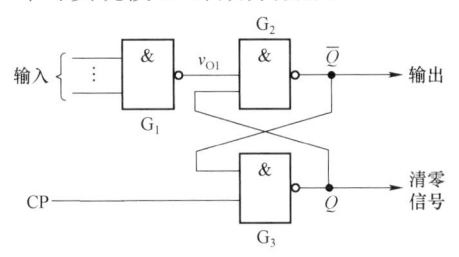

图 6-35 清零信号产生电路的结构形式

【例 6-4-2】利用 CT54/74161 实现模 12 计数分频器。

解：CT54/74161 是 4 位同步二进制加法计数器，$\overline{CR}$ 为低电平异步清零，模 12 的二进制代码 $Q_3Q_2Q_1Q_0 = 1100$，实现电路如图 6-36 所示。

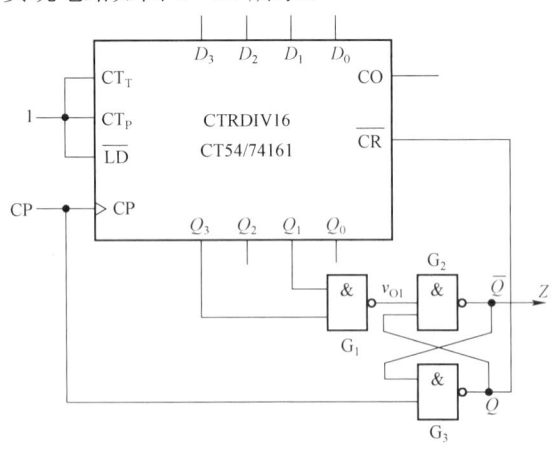

图 6-36 利用 CT54/74161 的清零端实现模 12 计数分频器

除了可以利用清零端 $\overline{CR}$ 以外，还可以利用预置端 $\overline{LD}$，以置入某一固定二进制数值的方法，使 N 进制计数跳越（$N-M$）个状态，实现模 M 计数分频器。

【例6-4-3】应用4位同步二进制加法计数器CT54/74161实现模10计数分频器。

解：如图6-37所示。当计数器满值时,即$Q_3Q_2Q_1Q_0=1111$时,满位输出$CO=1$,则$\overline{LD}=0$,在下一个计数脉冲上升沿到来时,置入预置数据,即$Q_3Q_2Q_1Q_0=D_3D_2D_1D_0=0110$,计数器从0110开始计数,到1111依次循环计数,总共有10个循环状态,因此实现了模10计数。同时,可以看到,每个计数循环（10个计数脉冲周期的时间）中,满位输出CO有一个CP周期为1,因此从CO输出的信号为计数脉冲CP的十分频。当然,利用$\overline{LD}$实现模10计数分频器的方法还有很多。

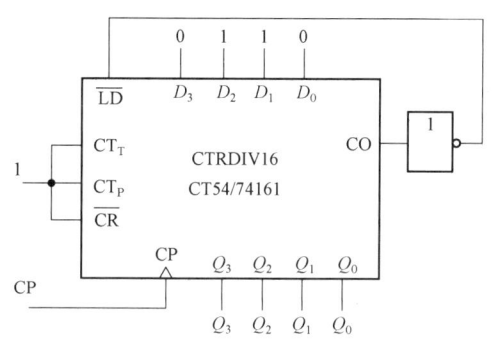

图6-37 例6-4-3的实现电路

【例6-4-4】分析图6-38所示电路的计数模值,并写出其状态转移真值表。

解：在图6-38（a）中,将输出端Q_2与$\overline{LD}$端直接相连,当$Q_2=0$时,$\overline{LD}=0$,则在下一个计数脉冲上升沿到来时,计数器进行置位,其状态转移真值表如表6-23所示。

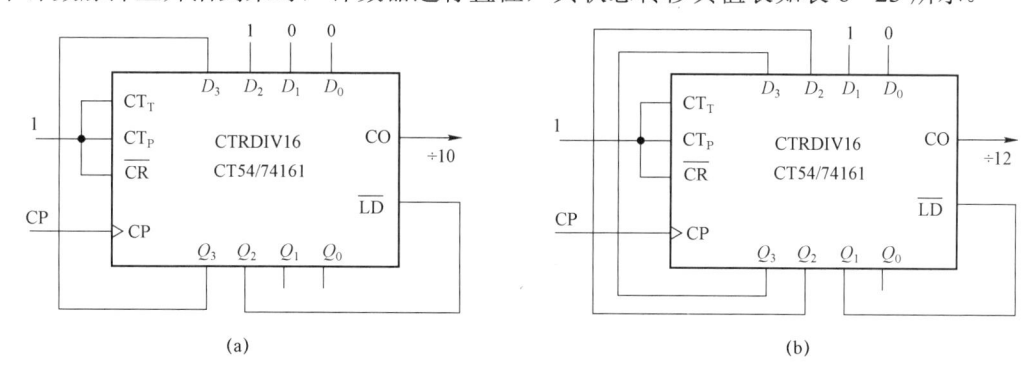

图6-38 例6-4-4的逻辑电路图

表6-23 例6-4-4的状态转移真值表

模10计数					模12计数			
Q_3	Q_2	Q_1	Q_0	Q_3	Q_2	Q_1	Q_0	
0	0	0	0	0	0	0	0	
0	1	0	0	0	0	1	0	
0	1	0	1	0	0	1	1	
0	1	1	0	0	1	0	0	
0	1	1	1	0	1	1	0	
1	0	0	0	0	1	1	1	

续表

模 10 计数				模 12 计数			
Q_3	Q_2	Q_1	Q_0	Q_3	Q_2	Q_1	Q_0
1	1	0	0	1	0	0	0
1	1	0	1	1	0	1	0
1	1	1	0	1	0	1	1
1	1	1	1	1	1	0	0
				1	1	1	0
				1	1	1	1

　　置位端 D_3 与输出端 Q_3 相连，$D_2D_1D_0=100$。当计数输出 $Q_3Q_2Q_1Q_0=0000$ 时，$\overline{LD}=0$，下一个计数脉冲上升沿到来时，计数器置位为 0100，此时 $\overline{LD}=1$，计数器不置位，继续计数，输出状态分别为 0101，0110，0111 和 1000；当计数输出 $Q_3Q_2Q_1Q_0=1000$ 时，$\overline{LD}=0$，下一个计数脉冲上升沿到来时，计数器置位为 1100，此时 $\overline{LD}=1$，计数器不置位，继续计数，输出状态分别为 1101，1110，1111，0000，又回到 0000 状态进行循环。因此，总共有 10 个状态在循环，实现模 10 计数。同时，循环的 10 个状态中，存在状态 1111，即 CO=1 的一个状态，因此从 CO 端输出的信号为 CP 的 10 分频。而且，从状态转移真值表可以看到，从 Q_3 端输出的工作波形为方波，即 Q_3 等于 0 和 Q_3 等于 1 的持续时间相同。同理，可以分析图 6-38 （b）所示电路的计数状态，如表 6-23 所示，它实现模 12 计数分频器，从 Q_3 和 Q_2 端输出的工作波形为方波。

　　置位信号的产生也有固定的结构形式，即只需要改变输入数据，就可以改变计数模值。它有四种比较常用的结构形式。

　　（1）第一种结构形式。输入数据为 $(N-M)$ 的二进制代码，由满位输出端 CO 取反后与 $\overline{LD}$ 相连，其中 N 表示 10（对应 CT54/74160）或者 16（对应 CT54/7461）。其特点是在状态循环中不包含全 0 状态，可得其状态为 $(N-M)\sim(N-1)$，共 M 个不同状态。例如，图 6-37 所示电路为模 10 计数分频器。

　　（2）第二种结构形式。输入数据为 $(N-M+1)$ 的二进制代码，由或门产生预置信号，其特点是在状态循环中包含全 0 状态，在计数到全 0 时 $\overline{LD}=0$，下一个计数脉冲上升沿到来时进行置位。如图 6-39 所示的模 12 计数分频器，在输出 $Q_3Q_2Q_1Q_0=0000$ 时，$\overline{LD}=0$，下一个计数脉冲上升沿到来时，置位 0101，此时 $\overline{LD}=1$，不置位，继续计数，输出状态分别为 0110，0111，1000，1001，1010，1011，1100，1101，1110，1111，0000，0101，总共有 12 个状态在循环，实现模 12 计数，并且从 CO 端输出的信号为 CP 的 12 分频。

　　（3）第三种结构形式。输入数据为 $\left[\dfrac{1}{2}(N-M)+1\right]$ 的二进制代码，它与第二种结构形式的不同点在于 Q_3 端的输出反馈到 D_3 端作为置位输入，其特点是包含了全 0 状态，而且 Q_3 端的输出为方波，如图 6-40 所示的模 12 计数分频器。当 $Q_2Q_1Q_0=000$ 时，$\overline{LD}=0$，在下一个 CP 上升沿置入数据，如果此时 $Q_3=0$，则置入 0011，然后开始计数，状态依次为 0100，0101，0110，0111，1000，当计数到 $Q_3Q_2Q_1Q_0=1000$ 时，$\overline{LD}=0$，在下一个 CP 上升沿置入数据，此时 $Q_3=1$，故置入 1011，然后开始计数，状态依次为 1100，1101，1110，1111，0000。12

个状态依次反复，计数模值为 12。从输出状态可以看出，Q_3 端的输出为方波。

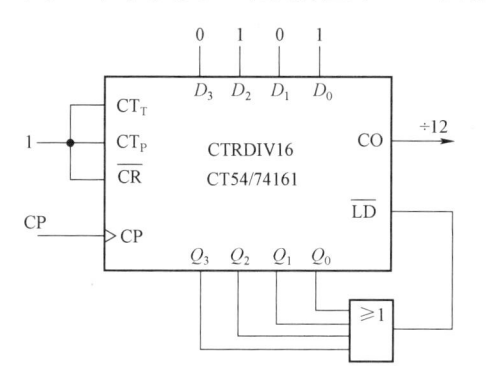

图 6-39　利用置位端计数的电路（1）

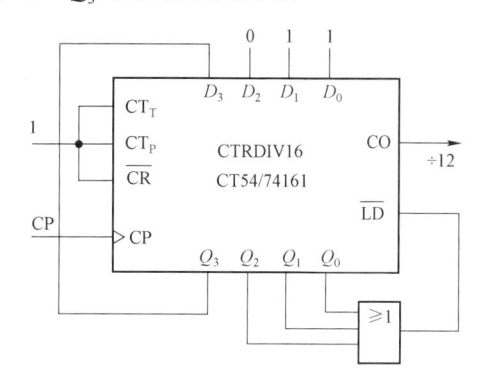

图 6-40　利用置位端计数的电路（2）

（4）第四种结构形式。输入数据固定为 0000，然后将（$M-1$）对应的二进制代码中取值为 1 的输出加入与非门，并将此与非门的输出作为置位信号 $\overline{LD}$。其特点是包含了全 0 状态，而且为 M 进制计数器，如图 6-41 所示的模 11 计数分频电路。从图中可知，$\overline{LD}=\overline{Q_3Q_1}$，当输出 $Q_3Q_2Q_1Q_0=1010$ 时，$\overline{LD}=0$，在下一个 CP 上升沿置入数据 0000，因此状态从 0000 到 1010 进行循环，共 11 个状态，为模 11 计数。需要注意的是，因为计数状态不存在 1111，所以在正常计数循环内，满位输出 CO 一直为 0，于是从 CO 端输出的信号并不是 CP 的 11 分频信号；但是，从预置端 $\overline{LD}$ 输出的信号为 CP 的 11 分频信号。

如果加上其他控制信号，则可以实现双模值的计数电路，可以先分析图 6-42 所示电路的计数模值，然后自行总结设计思路。当 $M=0$ 时，置位端为 $D_3D_2D_1D_0=0010$，计数值为 0010 到 1001，模值为 8；当 $M=1$ 时，置位端为 $D_3D_2D_1D_0=0100$，计数值为 0100 到 1001，模值为 6。

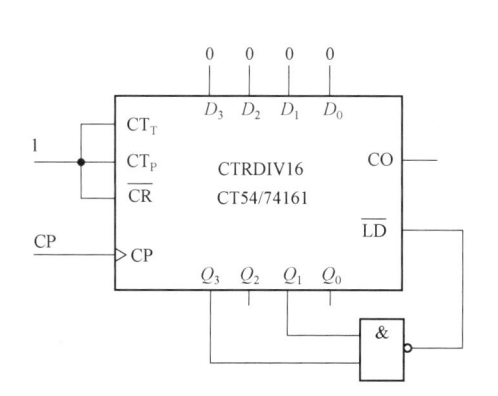

图 6-41　利用置位端计数的电路（3）

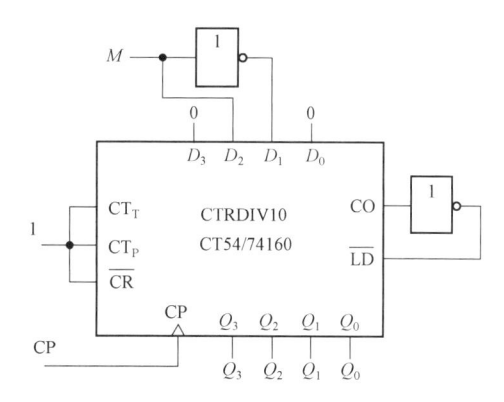

图 6-42　利用置位端实现可变模值计数器

以上分析是利用一片 CT54/74161 或 CT54/74160 实现了计数模值小于 10 或者 16 的计数，如果要实现的计数模值大于 10 或者 16 时，需要多个芯片实现。图 6-43 所示电路为利用 3 片 CT54/74161 构成的 12 位同步二进制加法计数器。从图 6-43 可以看出，没有出现 $\overline{CR}$，即 $\overline{CR}$ 取值为 1。片 I 的 $\overline{LD}=1$，$CT_P=1$，$CT_T=1$，执行加法计数。片 II 的 $\overline{LD}=1$，$CT_T=1$，而只有在片 I 的满位输出 CO=1 时才执行加法计数。片 III 的 $\overline{LD}=1$，CT_T 接片 II 的输出 CO，

CT_P 接片Ⅰ的输出 CO，因此，只有在片Ⅰ和片Ⅱ均计数到 CO=1 时，片Ⅲ在时钟脉冲的作用下才执行加法计数。这样从 $Q_0 \sim Q_{11}$ 输出，完成 12 位二进制计数的功能。

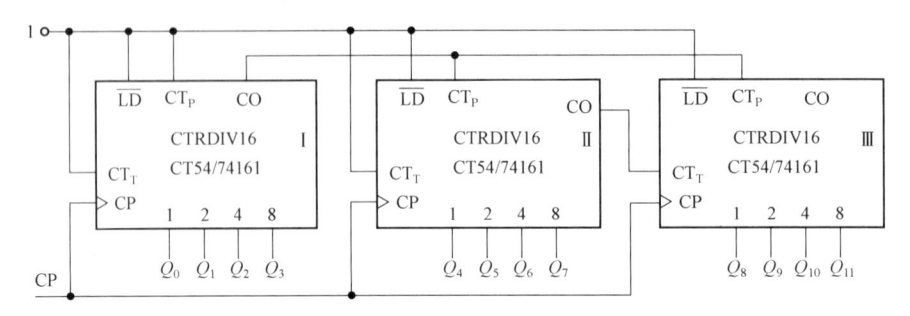

图 6-43　利用 3 片 CT54/74161 构成的 12 位同步二进制加法计数器

图 6-44 所示电路是采用 CT54/74160 利用整体清零的方法实现的 853 进制计数器。首先，通过控制端 CO、CT_T 和 CT_P 构造了高低位。因为采用的计数器为十进制计数，所以可以说这种接法构造了百位（片Ⅲ）、十位（片Ⅱ）和个位（片Ⅰ）。然后，将三个芯片的异步清零端 $\overline{CR}$ 连接在一起，进行整体清零，并按照图 6-35 所示的清零电路添加了基本 RS 触发器。当与非门 G_1 的五个输入端均为 1 时，G_1 门的输出为 0，通过基本 RS 触发器同时作用在三个芯片的清零端。在这个电路中，当片Ⅰ的输出为 0011（3），片Ⅱ的输出为 0101（5），片Ⅲ的输出为 1000（8），即 853 时，三个芯片立即清零，但是 853 这个状态持续时间太短，不计入有效状态，因此实现了 853 进制的计数（0～852）。

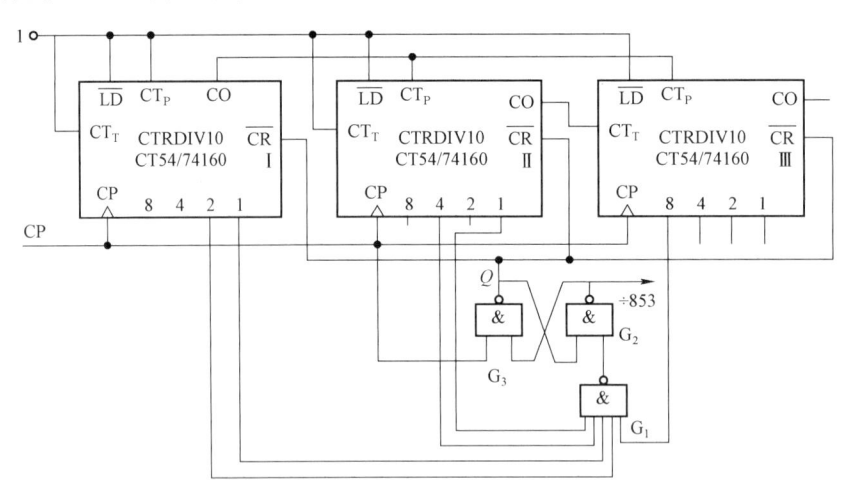

图 6-44　利用 CT54/74160 的清零端实现的 853 进制计数器

同样，也可以利用通过同步置位端实现整体置位的方法。图 6-45 所示的电路由 CT54/74161 利用整体置位法实现的 83 进制计数器。将片Ⅰ的满位输出 CO 与片Ⅱ的计数控制端 CT_P 和 CT_T 相连（当然，CO 可与 CT_P 和 CT_T 之中的一个连接，没有连接的另一端接高电平）构造出高低位，片Ⅰ为低位，片Ⅱ为高位。同时，两个芯片的置位控制端 $\overline{LD}$ 相连，实现整体置零。当与非门的三个输入均为 1 时，与非门输出为 0，即置位控制端为 0。在图 6-45 中，当片Ⅰ计数到 0010，片Ⅱ计数到 0101 时，两个芯片的置位控制端 $\overline{LD}=0$，下一个 CP

上升沿到来时，同步置位（两个芯片均置入 0000）。因此，两个芯片的计数状态是从 00H 到 52H，即 0~82（十进制数），实现了 83 进制的计数。

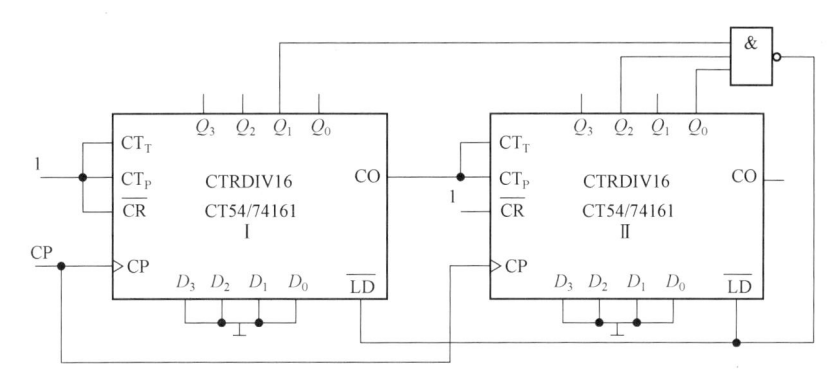

图 6-45　利用 CT54/74161 的置位端实现的 83 进制计数器

上述电路中的芯片都由同一个计数脉冲控制，属于同步计数电路。图 6-46 所示的电路为异步计数器。片 I 的计数脉冲为输入脉冲 CP，片 II 的计数脉冲为片 I 的置位控制端 $\overline{LD}$，且 $\overline{LD} = \overline{CO}$。当片 I 的满位输出 CO 由高电平变为低电平时，片 II 的计数脉冲会出现上升沿，此时片 II 才能计数。从片 I 来看，计数状态为 1001~1111，共 7 个状态；在计数输出状态为 1001~1110 时，CO 为 0，当计数输出状态为 1111 时，CO 为 1。可以看出，片 I 的 CO 为输入计数脉冲 CP 的 7 分频信号。片 II 的计数状态为 0111~1111，共 9 个状态。但是，片 II 的计数脉冲与片 I 不同，在输入 7 个计数脉冲 CP 时，片 II 会接收到一个上升沿，计数 1 个状态。因此，片 II 的 9 个计数状态全部输出需要输入 63 个计数脉冲 CP，于是实现了模 63 的计数器，电路输出为 CP 脉冲的 63 分频。

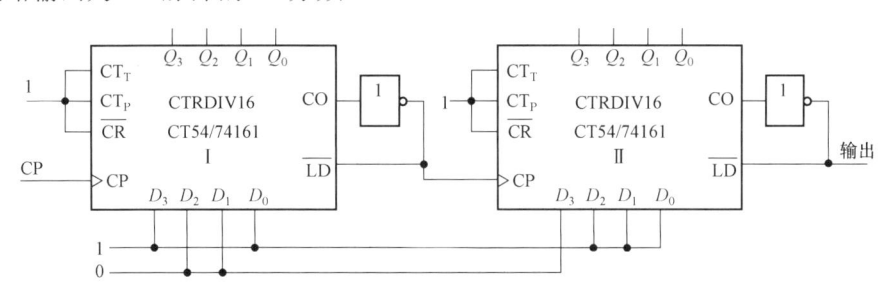

图 6-46　利用 2 片 CT54/74161 实现的异步计数器

6.5　寄　存　器

寄存器和移位寄存器是数字系统和计算机中常用的基本逻辑部件，应用很广泛。寄存器是存放数码、运算结果或指令的电路；移位寄存器不但可以存放数码，而且在移位脉冲的作用下所存放的数码可根据需要向左或向右移位。1 个触发器可存储 1 位二进制代码，触发器是寄存器和移位寄存器的重要组成部分。

根据数码输入方式的不同，寄存器分为并行方式和串行方式。并行方式是寄存器接收数据时各位代码同时输入；串行方式是将数码从一个输入端逐位输入寄存器。数码取出方式也分为并行和串行两种，并行方式就是各位数码同时出现在输出端，串行方式是被取出的数码在一个输出端逐位输出。

6.5.1 寄存器电路分析

1. 数码寄存器

用于存放二进制数码的电路称为寄存器。由 D 触发器组成的 4 位数码寄存器如图 6-47 所示。

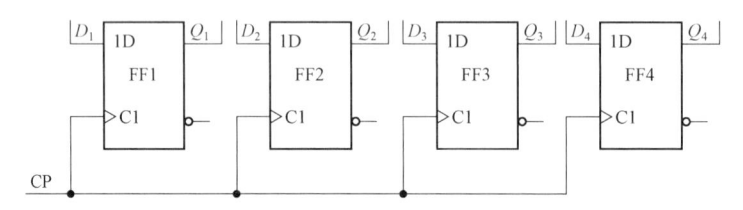

图 6-47 由 D 触发器组成的 4 位数码寄存器

图中 $D_1 \sim D_4$ 为并行数码输入，CP 为时钟脉冲，$Q_1 \sim Q_4$ 为并行数码输出。$D_1 \sim D_4$ 分别为 $FF_1 \sim FF_4$ 中 D 触发器 D 端的输入数码，因此，当时钟脉冲 CP 上升沿到达时，$D_1 \sim D_4$ 被并行置入 4 个触发器，这时 $Q_4Q_3Q_2Q_1 = D_4D_3D_2D_1$。在 CP 非上升沿的其他时间，4 位数码寄存器中存放的数码保持不变，即 $FF_1 \sim FF_4$ 的状态不变。

2. 移位寄存器

同时具有存放数码和移位功能的寄存器称为移位寄存器，又称为移存器。移位功能是指在移位脉冲的作用下，寄存器中的数码依次左移或右移。移位寄存器又分为单向移位寄存器和双向移位寄存器。

1）单向移位寄存器

图 6-48 所示电路为由 4 级 D 触发器构成的 4 位左移的单向移位寄存器。该电路使用了 4 个上升沿触发的 D 触发器，组成同步时序逻辑电路。

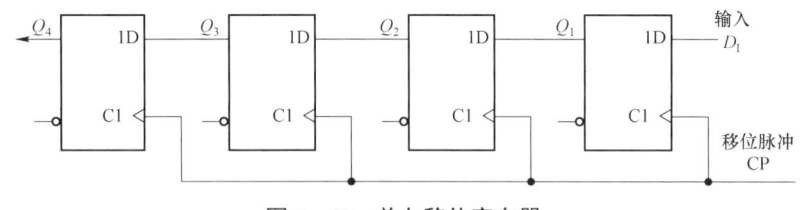

图 6-48 单向移位寄存器

从电路结构看，单向移位寄存器是将 D 触发器串接起来，D 触发器的状态按照串行输入 D_1 变化，其他各级触发器的状态均由前一级触发器状态串行传递。按照同步时序逻辑电路的分析步骤，可以分析图 6-48 所示的单向移位寄存器的逻辑功能。

根据图 6-48 列出各触发器驱动方程和状态转移方程：

$$D_1 = D_1, \quad D_2 = Q_1^n, \quad D_3 = Q_2^n, \quad D_4 = Q_3^n \tag{6-8}$$

$$Q_1^{n+1} = D_1, \quad Q_2^{n+1} = Q_1^n, \quad Q_3^{n+1} = Q_2^n, \quad Q_4^{n+1} = Q_3^n \tag{6-9}$$

因为从移位脉冲 CP 上升沿到达开始至输出端新状态的建立需要一段传输时间，所以在

CP 上升沿同时作用于所有触发器时，每个触发器将按照其前一级触发器的状态改变。当 CP 的第一个上升沿到来时，串行输入的第一个数据进入第一个触发器，第一个触发器原来的数据进入第二个触发器，依此类推，单向移位寄存器中的数据依次向左移动 1 位。

设单向移位寄存器的初始状态为 0000，串行输入数码 $D_1 = 1101$，从高位到低位逐位输入信号端。单向移位寄存器中的数码移动情况如表 6-24 所示。

表 6-24　单向移位寄存器中的数码移动情况

移位脉冲 CP	输入数码 D_1	Q_1	Q_2	Q_3	Q_4
0	×	0	0	0	0
1	1	1	0	0	0
2	1	1	1	0	0
3	0	0	1	1	0
4	1	1	0	1	1

由此可见，单向移位寄存器具有以下特点。

（1）输入数码在 CP 的控制下，依次右移或左移。

（2）寄存 n 位二进制数码。n 个 CP 周期后完成串行输入，并可从 $Q_1 \sim Q_4$ 获得并行输出，再经 n 个 CP 周期又获得串行输出。

（3）若串行数据输入端为 0，则 n 个 CP 周期后单向移位寄存器被清零。

2）双向移位寄存器

图 6-49 所示电路为双向移位寄存器，M 为控制信号，A 为右移串行输入数码，B 为左移串行输入数码。

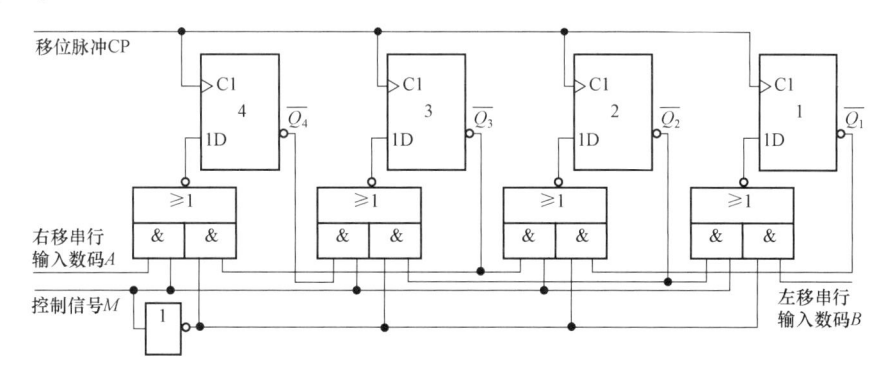

图 6-49　双向移位寄存器

根据图 6-49，可以写出各触发器状态转移方程：

$$Q_4^{n+1} = D_4 = \overline{MA + \overline{M}\overline{Q}_3^n}, \quad Q_3^{n+1} = D_3 = \overline{\overline{M}\overline{Q}_4^n + \overline{M}\overline{Q}_2^n}$$

$$Q_2^{n+1} = D_2 = \overline{\overline{M}\overline{Q}_3^n + \overline{M}\overline{Q}_1^n}, \quad Q_1^{n+1} = D_1 = \overline{\overline{M}\overline{Q}_2^n + \overline{M}B}$$

（6-10）

当 $M = 1$ 时，各触发器状态转移方程为

$$Q_4^{n+1} = \overline{A}, \quad Q_3^{n+1} = Q_4^n, \quad Q_2^{n+1} = Q_3^n, \quad Q_1^{n+1} = Q_2^n \tag{6-11}$$

当 $M = 0$ 时，各触发器状态转移方程为

$$Q_4^{n+1} = Q_3^n, \quad Q_3^{n+1} = Q_2^n, \quad Q_2^{n+1} = Q_1^n, \quad Q_1^{n+1} = \overline{B} \tag{6-12}$$

表 6-25 所示为双向移位寄存器中的数码移动情况。从表中可以看出，当 $M = 1$ 时，在移位脉冲的作用下，实现右移移位寄存器功能；当 $M = 0$ 时，在移位脉冲的作用下，实现左移移位寄存器功能。

表 6-25 双向移位寄存器中的数码移动情况

M	Q_4^{n+1}	Q_3^{n+1}	Q_2^{n+1}	Q_1^{n+1}	M	Q_4^{n+1}	Q_3^{n+1}	Q_2^{n+1}	Q_1^{n+1}
1	$\overline{A}$	Q_4^n	Q_3^n	Q_2^n	0	Q_3^n	Q_2^n	Q_1^n	$\overline{B}$

移位寄存器的应用较广泛，主要用于实现数码串行-并行转换。

在数字系统中，线路上信息的传递通常是串行的，而终端的输入或输出往往是并行的，因此需要将串行信号转换为并行信号，或将并行信号转换为串行信号。

图 6-50 所示为 5 单位信息串行-并行转换电路。它由两部分组成，一部分是由 D 触发器构成的 5 位右移移位寄存器，另一部分是由与门构成的并行读出电路。所谓 5 单位信息，是由 5 位二进制数码组成的信息代码。

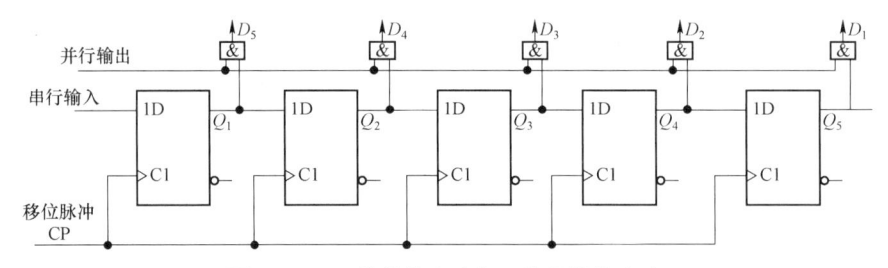

图 6-50 5 单位信息串行-并行转换电路

移位寄存器的移位脉冲与信息代码的码元同步。并行读出脉冲必须在经过 5 个移位脉冲后出现，并且和移位脉冲出现的时间互相错开，如图 6-51 所示。假设串行输入 5 单位数码为（10011）（左边先入）。在移位脉冲的作用下，5 位右移移位寄存器的状态转移真值表如表 6-26 所示。在该组数码输入之前，5 个触发器的状态寄存着前一组 5 单位数码，在表中用"—"表示。通过第 1 个移位脉冲的作用，将输入的第 1 位数码存入第 1 级触发器；在第 2 个移位脉冲的作用下，第 2 位数码存入第 1 级触发器，而第 1 位数码移存至第 2 级触发器，依此类推。通过 5 个移位脉冲的作用后，"10011" 5 个数码逐位存入各触发器。在第 6 个移位脉冲作用之前，并行输出作用于输出与门，因此在 5 个输出与门的输出端就输出并行的 5 位数码"10011"，其工作波形如图 6-51 所示。

表 6-26　5 位右移移位寄存器的状态转移真值表

序号	Q_1	Q_2	Q_3	Q_4	Q_5
0	—	—	—	—	—
1	1	—	—	—	—
2	0	1	—	—	—
3	0	0	1	—	—
4	1	0	0	1	—
5	1	1	0	0	1
并行输出	1	1	0	0	1

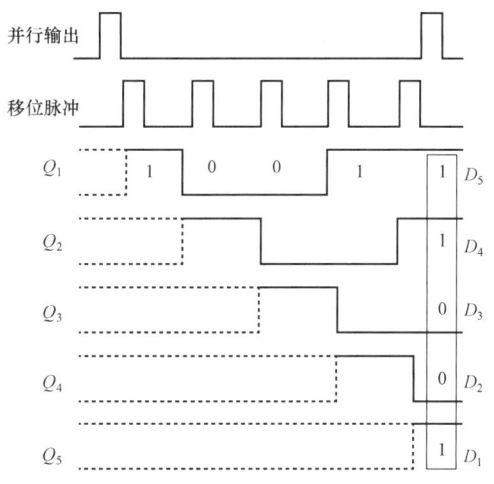

图 6-51　5 单位信息串行-并行转换电路工作波形

在图 6-52 所示的电路中，输入为并行数码，输出为串行数码。它也由两部分组成，一部分为由 D 触发器构成的右移移位寄存器，另一部分为由并行取样（写入）脉冲（M）控制的输入电路。

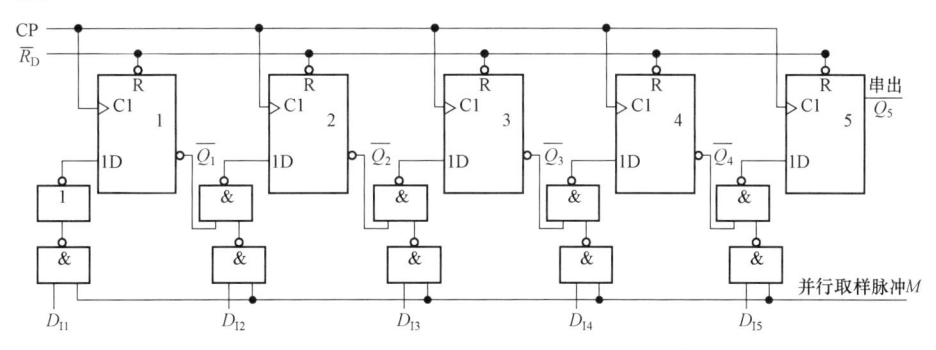

图 6-52　并入串出逻辑电路图

由图 6-52 可以得出各触发器状态转移方程为

$$Q_1^{n+1} = D_1 = M \cdot D_{I1}$$

$$Q_2^{n+1} = D_2 = Q_1^n + M \cdot D_{I2}$$

(6-13)

$$Q_3^{n+1} = D_3 = Q_2^n + M \cdot D_{I3}$$
$$Q_4^{n+1} = D_4 = Q_3^n + M \cdot D_{I4}$$
$$Q_5^{n+1} = D_5 = Q_4^n + M \cdot D_{I5}$$

首先，各触发器清零。当并行取样脉冲 $M=1$ 时，在移位脉冲 CP 的作用下，将输入数据 $D_{I1} \sim D_{I5}$ 并行存入各触发器，之后令并行取样脉冲 $M=0$。在移位脉冲的作用下，实现右移移存功能，从 Q_5 端输出串行数码。在图 6-52 所示的电路中，只需要在第一次并行取样前加清零信号，以后连续工作时不需要再清零。

假设并行输入的 5 单位数码中，第一组并行输入 11001，第二组并行输入 10101，表 6-27 表示为 5 单位数码并转换为串行的状态转移情况。图 6-53 所示为其工作波形。在移位脉冲序号为 1 和 6 时，并行取样输入，在表 6-27 中用 "*" 标注。

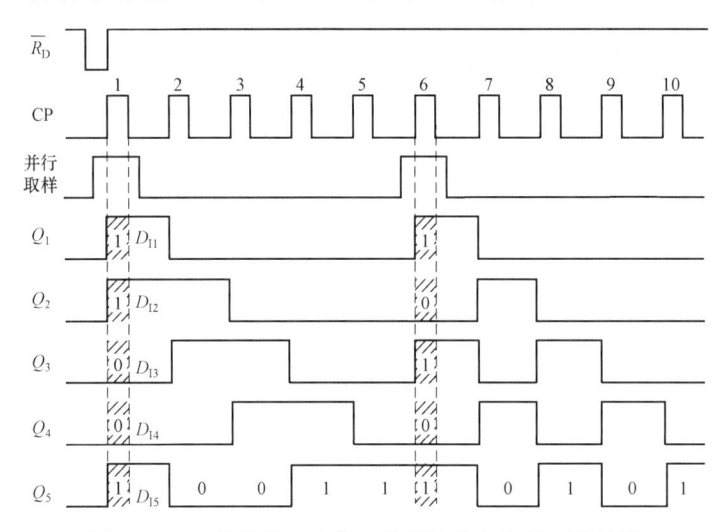

图 6-53 5 单位信息串行-并行转换电路的工作波形

表 6-27 5 单位数码并行转换为串行的状态转移情况

移动脉冲序号	Q_1	Q_2	Q_3	Q_4	Q_5
0	0	0	0	0	0
1*	1	1	0	0	1
2	0	1	1	0	0
3	0	0	1	1	0
4	0	0	0	1	1
5	0	0	0	0	1
6*	1	0	1	0	1
7	0	1	0	1	0
8	0	0	1	0	1
9	0	0	0	1	0
10	0	0	0	0	1

在并行取样脉冲的作用下，5 单位并行数码同时存入 5 个移位寄存器，以后在移位脉冲

的作用下,逐位移存,第 5 级触发器的输出 Q_5 即串行数码。必须说明,并行取样脉冲与移位脉冲有一定的关系。此关系由并行输入信号的位数决定,若并行输入信号的位数为 n,则由 n 级触发器构成移位寄存器。移位脉冲频率为

$$f_{CP} = n \cdot f_{SA} \qquad (6-14)$$

式中,f_{SA} 为并行取样脉冲的频率。并行取样脉冲的宽度应大于移位脉冲的宽度。

3. 移位寄存器的其他应用

1) 脉冲节拍延迟

由于移位寄存器串行输入、串行输出时,输入信号经过 n 级移位寄存后才到达输出端输出,所以输出信号比输入信号延迟了 n 个移位脉冲的周期,这样就起到脉冲节拍延迟的作用。脉冲节拍延迟时间为

$$t_d = nT_{CP} \qquad (6-15)$$

式中,T_{CP} 为移位脉冲的周期;n 为移位寄存器的位数。反之,在要求脉冲节拍延迟时间为 t_d 时,确定了移位脉冲 T_{CP} 后,可以求出需要的移位寄存器的位数 n。

2) 环形计数器

图 6-54 所示电路为由 4 个 D 触发器构成的环形计数器。

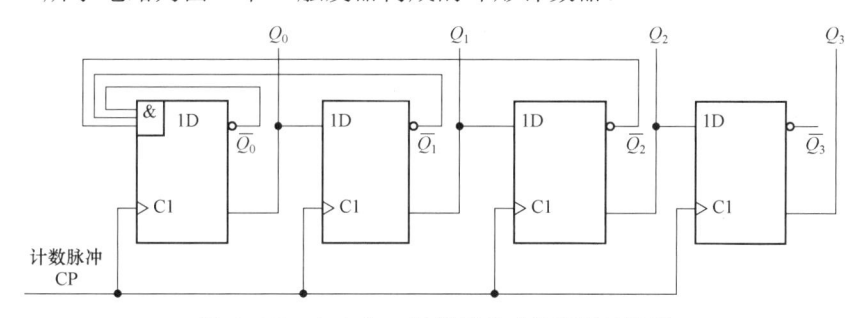

图 6-54 由 4 个 D 触发器构成的环形计数器

由图 6-54 可得各触发器状态转移方程为

$$Q_0^{n+1} = D_0 = \overline{Q}_2^n \overline{Q}_1^n \overline{Q}_0^n, \quad Q_1^{n+1} = D_1 = Q_0^n \qquad (6-16)$$
$$Q_2^{n+1} = D_2 = Q_1^n, \quad Q_3^{n+1} = D_3 = Q_2^n$$

假设环形计数器初态为 0000,可以列出状态转移真值表,如表 6-28 所示。

表 6-28 环形计数器的状态转移真值表

计数脉冲序号	现态				次态			
	Q_3^n	Q_2^n	Q_1^n	Q_0^n	Q_3^{n+1}	Q_2^{n+1}	Q_1^{n+1}	Q_0^{n+1}
0	0	0	0	0	0	0	0	1
1	0	0	0	1	0	0	1	0
2	0	0	1	0	0	1	0	0
3	0	1	0	0	1	0	0	0
4	1	0	0	0	0	0	0	1

由表 6-28 可以看出，总共有 4 个有效工作状态，计数模值为 4。同时，利用各触发器状态转移方程计算其余 12 个无效状态的次态，可以看出环形计数器具有自启动功能。但由于无效状态过多，所以环形计数器的状态利用率很低。环形计数器工作在有效状态时的工作波形如图 6-55 所示。

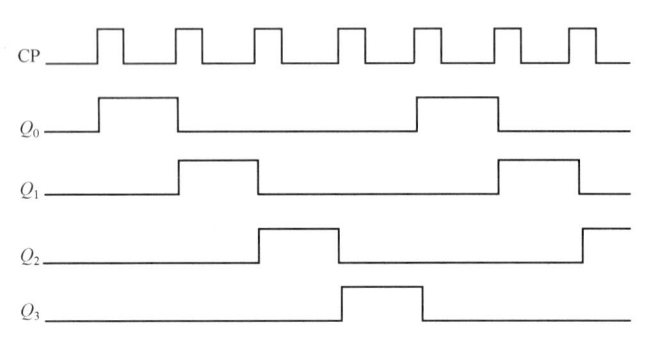

图 6-55 环形计数器工作在有效状态时的工作波形

从图 6-55 可以看出，Q_0、Q_1、Q_2 和 Q_3 的波形为一组顺序脉冲，因此，环形计数器也是一个顺序脉冲发生器。

3) 扭环形计数器

图 6-56 所示电路为扭环形计数器，它是由 4 个 D 触发器构成的同步时序逻辑电路。

由图 6-56 可以写出各触发器状态转移方程为

$$Q_0^{n+1} = D_0 = \bar{Q}_3^n$$
$$Q_1^{n+1} = D_1 = Q_0^n$$
$$Q_2^{n+1} = D_2 = Q_1^n(Q_0^n + Q_2^n)$$
$$Q_3^{n+1} = D_3 = Q_2^n$$

（6-17）

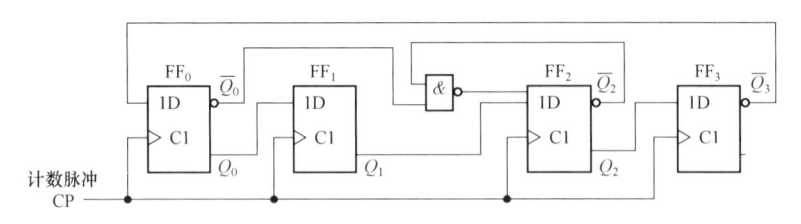

图 6-56 由 4 个 D 触发器构成的扭环形计数器

假设扭环形计数器的现态为 0000，列出状态转移真值表，如表 6-29 所示。

由表 6-29 可以看出，其有效状态为 8 个。扭环形计数器的优点是每次状态变化时只有一个触发器状态翻转，后续电路不会发生竞争和冒险现象，但其状态利用率也不高。

表 6-29 扭环形计数器的状态转移真值表

计数脉冲序号	现态 Q_3^n	Q_2^n	Q_1^n	Q_0^n	次态 Q_3^{n+1}	Q_2^{n+1}	Q_1^{n+1}	Q_0^{n+1}
0	0	0	0	0	0	0	0	1
1	0	0	0	1	0	0	1	1
2	0	0	1	1	0	1	1	1
3	0	1	1	1	1	1	1	1
4	1	1	1	1	1	1	1	0
5	1	1	1	0	1	1	0	0
6	1	1	0	0	1	0	0	0
7	1	0	0	0	0	0	0	0

6.5.2 集成移位寄存器

移位寄存器是寄存器中的各位数据（信息代码）在移位脉冲的作用下，依次向高位或低位移动 1 位。图 6-57 所示为集成移位寄存器 CT54/74195 的引脚示意。

CT54/74195 是一个 4 位并入并出的移位寄存器，具有 J 和 $\bar{K}$ 两个串行输入端，SH/$\overline{\text{LD}}$ 为同步移位/置位端，$\overline{\text{CR}}$ 为异步清零端，其功能如表 6-30 所示。

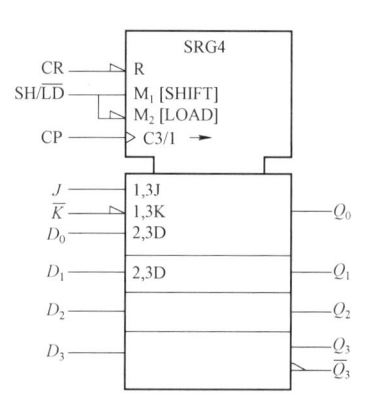

图 6-57 集成移位寄存器 CT54/74195 的引脚示意

表 6-30 CT54/74195 的功能表

清零 $\overline{\text{CR}}$	移位/置入 SH/$\overline{\text{LD}}$	时钟脉冲 CP	串入 J	$\bar{K}$	并入 D_0	D_1	D_2	D_3	输出 Q_0	Q_1	Q_2	Q_3
0	×	×	×	×	×	×	×	×	0	0	0	0
1	0	↑	×	×	d_0	d_1	d_2	d_3	d_0	d_1	d_2	d_3
1	1	↑	0	1	×	×	×	×	Q_0^n	Q_0^n	Q_1^n	Q_2^n
1	1	↑	0	0	×	×	×	×	0	Q_0^n	Q_1^n	Q_2^n
1	1	↑	1	1	×	×	×	×	1	Q_0^n	Q_1^n	Q_2^n
1	1	↑	1	0	×	×	×	×	$\overline{Q_0^n}$	Q_0^n	Q_1^n	Q_2^n

只要 $\overline{\text{CR}} = 0$，移位寄存器直接清零，输出为 $Q_0Q_1Q_2Q_3 = 0000$。当 $\overline{\text{CR}} = 1$，SH/$\overline{\text{LD}} = 0$ 时，

在 CP 的上升沿，同步置入数据，即 $Q_0Q_1Q_2Q_3 = d_0d_1d_2d_3$。当 $\overline{CR}=1$，SH/$\overline{LD}$=1时，在 CP 上升沿的作用下，Q_0 接收 J 和 $\overline{K}$ 的串行输入数据，依据 JK 触发器的状态转移真值表确定 Q_0^{n+1}（即 $Q_0^{n+1} = J\overline{Q}_0^n + \overline{K}Q_0^n$），$Q_0^n$ 移入 Q_1^{n+1}，Q_1^n 移入 Q_2^{n+1}，Q_2^n 移入 Q_3^{n+1}，实现右移位功能。

利用集成移位寄存器可以实现数据的串行和并行之间的转换以及计数功能。

1）串入并出

图 6-58 所示的电路为利用 CT54/74195 构成的具有"转换完成输出"的 7 位串行-并行转换器。

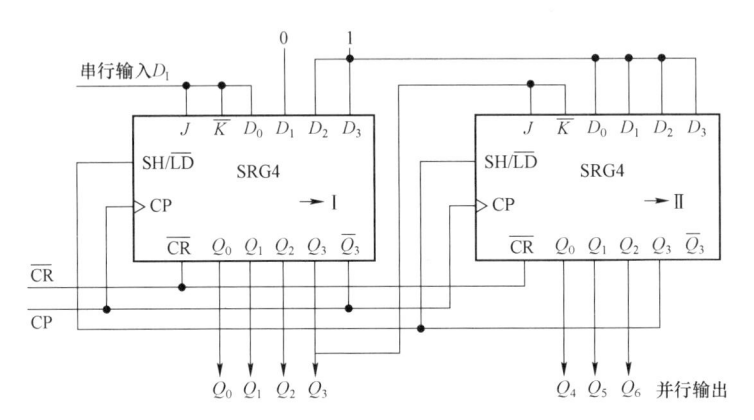

图 6-58 利用 CT54/74195 实现串入并出

在图 6-58 中，片Ⅰ的串行输入端 J、$\overline{K}$ 及并行输入端 D_0 接串行输入数据 D_1。片Ⅰ的并行输入端 D_1 接 0，为标识码；并行输入端 D_2 和 D_3 接 1。片Ⅱ的串行输入端 J、$\overline{K}$ 接片Ⅰ的输出 Q_3，并行输入端 $D_0 \sim D_3$ 均接 1。片Ⅱ的 Q_3 输出作为片Ⅰ和片Ⅱ的 SH/$\overline{LD}$ 输入。当电路清零后，由于片Ⅱ的 Q_3 为 0，所以在 CP 的作用下执行并行置入功能，并行输出的状态为 $Q_0 \sim Q_6 = D_0 011111$。片Ⅱ的 Q_3 端为 1，使两片的 SH/$\overline{LD}$=1，在下一个 CP 的作用下执行移位功能。从图 6-58 中可以看出，$J = \overline{K}$，$Q^{n+1} = J\overline{Q}^n + \overline{K}Q^n = J$，因此，片Ⅰ的 Q_0 将依次移入数据 D_1（片Ⅰ从 0 开始递增），片Ⅰ的 Q_3 片将移入片Ⅱ的 Q_0。具体移位过程如下：

在第 1 个 CP 上升沿：$Q_0 \sim Q_6 = D_1D_001111$；
在第 2 个 CP 上升沿：$Q_0 \sim Q_6 = D_2D_1D_00111$；
在第 3 个 CP 上升沿：$Q_0 \sim Q_6 = D_3D_2D_1D_0011$；
在第 4 个 CP 上升沿：$Q_0 \sim Q_6 = D_4D_3D_2D_1D_001$；
在第 5 个 CP 上升沿：$Q_0 \sim Q_6 = D_5D_4D_3D_2D_1D_00$；
在第 6 个 CP 上升沿：$Q_0 \sim Q_6 = D_6D_5D_4D_3D_2D_1D_0$。

在并行输出 $D_6D_5D_4D_3D_2D_1D_0$ 时，片Ⅱ的 Q_3 端为 0，即标识码已经移到片Ⅱ的最高位，使两片的 SH/$\overline{LD}$=0，在下一个 CP 的作用下，并行置入新的数据，同时完成了 7 位数码的串行-并行转换。如果将片Ⅱ的 $Q_3 = 0$ 作为数码寄存器的接收指令，则这 7 位并行输出数码就存入数码寄存器，这种串行-并行转换器常用于数模转换系统。

2）并入串出

图 6-59 所示的电路为 7 位并入串出的转换电路，由两片 CT54/74195 构成。

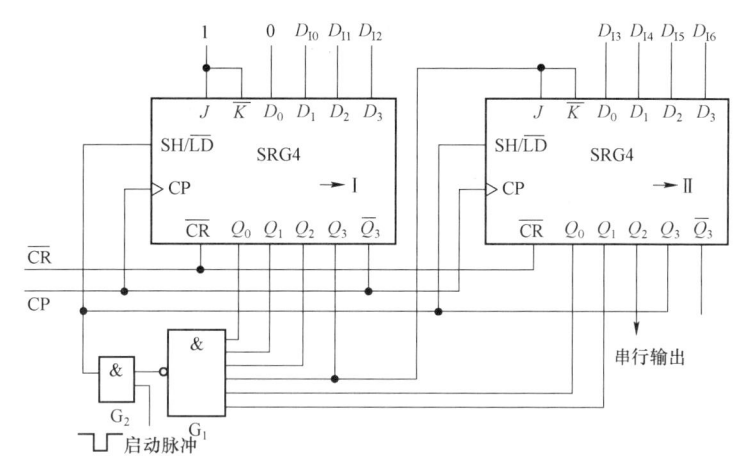

图 6-59 利用 CT54/74195 实现并入串出

片 I 的串行输入端 J，$\overline{K}$ 接 1，D_0 接标识码 0，片 I 的 Q_3 输出接片 II 的串行输入端 J，$\overline{K}$，其余输入端接并行输入数码 $D_{10} \sim D_{16}$，在启动脉冲和时钟脉冲 CP 的作用下，7 位并行输入数码及标识码同时并行输入移位寄存器，之后启动脉冲消失，在 CP 的作用下，执行右移位功能。并行输入数码由片 II 的 Q_3 逐位串行输出，同时又不断地将片 I 的串行输入端 J，$\overline{K}$ 接 1 的数据移位到寄存器。当第 7 个 CP 到达后，G_1 门的输入端全部为 1，则 G_2 门的输出为 0，标志着这一组 7 位并行输入数码转换结束，同时使 $SH/\overline{LD}=0$，在下一 CP 的作用下，再次进行下一组 7 位数码的并行输入，执行下一组 7 位数码的并行–串行转换。

3）移存型计数器

移位寄存器的状态转移是按移存规律进行的，因此构成任意模值的计数分频器的状态转移必然符合移存规律，一般称为移存型计数器。

图 6-60 所示为利用 CT54/74195 构成的环形计数器。

当 $SH/\overline{LD}=0$ 时，置入数据，$Q_0Q_1Q_2Q_3=D_0D_1D_2D_3=0111$；当 $SH/\overline{LD}=1$ 时，数据移位，$Q_0Q_1Q_2Q_3$ 分别为 1011，1101，1110，0111，实现模 4 的环形计数。图 6-61 所示为扭环形计数器。当 $SH/\overline{LD}=0$ 时，置入数据，$Q_0Q_1Q_2Q_3=D_0D_1D_2D_3=0111$；当 $SH/\overline{LD}=1$ 时，数据移位，$Q_0Q_1Q_2Q_3$ 分别为 0011，0001，0000，1000，1100，1110，1111。

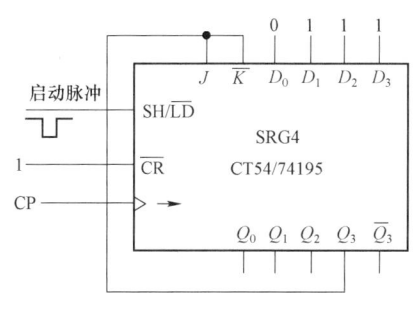

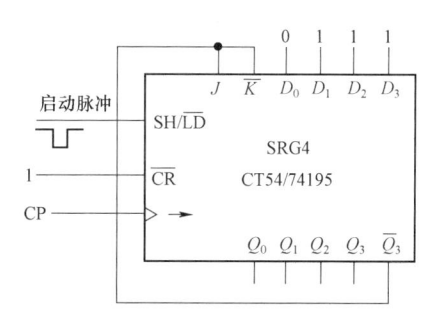

图 6-60 环形计数器　　　　图 6-61 扭环形计数器

一般地，n 位移位寄存器可实现计数模值 n 的环形计数及计数模值为 $2n$ 的扭环形计数。应用移位寄存器的 $\text{SH}/\overline{\text{LD}}$ 控制端，选择合适的并行输入数据值和适当的反馈网络，可以实现任意计数模值 M 的同步计数分频。

【例 6-5-1】分析图 6-62 所示电路的计数模值。

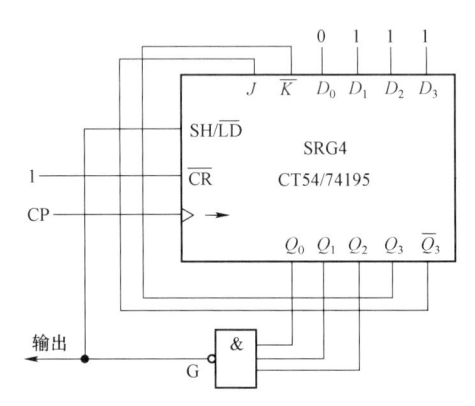

图 6-62　例 6-5-1 的逻辑电路图

解：设初态 $Q_3Q_2Q_1Q_0 = 0111$，此时判别 G 门的输出为 0，下一时钟脉冲到达时执行置位功能，使 $Q_3Q_2Q_1Q_0 = 0100$，此后 G 门的输出为 1，执行移位功能。由图 6-62 可知，$J = \overline{Q}_3^n$，$\overline{K} = Q_3^n$，因此 $Q_0^{n+1} = J\overline{Q}_0^n + \overline{K}Q_0^n = \overline{Q}_3^n \overline{Q}_0^n + Q_3^n Q_0^n = Q_3^n \odot Q_0^n$。

执行移位功能时，是将 $Q_3^n \odot Q_0^n$ 移入 Q_0^{n+1}，将 Q_0^n 移入 Q_1^{n+1}，将 Q_1^n 移入 Q_2^{n+1}，将 Q_2^n 移入 Q_3^{n+1}，其状态转移真值表如表 6-31 所示。该电路实现了模 7 的计数功能，G 门的输出信号为 CP 的 7 分频。

表 6-31　例 6-5-1 的状态转移真值表

时钟脉冲序号	Q_0	Q_1	Q_2	Q_3
0	0	0	1	0
1	1	0	0	1
2	1	1	0	0
3	0	1	1	0
4	1	0	1	1
5	1	1	0	1
6	0	1	1	1

常用的中规模集成移位寄存器还有 4 位双向移位寄存器 CT54/74194、8 位移位寄存器 CT54/74164 等，表 6-32 所示为 CT54/74194 的功能表，包括异步清零、并行置位、右移、左移、数据保持等功能，读者可以自行分析。

表 6-32 CT54/74194 的功能表

$\overline{CR}$	S_1	S_0	CP	D_{SL}	D_{SR}	D_0	D_1	D_2	D_3	Q_0^{n+1}	Q_1^{n+1}	Q_2^{n+1}	Q_3^{n+1}
0	×	×	×	×	×	×	×	×	×	0	0	0	0
1	1	1	↑	×	×	d_0	d_1	d_2	d_3	d_0	d_1	d_2	d_3
1	0	1	↑	×	1	×	×	×	×	1	Q_0^n	Q_1^n	Q_2^n
1	0	1	↑	×	0	×	×	×	×	0	Q_0^n	Q_1^n	Q_2^n
1	1	0	↑	1	×	×	×	×	×	Q_1^n	Q_2^n	Q_3^n	1
1	1	0	↑	0	×	×	×	×	×	Q_1^n	Q_2^n	Q_3^n	0
1	0	0	×	×	×	×	×	×	×	Q_0^n	Q_1^n	Q_2^n	Q_3^n

6.6　序列信号发生器

在数字系统中经常需要一些串行周期信号。在每个循环周期中，1 和 0 数码按一定规律排列的串行信号称为序列信号，在数字系统中通常作为同步信号、地址码等。产生序列信号的电路称为序列信号发生器。设计序列信号发生器有两个常用的方法：一是基于计数器设计（计数型序列信号发生器）；二是基于移位寄存器设计（移位型序列信号发生器）。

6.6.1　计数型序列信号发生器

计数型序列信号发生器是在同步计数器的基础上加上输出组合电路组成，同步计数器的计数模值就是序列信号的码长 M。同步计数器可以用触发器等小规模电路构成，也可以由中规模集成计数器实现。

【例 6-6-1】设计一个脉冲序列为 10100，10100，10100，…的序列信号发生器。

解：（1）根据设计要求设定状态，画出状态转移图。由于串行输出 Y 的脉冲序列为 10100，故电路应有 5 个状态，即 $N=5$，分别用 $S_0 \sim S_4$ 表示。输入第一个时钟脉冲 CP 时，状态由 S_0 转为 S_1，输出 $Y=1$；输入第二个时钟脉冲 CP 时，状态由 S_1 转为 S_2，输出 $Y=0$；其余依此类推。由此可画出原始状态转移图，如图 6-63 所示。

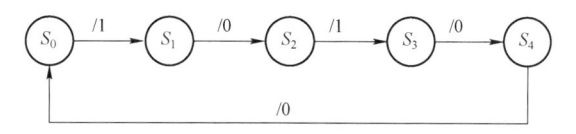

图 6-63　例 6-6-1 的原始状态转移图

（2）进行状态分配，列出状态转移真值表。由 $2^n \geqslant N > 2^{n-1}$ 可知，在 $N=5$ 时，$n=3$，即采用三位二进制代码。该序列信号发生器采用自然二进制加法计数编码，即 $S_0=000$，

$S_1 = 001$，…，$S_4 = 100$，由此可列出状态转移真值表，如表 6-33 所示。

表 6-33 例 6-6-1 的状态转移真值表

状态转移顺序	现 态			次 态			输出
	Q_2^n	Q_1^n	Q_0^n	Q_2^{n+1}	Q_1^{n+1}	Q_0^{n+1}	Y
S_0	0	0	0	0	0	1	1
S_1	0	0	1	0	1	0	0
S_2	0	1	0	0	1	1	1
S_3	0	1	1	1	0	0	0
S_4	1	0	0	0	0	0	0

（3）选择触发器类型，求输出方程、各触发器状态转移方程和驱动方程。选用 JK 触发器。根据状态转移真值表可画出各触发器的次态和输出函数的卡诺图，如图 6-64 所示。

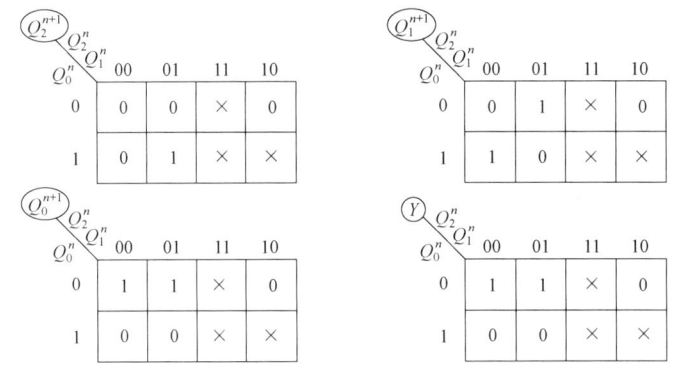

图 6-64 例 6-6-1 的卡诺图

由此可求得输出方程为
$$Y = \overline{Q_2^n}\,\overline{Q_0^n}$$

各触发器状态转移方程为
$$\begin{cases} Q_2^{n+1} = Q_0^n Q_1^n \overline{Q_2^n} \\ Q_1^{n+1} = Q_0^n \overline{Q_1^n} + \overline{Q_0^n} Q_1^n \\ Q_0^{n+1} = \overline{Q_2^n}\,\overline{Q_0^n} \end{cases}$$

各触发器驱动方程为
$$\begin{cases} J_2 = Q_0^n Q_1^n, & K_2 = 1 \\ J_1 = Q_0^n, & K_1 = Q_0^n \\ J_0 = \overline{Q_2^n}, & K_0 = 1 \end{cases}$$

（4）根据各触发器驱动方程和输出方程画出逻辑电路图，如图 6-65 所示。

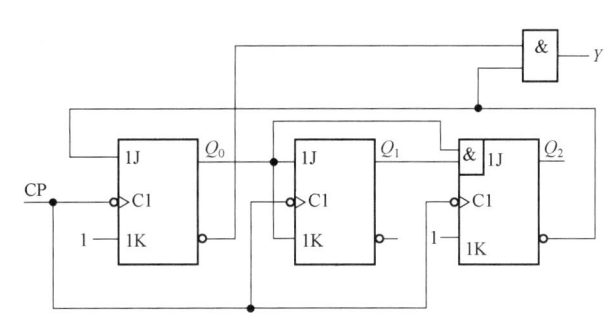

图 6-65 例 6-6-1 的逻辑电路图

（5）检查电路有无自启动功能。

将 3 个无效状态 101，110，111 代入各触发器状态转移方程进行计算后获得的 010，010，000 都为有效状态，这说明一旦电路进入无效状态，只要继续输入时钟脉冲 CP，电路便可自动返回有效状态工作。

【例 6-6-2】设计产生 101001 序列信号的序列信号发生器。

解：码长 $M=6$，利用 CT74160 设计同步模 6 计数器，每个状态的输出为对应的序列信号，如表 6-34 所示。

表 6-34 例 6-6-2 的状态转移真值表

状态	现态			次态			输出
	Q_3^n	Q_2^n	Q_1^n	Q_3^{n+1}	Q_2^{n+1}	Q_1^{n+1}	F
有效状态	0	0	0	0	0	1	1
	0	0	1	0	1	0	0
	0	1	0	0	1	1	1
	0	1	1	1	0	0	0
	1	0	0	1	0	1	0
	1	0	1	0	0	0	1
偏离态	1	1	0	×	×	×	×
	1	1	1	×	×	×	×

根据状态转移真值表，可以确定计数器的有效状态，并根据计数的状态和输出 F 的关系进行化简，得到输出表达式为

$$F = \overline{Q}_3^n \overline{Q}_1^n + Q_3^n Q_1^n = Q_3^n \odot Q_1^n$$

根据计数器的状态和输出 F 的关系，可以确定计数器和组合逻辑电路的接法，如图 6-66 所示。计数器实现模 6 计数的方法按照 6.4.2 节中的方法选择即可。

这里还可以选用 MSI 组合逻辑电路，如译码器和数据选择器实现计数型序列信号发生器。图 6-67 所示的电路是由集成计数器 CT54/74161 和 3 线-8 线译码器实现的输出序列信号 10010101 的序列信号产生。其中，由 CT54/74161 的低 3 位构成八进制计数器，作为译码器的地址输入。由于译码器输出低电平有效，故将对应序列信号 1 的译码器输出端接到与非门的输入端，即可得到序列信号 10010101。

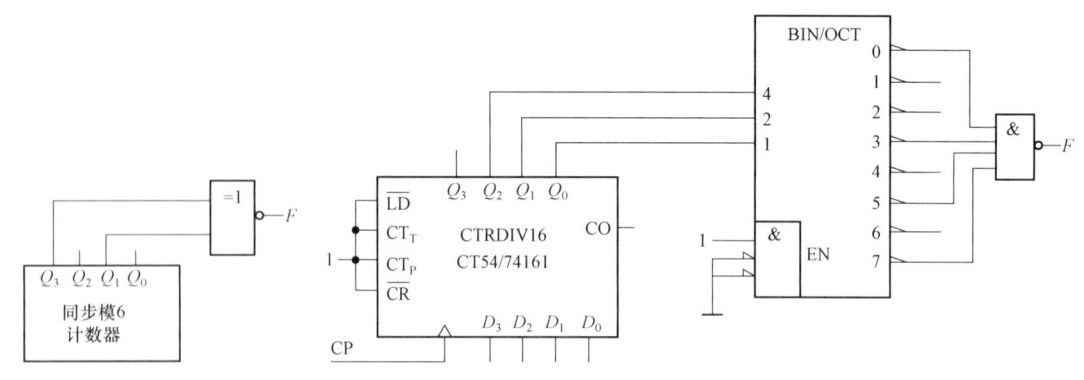

图 6-66　例 6-6-2 的逻辑电路图　　　　图 6-67　由计数器和译码器构成的序列信号发生器

图 6-68 所示电路是由集成计数器 CT54/74161 和 8 选 1 数据选择器构成的序列信号发生器，输出的序列信号为 10111100。在图中，由 CT54/74161 的低 3 位构成八进制计数器，作为 8 选 1 数据选择器的地址输入。为了输出序列信号为 10111100，只要在数据选择器的数据输入端设置 $D_0 = D_2 = D_3 = D_4 = D_5 = 1$，$D_1 = D_6 = D_7 = 0$ 即可。

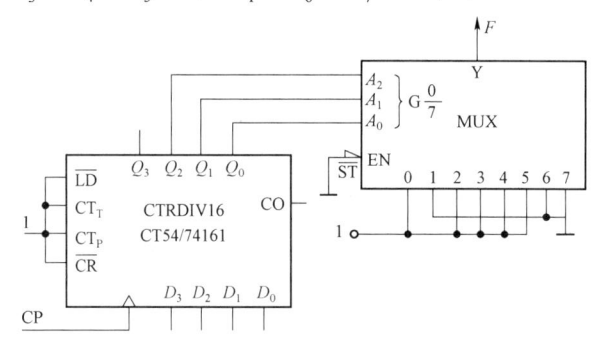

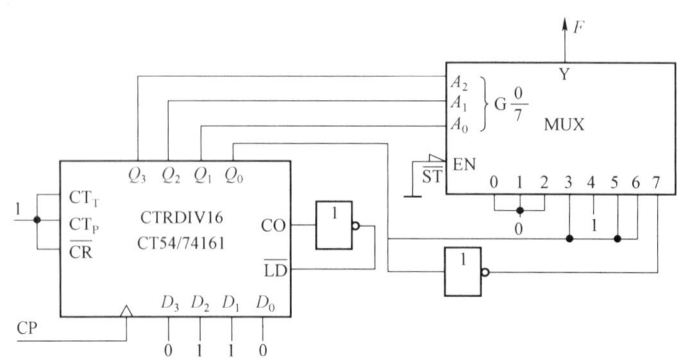

图 6-68　由集成计数器和数据选择器构成的序列信号发生器（1）

图 6-69 所示电路也是由集成计数器 CT54/74161 和 8 选 1 数据选择器构成的序列信号发生器，输出的序列信号为 0111010110。集成计数器的高 3 位输出连到数据选择器的地址端，集成计数器的最低位输出及其反变量与数据选择器的部分数据输入端相连。先分析集成计数器的输出状态，$Q_3Q_2Q_1Q_0$ 从 0110 计数到 1111，共 10 个状态，可以列出集成计数器输出和数据选择器的输出，如表 6-35 所示。

图 6-69　由集成计数器和数据选择器构成的序列信号发生器（2）

表 6-35 图 6-69 对应的输出

Q_3 (A_2)	Q_2 (A_1)	Q_1 (A_0)	Q_0	D_i	F
0	1	1	0	D_3	0
0	1	1	1	D_3	1
1	0	0	0	D_4	1
1	0	0	1	D_4	1
1	0	1	0	D_5	0
1	0	1	1	D_5	1
1	1	0	0	D_6	0
1	1	0	1	D_6	1
1	1	1	0	D_7	1
1	1	1	1	D_7	0

6.6.2 移位型序列信号发生器

移位型序列信号发生器需要将给定码长为 M 的序列信号按移存规律组成 M 个状态循环，最后求出第一级串行输入激励函数。

【例 6-6-3】设计产生序列信号 11000，11000，…的序列信号发生器。

解：根据给定序列信号的循环长度 $M=5$，确定移位寄存器的位数 $n \geqslant 3$。若选择 $n=3$，则将给定序列信号依次取 3 位序列码元（表 6-36 所示），构成 5 个状态循环，如表 6-37 所示。由于状态转移符合移存规律，所以只需要设计输入第 1 级的激励信号。通常采用 D 触发器构成移位寄存器，由图 6-70 所示的卡诺图，可以求得

$$Q_1^{n+1} = \overline{Q}_3^n \overline{Q}_2^n \qquad (6-18)$$

表 6-36 移位码元的选取

1	1	0	0	0	1	1	0	0	0
1	1	0							
	1	0	0						
		0	0	0					
			0	0	1				
				0	1	1			
					1	1	0		

表 6-37 例 6-6-3 的状态转移真值表

序号	Q_3	Q_2	Q_1
0	1	1	0
1	1	0	0
2	0	0	0
3	0	0	1
4	0	1	1

最后检验该序列信号发生器是否具有自启动功能。由表 6-37 可见，有效态为 5 个，有 3 个偏离态 101，010，111。根据式（6-18），可以求得偏离态的转移状态为 101→010→100，111→110，故该序列信号发生器具有自启动功能，其状态转移图如图 6-71 所示，其逻辑电路图如图 6-72 所示。通过预置信号，将该序列信号发生器的初始状态设置为 110。

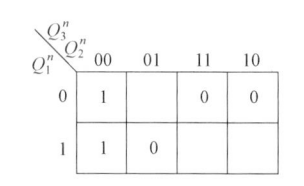

图 6-70 例 6-6-3 的卡诺图

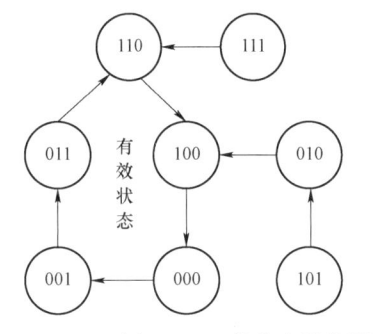

图 6-71 例 6-6-3 的状态转移图

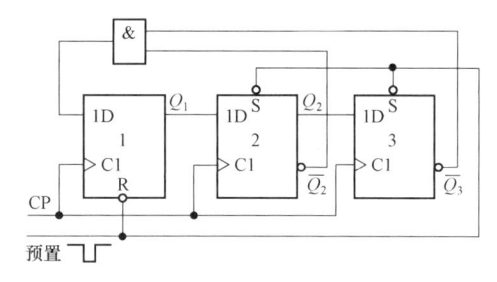

图 6-72 例 6-6-3 的逻辑电路图

6.7 时序逻辑电路应用实例

1. 顺序脉冲发生/分配器

很多数字系统要按照一定的节拍进行工作，如在逐位比较的模/数转换电路中，需要顺序脉冲分配器控制比较的步骤。顺序脉冲发生器就是在时钟脉冲的作用下，顺次输出正脉冲或负脉冲的时序逻辑电路。

利用集成 4 位双向移位寄存器 74LS194 构成的 4 路正脉冲顺序脉冲发生器如图 6-73（a）所示。将高位输出直接与右移串行输入端 SR 相接。在电源接通瞬间，C 相当于短路，使 $S_1 = 1$，$S_0 = 1$，移位寄存器为同步预置状态，则在时钟脉冲 CP 的控制下，移位寄存器输出为 $Q_0 Q_1 Q_2 Q_3 = 0001$。随后电容 C 充电，使 $S_1 = 0$，$S_0 = 1$，移位寄存器数据右移，由于右移数据输入端 SR $= Q_3$，故在时钟脉冲 CP 的作用下，移位寄存器输出状态依次为 0001→1000→0100→0010→0001，工作波形如图 6-73（b）所示。由图可以看出，移位寄存器的每个输出端在时钟脉冲 CP 的作用下依次输出正脉冲。

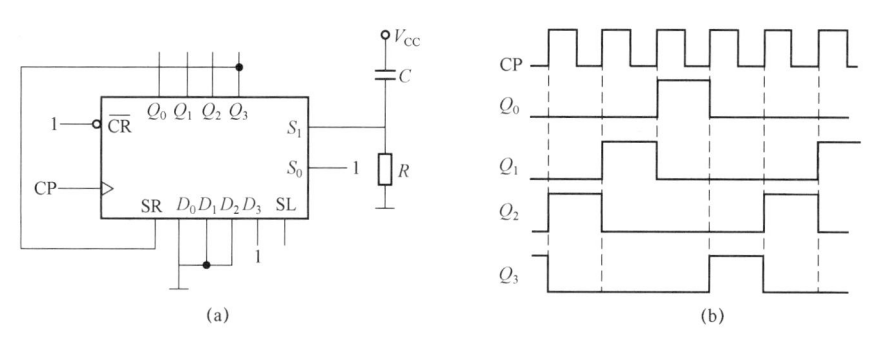

图 6-73 4路正脉冲顺序脉冲发生器

(a) 逻辑电路图；(b) 工作波形

顺序脉冲分配器也可以由计数器和译码器构成。由 74LS161 和 3 线-8 线译码器构成的 8 路负脉冲顺序脉冲发生器如图 6-74（a）所示。其中 4 位二进制计数器 74LS161 只利用了低 3 位构成八进制计数器，作为 3 线-8 线译码器的地址输入。计数器的输出依次为 0000-0001-0010-…-1111（CP 上升沿）；与译码器地址端相连的是计数器输出的低 3 位，依次为 000-001-010-…-111；译码器使能端有效，依据地址输出端 $\overline{Y_0} \sim \overline{Y_7}$ 依次输出低电平，低电平持续时间为一个 CP 周期，即在时钟脉冲的作用下，译码器的 8 个输出端依次输出脉宽为 1 个时钟周期的负脉冲。图 6-74（b）所示为译码器前 4 个输出的工作波形。

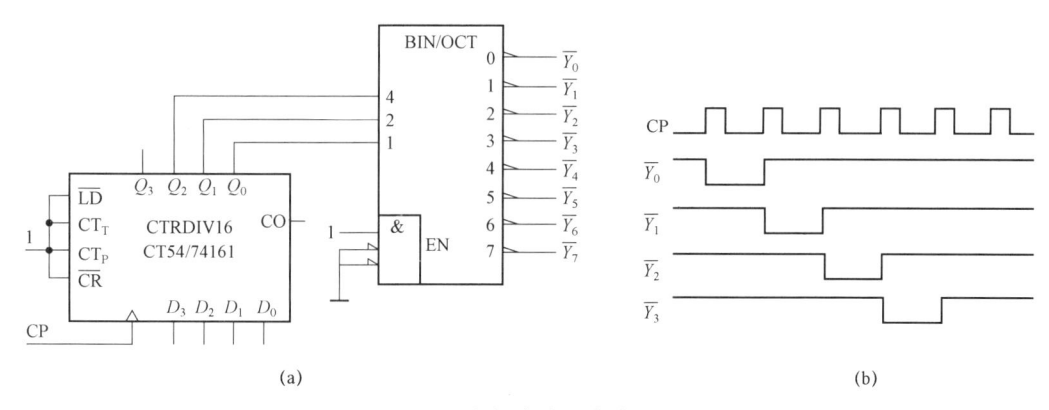

图 6-74 8 路负脉冲顺序脉冲发生器

(a) 逻辑电路图；(b) 工作波形

2. 复杂时序逻辑电路设计

【例 6-7-1】 已知某时序逻辑电路有一个输入端 X 和一个输出端 Z。当 X 连续出现 3 个 0 或者 2 个 1 时，输出 $Z=1$，且第 4 个 0 或者第 3 个 1 使输出 $Z=0$。试画出该时序逻辑电路的原始状态转移图。

解：设定 6 个状态，用 S_i 表示（$i=0 \sim 5$），其含义如下。

S_0：表示初始状态；S_1：表示接收到第 1 个 1（以及第 3 个 1）；S_2：表示接收到第 2 个 1；S_3：表示接收到第 1 个 0（以及第 4 个 0）；S_4：表示接收到第 2 个 0；S_5：表示接收到第 3 个 0。

根据题意，可得图 6-75 所示的原始状态转移图。

3. 状态机

下面以 1 位全加器为例，说明有限状态机的概念。

加数 A 和被加数 B 依次输入移位寄存器，并依次输出 a 和 b 到加法器，将结果输入移位寄存器，其原理框图如图 6-76 所示。其中，加法器的原理框图如图 6-77 所示。S 为和，Y 为进位，原始状态为 y，次态为 Y，输入为 a 和 b，输出为 S。按照加法器的真值表，可以得到表 6-38 所示的状态转移真值表，图 6-78 所示为其状态转移图。

图 6-75 例 6-7-1 的原始状态转移图

图 6-76 1 位全加器的原理框图

图 6-77 加法器的原理框图

图 6-78 加法器的状态转移图

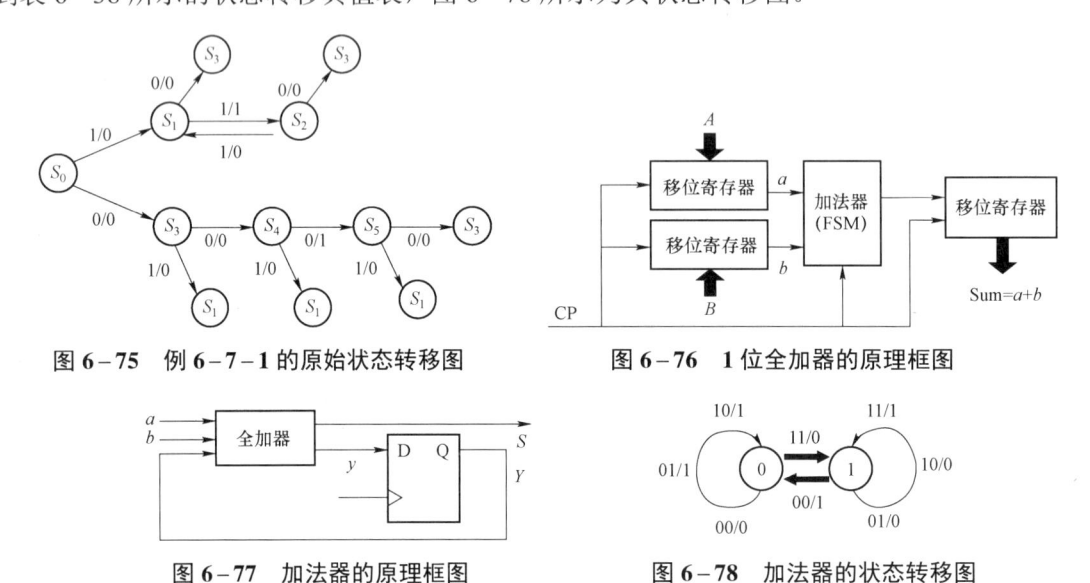

表 6-38 加法器的状态转移真值表

y	a	b	Y/S	y	a	b	Y/S
0	0	0	0/0	1	0	0	0/1
0	0	1	0/1	1	0	1	1/0
0	1	0	0/1	1	1	0	1/0
0	1	1	1/0	1	1	1	1/1

【例 6-7-2】设计一个饮料自动销售机。假设每次只能投入一枚 5 角或者 1 元的硬币，投入 1 元 5 角的硬币后机器自动给出一杯饮料，投入 2 元的硬币后，机器给出饮料，同时找零。试写出其原始状态转移表。

解：设输入信号：A 表示投入 1 元的硬币，B 表示投入 5 角的硬币。

输出信号：X 表示给出饮料，Y 表示找零。

假定：通过传感器产生的投币信号在电路转入新状态的同时消失，否则被误认为又一次投币信号（即不存在 $AB=11$ 的情况）。

设定三个状态，分别如下。

S_0 为初始状态；S_1 为接收到 5 角的硬币；S_2 为接收到 1 元的硬币。

根据题意，可以求得表 6-39 所示的状态转移表。

表 6-39 例 6-7-2 的状态转移表

S/XY	$AB=00$	$AB=01$	$AB=10$
S_0	$S_0/00$	$S_1/00$	$S_2/00$
S_1	$S_1/00$	$S_2/00$	$S_0/10$
S_2	$S_2/00$	$S_0/10$	$S_0/11$

本章小结

本章主要内容：
（1）时序逻辑电路的组成原理、分析和设计方法以及常用时序逻辑功能器件等。
（2）移位寄存器、同步计数器和异步计数器。
（3）采用触发器设计同步时序逻辑电路的方法，采用中规模时序逻辑电路设计任意模值计数器和序列信号发生器的方法，以及同步时序逻辑电路设计的一般步骤。
重点： 同步时序逻辑电路的分析与设计方法。
难点： 同步时序逻辑电路的设计方法。

本章习题

一、思考题
1. 什么是时序逻辑？时序逻辑与组合逻辑的区别是什么？
2. 什么是同步时序逻辑？什么是异步时序逻辑？
3. 什么是自启动功能？
4. 分析与设计时序逻辑电路的一般步骤是什么？
5. 在进行状态化简时，状态合并的条件是什么？

二、判断题
1. 输出为 8421BCD 码的计数器为十进制计数器。（ ）
2. 时序逻辑电路的特点是在任何时刻的输出不仅与输入有关，还取决于其原来的状态。（ ）
3. 时序逻辑电路由存储电路和触发器两部分组成。（ ）
4. 为了记忆电路的状态，时序逻辑电路必须包含存储电路，存储电路通常以触发器为基本单元电路组成。（ ）
5. 计数器能够记忆输入时钟脉冲的最大数目，叫作计数器的长度，也称为计数器的"模"。（ ）
6. 同步时序逻辑电路和异步时序逻辑电路最主要的区别是，前者没有时钟脉冲，后者有时钟脉冲。（ ）

7. 同步时序逻辑电路和异步时序逻辑电路的最主要区别是，前者的所有触发器受同一时钟脉冲控制，后者的各触发器受不同的时钟脉冲控制。（　　）

8. 时序逻辑电路的逻辑功能可用逻辑电路图、逻辑函数式、状态转移真值表、卡诺图、状态转移图和工作波形等方法来描述，它们在本质上是相通的，可以互相转换。（　　）

9. 当时序逻辑电路进入无效状态后，若能自动返回有效工作状态，则该时序逻辑电路能自启动。（　　）

10. 时序逻辑电路包含计数器、数据选择器、译码器和寄存器。（　　）

11. 4位二进制计数器的模为4。（　　）

12. 构成五进制计数器至少需要5个触发器。（　　）

13. 一个五进制计数器和一个八进制计数器串联，可得到十三进制计数器。（　　）

14. 由4位移位寄存器构成的环形计数器可得到4个顺序脉冲。（　　）

三、单选题

1. 用 n 个触发器构成计数器，可得到的最大计数长度为（　　）。
   A. n　　　　　B. $2n$　　　　　C. n^2　　　　　D. 2^n

2. 同步时序逻辑电路和异步时序逻辑电路比较，其差异在于后者（　　）。
   A. 没有触发器　　　　　　　　　B. 没有统一的时钟脉冲控制
   C. 没有稳定状态　　　　　　　　D. 输出只与内部状态有关

3. 一位8421BCD码计数器，至少需要（　　）个触发器。
   A. 3　　　　　B. 4　　　　　C. 5　　　　　D. 10

4. 要想把串行数据转换成并行数据，应选择（　　）。
   A. 并入串出方式　　　　　　　　B. 串入串出方式
   C. 串入并出方式　　　　　　　　D. 并入并出方式

5. 时序逻辑电路中一定包含（　　）。
   A. 触发器　　　　　　　　　　　B. 编码器
   C. 移位寄存器　　　　　　　　　D. 译码器

6. 下列器件中，属于时序逻辑部件的是（　　）。
   A. 计数器　　　　　　　　　　　B. 译码器
   C. 加法器　　　　　　　　　　　D. 多路选择器

7. 时序逻辑电路一般由组合逻辑电路与（　　）组成。
   A. 全加器　　　B. 存储电路　　　C. 译码器　　　D. 选择器

8. 计数器中异步置零和同步置零的区别在于（　　）。
   A. 是否受时钟脉冲控制　　　　　B. 计数器输出是否同时为0
   C. 控制信号是否同时加在控制端　D. 以上都是

9. 若要实现1 000分频，则至少需要（　　）片74LS160。
   A. 10　　　　　B. 4　　　　　C. 3　　　　　D. 6

四、分析题

1. 在图T6-1（a）中，均为负边沿型触发器，试根据图T6-1（b）所示CLK和 X 信号波形，画出 Q_1 和 Q_2 的波形（设 FF_1 和 FF_2 的初始状态均为0）。

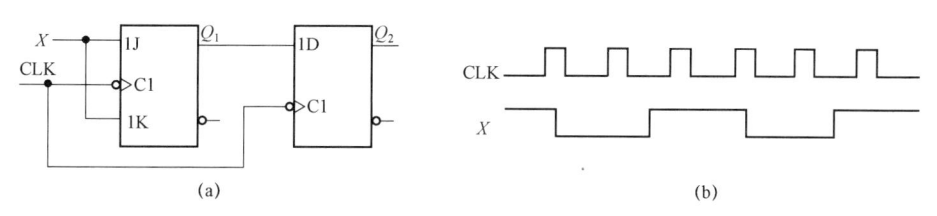

图 T6-1 分析题 1 的逻辑电路图和工作波形

（a）逻辑电路图；（b）工作波形

2. 试画出图 T6-2 所示电路在连续三个 CLK 信号作用下 Q_1 和 Q_2 端的输出波形（设各触发器的初始状态均为 0）。

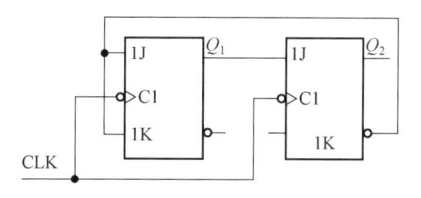

图 T6-2 分析题 2 的逻辑电路图

3. 请分析图 T6-3 所示电路，要求如下。
（1）写出各触发器驱动方程。
（2）写出各触发器状态转移方程。
（3）列出状态转移真值表。
（4）画出状态转移图（要求顺序为 $Q_3Q_2Q_1 \to$ ）。

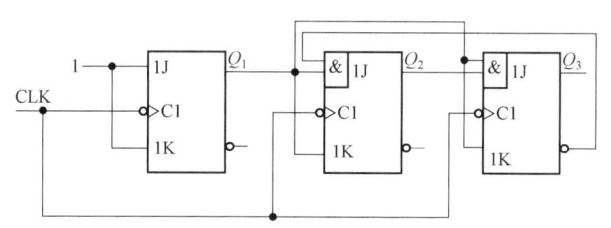

图 T6-3 分析题 3 的逻辑电路图

4. 图 T6-4 所示为由两片 CT54/74161 组成的计数器电路，试分析该电路输出信号与时钟脉冲 CP 的分频比。

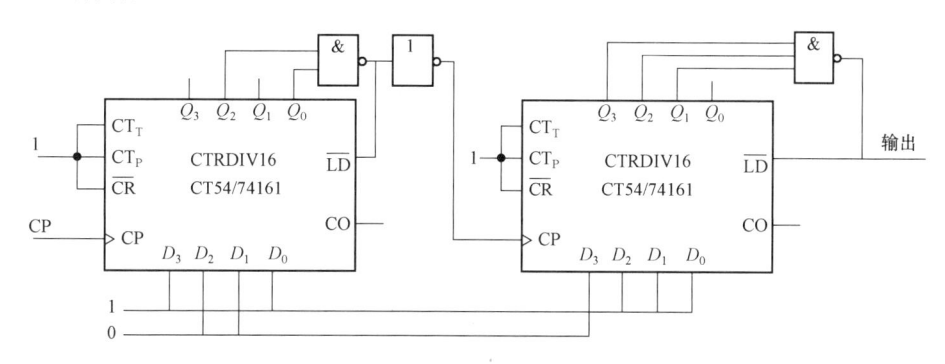

图 T6-4 分析题 4 的逻辑电路图

5. 说明图 T6-5 所示计数器电路的计数模值是多少，并列出状态转移真值表。

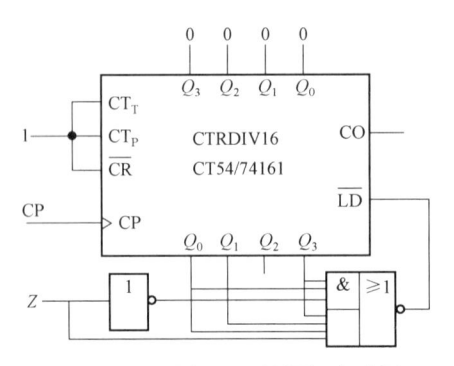

图 T6-5 分析题 5 的逻辑电路图

6. 分析图 T6-6（a）所示同步时序逻辑电路，要求如下。
（1）画出状态转移图，并说明逻辑功能。
（2）某学生按逻辑电路图接线后，实验得到图 T6-6（b）所示的状态循环，经检查，触发器工作正常，试分析故障在何处。

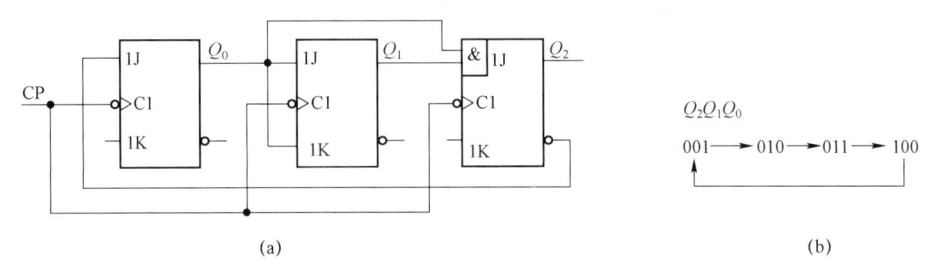

图 T6-6 分析题 6 的逻辑电路图和状态循环
（a）逻辑电路图；（b）状态循环

7. 由移位寄存器 CT54/74195 及逻辑门构成的序列信号检测电路如图 T6-7 所示，已知 X 为输入信号，F 为输出信号，分析其逻辑功能。

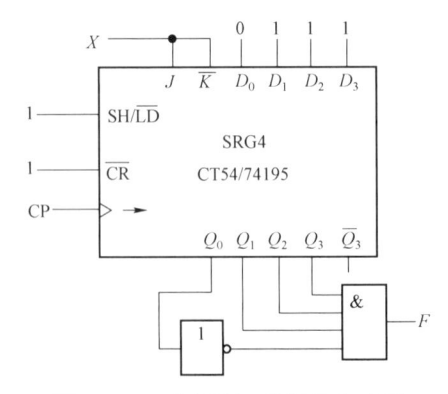

图 T6-7 分析题 7 的逻辑电路图

8. 分析图 T6-8 所示电路的逻辑功能，分别写出电路的输出方程、各触发器驱动方程和状态转移方程，并填写表 T6-1 所示的状态转移真值表。

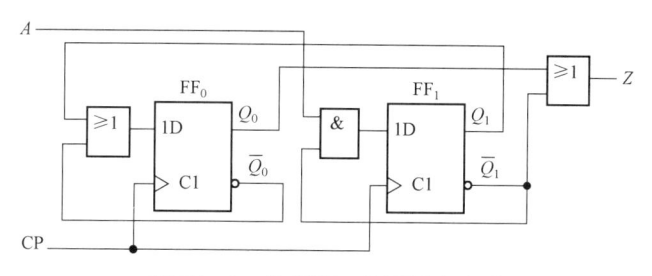

图 T6-8　分析题 8 的逻辑电路图

表 T6-1　分析题 8 的状态转移真值表

$Q_1^n Q_0^n$	$Q_1^{n+1} Q_0^{n+1} / Z$	
	$A = 0$	$A = 1$
00		
01		
10		
11		

五、设计题

1. 利用 74LS161 构成十进制计数器。

2. 图 T6-9 所示是某时序逻辑电路的状态转移图，该电路是由两个 D 触发器 FF$_1$ 和 FF$_0$ 组成的，试求这两个触发器的输入信号 D_1 和 D_0 的表达式。图中 A 为输入变量。

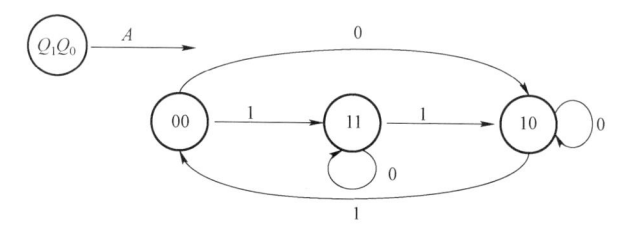

图 T6-9　设计题 2 的状态转移图

3. 试用 JK 触发器和少量门电路设计一个模 6 可逆同步计数器。计数器受输入信号 X 控制。当 X = 0 时，计数器做加法计数；当 X = 1 时，计数器做减法计数。

4. 利用 74LS161 实现七十二进制计数器。

5. 利用 74LS160 实现计数模值为 72 的计数器。

6. 利用 74LS161 实现一百进制计数器。

7. 利用计数法设计序列信号发生器，要求产生序列信号 1001。

8. 利用 74LS161 和必要的门电路设计一个计数器,自动完成 3 位二进制加/减循环计数,状态转移图如图 T6-10 所示。

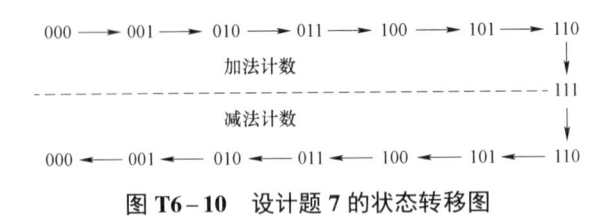

```
000 ⟶ 001 ⟶ 010 ⟶ 011 ⟶ 100 ⟶ 101 ⟶ 110
                     加法计数                    ↓
- - - - - - - - - - - - - - - - - - - - - - - - - 111
                     减法计数                    ↓
000 ⟵ 001 ⟵ 010 ⟵ 011 ⟵ 100 ⟵ 101 ⟵ 110
```

图 T6-10 设计题 7 的状态转移图

9. 利用 74LS161、8 选 1 数据选择器 74LS151 及必要的门电路,设计产生序列信号 101100111011 的序列信号发生器。

第7章
脉冲单元电路

知识目标：能够说明施密特触发器、单稳态触发器、多谐振荡器以及555定时器的工作原理。

能力目标：能够利用555定时器设计三种脉冲单元电路，并计算出其参数。

素质目标：培养追求卓越和精益求精的工程意识和工匠精神。

【研讨1】习近平总书记指出："要在全社会弘扬精益求精的工匠精神，激励广大青年走技能成才、技能报国之路。"党的二十大报告提出，努力培养造就更多大师、战略科学家、一流科技领军人才和创新团队、青年科技人才、卓越工程师、大国工匠、高技能人才。结合本章所介绍的半导体存储器的现状及发展趋势，谈谈对工匠精神的理解。

【研讨2】举例说明555定时器中5号引脚的应用。

【DIY实践展示】掌握555定时器的应用（仿真+硬件电路）。

脉冲单元电路是用来产生和处理脉冲信号的电路。从广义上讲，凡不具有连续正弦波形状的信号，都可以统称为脉冲信号。常见的脉冲信号波形如图7-1所示。数字电路中用得最多的是矩形波。矩形波有周期性与非周期性两种。

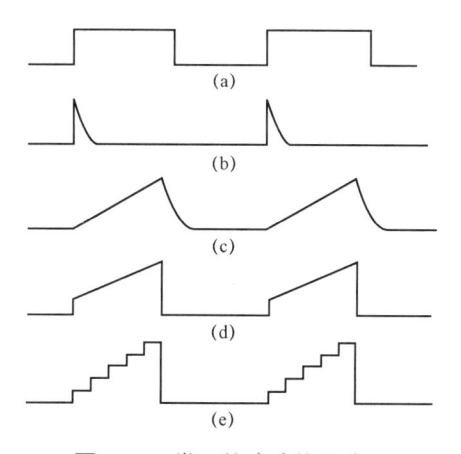

图7-1 常见的脉冲信号波形
（a）矩形波；（b）尖峰波；（c）锯齿波；（d）梯形波；（e）阶梯波

脉冲单元电路可以用三极管、场效应管等分立元件构成,也可以由集成门电路或者 555 定时器实现。常用的脉冲单元有施密特触发器、单稳态触发器、多谐振荡器等,可以实现脉冲波形的整形、变换、产生等功能。本章分别介绍由集成门电路(反相器及与非门等)和 555 定时器构成的三种常用的脉冲单元电路及其主要参数的计算。

7.1 施密特触发器

施密特触发器是脉冲波形变换中经常使用的一种电路。其输出有两种稳定状态,即 0 状态和 1 状态。施密特触发器采用电平触发。也就是说,它输出高电平还是低电平取决于输入信号电平。在电路状态转换时,电路内部的正反馈过程使输出波形的边沿变得很陡。因此,利用施密特触发器,不仅能将边沿变化缓慢的信号波形整形为边沿陡峭的矩形波,而且能将叠加在矩形脉冲高、低电平上的噪声有效地清除。施密特触发器分为同相施密特触发器和反相施密特触发器两种。

7.1.1 用门电路构成的施密特触发器

1. 用 CMOS 门电路构成的施密特触发器

用两级 CMOS 反相器构成的施密特触发器如图 7-2 所示。两个 CMOS 反相器串接,通过分压电阻 R_1、R_2 将输出端反馈到 G_1 门的输入端,就构成了施密特触发器。

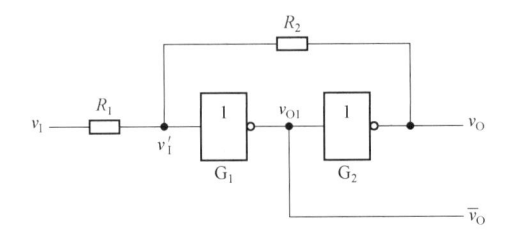

图 7-2 用两级 CMOS 反相器构成的施密特触发器

设 CMOS 电源为 V_{DD},阈值电压为 $V_{th} = \frac{1}{2}V_{DD}$,$V_{OH} = V_{DD}$,电路中 $R_1 < R_2$。由图 7-2 可知,G_1 门的输入电平 v_I' 决定着电路的输出状态。根据叠加原理有

$$v_I' = \frac{R_2}{R_1 + R_2}v_I + \frac{R_1}{R_1 + R_2}v_O \qquad (7-1)$$

当 $v_I = 0$ 时,$v_I' = 0$,G_1 门截止,G_2 门导通,$v_{O1} = V_{OH} = 1$,$v_O = V_{OL} = 0$。此时

$$v_I' = \frac{R_2}{R_1 + R_2}v_I \qquad (7-2)$$

v_I 从 0 开始逐渐增加,只要 $v_I' < V_{th}$,电路就保持 $v_O = V_{OL} = 0$ 不变,称为第一稳态。当 v_I 上升到 $v_I' = V_{th}$ 时,G_1 门的输出就会发生变化,电路会出现如下正反馈过程:

$$v_I \uparrow \Rightarrow v_I' \uparrow \Rightarrow v_{O1} \downarrow \Rightarrow v_O \uparrow$$

这样，电路的输出状态很快从低电平跳变为高电平，$v_O = V_{OH} = V_{DD} = 1$，电路进入第二稳态。输入信号在上升过程中，使电路的输出电平发生跳变时所对应的输入电压称为上限触发电平（或者正向阈值电压），用 V_{T+} 表示。由式（7-2）可得

$$v_I' = V_{th} = \frac{R_2}{R_1 + R_2} V_{T+} \tag{7-3}$$

$$V_{T+} = \left(1 + \frac{R_1}{R_2}\right) V_{th} \tag{7-4}$$

如果 v_I' 继续上升，则电路在 $v_I' \geq V_{th}$ 后，输出状态维持 $v_O = V_{OH} = 1$ 不变。此后，若 v_I 从高电平开始逐渐下降，则

$$v_I' = \frac{R_2}{R_1 + R_2} v_I + \frac{R_1}{R_1 + R_2} V_{OH} \tag{7-5}$$

v_I' 随 v_I 的下降而下降。当 v_I 继续下降时，使 $v_I' = V_{th}$，G_1 门截止，随着 v_I 的下降，电路将出现如下正反馈过程：

$$v_I \downarrow \Rightarrow v_I' \downarrow \Rightarrow v_{O1} \uparrow \Rightarrow v_O \downarrow$$

电路迅速从高电平跳变为低电平，$v_O = V_{OL} = 0$，电路回到第一稳态。在输入信号电压下降过程中，输出电平发生跳变所对应的输入电平称为下限触发电平（或负向阈值电压），用 V_{T-} 表示，根据式（7-5）有

$$v_I' = V_{th} = \frac{R_2}{R_1 + R_2} V_{T-} + \frac{R_1}{R_1 + R_2} V_{OH} \tag{7-6}$$

$$V_{T-} = \left(1 - \frac{R_1}{R_2}\right) V_{th} \tag{7-7}$$

只要满足 $v_I < V_{T-}$，电路就稳定在 $v_O = V_{OL} = 0$。

将上限触发电平 V_{T+} 和下限触发电平 V_{T-} 的差值称为回差电压，记作 ΔV_T。由式（7-4）和式（7-7）可得

$$\Delta V_T = V_{T+} - V_{T-} = \frac{2R_1}{R_2} V_{th} = \frac{R_1}{R_2} V_{DD} \tag{7-8}$$

式（7-8）表明，电路的回差电压与 R_1 和 R_2 的比值成正比，改变 R_1 和 R_2 的大小，可以调整回差电压的高低。

根据上面的分析，可以画出施密特触发器的电压传输特性，如图 7-3 所示。总结来看，当 $v_I < V_{T-}$ 时，输出 $v_O = V_{OL}$；当 $v_I > V_{T+}$ 时，输出 $v_O = V_{OH}$；当 $V_{T-} < v_I < V_{T+}$ 时，输出 v_O 保持原来的状态。

从 v_O 输出为同相施密特触发器，从 $\bar{v}_O$ 输出为反相施密特触发器。同相施密特触发器和反相施密特触发器的逻辑符号如图 7-4 所示。

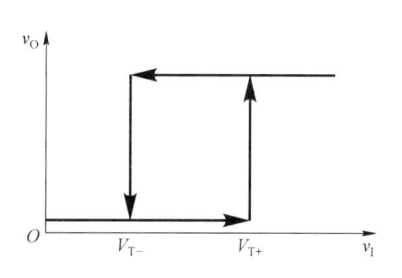

图 7-3 施密特触发器的电压传输特性

图 7-4 同相施密特触发器和反相施密特触发器的逻辑符号
（a）同相施密特触发器；（b）反相施密特触发器

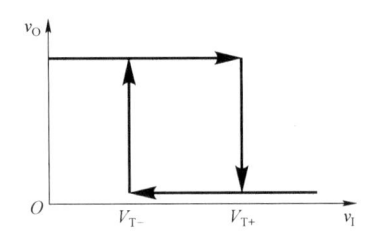

反相施密特触发器的电压传输特性如图 7-5 所示。

图 7-5 反相施密特触发器的电压传输特性

施密特触发器是脉冲波形变换中经常使用的一种电路，它有两种稳定工作状态，处于哪一种工作状态取决于输入信号电平的高低。当输入信号由低电平逐步上升到上限触发电平（V_{T+}）时，电路状态发生一次转换；当输入信号由高电平逐步下降到下限触发电平（V_{T-}）时，电路状态又会发生转换。两次状态转换所对应的输入电平是不同的。在脉冲与数字技术中，施密特触发器常用于波形变换、脉冲整形及脉冲幅度鉴别等。

2. 用 TTL 门电路构成的施密特触发器

用两级 TTL 门电路构成的施密特触发器如图 7-6 所示，它由与非门 G_1 和反相器 G_2 构成，通过电阻 R_1 和 R_2 来控制与非门的状态。假设门电路的阈值电压为 V_{th}。由于 R_1 和 R_2 的数值不能取得太大，所以串接二极管 D 的目的是防止 $v_O = V_{OH}$ 时 G_2 门的负载电流过大。在输入电压由高电平逐渐降低的过程中 D 将处于截止状态，这时 G_1 门的输入信号将由另一个输入端加入。

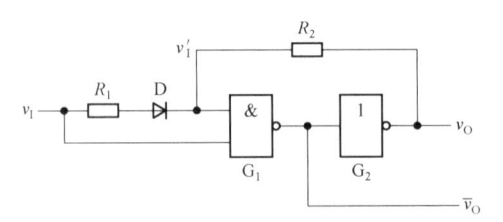

图 7-6 用两级 TTL 门电路构成的施密特触发器

当输入 $v_I = 0$ 时，G_1 门截止，$\bar{v}_O = V_{OH}$；G_2 门导通，$v_O = V_{OL}$。v_I 逐步上升，使二极管 D 导通，则

$$v_I' = \frac{v_I - V_D}{R_1 + R_2} R_2 + V_{OL} \tag{7-9}$$

式中，V_D 为二极管 D 的导通电压，$V_{OL} \approx 0.3 \text{ V}(=0)$。当 v_I 逐步上升，使 $v_I' \geqslant V_{th}$ 时，G_1 门由

截止转为导通；G_2 门由导通转为截止，$v_O = V_{OH}$，电路发生一次翻转。此时的 v_I 为上限电平：

$$V_{T+} = \frac{R_1 + R_2}{R_2} V_{th} + V_D \qquad (7-10)$$

只要输入 $v_I > V_{T+}$，电路就处于输出 $v_O = V_{OH}$ 的稳定状态。

当输入 v_I 逐步下降时，只要 $v_I < V_{th}$，G_1 门就由导通转为截止，$\bar{v}_O = V_{OH}$；G_2 门就由截止转为导通，$v_O = V_{OL}$，电路再次发生翻转，此时的 v_I 为下限触发电平：

$$V_{T-} = V_{th} \qquad (7-11)$$

因此，电路的回差电压为

$$\Delta V_T = V_{T+} - V_{T-} = \frac{R_1}{R_2} V_{th} + V_D \qquad (7-12)$$

改变 R_1 和 R_2 的大小，可以调整回差电压值的高低。

7.1.2 集成施密特触发器及其应用

在集成门电路中，有带施密特触发器输入的反相器和与非门，如 CMOS 六反相器 CC40106、施密特 2 输入与非门 CC14093 等。

1. 用 CMOS 门电路构成的施密特触发器

图 7-7（a）所示为 CMOS 集成施密特触发器 CC40106 的电路图，图 7-7（b）所示为其逻辑符号。电路由三部分组成，T_{P1}，T_{P2}，T_{P3}（PMOS 管）及 T_{N1}，T_{N2}，T_{N3}（NMOS 管）构成施密特触发器，为电路的核心部分；T_{P4}，T_{P5} 及 T_{N4}，T_{N5} 构成两个首尾相连的反相器，形成整形级，在 v'_O 上升和下降的过程中，利用两级反相器的正反馈作用，可使输出波形的上升沿和下降沿变得很陡直。T_{P6} 和 T_{N6} 组成缓冲输出级，它不仅能起到与负载隔离的作用，而且可以提高电路的带负载能力。这里设 PMOS 管的开启电压为 V_{TP}，NMOS 管的开启电压为 V_{TN}。

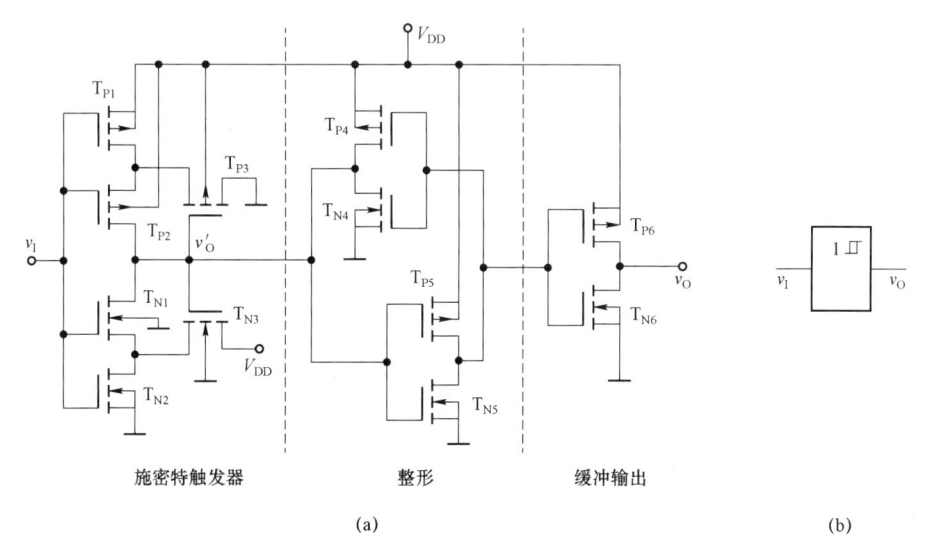

图 7-7 CMOS 集成施密特触发器 CC40106
（a）电路图；（b）逻辑符号

当 $v_I = 0$ 时，T_{P1}，T_{P2} 导通，T_{N1}，T_{N2} 截止，电路中 v'_O 为高电平，v'_O 的高电平使 T_{P3} 截止，T_{N3} 导通，电路为源极跟随器，此时，T_{N1} 源极的电位 $V_{S(TN1)}$ 较高，于是 $v_O = V_{OH}$。

v_I 逐渐升高，当 $v_I > V_{TN}$ 时，T_{N2} 导通，由于 T_{N1} 的源极电压较高，所以即使 $v_I > V_{DD}/2$，T_{N1} 仍不能导通。随着 v_I 继续升高，T_{P1}，T_{P2} 的栅源电压的绝对值较小，致使 T_{P1}，T_{P2} 趋于截止。随着 T_{P1}，T_{P2} 截止，其内阻急剧增大，从而使 v'_O 和 $V_{S(TN1)}$ 开始下降。当 $v_I - V_{S(TN1)} \geqslant V_{TN}$ 时，T_{N1} 开始导通，并引起如下正反馈过程（R_{on1} 为 T_{N1} 的导通电阻）：

$$v'_O \downarrow \Rightarrow V_{S(TN1)} \downarrow \Rightarrow V_{GS(TN1)} \uparrow \Rightarrow R_{on1} \downarrow$$

于是，T_{N1} 迅速导通，v'_O 随之下降，致使 T_{P3} 很快导通，进而使 T_{P1}，T_{P2} 趋于截止，v'_O 下降为低电平。v_I 继续升高，最终使 T_{P1} 完全截止，输出电压 v_O 从高电平跳变至低电平。在 $V_{DD} \gg V_{TN} + |V_{TP}|$ 的条件下，电路的上限触发电平 V_{T+} 远高于 $V_{DD}/2$。

同理，v_I 下降过程与 v_I 上升过程类似，电路也会出现一个急剧变化的工作过程，使电路转换为 v'_O 高电平，$v_O = V_{OH}$ 的状态。在 v_I 下降过程中的下限触发电平 V_{T-} 远低于 $V_{DD}/2$。

由上述分析可知，电路在 v_I 上升和下降的过程中分别有不同的两个门限电平，电路为反相输出的施密特触发器。值得指出的是，由于集成电路内部器件参数差异较大，所以即使 V_{DD} 相同，不同的器件也有不同的 V_{T+} 和 V_{T-}。集成施密特触发器的门限电平及其典型数值如表 7-1 和表 7-2 所示。

表 7-1 CC40106 的门限电平数值　　　　　　　　　　　　　　　　　　　　V

参数名称	V_{DD}	最小值	最大值
V_{T+}	5	2.2	3.6
	10	4.6	7.1
	15	6.8	10.8
V_{T-}	5	0.3	1.6
	10	1.2	3.4
	15	1.6	5.0

表 7-2 TTL 施密特触发器的门限电平数值　　　　　　　　　　　　　　　　V

参数	CT7413 最小值	CT7413 最大值	CT7414 最小值	CT7414 最大值	CT74132 最小值	CT74132 最大值
V_{T+}	1.5	2	1.5	2	1.4	2
V_{T-}	0.6	1.1	0.6	1.1	0.5	1

2. 用 TTL 门电路构成的施密特触发器

图 7-8 所示电路为 4 输入与非门 TTL 集成施密特触发器。该电路由输入级、施密特电路级、电平转移级和输出级四部分组成。各部分的作用如下。

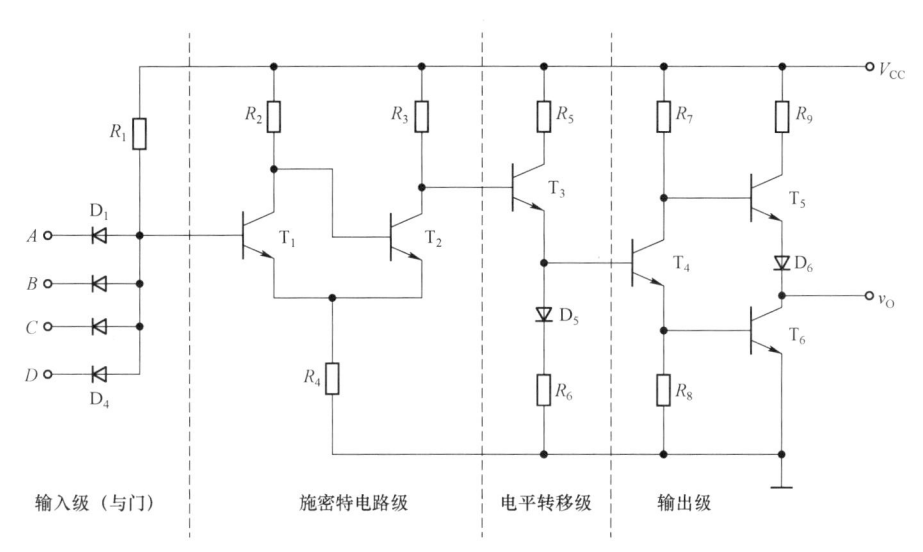

图 7-8 4 输入与非门 TTL 集成施密特触发器

（1）输入级：二极管 $D_1 \sim D_4$ 和 R_1 构成"与门"输入级，实现逻辑与功能。

（2）施密特电路级：T_1，T_2 和 $R_2 \sim R_4$ 构成施密特电路级，T_1 和 T_2 通过射极电阻 R_4 耦合实现正反馈，加速状态转移。

（3）电平转移级：T_3，D_5，R_5，R_6 构成电平转移级，其主要作用是在 T_2 饱和时，利用 V_{BE3} 和 D_5 的电平转移，保证 T_4 截止。

（4）输出级：T_4，T_5，T_6，D_6 和 $R_7 \sim R_9$ 构成推挽输出级，既实现逻辑非功能，又提高带负载能力。

该电路的逻辑功能为 $Y = \overline{ABCD}$。在输入电平中，只要有一个低于施密特触发器的下限触发电平 V_{T-}，$Y=1$；只有所有输入电平均高于上限触发电平 V_{T+} 时，$Y=0$。该电路的上限触发电平 $V_{T+} = 1.5 \sim 2.0$ V，下限触发电平 $V_{T-} = 0.6 \sim 1.1$ V，典型的回差电压值 $\Delta V_T = 0.8$ V。

3. 施密特触发器的应用

施密特触发器可以用来将正弦波或三角波形变换成矩形波，也可对矩形波进行整形，并能有效地清除叠加在矩形脉冲高、低电平上的噪声等。在脉冲与数字技术中，施密特触发器常用于波形变换、脉冲幅度鉴别及脉冲整形等。

1）波形变换

施密特触发器可以将输入三角波、正弦波、锯齿波等变换成矩形。图 7-9 所示为将正弦波变换成矩形波。通过电路在状态变化过程中的正反馈作用，施密特触发器可以将输入变化缓慢的周期信号变换成与其同频率、边缘陡直的矩形波，调节施密特触发器的 V_{T+} 或 V_{T-}，可以改变输出电压的脉宽。

2）脉冲幅度鉴别

施密特触发器采用电平触发方式，即其输出状态与输入信号的幅值有关，因此可以作为脉冲幅度鉴别电路。如图 7-10 所示，只有幅度大于 V_{T+} 的脉冲才会使施密特触发器翻转，v_O 有脉冲输出；而对于幅度小于 V_{T+} 的脉冲，施密特触发器不翻转，v_O 没有脉冲输出。

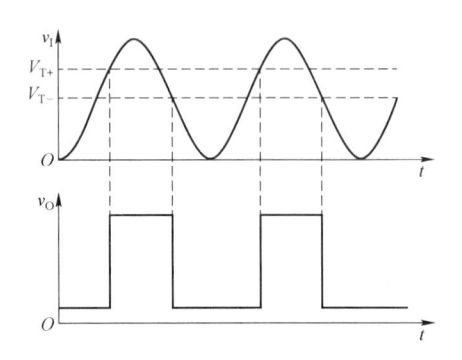

图 7-9 用施密特触发器实现波形变换

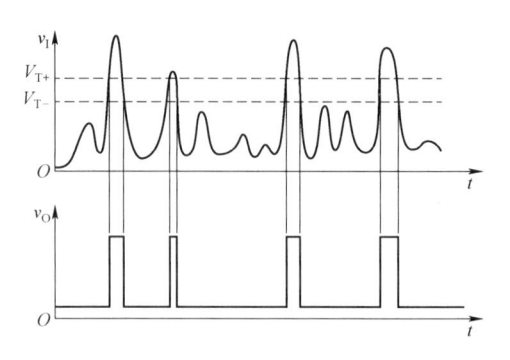

图 7-10 用施密特触发器实现脉冲幅度鉴幅

3) 脉冲整形

在工程实际中，对于缓慢变化的矩形波，可以改善波形的上升沿和下降沿，其波形如图 7-11（a）所示；对于图 7-11（b）所示的输入信号可以消除脉冲信号上叠加的噪声（或者说振荡）。只要回差电压选择合适，就可达到理想的整形效果。

(a)

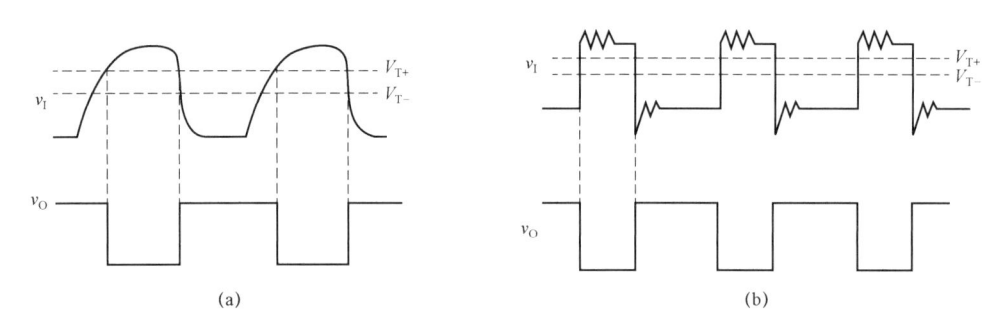

(b)

图 7-11 用施密特触发器实现脉冲整形

7.2 单稳态触发器

7.2.1 用门电路构成的单稳态触发器

单稳态触发器是广泛应用于脉冲整形、延时和定时的常用电路，它有稳态和暂稳态两个不同的工作状态。在外界触发脉冲的作用下，它能从稳态翻转到暂稳态，暂稳态维持一段时间后，又自动翻转到稳态。暂稳态维持时间的长短取决于单稳态触发器本身的参数，与外界触发脉冲无关。用门电路构成的单稳态触发器根据维持暂态的 RC 定时电路的不同接法大致分为两大类——微分型和积分型。

1. 微分型单稳态触发器

图 7-12（a）所示电路为微分型单稳态触发器。它由两个 TTL 与非门电路组成，其中 R_i，C_i 构成输入端微分电路，R，C 构成微分型定时电路，两个 TTL 与非门电路的输出端作为单稳态触发器的输出端 v_{O1} 和 v_{O2}。

其工作过程分为以下几个阶段。

1）稳态：$0 \sim t_1$

这时输入端无输入信号触发，或触发输入 v_1 为高电平。当选取 R_i 大于 3.2 kΩ 时，使 v_1 高于开门电平，与非门 G_1 输出低电平 $v_{O1} = 0.3 \text{ V}$；当选取 R 小于 0.91 kΩ 时，使 v_1 低于关门电平，与非门 G_2 输出高电平 $v_{O2} = 3.6 \text{ V}$。触发器处于稳态（$v_{O1} = V_{OL}$，$v_{O2} = V_{OH}$）。

当 $t = t_1$ 时，输入端 v_1 下跳变，经 R_i、C_i 微分输入电路后，v_1 产生一个负尖峰脉冲，使与非门 G_1 关闭，v_{O1} 上跳至高电平。由于电容 C 端电压不能突变，所以 v_2 随 v_{O1} 的上跳变为高电平，与非门 G_2 打开，使输出 v_{O2} 为低电平，触发器受触发发生一次翻转，从而进入暂稳态（$v_{O1} = V_{OH}$，$v_{O2} = V_{OL}$）。

2）暂稳态：$t_1 \sim t_2$

当 $t = t_1$ 时，使 v_{O2} 下跳至低电平后，通过反馈线维持 G_1 门继续关闭，触发器处于暂稳态。当 $t = t_1$ 时，v_1 的下跳变使 G_1 门转变为关态。这时电容 C 充电，充电等效电路如图 7-12（b）所示。R_o 为 G_1 门的输出电阻，约为 100 Ω。随着电容 C 充电，电压 $v_2(t)$ 呈指数下降。当 $t = t_2$ 时，v_2 下降至阈值电平 V_{th}（1.4V），与非 G_2 门关闭，输出 v_{O2} 上跳至高电平。由于 G_1 门输入端电阻 $R_i > 3.2$ kΩ，所以当 v_{O2} 为高电平时，使与非 G_1 门由关态翻转至开态，触发器自动翻转一次，回到初始稳定状态（$v_{O1} = V_{OL}$，$v_{O2} = V_{OH}$）。

$t_1 \sim t_2$ 的时间称为暂稳态持续时间，其长短取决于 $v_2(t)$ 在充电时刻下降至 $v_2(t) = V_{th}$ 的时间，即

$$t_w = \tau \ln \left[\frac{v_2(\infty) - v_2(0^+)}{v_2(\infty) - v_2(t_w)} \right] \tag{7-13}$$

式中，$\tau = (R_o + R)C$，$v_2(\infty) = V_{OL} \approx 0 \text{ V}$，$v_2(0^+) \approx v_2(0^-) \approx V_{OH}$，$v_2(t_w) = V_{th}$，则

$$t_w = (R_o + R)C \ln \left[\frac{0 - V_{OH}}{0 - V_{th}} \right] = (R_o + R)C \ln \left(\frac{V_{OH}}{V_{th}} \right) \tag{7-14}$$

通常可以用

$$t_w \approx 0.7(R_o + R)C \tag{7-15}$$

近似估算。

由上述讨论可知，暂稳态持续时间取决于 RC 电路的充电速度，因此 RC 电路称为定时电路，由它决定输出脉冲 v_{O1} 和 v_{O2} 的宽度。

3）电路的恢复过程：$t \geq t_2$

当 $v_2(t) = V_{th}$ 时自动翻转后，v_{O1} 下跳至 0.3V，v_{O2} 上跳至 3.6V，v_2 由 V_{th} 也随 v_{O1} 的下跳而下跳，以后进入恢复阶段。电容 C 放电时等效电路如图 7-12（c）所示。放电时间常数 $\tau = (R_i // R)C \approx RC$。因此，恢复时间为

$$t_{re} \approx (3 \sim 5)RC \tag{7-16}$$

最后必须指出，为了保证稳态时 G_2 门可靠截止，R 的数值必须小于 0.91 kΩ，但 R 也不能任意减小，因为在受外界触发时，要使 G_2 门能够可靠翻转，v_2 必须满足

$$v_2 = \frac{3.6 - v_C}{R_o + R} \cdot R \geq V_{th} \tag{7-17}$$

否则，G_2 门不能翻转，因此 $R>64\ \Omega$。这样在定时电路中，R 值选取的范围应为 $64\ \Omega<R<0.91\ k\Omega$。

在定时电路中，为了调整 t_w，通常以改变 C 作为粗调，以改变 R 作为细调。微分型单稳态电路的工作波形如图 7-12（d）所示。

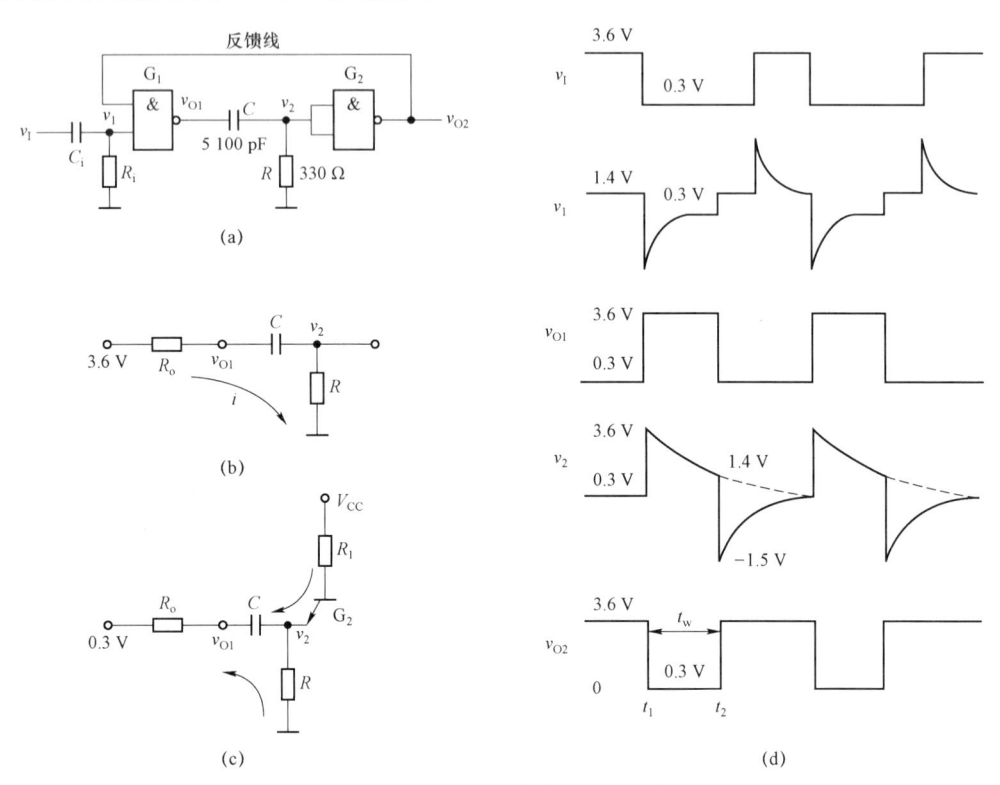

图 7-12 微分型单稳态触发器

2. 积分型单稳态触发器

积分型单稳态触发器如图 7-13（a）所示。图中 RC 为积分型定时电路。积分型单稳态触发器的工作波形如图 7-13（b）所示。其工作过程分为以下几个阶段。

1）稳态：$0 \sim t_1$

这时输入 v_1 为低电平，两个门的输出 v_{O1} 及 v_{O2} 均为高电平。电容 C 充电结束，触发器处于稳定状态。当 $t=t_1$ 时，触发器输入 v_1 上跳变，同时使两个门的状态发生变化，v_{O1} 和 v_{O2} 均下跳为低电平，触发器翻转一次，从而进入暂稳态。

2）暂稳态：$t_1 \sim t_2$

这里要注意电容上的电压不能突变，因此 v_2 的电压还是高电平。输入 v_1 为高电平，输出 v_{O1} 为低电平，电容 C 通过 R 及与非 G_1 门输出端放电。随着放电的进行，电压 v_2 呈指数下降。当 $t=t_2$ 时，v_2 下降至 V_{th}（1.4V），与非 G_2 门状态发生翻转，v_{O2} 上跳至高电平，触发器自动翻转一次。

当输入 v_1 下跳，电容 C 重新充电完毕以后，触发器回到初始稳态。

在暂稳态期间，电容 C 放电未达到阈值电压 V_{th} 之前，输入 v_1 不能由高电平下跳，否则 G_2 门将因 v_1 的下跳提前翻转，达不到由 RC 电路控制定时的目的。因此，要求输入 v_1 比输出 v_{O2}

脉冲宽。

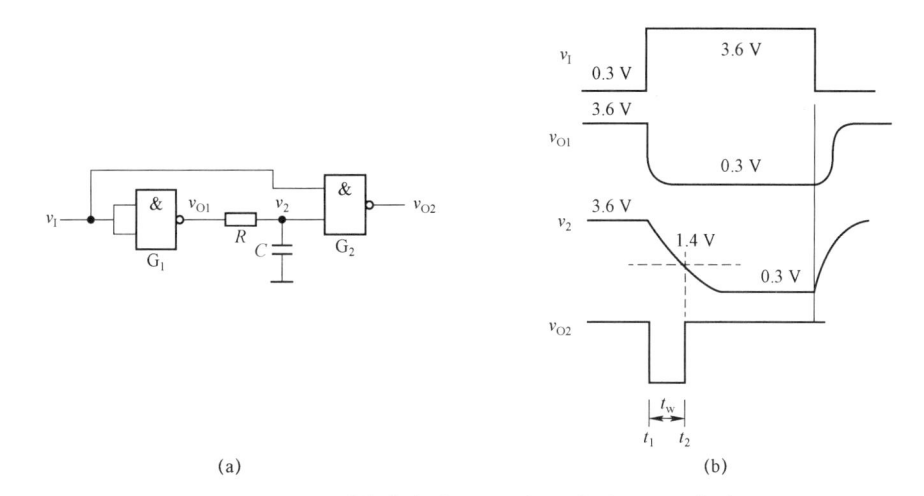

图 7-13 积分型单稳态触发器的逻辑电路图及工作波形
（a）逻辑电路图；（b）工作波形

3. 用施密特触发器构成的单稳态触发器

利用 CMOS 施密特触发器的回差特性，可构成单稳态触发器，如图 7-14（a）所示，其工作波形如图 7-14（b）所示。

当输入电压 $v_I = 0\text{ V}$ 时，输出电压 $v_O = V_{OL} = 0\text{ V}$，这是稳态。

当 v_I 的正触发脉冲加到输入端时，v_A 也随着上跳，只要上跳的幅值大于 V_{T+}，就有输出 $v_O = V_{DD}$。触发器发生一次翻转，由稳态进入暂稳态。

此后，随着电容 C 充电，v_A 指数下降，在达到 V_{T-} 之前，电路维持 $v_O = V_{DD}$ 不变。一旦 v_A 下降至 V_{T-} 时，施密特触发器就发生自动翻转，$v_O = V_{OL} = 0\text{ V}$，由暂稳态返回至稳态。

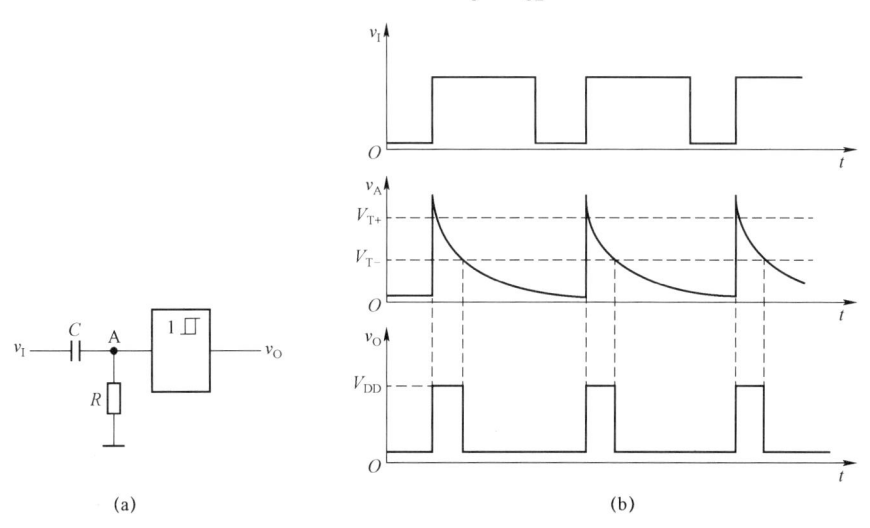

图 7-14 用 CMOS 施密特触发器构成的单稳态触发器及其工作波形
（a）逻辑电路图；（b）工作波形

由图 7-14（b）可以求出暂稳态持续时间为

$$t_w = RC\ln\left(\frac{V_{IH}}{V_{T-}}\right) \tag{7-18}$$

7.2.2 集成单稳态触发器及其应用

1. 集成单稳态触发器

使用集成单稳态触发器只需很少的外接元件与连线，且电路还附加上升沿、下降沿触发控制，具有清零等功能，使用方便，且温度稳定性好。根据电路工作特性的不同，集成单稳态触发器分为非可重触发和可重触发两种类型。单稳态触发器的逻辑符号如图 7-15 所示。图 7-15（a）所示为非可重触发单稳态触发器的逻辑符号，图 7-15（b）所示为可重触发单稳态触发器的逻辑符号。

图 7-15 单稳态触发器的逻辑符号
（a）非可重触发；（b）可重触发

所谓非可重触发单稳态触发器，是指在暂稳态定时时间 t_w 之内，若有新的触发脉冲输入，则电路不会产生任何响应。如图 7-16 所示，A，B，C，D 为输入脉冲。在输入脉冲 A 作用后，电路进入暂稳态，在暂稳态持续时间 t_w 内，又有输入脉冲 B、C 作用，但是不会引起电路状态的改变，输出信号脉冲的宽度为 t_w。只有在电路返回到稳态后，电路才接受输入脉冲信号的作用，如输入脉冲 D 的作用。

对于可重触发单稳态触发器，只要有新的触发脉冲输入，就可以被新的输入脉冲重新触发。如图 7-17 所示，电路在受到输入脉冲 A 触发后，电路进入暂稳态。在暂稳态 t_w 期间，经 $t_\Delta(t_\Delta < t_w)$ 时间后，又受到输入脉冲 B 的触发，电路的暂稳态时间又将从受输入脉冲 B 触发开始，因此输出信号的脉冲宽度为 $(t_\Delta + t_w)$。采用可重触发单稳态触发器，只要在受触发后输出的暂稳态持续期 t_w 结束前，再输入触发脉冲，就可方便地产生持续时间很长的输出脉冲。

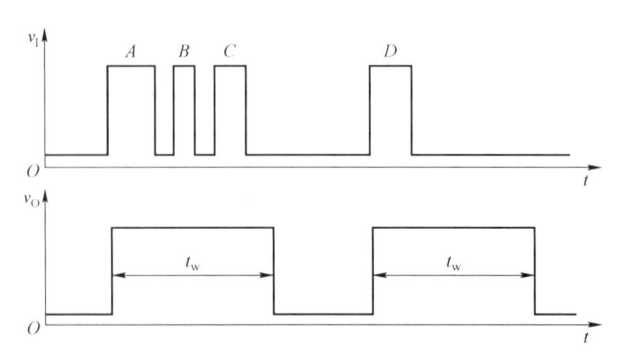

图 7-16 非可重触发单稳态触发器的工作波形

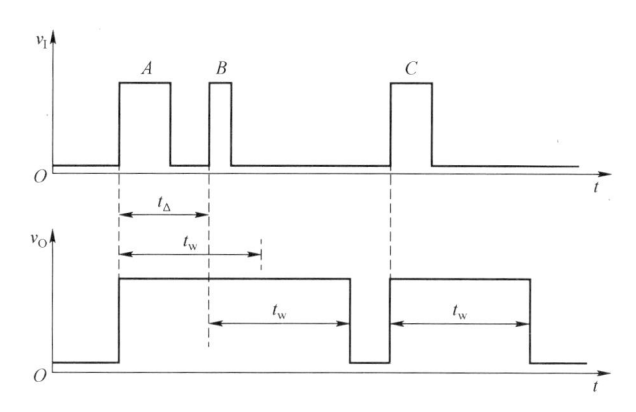

图 7-17 可重触发单稳态触发器的工作波形

图 7-18 所示为 TTL 集成单稳态触发器 CT74121 的逻辑电路图,它由触发信号控制电路、微分型单稳态触发器和输出缓冲电路三部分组成。在图 7-18 中,具有施密特特性的非门 G_6 和 G_5 门合起来看成一个与或非门,它与非门 G_7、电阻 R_{int} 及电容 C_{ext} 组成微分型单稳态触发器,其工作原理与 7.2.1 节中介绍的微分型单稳态触发器基本相同。该电路只有一个稳态 $Q=0$, $\bar{Q}=1$。当 G_4 门输出端 a 点有正脉冲触发时,电路进入暂稳态 $Q=1$, $\bar{Q}=0$。电路输出脉冲的宽度由 R_{int} 和 C_{ext} 的大小决定。

G_1 门和 G_4 门组成的触发信号控制电路不仅实现了输入信号触发沿可选择,而且使电路具有不可重复触发特性。如当 TR_{-A},TR_{-B} 中至少有一个接低电平,且触发信号 TR_+ 输入时,电路选择上升沿触发。此时,由于 G_4 门的其他三个输入端均为高电平,所以当输入信号 TR_+ 的上升到来时,a 点也随之跳变为高电平,在正脉冲触发下,单稳态触发器进入暂态,$Q=1$,$\bar{Q}=0$。$\bar{Q}$ 的低电平使触发信号控制电路中基本 RS 触发器的 G_2 门输出为低电平,于是 G_4 门被封锁,此时即使有触发信号输入,也不会有触发信号达到 a 点。只有电路在返回稳态后,触发信号才能使电路再次被触发。由以上分析可知,该电路具有边沿触发的性质,且属于不可重复触发的单稳态触发器。

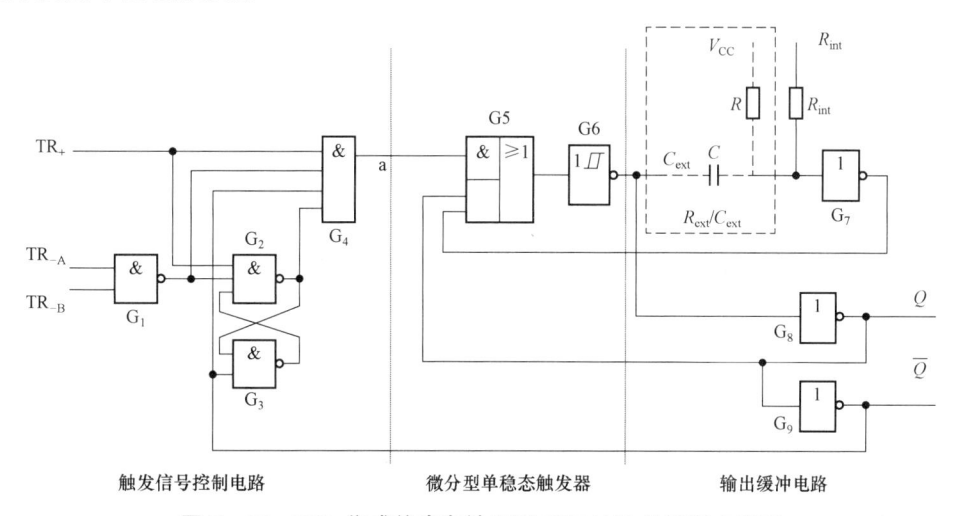

图 7-18 TTL 集成单稳态触发器 CT74121 的逻辑电路图

该电路的输出脉冲宽度为

$$t_w \approx 0.7RC \tag{7-19}$$

式中，R 为外接定时电阻，一般取值范围为 1.4~40 kΩ；C 为外接定时电容，一般取值范围为 10 pF~10 μF，因此可知 t_w 在 10 ns~300 ms 之间变化。如果不外接电阻 R，利用内部电阻 R_{int} 作为定时电阻（R_{int} 为 2 kΩ 左右），则输出脉冲宽度较窄，因此，为了得到较宽的输出脉冲，需外接电阻 R。

如需采用下降沿触发，则可将 TR$_+$ 输入高电平，触发脉冲从 TR$_{-A}$ 或 TR$_{-B}$ 输入，电路的工作状态与电路上升沿触发时完全相同。CT74121 的功能表如表 7-3 所示。

表 7-3 CT74121 的功能表

输入			输出	说明
TR$_{-A}$	TR$_{-B}$	TR$_+$	Q	
0	×	1	0	保持稳态
×	0	1	0	
×	×	0	0	
1	1	×	0	
1	↓	1	正脉冲	下降沿触发
↓	1	1	正脉冲	
↓	↓	1	正脉冲	
0	×	↑	正脉冲	上升沿触发
×	0	↑	正脉冲	

由功能表可知，在下述情况下，电路有正脉冲输出。

（1）两个输入 TR$_{-A}$，TR$_{-B}$ 中有一个或两个为低电平，TR$_+$ 产生从 0 到 1 的正跳变时。

（2）TR$_+$ 为高电平，TR$_{-A}$，TR$_{-B}$ 中有一个或两个产生从 1 到 0 的负跳变，且没有产生负跳变的输入为 1 时。

根据功能表，可以画出图 7-19 所示的工作波形。

2. 集成单稳态触发器的应用

1）定时

图 7-20 所示为单稳态触发器作定时电路的应用，电路只有在单稳态触发器的输出为高电平期间（t_w 期间），信号 v_A 才有可能通过与门。单稳态触发器的 RC 的取值不同，与门的开启时间则不同，通过与门的脉冲个数也随之改变。

2）延时

单稳态触发器的另一应用是实现脉冲的延时。用两片 CT74121 组成的脉冲延时电路及其工作波形如图 7-21 所示。从工作波形可以看出，v_O 脉冲的上升沿相对输入信号 v_I 的上升沿延迟了 t_{w1} 时间。

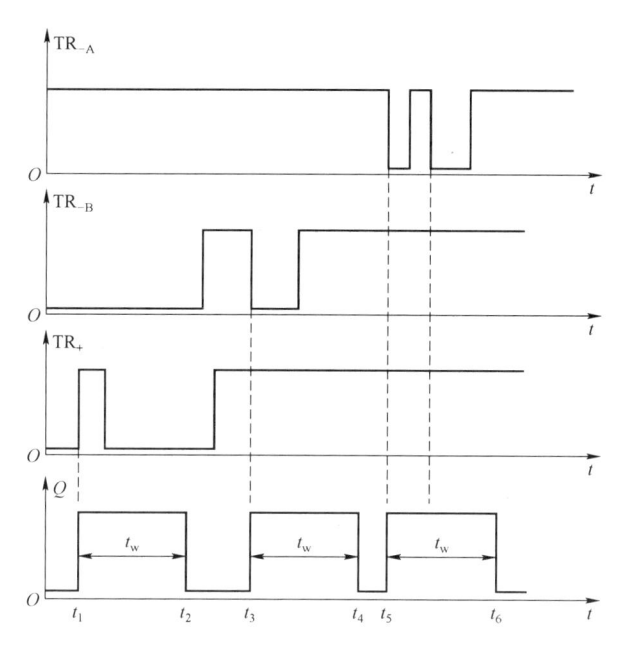

图 7-19　CT74121 的工作波形

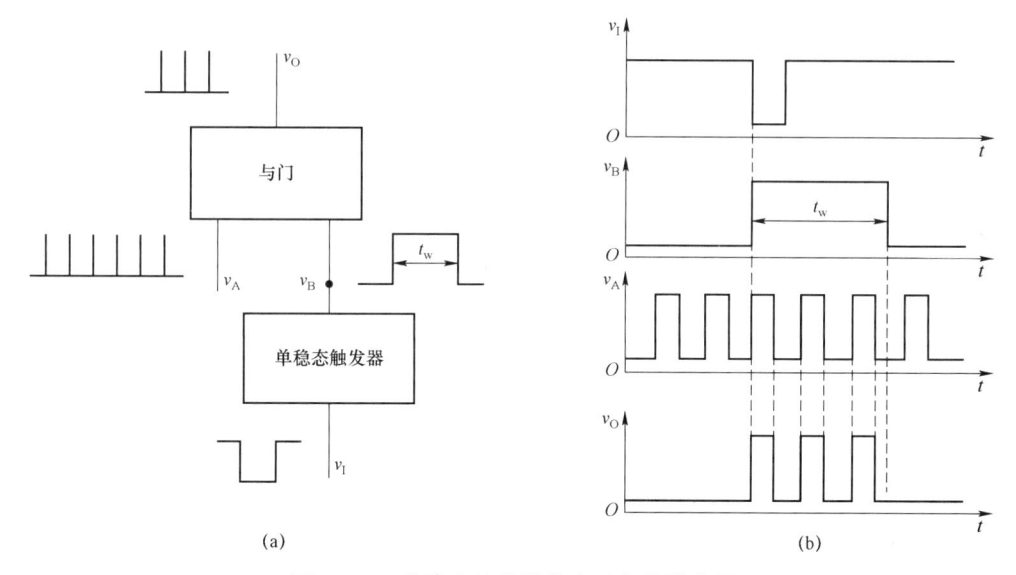

图 7-20　单稳态触发器作定时电路的应用
（a）逻辑框架；（b）工作波形

3）噪声消除

由单稳态触发器组成的噪声消除电路及其工作波形如图 7-22 所示。有用的信号一般都有一定的脉冲宽度，而噪声多表现为尖脉冲。从分析结果可见，只要合理地选择 RC 的值，使单稳态触发器的输出脉宽 t_w 大于噪声宽度 t_N 而小于信号的输出脉宽 t_s，即可消除噪声。

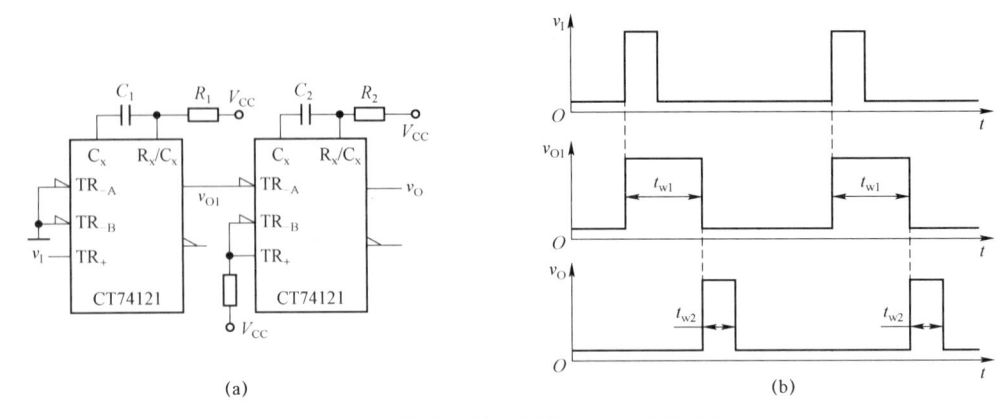

图 7-21 单稳态触发器作延时电路的应用
（a）延时电路（b）工作波形

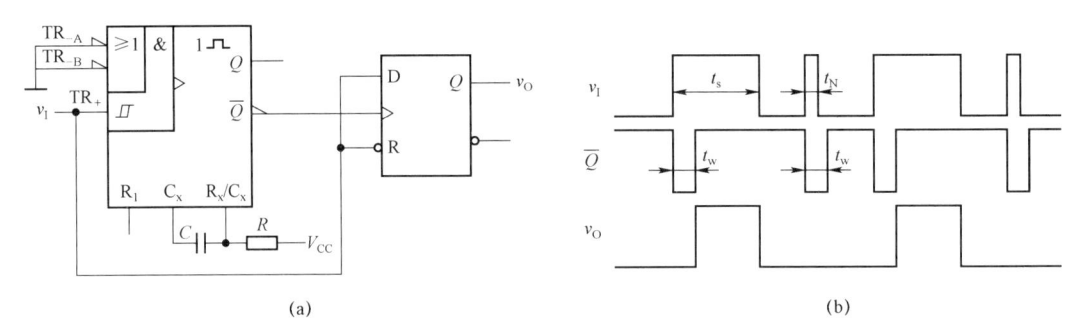

图 7-22 单稳态触发器作噪声消除电路及其工作波形
（a）噪声消除电路；（b）工作波形

7.3 多谐振荡器

多谐振荡器是一种自激振荡器，在接通电源后，不需要外加触发信号，就能自动地产生矩形脉冲。由于矩形波含有丰富的高次谐波，故习惯称产生矩形波的电路为多谐振荡器。它是常用的矩形脉冲产生电路。

多谐振荡器有电容正反馈多谐振荡器、带 RC 定时电路的环形振荡器、用施密特触发器构成的多谐振荡器和晶体稳频的多谐振荡器等类型。如果对频率稳定性要求不高且要求的振荡频率较低，可采用前三种主要依靠电容 C 充、放电的多谐振荡器。在这类多谐振荡器中，可以调节输出频率，一般以电容 C 作为粗调，以电阻 R 作为细调。在要求多谐振荡器的频率稳定度较高的情况下，通常采用晶体稳频的多谐振荡器。

7.3.1 用门电路构成的多谐振荡器

1. 电容正反馈多谐振荡器

电容正反馈多谐振荡器的基本电路如图 7-23（a）所示。它是两级 TTL 与非门，由电容 C 构成正反馈。

在多谐振荡器的工作过程中，主要依靠电容 C 的充、放电，引起 d 点电位 v_d 的变化，当

v_d 达到 TTL 门的阈值电压 V_{th} 时，引起与非门状态的翻转。假设某时刻电容 C 的充电使 v_d 逐渐上升，当 v_d 上升至 $v_d \geqslant V_{th}$ 时，与非门 G_1 将由关态变为开态，使输出 v_a 由高电平下跳至低电平，与非门 G_2 由开态变为关态，输出 v_b 由低电平上跳至高电平。由于电容 C 的电压不能突变，所以 d 点电位 v_d 也随着 v_b 的上跳而上跳，维持与非门 G_1 处于开态，与非门 G_2 处于关态，如图 7-23（b）中 t_1 时刻所示。

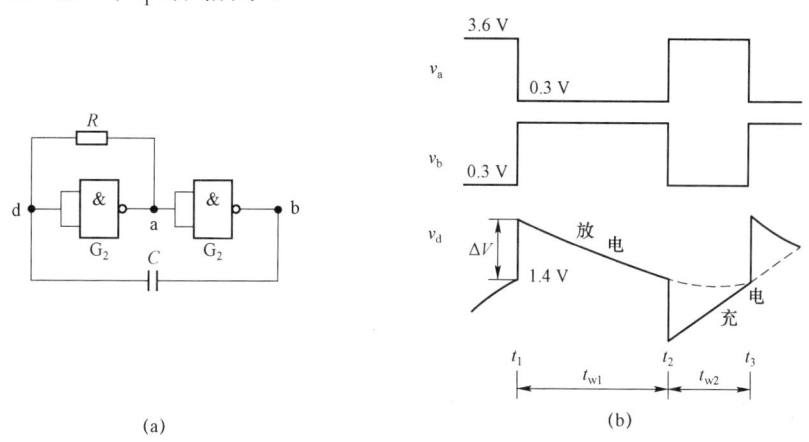

图 7-23　电容正反馈多谐振荡器

以后电容 C 放电，放电的等效电路如图 7-24（a）所示。随着电容 C 的放电，v_d 逐渐下降。在 v_d 下降至 V_{th} 之前，这段时间称为暂稳态 I，其工作波形如图 7-20（b）中 $t_1 \sim t_2$ 期间的波形所示。

当 v_d 随着 C 的放电下降至阈值电压，即 $v_d \leqslant V_{th}$ 时，与非门 G_1 由开态变为关态，输出 v_a 由低电平上跳至高电平，使与非门 G_2 由关态变为开态，输出 v_b 由高电平下跳至低电平。电路又一次自动翻转，如图 7-23（b）中 t_2 时刻所示。由于有电容 C，所以 v_d 随着 v_b 的下跳而下跳，维持与非门 G_1 处于关态，与非门 G_2 处于开态。

当与非门 G_1 处于关态，与非门 G_2 处于开态后，电容 C 充电，其等效电路如图 7-24（b）所示。随着 C 的充电，v_d 逐渐上升，在 v_d 上升至 V_{th} 之前，这段时间称为暂稳态 II，其波形如图 7-23 中 $t_2 \sim t_3$ 期间的波形所示。

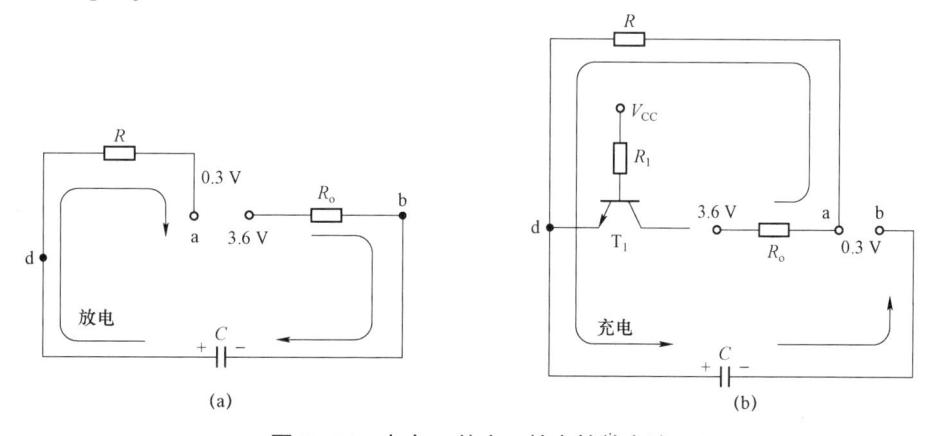

图 7-24　电容 C 的充、放电等效电路
（a）放电；（b）充电

当 v_d 上升至 V_{th} 时，与非门 G_1 又由关态变为开态，与非门 G_2 由开态变为关态，进入暂稳态 I。以后不断重复上述过程，从而形成周期振荡，在输出端就获得矩形波 v_b。

下面进行振荡周期的计算。

1）暂稳态 I 持续时间 t_{w1} 的计算

由图 7-23（b）可见，在 t_1^- 时刻，与非门 G_1 处于关态，与非门 G_2 处于开态，之后电路发生翻转，在 t_1^+ 时刻，与非门 G_1 处于开态，与非门 G_2 处于关态，进入暂稳态 I。电容 C 放电时，等效电路如图 7-24（a）所示。由图 7-23（b）和图 7-24（a）可得到暂稳态 I 的持续时间为

$$t_{w1} = t_2 - t_1 = \tau_1 \ln\left[\frac{v_d(\infty) - v_d(t_1^+)}{v_d(\infty) - v_d(t_2^-)}\right] \tag{7-20}$$

式中，

$$\begin{cases} \tau_1 = (R_o + R)C \\ v_d(\infty) = v_a = 0.3 \text{ V} \approx 0 \text{ V} \\ v_d(t_2^-) = V_{th} = 1.4 \text{ V} \\ v_d(t_1^+) = V_{th} + \Delta V \\ \Delta V = \Delta v_b \approx V_{OH} - V_{OL} \approx V_{OH} \end{cases}$$

上述结果代入式（7-20），得到

$$t_{w1} = (R_o + R)C\ln\left(\frac{V_{th} + V_{OH}}{V_{th}}\right) = (R_o + R)C\ln\left(1 + \frac{V_{OH}}{V_{th}}\right) \tag{7-21}$$

2）暂稳态 II 持续时间 t_{w2} 的计算

在 t_2^- 时刻，与非门 G_1 处于开态，与非门 G_2 处于关态。在 t_2^+ 时刻，电路发生翻转，与非门 G_1 处于关态，与非门 G_2 处于开态，进入暂稳态 II。电容 C 放电时，等效电路如图 7-24（b）所示。由图 7-23（b）和图 7-24（b）可得到暂稳态 II 的持续时间为

$$t_{w2} = t_3 - t_2 = \tau_2 \ln\left[\frac{v_d(\infty) - v_d(t_2^+)}{v_d(\infty) - v_d(t_3^-)}\right] \tag{7-22}$$

式中，

$$\begin{cases} \tau_2 = [(R_o + R)//R_1]C \\ v_d(\infty) = v_a = V_{OH} = 3.6 \text{ V} \\ v_d(t_3^-) = V_{th} = 1.4 \text{ V} \\ v_d(t_2^+) = V_{th} + \Delta V \\ \Delta V = v_d(t_2^+) - v_d(t_2^-) = V_{OL} - V_{OH} = -V_{OH} \end{cases}$$

将上述结果代入式（7-22），得到

$$t_{w2} = [(R_o + R)//R_1]C\ln\left(\frac{2V_{OH} - V_{th}}{V_{OH} - V_{th}}\right) \tag{7-23}$$

3）振荡周期

振荡周期即两个暂态持续时间之和，即

$$T = t_{w1} + t_{w2} \tag{7-24}$$

2. 带有 *RC* 定时电路的环形振荡器

带有 *RC* 定时电路的环形振荡器电路如图 7-25（a）所示。R_s 为隔离电阻，*R*、*C* 为定时元件。其基本工作原理是利用电容 *C* 的充放电过程，控制电压 v_3，从而控制与非门的自动开闭，形成多谐振荡，其工作波形如图 7-25（b）所示。其工作过程如下。

1）暂稳态：$t_1 \sim t_2$

假设在 $t < t_1$ 时，与非门 G_1 处于开态，与非门 G_2 和 G_3 处于关态，输出 v_O 为高电平，如图 7-25（b）所示。由于 v_2 为高电平，而 v_1 为低电平，所以电容 *C* 充电。充电路径为：与非门 G_2 输出端 $v_2 \to R \to C \to$ 与非门 G_1 输出端。充电等效电路如图 7-26（a）所示。随着电容 *C* 的充电，电压 v_3 指数上升。

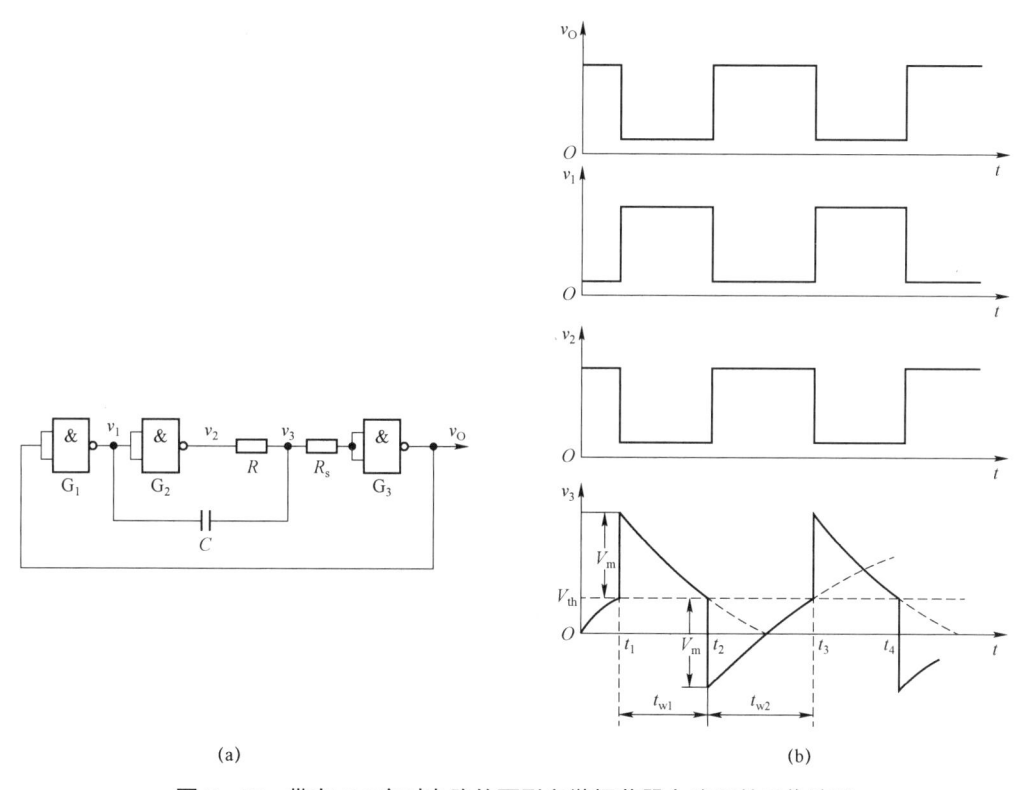

图 7-25 带有 *RC* 定时电路的环形多谐振荡器电路及其工作波形

（a）带有 *RC* 定时电路的环形多谐振荡器电路；（b）工作波形

当 $t = t_1$ 时，v_3 上升到与非门 G_3 的阈值电平 V_{th}，与非门 G_3 发生翻转，输出 v_O 由高电平下跳至低电平，与非门 G_1 发生翻转，输出 v_1 由低电平上跳至高电平。通过电容 *C* 的耦合，v_3 也随 v_1 上跳。这样，多谐振荡器自动翻转一次，进入 $t_1 \sim t_2$ 的暂稳态。

当 $t \geqslant t_1$ 时，由于 v_1 为高电平，而 v_2 为低电平，所以电容 *C* 开始放电，放电路径为：与非门 G_1 输出端 $\to C \to R \to$ 与非门 G_2 输出端。放电等效电路如图 7-26（b）所示。随着 *C* 的放电，电压 v_3 指数下降。只要电压 v_3 未下降到与非门的阈值电压 V_{th}，暂稳态就维持不变。

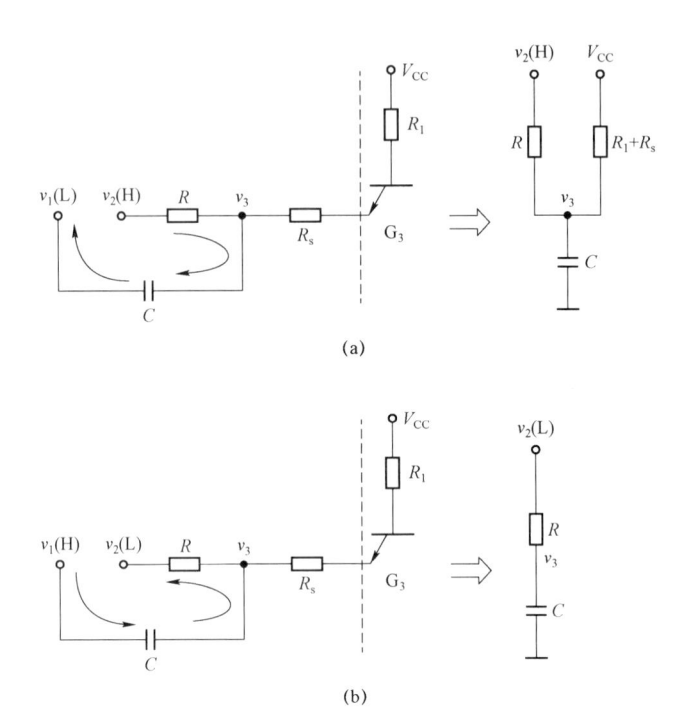

图 7-26 电容 C 的充、放电等效电路

(a) 充电；(b) 放电

2) 暂稳态：$t_2 \sim t_3$

当 $t = t_2$ 时，v_3 下降到与非门阈值电压 V_{th}，与非门 G_3 由开态进入关态，输出 v_O 上跳为高电平，与非门 G_1 由关态变为开态，其输出高电平下跳为低电平，与非门 G_2 由开态进入关态，输出由低电平上跳为高电平。v_1 的下跳经电容 C 耦合，使 v_3 也跟随下跳。这样，多谐振荡器又自动翻转一次，进入 $t_2 \sim t_3$ 的暂稳态。

当 $t > t_2$ 时，与 $t < t_1$ 的状态相同，电容 C 充电，电压 v_3 指数上升，只要电压 v_3 未上升到阈值电压平 V_{th}，暂态就维持不变。

当 $t = t_3$ 时，又重复 $t = t_1$ 时的过程。

上述过程自动周期重复，形成多谐振荡。由图 7-25（b）所示工作波形及图 7-26 所示的充、放电等效电路，不难求出

$$t_{w1} = (R_1 // R)C \ln\left[\frac{2V_{OH} - (V_{th} + V_{OL})}{V_{OH} - V_{th}}\right] \approx 0.98(R_1 // R)C \quad （7-25）$$

$$t_{w2} = RC \ln\left[\frac{V_{OH} + V_{th} - 2V_{OL}}{V_{th} - V_{OL}}\right] \approx 1.26RC \quad （7-26）$$

在 t_{w1} 和 t_{w2} 的计算中忽略了 TTL 门电路输出电阻 R_o 的影响。

由上述讨论可知，可以通过调节多谐振荡器的频率，一般以电容 C 作为粗调，电阻 R 用电位器细调。

7.3.2 石英晶体多谐振荡器

在要求多谐振荡器的频率稳定度较高的情况下，可以采用晶体稳频。图7-27所示为石英晶体多谐振荡器电路。与非门G_1和G_2构成多谐振荡器，与非门G_3作为整形电路。这个多谐振荡器与一般用两级反相器组成的多谐振荡器的主要区别是在一条耦合支路中串入了石英晶体。

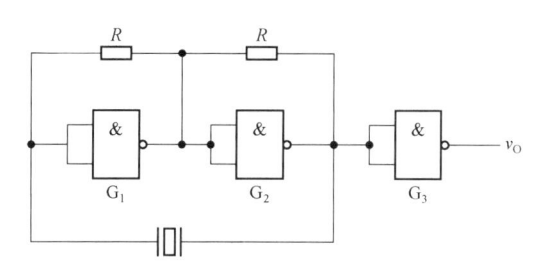

图7-27 石英晶体多谐振荡器电路

石英晶体具有极其稳定的串联谐振频率f_s。在该频率的两侧，石英晶体的电抗值迅速增大。因此，把石英晶体串入两级正反馈电路的反馈支路中，则多谐振荡器只有在频率f_s时满足起振条件而起振。振荡的波形经过与非门G_3整形后即输出矩形波。可见，多谐振荡器的振荡频率取决于石英晶体的振荡频率，这就是石英晶体的稳频作用。

7.3.3 用施密特触发器构成的多谐振荡器

用施密特触发器构成的多谐振荡器电路如图7-28（a）所示。当接通电源时，由于v_C较低，所以输出v_O为高电平。此后v_O通过R对C充电，v_C逐步上升，当$v_C \geqslant V_{T+}$时，施密特触发器的输出由高电平变为低电平。v_C又经R通过v_O放电，v_C逐步下降，当v_C下降至$v_C \leqslant V_{T-}$时，施密特触发器状态又发生变化，v_O由低电平变为高电平。这样v_O又通过R对C充电，使v_C又逐步上升，如此反复，形成多谐振荡。工作波形如图7-28（b）所示。

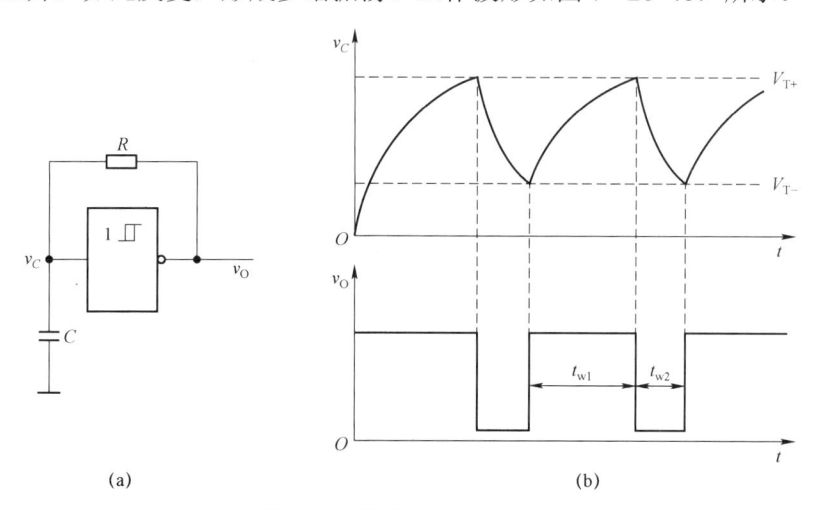

图7-28 用施密特触发器构成的多谐振荡器电路及其工作波形
（a）用施密特触发器构成的多谐振荡器电路；（b）工作波形

若采用 CMOS 施密特触发器，则

$$t_{w1} = RC \ln\left(\frac{V_{DD} - V_{T-}}{V_{DD} - V_{T+}}\right) \tag{7-27}$$

$$t_{w2} = RC \ln\left(\frac{V_{T+}}{V_{T-}}\right) \tag{7-28}$$

多谐振荡器的周期为

$$T = t_{w1} + t_{w2} \tag{7-29}$$

7.4 555 定时器的应用

555 定时器是一种多用途单片集成电路，因其内部有三个 5 kΩ 电阻而得名。利用它可以极方便地构成施密特触发器、单稳态触发器和多谐振荡器。

7.4.1 555 定时器的电路结构

555 定时器的电路结构如图 7-29 所示。它由分压器、电压比较器 C_1 和 C_2、基本 RS 触发器、放电晶体管 T_D 以及反相器 G_3 组成。输入 v_{I1} 接在比较器 C_1 的反相输入端，输入 v_{I2} 接在比较器 C_2 的同相输入端。当同相端输入电压 v_+ 高于反相端输入电压 v_- 时，电压比较器输出为高电平，反之输出为低电平。三个 5 kΩ 的电阻串联组成的分压器为电压比较器 C_1 和 C_2 分别提供基准电压 $V_{REF1} = \frac{2}{3}V_{CC}$ 和 $V_{REF2} = \frac{1}{3}V_{CC}$。当控制电压端（5 号引脚）悬空时，一般该端接 0.01 μF 左右的滤波电容；如果控制电压端外加固定电压 V_{CO}，则 $V_{REF1} = V_{CO}$，$V_{REF2} = \frac{1}{2}V_{CO}$。

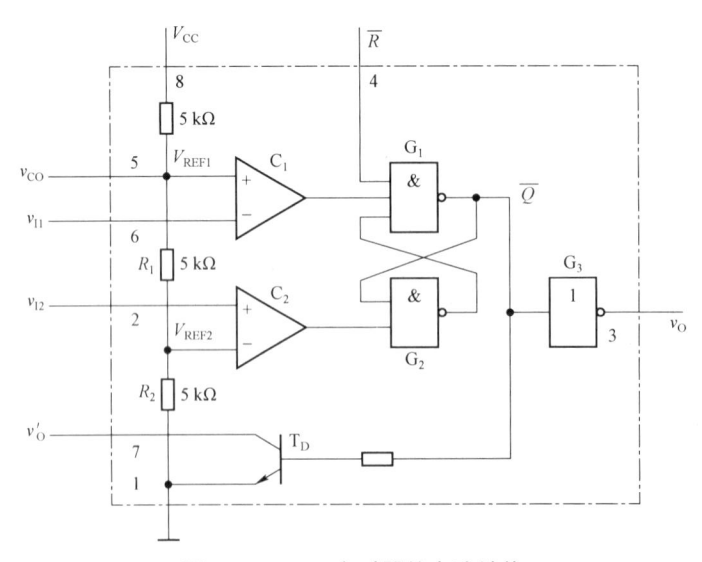

图 7-29 555 定时器的电路结构

与非门 G_1 和 G_2 构成基本 RS 触发器，其中输入端 $\overline{R}$ 为置零端，低电平有效。电压比较器 C_1 和 C_2 的输出控制基本 RS 触发器和放电晶体管 T_D 的状态。放电晶体管是集电极开路输出三极管，为外接电容提供充、放电回路，被称为泄放三极管。反相器 G_3 为输出缓冲反相器，起到整形和提高带负载能力的作用。$\overline{R}$（4 号引脚）为直接复位输入端，当 $\overline{R}$ 为低电平时，不管其他输入端的状态如何，输出端 v_O（3 号引脚）即低电平。当 $v_{I1} > \frac{2}{3}V_{CC}$，$v_{I2} > \frac{1}{3}V_{CC}$ 时，电压比较器 C_1 输出低电平，电压比较器 C_2 输出高电平，基本 RS 触发器 Q 端（G_2 门的输出）置 0，T_D 导通，输出端 v_O 为低电平。当 $v_{I1} < \frac{2}{3}V_{CC}$，$v_{I2} < \frac{1}{3}V_{CC}$ 时，电压比较器 C_1 输出高电平，电压比较器 C_2 输出低电平，基本 RS 触发器 Q 端置 1，T_D 截止，输出端 v_O 为高电平。当 $v_{I1} < \frac{2}{3}V_{CC}$、$v_{I2} > \frac{1}{3}V_{CC}$ 时，电压比较器 C_1 和 C_2 都输出高电平，基本 RS 触发器状态不变，电路保持原状态不变。综合上述分析，可得 555 定时器的功能表，如表 7-4 所示。

表 7-4　555 定时器的功能表

复位	输入		T_D 的状态	输出
$\overline{R}$	v_{I1}	v_{I2}		v_O
0	×	×	导通	0
1	$>\frac{2}{3}V_{CC}$	$>\frac{1}{3}V_{CC}$	导通	0
1	$>\frac{2}{3}V_{CC}$	$<\frac{1}{3}V_{CC}$	导通	0
1	$<\frac{2}{3}V_{CC}$	$<\frac{1}{3}V_{CC}$	截止	1
1	$<\frac{2}{3}V_{CC}$	$>\frac{1}{3}V_{CC}$	保持	保持

7.4.2　用 555 定时器构成的施密特触发器

用 555 定时器构成的施密特触发器电路如图 7-30 所示（5 号引脚接 0.01 μF 电容，没有标出），简化电路和工作波形如图 7-31 所示。复位端 $\overline{R}$（4 号引脚）接高电平，5 号引脚接 0.01 μF 电容，起滤波作用，以提高电压比较器基准电压的稳定性。将两个电压比较器输入端 v_{I1}（6 号引脚）和 v_{I2}（2 号引脚）连在一起，作为施密特触发器的输入端。

当 $v_I < \frac{1}{3}V_{CC}$ 时，对于电压比较器 C_1，由于 $v_{1+}(V_{REF1}) > v_{1-}(v_{I1})$，所以电压比较器 C_1 的输出 v_{C1} 为高电平；对于电压比较器 C_2，由于 $v_{2+}(v_{I2}) < v_{2-}(V_{REF2})$，所以电压比较器 C_2 的输出 v_{C2} 为低电平。于是，基本 RS 触发器的与非门 G_1 的输出为低电平，输出 v_O 为高电平。当 $\frac{1}{3}V_{CC} < v_I < \frac{2}{3}V_{CC}$ 时，由于 $v_{1+}(V_{REF1}) > v_{1-}(v_{I1})$，$v_{2+}(v_{I2}) > v_{2-}(V_{REF2})$，所以电压比较器 C_1 和 C_2

的输出均为高电平。于是，基本 RS 触发器和电路的输出不变，保持原来的状态。当 $v_I > \dfrac{2}{3} V_{CC}$ 时，由于 $v_{1+}(V_{REF1}) < v_{1-}(v_{I1})$，$v_{2+}(v_{I2}) > v_{2-}(V_{REF2})$，所以电压比较器 C_1 的输出 v_{C1} 为低电平，电压比较器 C_2 的输出 v_{C2} 为高电平。这时，基本 RS 触发器的与非门 G_1 的输出为高电平，输出 v_O 为低电平，电路状态发生一次翻转。

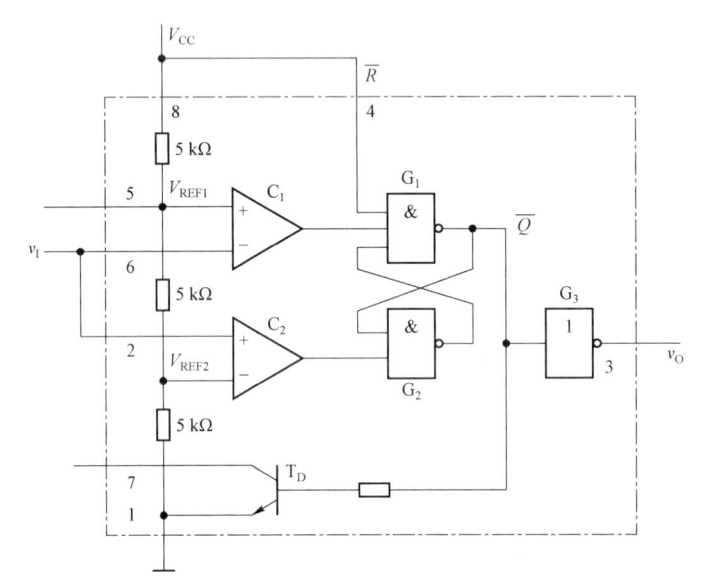

图 7-30 用 555 定时器构成的施密特触发器电路

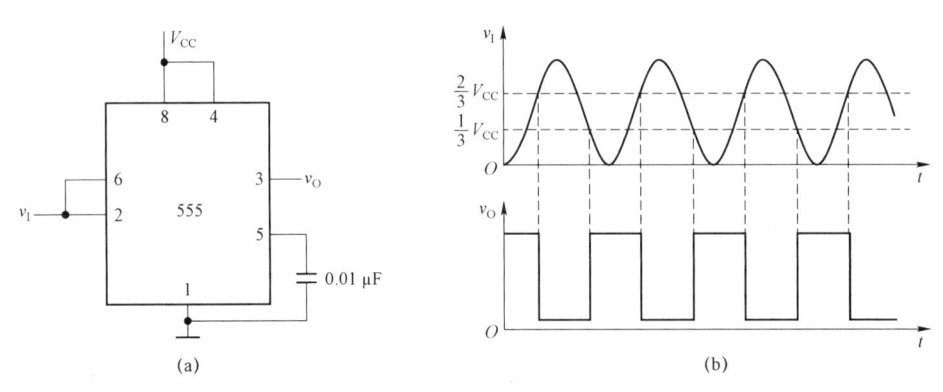

图 7-31 用 555 定时器构成的施密特触发器简化电路及其工作波形

（a）用 555 定时器构成的施密特触发器简化电路；（b）工作波形

v_I 由最大值逐步下降，当 v_I 下降至 $v_I \leqslant \dfrac{1}{3} V_{CC}$ 时，电压比较器 C_2 输出 v_{C2} 为低电平，使电路状态又发生一次翻转。

因此，用 555 定时器构成的施密特触发器的上限触发电平为

$$V_{T+} = \dfrac{2}{3} V_{CC} \tag{7-30}$$

下限触发电平为

$$V_{T-} = \frac{1}{3}V_{CC} \tag{7-31}$$

回差电压为

$$\Delta V_T = \frac{1}{3}V_{CC} \tag{7-32}$$

其电压传输特性如图 7-32 所示。

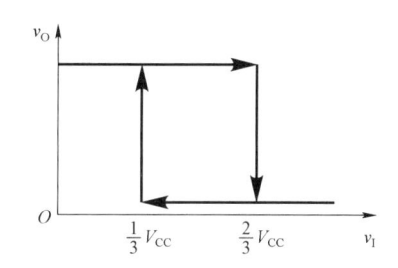

图 7-32 用 555 定时器构成的施密特触发器的电压传输特性

若想改变回差电压，可以在 5 号引脚接外接电源，如图 7-33（a）所示，其电压输出特性如图 7-33（b）所示。其上限触发电平为

$$V_{T+} = V_{CO} \tag{7-33}$$

下限触发电平为

$$V_{T-} = \frac{1}{2}V_{CO} \tag{7-34}$$

回差电压为

$$\Delta V_T = \frac{1}{2}V_{CO} \tag{7-35}$$

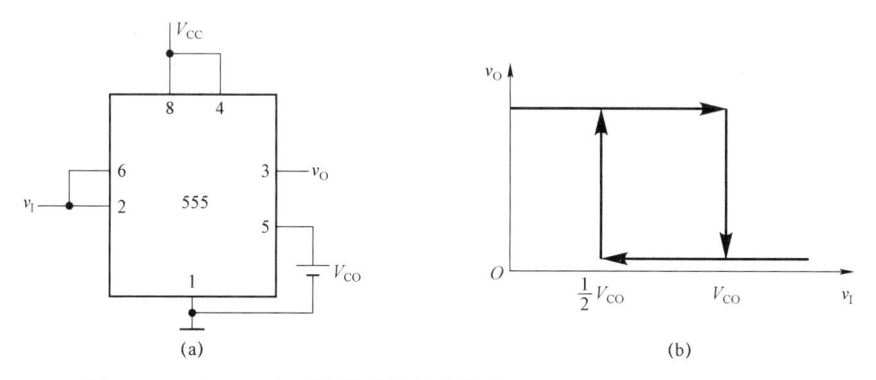

图 7-33 用 555 定时器构成的施密特触发器（5 号引脚外接电源）
（a）逻辑电路图；（b）电压传输特性

7.4.3 用 555 定时器构成的单稳态触发器

用 555 定时器构成的单稳态触发器电路如图 7-34 所示（5 号引脚接 0.01 μF 电容，没有

标出），电阻 R 和电容 C 构成积分型单稳态触发器。复位端 $\overline{R}$（4 号引脚）接高电平，5 号引脚接 $0.01\ \mu F$ 电容，起滤波作用，以提高电压比较器基准电压的稳定性。以 v_{I2}（2 号引脚）作为触发端，v_I 的下跳沿触发。将三极管 T_D 的集电极输出端 v_O'（7 号引脚）通过电阻 R 接 V_{CC}，构成反相器，v_O'（7 号引脚）接电容 C 到地。同时，v_O'（7 号引脚）和 v_{I1}（6 号引脚）连接在一起。这样就构成了积分型单稳态触发器。其简化电路及其工作波形如图 7-35 所示。

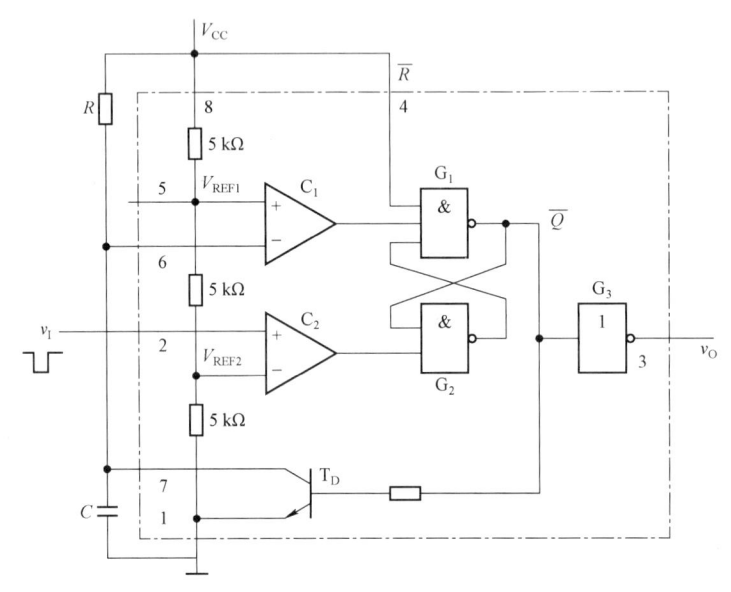

图 7-34 用 555 定时器构成的单稳态触发器电路

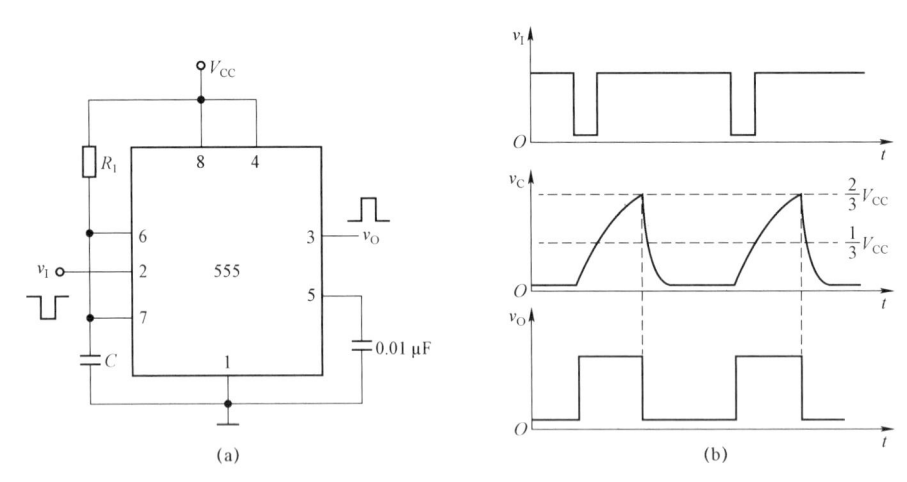

图 7-35 用 555 定时器构成的单稳态触发器简化电路及其工作波形
（a）用 555 定时器构成的单稳态触发器简化电路；（b）工作波形

开始，输入信号 $v_I = V_{CC}$ 且电容 C 没有充电（即 $v_{(6)} = 0$）。由于 $v_{1+}(V_{REF1}) > v_{1-}(v_{I1})$，$v_{2+}(v_{I2}) > v_{2-}(V_{REF2})$，所以电压比较器 C_1 和 C_2 的输出均为高电平。于是，基本 RS 触发器和电路的输出不变，保持原来的状态。触发脉冲 v_I 为高电平时，V_{CC} 若通过 R 对 C 充电，当 $v_C \geqslant \dfrac{2}{3}V_{CC}$ 时，电压比较器 C_1 输出 v_{C1} 为低电平，触发器有效置 0；此时，放电三极管 T_D 导通，C

放电，至 $v_C = 0$ V。稳态为 0 状态。

当触发脉冲 v_I 下降沿到来时，$v_I = 0$，由于 $v_{2+}(v_{I2}) < v_{2-}(V_{REF2})$，所以电压比较器 C_2 的输出为低电平，基本 RS 触发器置 1，输出 v_O 为高电平，电路受触发发生一次翻转。同时，由于与非门 G_1 输出低电平，使放电三极管 T_D 截止，所以 V_{CC} 通过 R 对 C 充电，电路进入暂稳态。电容 C 的充电使 v_C 逐渐上升。当 $v_C \geq \frac{2}{3}V_{CC}$ 时，$v_{C1} = 0$ V，使触发器有效置 0，电路又发生一次翻转，自动返回稳态。此时，由于放电三极管 T_D 导通，所以电容 C 通过放电三极管 T_D 放电至 0 V，使电路恢复到初始状态。

由上述分析可知，暂稳态的持续时间主要取决于外接电阻 R 和电容 C，输出脉冲的宽度 t_w 为

$$t_w = RC \ln \frac{V_{CC}}{V_{CC} - \frac{2}{3}V_{CC}} \approx 1.1RC \tag{7-36}$$

通常，电阻 R 取值在几百欧至几兆欧范围内，电容 C 取值在几百皮法至几百微法范围内，因此 t_w 对应取值可在几微秒到几分钟范围内。

7.4.4 用 555 定时器构成的多谐振荡器

用 555 定时器构成的多谐振荡器电路如图 7-36 所示（5 号引脚接 0.01 μF 电容，没有标出），其简化电路及工作波形如图 7-37 所示。图中，复位端 $\overline{R}$（4 号引脚）接高电平，5 号引脚接 0.01 μF 电容，起滤波作用，以提高电压比较器基准电压的稳定性。

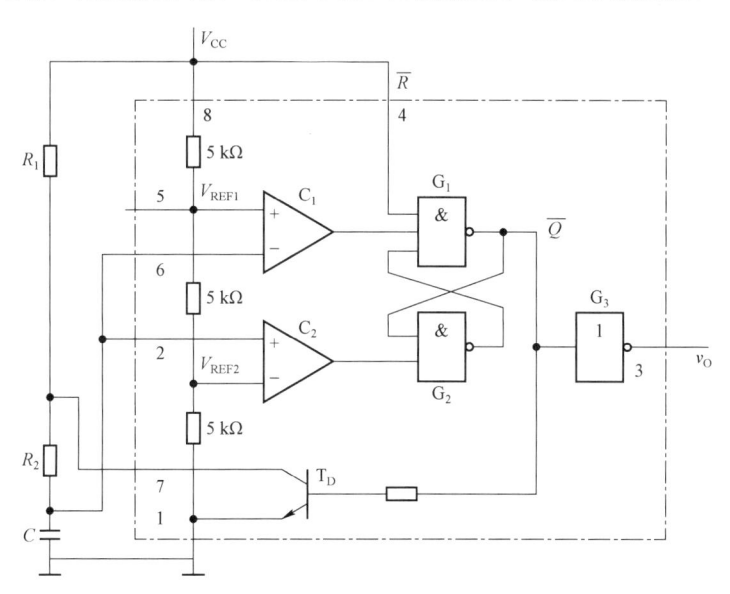

图 7-36 用 555 定时器构成的多谐振荡器电路

在电路接通电源时，由于电容 C 还未充电，所以电容 C 上的电压 v_C 为低电平，电压比较器 C_1 的输出 v_{C1} 为高电平，电压比较器 C_2 的输出 v_{C2} 为低电平，与非门 G_1 的输出为低电平，电路输出 v_O 为高电平。由于与非门 G_1 的输出为低电平，所以三极管 T_D 截止，V_{CC} 通过电阻 $(R_1 + R_2)$ 对电容 C 充电，电路进入暂稳态。

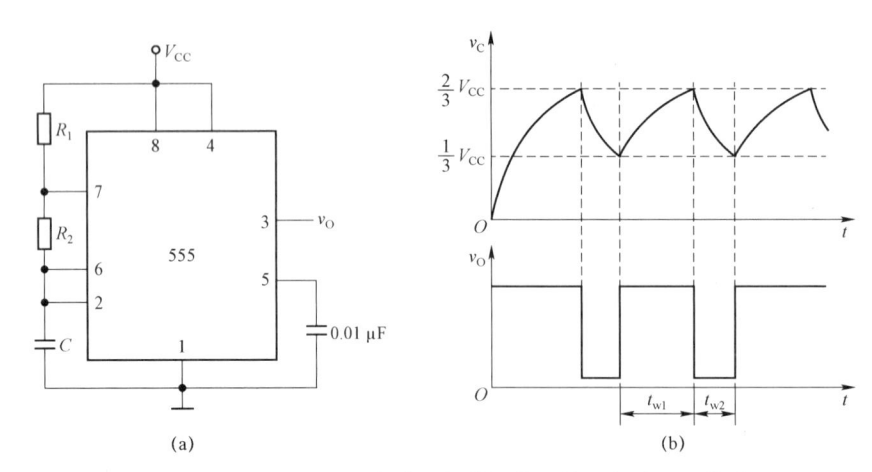

图 7-37 用 555 定时器构成的多谐振荡器简化电路及工作波形
（a）用 555 定时器构成的多谐振荡器简化电路；（b）工作波形

在暂稳态期间，随着电容 C 的充电，v_C 不断升高，当 $v_C \geq \frac{2}{3}V_{CC}$ 时，电压比较器 C_1 的输出 v_{C1} 为低电平，使与非门 G_1 输出高电平，这使电路输出 v_O 翻转为低电平，电路发生一次自动翻转。与此同时，与非门 G_1 输出高电平，使三极管 T_D 导通，电容 C 通过 R_2，T_D 放电，电路进入另一暂稳态。在这一暂稳态期间，随着电容 C 的放电，v_C 逐步下降。当 v_C 下降至 $v_C \leq \frac{1}{3}V_{CC}$ 时，电压比较器 C_2 的输出 v_{C2} 为低电平，使与非门 G_1 输出低电平，这使电路输出 v_O 翻转为高电平，电路又一次自动翻转。

此后，由于与非门 G_1 输出低电平，所以三极管 T_D 截止，电源 V_{CC} 又通过 (R_1+R_2) 对电容 C 充电，重复上述电容 C 的充电过程，如此反复，形成多谐振荡。

因此，在电容充电时，暂稳态持续时间为

$$t_{w1} = 0.7(R_1+R_2)C \tag{7-37}$$

在电容 C 放电时，暂稳态持续时间为

$$t_{w2} = 0.7R_2C \tag{7-38}$$

于是，电路输出矩形脉冲的周期为

$$T = t_{w1} + t_{w2} = 0.7(R_1+2R_2)C \tag{7-39}$$

电路输出矩形脉冲的占空比为

$$q = \frac{t_{w1}}{T} = \frac{R_1+R_2}{R_1+2R_2} \tag{7-40}$$

本章小结

本章主要内容：
（1）施密特触发器、单稳态触发器、多谐振荡器的工作原理及其应用。
（2）用门电路构成的施密特触发器、单稳态触发器、多谐振荡器的基本原理及主要参

数的计算。

（3）555 定时器的电路结构和工作原理。

（4）用 555 定时器构成的施密特触发器、单稳态触发器、多谐振荡器的电路结构和主要参数的计算。

重点：用 555 定时器构成的三种脉冲单元电路。

难点：555 定时器应用的电路原理和主要参数的计算。

本章习题

一、思考题

1. 施密特触发器的电压传输特性有什么特点？上限触发电平、下限触发电平及回差电压的定义是什么？

2. 施密特触发器的主要应用有哪些？

3. 单稳态触发器有什么特点？微分型和积分型单稳态触发器在电路结构上有什么不同点？如何计算暂稳态持续时间？

4. 什么是可重触发单稳态触发器？它的暂稳态持续时间如何计算？

5. 单稳态触发器的主要应用有哪些？

6. 如何计算多谐振荡器的工作频率？

7. 用 555 定时器构成的施密特触发器、单稳态触发器及多谐振荡器的电路特点和区别是什么？各电路的主要技术参数如何计算？

二、判断题

1. 单稳态触发器和施密特触发器不能自动产生矩形波，但可以把其他形状的波形变换成矩形波。（   ）

2. 单稳态触发器只有 1 个稳态。（   ）

3. 多谐振荡器有 2 个稳态。（   ）

4. 在单稳态和无稳态电路中，由暂稳态过渡到另一个状态，其触发信号是由外加触发脉冲提供的。（   ）

5. 多谐振荡器是一种自激振荡电路，不需要外加输入信号就可以自动产生矩形波。（   ）

6. 单稳态触发器的暂稳态持续时间与输入触发脉冲宽度成正比。（   ）

7. 施密特触发器有 2 个稳态。（   ）

8. 施密特触发器的上限触发电平一定高于下限触发电平。（   ）

三、单项选择题

1. 集成 555 定时器的输出状态有（   ）。

A. 0 状态　　　　　B. 1 状态　　　　　C. 0 和 1 状态　　　　　D. 高阻态

2. 多谐振荡器能产生（   ）。

A. 正弦波　　　　　B. 矩形波　　　　　C. 三角波　　　　　D. 锯齿波

3. 施密特触发器常用于脉冲波形的（   ）。

A. 计数　　　　　B. 寄存　　　　　C. 延时与定时　　　　　D. 整形与变换

4. 用555定时器构成的施密特触发器的回差电压 ΔV_T 可表示为（　　）。

A. $\frac{1}{2}V_{CC}$　　　　B. $\frac{1}{3}V_{CC}$　　　　C. $\frac{2}{3}V_{CC}$　　　　D. V_{CC}

5. 多谐振荡器有（　　）。

A. 2个稳态　　　　　　　　　　　　B. 1个稳态，1个暂稳态
C. 2个暂稳态　　　　　　　　　　　D. 记忆二进制数的功能

6. 多谐振荡器与单稳态触发器的区别之一是（　　）。

A. 前者有2个稳态，后者只有1个稳态
B. 前者没有稳态，后者有2个稳态
C. 前者没有稳态，后者只有1个稳态
D. 两者均只有1个稳态，但后者的稳态需要一定的外界信号维持

7. 单稳态触发器的主要用途是（　　）。

A. 整形、延时、鉴幅　　　　　　　　B. 延时、定时、存储
C. 延时、定时、整形　　　　　　　　D. 整形、鉴幅、定时

8. 为了将正弦信号转换成与之频率相同的脉冲信号，可采用（　　）。

A. 施密特触发器　　　　　　　　　　B. 单稳态触发器
C. T 触发器　　　　　　　　　　　D. 多谐振荡器

9. 将三角波变换为矩形波，需选用（　　）。

A. 施密特触发器　　　　　　　　　　B. 单稳态触发器
C. T 触发器　　　　　　　　　　　D. 多谐振荡器

10. 能自动产生矩形波脉冲信号的为（　　）。

A. 施密特触发器　　　　　　　　　　B. 单稳态触发器
C. T 触发器　　　　　　　　　　　D. 多谐振荡器

11. 用555定时器构成的单稳态触发器的输出脉冲宽度取决于（　　）。

A. 电源电压　　　　　　　　　　　　B. 触发信号的脉冲幅度
C. 触发信号的脉冲宽度　　　　　　　D. 外接电阻和电容的数值

四、填空题

1. 设多谐振荡器的输出脉冲宽度和脉冲间隔分别为 t_{w1} 和 t_{w2}，则脉冲波形的占空比为（　　）。

2. 在触发脉冲的作用下，单稳态触发器从（　　）转换到（　　）后，依靠自身电容的放电作用，又能回到（　　）。

3. 用555定时器构成的施密特触发器的电源电压为15V时，其回差电压为（　　）V。

4. 多谐振荡电路没有（　　），电路不停地在两个（　　）之间转换，因此又称为（　　）。

五、分析题

1. 在用555定时器构成的施密特触发器电路中，试问：

（1）当 $V_{CC}=12\,V$，而且没有外接控制电压时，V_{T+}，V_{T-} 和 ΔV_T 各为多少？

（2）当 $V_{CC}=10\,V$，控制电压 $V_{CO}=6\,V$ 时，V_{T+}，V_{T-} 和 ΔV_T 各为多少？

2. 在图 T7-1（a）所示电路中，加入图 T7-1（b）所示的输入信号 v_i，试分析电路的逻辑功能，并在图 T7-1（b）中画出电路输出电压 v_O 的波形。

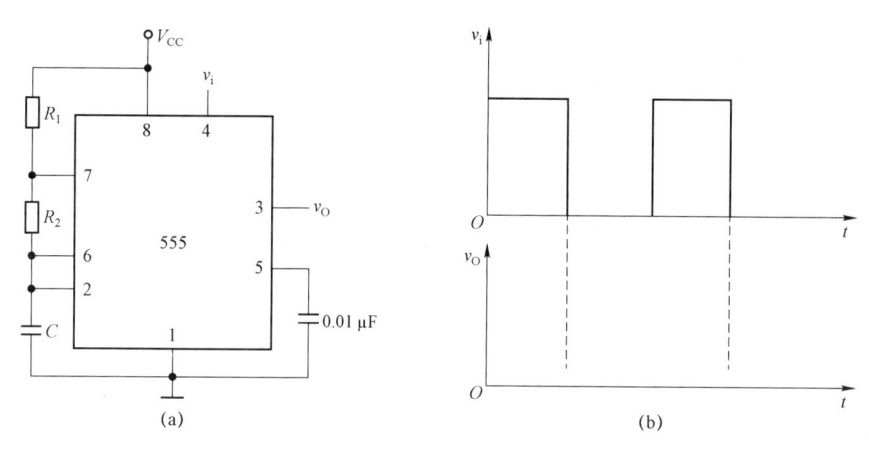

图 T7-1 分析题 2 的逻辑电路图和工作波形

（a）逻辑电路图；（b）工作波形

3. 分析图 T7-2 所示电路的逻辑功能，分别写出两个 555 定时器的输出。

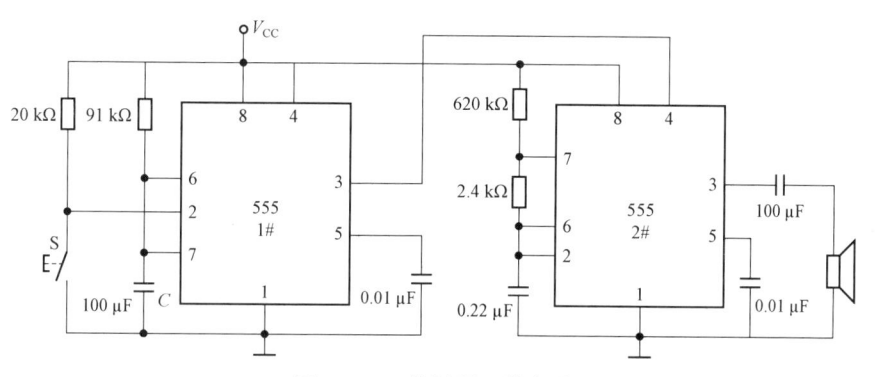

图 T7-2 分析题 3 的电路

4. 分析图 T7-3 所示电路的功能。

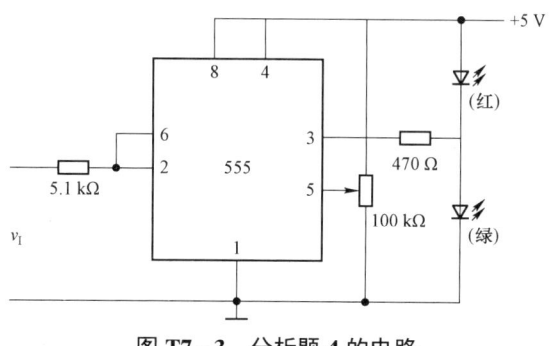

图 T7-3 分析题 4 的电路

5. 在图 T7-4 所示的电路中，三极管的 $\beta=30$，$V_{BE}=0.7\text{ V}$，$V_{CES}\approx 0\text{ V}$，其他参数如图所示。

（1）求当 v_{i1} 的值分别为 0 V 和 5 V 时，施密特触发器电路的门限电压。

（2）当 v_{i1} 的值为 5 V 时，画出 v_O 随 v_{i2} 变化的电压传输特性。

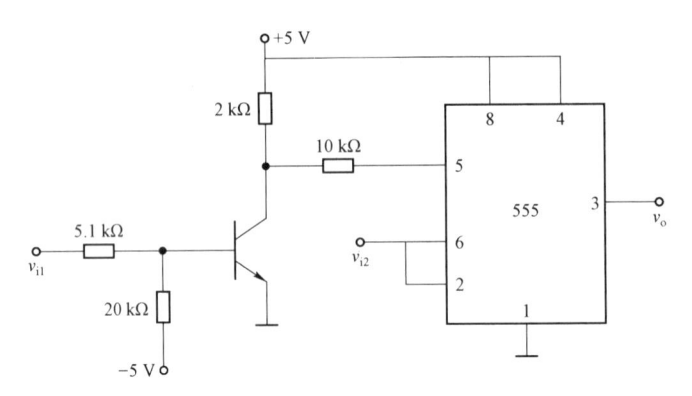

图 T7-4 分析题 5 的电路

6. 在图 T7-5 所示的电路中，已知 CMOS 集成施密特触发器的电源电压为 15V，$V_{T+}=9$ V，$V_{T-}=4$ V。

（1）为了得到占空比为 50% 的输出脉冲，R_1 与 R_2 的比值应取多少？

（2）若给定 $R_1=3$ kΩ 和 $R_2=8.2$ kΩ，电路的振荡频率为多少？输出脉冲的占空比为多少？

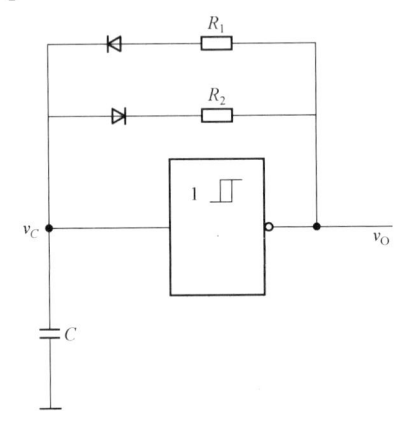

图 T7-5 分析题 6 的电路

7. 图 T7-6 所示为用 555 定时器构成的防盗报警电路。A 和 B 两端被一根细铜丝接通，当铜丝断开后，扬声器会发出警报声。

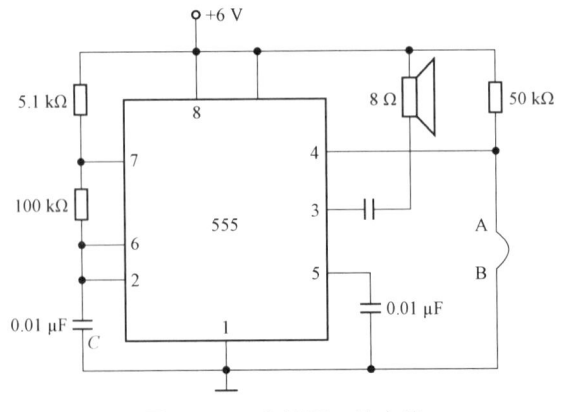

图 T7-6 分析题 7 的电路

（1）555 定时器构成了何种脉冲单元电路？
（2）说明电路的工作原理。

六、设计题

1. 用 555 定时器构成多谐振荡器，需求频率为 20 kHz，占空比为 75%。
2. 用 555 定时器构成单稳态触发器，要求输出脉冲宽度为 24.2 ms。
3. 用 555 定时器构成施密特触发器，要求回差电压为 5 V。
4. 用 555 定时器构成施密特触发器，要求回差电压为 5 V。已知 555 定时器的电源电压为 20 V。

第 8 章
数模和模数转换电路

知识目标：说明数模和模数转换电路在数字系统中的作用，以及数模和模数转换电路的工作原理及电路特点。

能力目标：计算数模和模数转换电路的输出电压及性能指标。

素质目标：树立整体和局部辩证统一的科学观和人生观。

【研讨1】随着数字技术，特别是计算机技术的飞速发展与普及，在现代控制、通信及检测领域，信号的处理广泛采用了计算机技术。数模和模数转换是模拟和数字控制系统中的重要环节。通过学习模数和数模转换电路在电子系统中的作用，谈谈整体和局部辩证统一的关系。

【研讨2】举例说明数模和模数转换电路分辨率的含义及常用数模和模数转换电路分辨率。

8.1 数模和模数转换电路概述

随着电子信息技术的迅速发展，数字系统的应用越来越广泛。实际处理的信号往往是模拟量，如声音、图像、温度、压力等都是连续变化的模拟信号。为了能够使用数字系统接收、处理和传输模拟信号，必须将模拟信号转换成相应的数字信号；经数字系统处理、分析和传输后的数字信号有时又要求转换成相应的模拟信号。这种模拟信号和数字信号的相互转换称为模数（A/D）转换和数模（D/A）转换。

能将模拟信号转换成数字信号的电路称为模数转换器（Analog to Digital Converter，ADC）；能将数字信号转换成模拟信号的电路称为数模转换器（Digital to Analog Converter，DAC）。ADC 和 DAC 已经成为计算机系统中不可缺少的接口电路。

图 8-1 所示为典型的数字控制系统，在该系统中传感器将非电模拟量转换为电系统可处理的电模拟量，ADC 将该电模拟量转换为数字量，以供数字控制系统（目前大多数采用微型计算机或单片机）进行计算处理，处理后输出的数字量经过 DAC 转换为模拟量供模拟控制电路处理。

图 8-1 典型的数字控制系统

8.2 数模转换电路

8.2.1 数模转换介绍

1. 数模转换的原理

将输入的每一位二进制数码按其权的大小转换成相应的模拟量,然后将代表各位的模拟量相加,所得的总模拟量与数字量成正比,这样便实现了从数字量到模拟量的转换。

假设 DAC 转换比例系数为 k,则有

$$v_O = k \sum_{i=0}^{n-1}(D_i \times 2^i) \tag{8-1}$$

式中,$\sum_{i=0}^{n-1}(D_i \times 2^i)$ 为二进制数码按位权展开所转换成的十进制数码。

图 8-2 所示为 4 位二进制数字量与经过数模转换后输出的电压模拟量之间的对应关系。

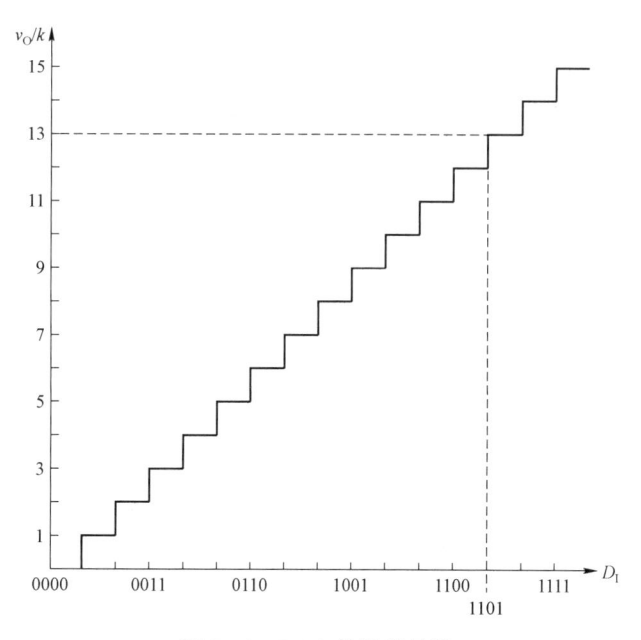

图 8-2 DAC 的输出特性

从图 8-2 可以看出,两个相邻数码所转换出的电压值是不连续的,两者差值由最低位码所代表的电压的位权值决定。它是信息所能分辨的最小量,用 LSB(Least Significant Bit)表示。对应最大数字量的最大电压输出值用 FSR(Full Scale Range)表示。在图 8-2 中,

1 LSB = kV，1 FSR =15 kV。

2. DAC 的一般组成

DAC 主要由数字寄存器、模拟电子开关、位权网络、求和运算放大器和基准电压源（或恒流源）组成，如图 8-3 所示。

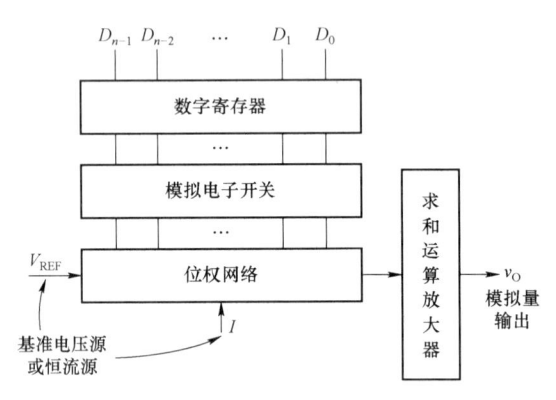

图 8-3　DAC 的一般组成

寄存于数字寄存器的数字量的各位数码，分别控制对应位的模拟电子开关，使数码为 1 的位在位权网络中产生与其位权成正比的电流，再由求和运算放大器对各电流值求和，并转换成电压值。

根据位权网络的不同，可以构成不同类型的 DAC，如权电阻网络 DAC、$R-2R$ 倒 T 形电阻网络 DAC 和单值电流型网络 DAC 等。

3. 转换精度

在 DAC 中一般用分辨率和转换误差来描述转换精度。

1）分辨率

一般用 DAC 的位数来衡量分辨率的高低，因为位数越多，其输出电压 v_O 的取值个数就越多（2^n 个），也就越能反映输出电压的细微变化，分辨能力就越高。

此外，也可以用 DAC 能分辨的最低输出电压 LSB 与最高输出电压 FSR 之比定义分辨率，即

$$\frac{\text{LSB}}{\text{FSR}} = \frac{k}{k(2^n-1)} = \frac{1}{2^n-1} \quad （8-2）$$

该值越小，分辨率越高。

2）转换误差

转换误差是指实际输出的模拟电压与理想值之间的最大偏差，常用这个最大偏差与 FSR 之比的百分数或若干个 LSB 表示。实际上它是非线性误差、漂移误差和增益误差这三种误差的综合指标。

图 8-4 所示输入数字量与输出模拟量的转换关系。对于理想的 DAC，各数字量与其相应模拟量的交点应落在理想直线上。但对于实际的 DAC，这些交点会偏离理想直线，产生非线性误差（非线性度）。在 DAC 的零点和增益均已校准的前提下，实际输出的模拟量之间的最大偏差和 FSR 之比的百分数是 DAC 的非线性误差。该值越大，DAC 的非线性误差越大。

非线性误差也可用若干个 LSB 表示。

漂移误差是由求和运算放大器的零点漂移造成的。若因零点漂移在输出端产生误差电压 Δv_{O1}，则漂移误差为 $-\dfrac{\Delta v_{O1}}{FSR}\%$ 或用若干个 LSB 表示。误差电压 Δv_{O1} 与数字量的大小无关，它只把图 8-4 中的理想直线向上或向下平移，并不改变其线性，因此它也称为平移误差。可用零点校准消除漂移误差，但不能在整个温度范围内进行校准。

增益误差（比例系数误差）是指零点校准后，理论 FSR 与实测值的偏差 Δv_O，用 $\dfrac{\Delta v_O}{FSR}\%$ 或若干个 LSB 表示。它主要是由基准电压 V_{REF} 和求和运算放大器增益不稳定造成的。

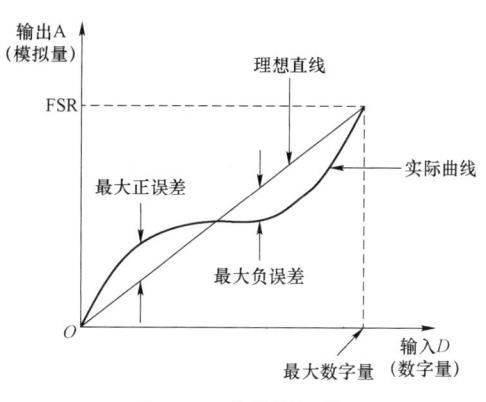

图 8-4 非线性误差

4. 转换速度

转换速度一般由建立时间决定。从输入由全 0 突变为全 1 时开始，到输出电压稳定在 $FSR \pm \dfrac{1}{2}LSB$ 范围（或以 $FSR \pm x\%LSB$ 确定范围）内为止，这段时间称为建立时间，它是 DAC 的最大响应时间，因此用它衡量转换速度。

8.2.2 权电阻网络 DAC

图 8-5 所示电路为 4 位权电阻网络 DAC，其由基准电压源提供基准电压 V_{REF}。输入数字量 D_3，D_2，D_1 和 D_0 存入数字寄存器，分别控制 4 个模拟电子开关 S_3，S_2，S_1 和 S_0。当数字量 D_i 为 0 时，对应的开关 S_i 接右边，即接地；当数字量 D_i 为 1 时，对应的开关 S_i 接左边，即接基准电压 V_{REF}。构成权电阻网络的 4 个电阻分别为 R，$2R$，2^2R 和 2^3R，阻值大小与该位权值成反比，D_i 对应的权电阻为 $2^{n-1-i}R$（图 8-5 中 $n=4$）。通过权电阻的电流由运算放大器求和，并转换成对应的电压值，作为模拟量输出。

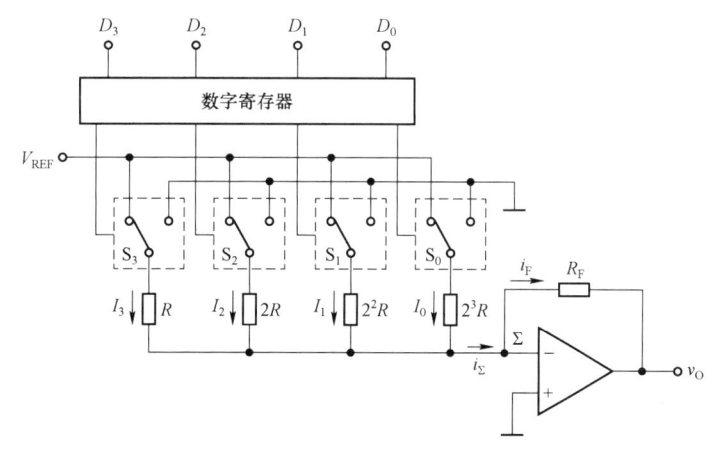

图 8-5 4 位权电阻网络 DAC

运算放大器的Σ点是虚地点，电位近似为 0 V。假设输入是 n 位二进制数，当 $D_i = 0$ 时，经开关 S_i 使该位的权电阻接地，故 $I_i = 0$。当 $D_i = 1$ 时，电子开关 S_i 使该位的权电阻接基准电压 V_{REF}，故 $I_i = \dfrac{V_{REF}}{2^{n-1-i}R} = \dfrac{V_{REF}}{2^{n-1}R} \times 2^i$。因此，电流 I_i 可以表示为

$$I_i = \frac{V_{REF} D_i}{2^{n-1-i}R} = \frac{V_{REF}}{2^{n-1}R} \times 2^i \times D_i \tag{8-3}$$

根据叠加原理，通过各权电阻的电流之和为

$$i_\Sigma = \sum_{i=0}^{n-1} I_i = \sum_{i=0}^{n-1}\left(\frac{V_{REF}}{2^{n-1}R} \times 2^i \times D_i\right) \tag{8-4}$$

进而求出输出电压

$$v_O = -i_F R_F = -i_\Sigma R_F = -\frac{V_{REF} R_F}{2^{n-1}R}\sum_{i=0}^{n-1} 2^i \times D_i \tag{8-5}$$

式中，比例系数为

$$k = -\frac{V_{REF} R_F}{2^{n-1}R} \tag{8-6}$$

由此可见，输出电压的范围取决于电阻 R_F 和基准电压 V_{REF}，输出的电压模拟量 v_O 与输入的二进制数字量 D 成正比，完成了数模转换。

当输入数字量最小时，即 $D = D_{n-1}\cdots D_1 D_0 = 0\cdots 00$ 时，输出电压最低，$v_{Omin} = 0$。当输入数字量最大时，即 $D = D_{n-1}\cdots D_1 D_0 = 1\cdots 11$ 时，可以得到最高输出电压 $v_{Omax} = -\dfrac{(2^n - 1)R_F}{2^{n-1}R}V_{REF}$。

权电阻网络 DAC 的转换精度取决于基准电压 V_{REF} 以及模拟电子开关、运算放大器和各权电阻的精度。它的缺点是各权电阻的阻值都不相同，位数多时，其阻值相差较大，这给保证精度带来很大困难，特别是对集成电路的制作很不利，因此在集成的 DAC 中很少单独使用该电路。

【例 8-2-1】 已知图 8-5 所示电路中，$V_{REF} = -8$ V，$R_F = \dfrac{1}{2}R$，当 $D_3 D_2 D_1 D_0 = 1101$ 时，输出电压为多少？LSB 和 FSR 分别为多少？

解：

$$v_O = -\frac{V_{REF}}{2^n}\sum_{i=0}^{3} 2^i \times D_i = \frac{8}{2^4} \times 13 \text{ V} = 6.5 \text{ V}$$

$$\text{LSB} = -\frac{V_{REF} R_F}{2^{n-1}R} \times 1 = \frac{8}{2^4} \times 1 \text{ V} = 0.5 \text{ V}$$

$$\text{FSR} = -\frac{V_{REF} R_F}{2^{n-1}R} \times 15 = \frac{8}{2^4} \times 15 \text{ V} = 7.5 \text{ V}$$

有时为了实现双极性输出，可以在图 8-5 所示电路的基础上，增加由 V_B 和 R_B 组成的偏移电路，通常如图 8-6 所示，即构成具有双极性输出的 3 位权电阻网络 DAC。

由于 $i_\Sigma = i - i_B$，$i_B = \dfrac{V_\Sigma - V_B}{R_B} = \dfrac{-V_B}{R_B}$，所以输出电压为

$$v_O = -i_\Sigma R_F = -(i-i_B)R_F = -\left[\frac{V_{REF}}{2^{n-1}R}\sum_{i=0}^{n-1}(D_i \times 2^i) - \frac{-V_B}{R_B}\right] \times R_F \qquad (8-7)$$

输出电压可正可负。

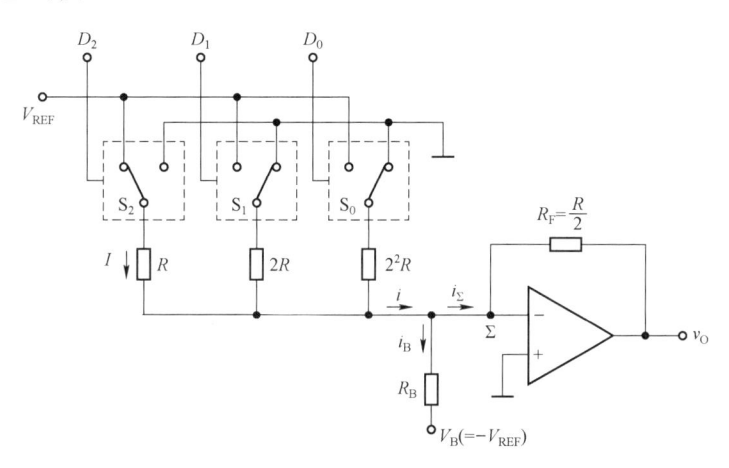

图 8-6 具有双极性输出的 3 位权电阻网络 DAC

【例 8-2-2】在图 8-6 所示电路中，$V_{REF} = -8$ V，$V_B = -V_{REF} = 8$ V，$R_F = \frac{1}{2}R$。若 $D_2D_1D_0 = 100$ 时，$v_O = 0$ V，求 R_B 的值，并列出所有输入 3 位二进制数码对应的输出电压值。

解： 将已知条件代入公式

$$v_O = -\left[\frac{V_{REF}}{2^{n-1}R}\sum_{i=0}^{n-1}(D_i \times 2^i) - \frac{-V_B}{R_B}\right] \times R_F$$

即 $0 = -\left[\frac{-8}{2^{3-1}R} \times 4 + \frac{8}{R_B}\right] \times \frac{1}{2}R$，因此 $R_B = R$。

输出电压为 $v_O = -\left[\frac{-8}{2^2 R}\sum_{i=0}^{2}(D_i \times 2^i) + \frac{8}{R}\right] \times \frac{1}{2}R = \sum_{i=0}^{2}(D_i \times 2^i) - 4$（V）。

输入与输出的对应关系如表 8-1 所示。

表 8-1 例 8-2-2 的输入与输出的对应关系

D_2	D_1	D_0	v_O /V
0	0	0	−4
0	0	1	−3
0	1	0	−2
0	1	1	−1
1	0	0	0
1	0	1	1
1	1	0	2
1	1	1	3

8.2.3 R-$2R$ 倒 T 形电阻网络 DAC

图 8-7 所示电路为 4 位 R-$2R$ 倒 T 形电阻网络 DAC。它由若干个相同的 R、$2R$ 网络节组成，每节对应一个输入位，节与节之间串接成倒 T 形网络。

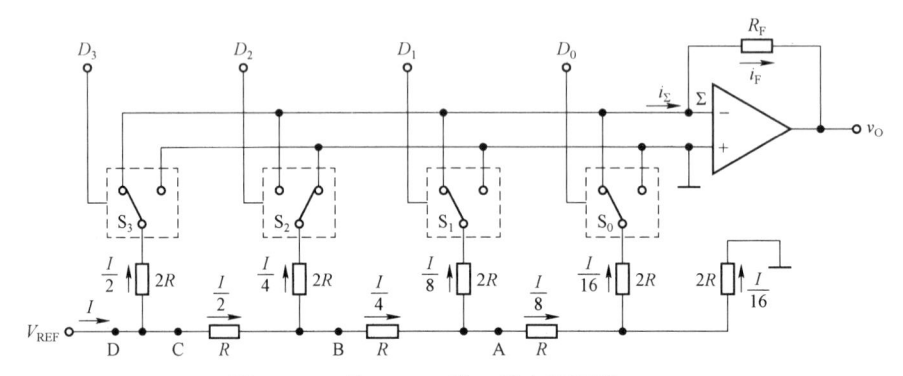

图 8-7 4 位 R-$2R$ 倒 T 形电阻网络 DAC

因为运算放大器的 Σ 点是虚地点，所以输入数码无论是 0 还是 1，开关 S_i 都相当于接地。因此，各 $2R$ 电阻的上端都相当于接地。从 A 点、B 点、C 点分别向右看的对地电阻都为 $2R$，因此网络中的电流分配如图中的标注所示，由 V_{REF} 流出的总电流为 $I = V_{REF}/R$，而流入 $2R$ 支路的电流按照 2 的倍数递减，流入运算放大器的电流为

$$I_\Sigma = D_3 \frac{I}{2^1} + D_2 \frac{I}{2^2} + D_1 \frac{I}{2^3} + D_0 \frac{I}{2^4} \tag{8-8}$$

将电流 I 的表达式代入，可得

$$I_\Sigma = \frac{V_{REF}}{2^4 R}(2^3 D_3 + 2^2 D_2 + 2 D_1 + D_0) \tag{8-9}$$

输出电压为

$$v_O = -I_\Sigma R_F = -\frac{V_{REF} R_F}{2^4 R}(2^3 D_3 + 2^2 D_2 + 2 D_1 + D_0) \tag{8-10}$$

当 DAC 输入为 n 位二进制数码时，运算放大器的输出电压为

$$v_O = -I_\Sigma R_F = -\frac{V_{REF} R_F}{2^n R} \sum_{i=0}^{n-1} D_i 2^i \tag{8-11}$$

上式表明输出模拟电压 v_O 正比于输入数字量，转换比例系数为

$$k = -\frac{V_{REF} R_F}{2^n R} \tag{8-12}$$

输出电压的变化范围可以由 V_{REF} 和 R_F 调节。由于模拟电子开关在状态改变时，都设计成"先通后断"的顺序工作，所以 $2R$ 电阻的上端总是接地或虚地，而没有悬空的瞬间，即 $2R$ 电阻两端的电压及通过它的电流都不随开关掷向的变化而改变，故不存在对网络中寄生电容的充放电现象，而且流过各 $2R$ 电阻的电流都是直接流入运算放大器的输入端，故提高了工作速度。R-$2R$ 倒 T 形电阻网络 DAC 是工作速度较高、应用较多的一种 DAC。和权电阻网络 DAC 比较，由于它只有 R 和 $2R$ 两种阻值，所以克服了权电阻网络 DAC 中电阻多且阻值差别大的缺点。

8.2.4 单值电流型网络 DAC

上述两种 DAC 都是电压型的，它们都是利用模拟电子开关将基准电压接到电阻网络中，由于模拟电子开关存在导通电阻和导通压降，而且各开关的导通电阻和导通压降各不相同，所以不可避免地会引起转换误差。图 8-8 所示电路为单值电流型网络 DAC，它将恒流源切换到电阻网络中，恒流源内阻极大，相当于开路，因此连同模拟电子开关在内，对它的转换精度影响比较小。

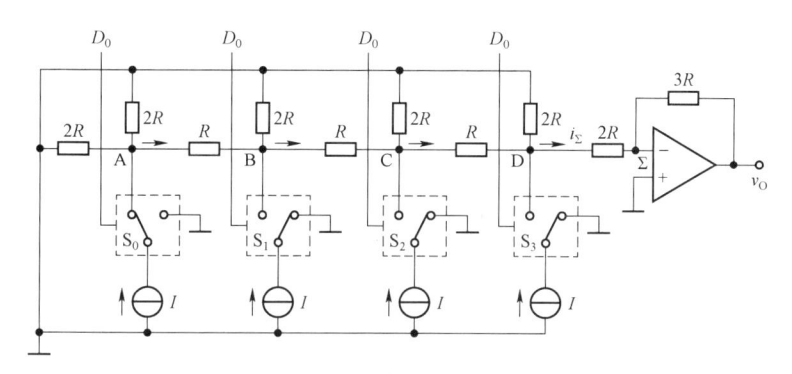

图 8-8 单值电流型网络 DAC

当数字量中的某一位 $D_i = 1$ 时，模拟电子开关 S_i 使恒流源 I 与电阻网络对应点接通；当 $D_i = 0$ 时，模拟电子开关 S_i 使恒流源 I 接地。由于各恒流源的电流相同，所以称为单值电流型。

电阻网络中的任意一个节点（A、B、C、D）的三个支路的对地电阻值均为 $2R$，因此某一节点接通恒流源时，电路都会被三个支路三等分。当仅有 S_0 接通时，电流 I 从 A 点开始分流，为 $\frac{I}{3}$；到达 B 点后，电流二等分为 $\frac{I}{3} \times \frac{1}{2}$；达到 C 点后，电流为 $\frac{I}{3} \times \frac{1}{4}$；到达 D 点后，电流为 $\frac{I}{3} \times \frac{1}{8}$，即此时 $i_\Sigma = \frac{I}{3} \times \left(\frac{1}{2}\right)^3$。如果仅有 S_1 接通，则电流 I 从 B 点开始分流，$i_\Sigma = \frac{I}{3} \times \left(\frac{1}{2}\right)^2$。如果仅有 S_2 接通，则电流 I 从 C 点开始分流，$i_\Sigma = \frac{I}{3} \times \left(\frac{1}{2}\right)^1$。如果仅有 S_3 接通，则电流 I 从 D 点开始分流，$i_\Sigma = \frac{I}{3}$。利用叠加原理，在输入任意数字量时，有

$$i_\Sigma = \frac{I}{3} \times \left(\frac{1}{2}\right)^3 \times D_0 + \frac{I}{3} \times \left(\frac{1}{2}\right)^2 \times D_1 + \frac{I}{3} \times \left(\frac{1}{2}\right)^1 \times D_2 + \frac{I}{3} \times D_3 = \frac{I}{3} \times \left(\frac{1}{2}\right)^3 \sum_{i=0}^{3} D_i \times 2^i \quad (8-13)$$

因此，输出电压为

$$v_O = -i_\Sigma \cdot 3R = -IR \times \left(\frac{1}{2}\right)^3 \sum_{i=0}^{3} D_i \times 2^i \quad (8-14)$$

对于 n 位 DAC 有

$$v_O = -\frac{IR}{2^{n-1}} \sum_{i=0}^{n-1} D_i \times 2^i \quad (8-15)$$

8.3 模数转换电路

8.3.1 模数转换的原理

1. 模数转换的步骤

将模拟信号转换成数字信号时,先要按一定的时间间隔对模拟电压值取样,使它变成时间上离散的信号;然后将取样电压值保持一段时间,在这段时间内,对取样值进行量化,使取样值变成离散数值;最后通过编码,把量化后的离散数值转换成数字量输出。因此,模数转换一般要经过取样、保持和量化、编码这两个步骤。

1)取样、保持

图 8-9(a)所示为取样电路示意。图 8-9(b)中的 v_I 是输入模拟信号,图 8-9(c)中的 $S(t)$ 是取样脉冲,T_S 是取样脉冲周期,t_w 是取样脉冲持续时间。用 $S(t)$ 控制图 8-9(a)中的模拟电子开关,在 t_w 时间内,$S(t)$ 使开关接通,输出 $v_s = v_I$;在 $(T_s - t_w)$ 时间内,$S(t)$ 使开关断开,$v_s = 0\,\text{V}$。v_I 经开关取样后,其输出波形如图 8-9(d)所示。

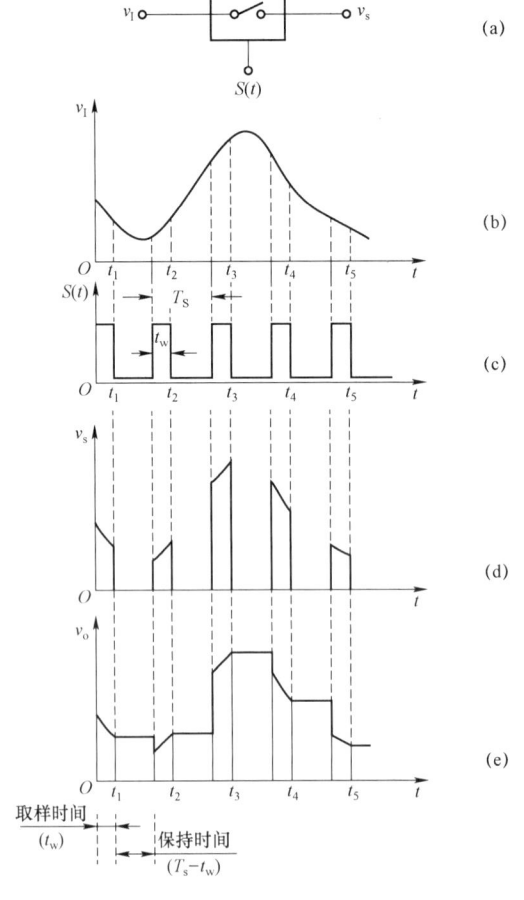

图 8-9 取样、保持

(a)取样电路示意;(b)输入模拟信号;(c)取样脉冲;(d)取样信号;(e)取样保持信号

上述过程即取样过程，对模拟信号周期性地抽样，使模拟信号变成时间上离散的脉冲串，其取样值仍取决于取样时间内输入模拟信号的大小。取样频率 f_s 越高，取样越密，取样信号的包络线就越接近输入信号的波形。取样定理规定，当取样频率 f_s 不低于模拟信号中最高频率 f_{max} 的 2 倍时，取样值 v_s 才能不失真地反映原来的模拟信号。

对于变化较快的模拟信号，其取样值 v_s 在脉冲持续时间内会有明显的变化，不能得到一个固定的取样值进行量化，因此要利用图 8-10 所示的取样-保持电路对 v_I 进行取样、保持。在 $S(t)=1$ 的取样时间 t_w 内，使场效应管导通，由于电容 C 的充电时间常数远远小于 t_w，使 C 上的电压在 t_w 时间内能跟随输入信号 v_I 的变化，而运算放大器 A 接成电压跟随器，所以有 $v_o = v_I$；在 $S(t)=0$ 的保持时间内，场效应管关断，由于电压跟随器的输入阻抗很高，所以存储在 C 中的电荷很难泄漏，使 C 上的电压保持不变，从而使 v_o 保持取样结束时 v_I 的瞬时值，形成图 8-9（e）所示的波形。波形中出现 5 个幅度不等的"平台"，分别等于 $t_1 \sim t_5$ 时刻 v_I 的瞬时值，这 5 个瞬时值才是要转换成数字量的取样值。因此，量化-编码电路也要由取样脉冲 $S(t)$ 控制，使它分别在 t_1，t_2，$\cdots$，t_5，$\cdots$ 时刻开始对 v_o 转换，也就是利用保持时间 $(T_s - t_w)$ 内的值完成量化和编码。

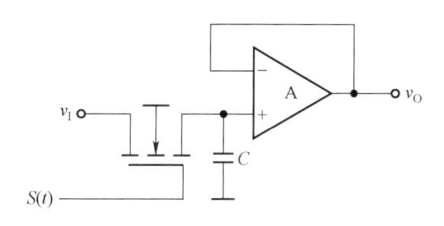

图 8-10 取样-保持电路

2）量化、编码

模拟信号经取样、保持而抽取的取样电压值仍然属于模拟量，需要对其进行量化，用最小数量单位 LSB 的整数倍表示，量化单位用 Δ 表示，$\Delta = 1$ LSB，然后把量化的结果转换为对应的代码，称为编码。

常用的量化方法有两种，一种是四舍五入法，另一种是取整法，具体如图 8-11 所示。图 8-11（a）采用四舍五入法对 0～7.5 V 的模拟电压 v_I 进行量化、编码，将其转换为 3 位二进制数码。

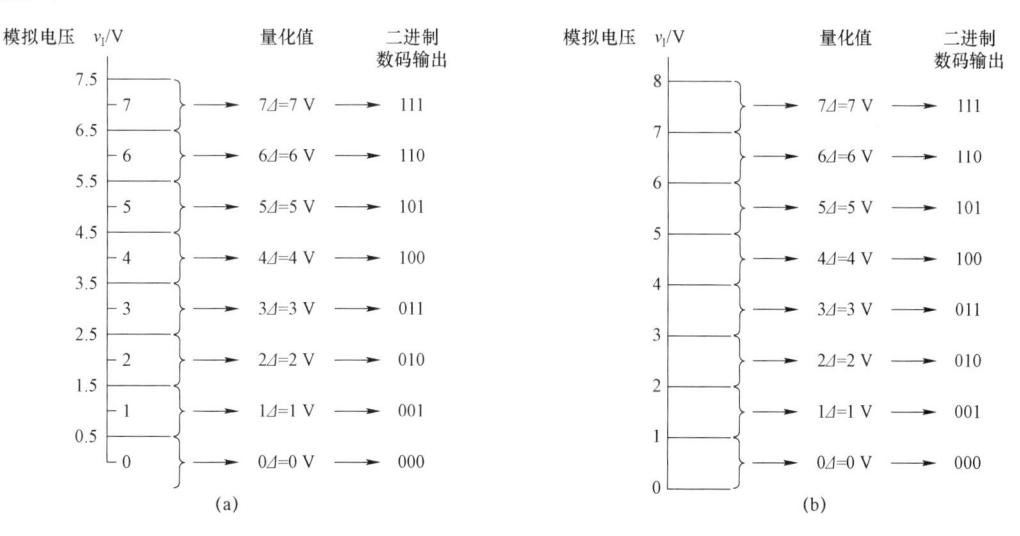

图 8-11 量化方法
（a）四舍五入法；（b）取整法

因 3 位二进制数码有 8 个数值，所以应将 0～7.5 V 的模拟电压分成 8 个量化级，每级规定一个量化值（$\Delta=1$ V），并对各量化值进行编码。从图 8-11（a）可以看出，采用四舍五入法进行量化时，规定 $0 \leqslant v_I < 0.5$ V 为第 0 级，量化值为 0 V，编码为 000；$0.5 \text{ V} \leqslant v_I < 1.5$ V 为第 1 级，量化值为 1 V，编码为 001，最后 6.5 V $\leqslant v_I <$ 7.5 V 为第 7 级，量化值为 7 V，编码为 111。量化误差不超过 0.5 V。一般来说，采用四舍五入法量化时，最大量化误差为

$$|\varepsilon_{\max}| = \frac{1}{2}\text{LSB} \qquad (8-16)$$

利用图 8-11（b）所示的取整法对 0～8 V 的模拟电压 v_I 进行量化、编码，量化单位为 $\Delta=1$ V。一般采用取整法量化时，最大量化误差为

$$|\varepsilon_{\max}| < 1 \text{ LSB} \qquad (8-17)$$

ADC 的种类很多，按工作原理的不同，可分成间接 ADC 和直接 ADC。间接 ADC 是先将输入模拟电压转换成时间或频率，然后把这些中间量转换成数字量，例如以时间为中间量的双积分型 ADC。直接 ADC 则直接将输入模拟电压转换成数字量，常用的有并联比较型 ADC 和逐次比较型 ADC。

2. ADC 的转换精度

ADC 的转换精度用分辨率和转换误差来描述。

1）分辨率

通常以输出二进制或十进制数码的位数表示分辨率的高低。位数越多，量化单位越小，对输入信号的分辨能力就越高。

例如，输入模拟电压的变化范围为 0～5 V，输出 8 位二进制数码，可以分辨的最低模拟电压为 $\frac{5 \text{ V}}{2^8} \approx 20$ mV；而输出 12 位二进制数码，可以分辨的最低模拟电压为 $\frac{5 \text{ V}}{2^{12}} \approx 1.22$ mV。

2）转换误差

在零点和满度都校准以后，在整个转换范围内，分别测量各数字量所对应的模拟输入电压实测范围与理论范围的偏差，取其中的最大偏差作为转换误差的指标。转换误差通常以相对误差的形式出现，并以 LSB 为单位表示。

3. ADC 的转换速度

常用转换时间或转换速率来描述转换速度。完成一次模数转换所需要的时间称为转换时间。在大多数情况下，转换速度是转换时间的倒数。ADC 的转换速度主要取决于电路的类型，并联比较型 ADC 的转换速度最高（转换时间可短于 50 ns），逐次比较型 ADC 次之（转换时间为 10～100 μs），双积分型 ADC 转换速度最低（转换时间在几十毫秒至数百毫秒之间）。

8.3.2 并联比较型 ADC

图 8-12 所示电路为 3 位并联比较型 ADC。它由比较器、分压电阻网络、寄存器和优先编码器四个部分组成。

电路中有 7 个电压比较器，当同相输入端电压 v_+ 高于反相输入端电压 v_- 时，电压比较器

输出为1，反之输出为0。电压比较器满足"虚断"的条件，因此各电压比较器反相端的电压可由电阻分压求得，这8个电阻的分压如图中标注所示。寄存器由7个D触发器（7D触发器）组成，用取样脉冲$S(t)$的上升沿触发。8线-3线优先编码器的输入端和输出端均为低电平有效。

当取样脉冲$S(t)=0$时，由取样-保持电路提供一个稳定的取样电压值，作为v_I送入电压比较器，使它在保持时间内进行量化，然后将量化的值在$S(t)$的上升沿到来时送入D触发器寄存，并由优先编码器产生相应的二进制数码输出。若输入信号的范围为$0 \leqslant v_I < \frac{1}{14}V_{REF}$，则所有电压比较器的输出都为0，即量化值为0，在$S(t)$触发器后，各触发器的输出也都为0，输入优先编码器得到最后的编码输出$D_2D_1D_0=000$。输入信号在不同取值范围内时，各触发器和编码器的输出如表8-2所示。

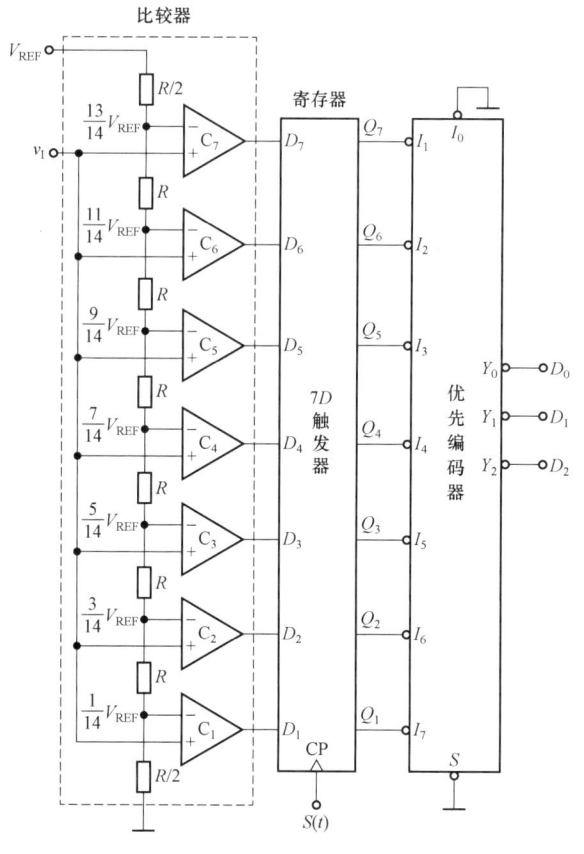

图8-12 3位并联比较型ADC

由表8-2可以看出，电压比较器将v_I划分成8个量化级，并以四舍五入法进行量化。其量化单位为

$$\Delta = \frac{1}{7}V_{REF} \tag{8-18}$$

量化误差为

259

$$\varepsilon = \frac{\Delta}{2} \qquad (8-19)$$

表 8-2 3位并联比较型 ADC 的量化编码表

v_I 输入范围	Q_7 / $\bar{I}_1$	Q_6 / $\bar{I}_2$	Q_5 / $\bar{I}_3$	Q_4 / $\bar{I}_4$	Q_3 / $\bar{I}_5$	Q_2 / $\bar{I}_6$	Q_1 / $\bar{I}_7$	D_2	D_1	D_0	量化值
$0 \leq v_I < \frac{1}{14}V_{REF}$	0	0	0	0	0	0	0	0	0	0	0
$\frac{1}{14}V_{REF} \leq v_I < \frac{3}{14}V_{REF}$	0	0	0	0	0	0	1	0	0	1	$\frac{1}{7}V_{REF}$
$\frac{3}{14}V_{REF} \leq v_I < \frac{5}{14}V_{REF}$	0	0	0	0	0	1	1	0	1	0	$\frac{2}{7}V_{REF}$
$\frac{5}{14}V_{REF} \leq v_I < \frac{7}{14}V_{REF}$	0	0	0	0	1	1	1	0	1	1	$\frac{3}{7}V_{REF}$
$\frac{7}{14}V_{REF} \leq v_I < \frac{9}{14}V_{REF}$	0	0	0	1	1	1	1	1	0	0	$\frac{4}{7}V_{REF}$
$\frac{9}{14}V_{REF} \leq v_I < \frac{11}{14}V_{REF}$	0	0	1	1	1	1	1	1	0	1	$\frac{5}{7}V_{REF}$
$\frac{11}{14}V_{REF} \leq v_I < \frac{13}{14}V_{REF}$	0	1	1	1	1	1	1	1	1	0	$\frac{6}{7}V_{REF}$
$\frac{13}{14}V_{REF} \leq v_I < \frac{15}{14}V_{REF}$	1	1	1	1	1	1	1	1	1	1	$\frac{7}{7}V_{REF}$

由于并联比较型 ADC 采用各量级同时并行比较，各位输出码也是同时并行产生，所以转换速度很高，同时转换速度与输出数码的位数无关。例如，集成芯片 TDC1007J 型 8 位并联比较型 ADC 的转换速度可达 30 MHz，而 SDA5010 型 6 位超高速并联比较型 ADC 的转换速度高达 100 MHz。其缺点是成本高、功耗大。因为 n 位输出的 ADC 需要 2^n 个电阻、(2^n-1) 个电压比较器和 D 触发器，以及复杂的编码网络，其元件数量随位数的增加以几何级数上升，所以这种 ADC 适用于高速、低分辨率的场合。

8.3.3 逐次比较型 ADC

逐次比较型 ADC 模拟天平称重的过程。例如，要对 $v_I = 5.9$ V 这个模拟量进行量化、编码，$\Delta = 1$ V，$n = 3$，因此有 3 位输出编码 D_2，D_1 和 D_0，对应的权值分别为 4 V，2 V 和 1 V。相当于用天平称重，有 3 个不同规格的砝码（4 V，2 V 和 1 V）。$v_I = 5.9$ V，逐次与权值比较。首先，$v_I = 5.9$ V 与最大的权值（4 V）比较，因为 5.9 V > 4 V，故 $D_2 = 1$；再加砝码（2 V）比较，5.9 V < (4+2) V，得 $D_1 = 0$，即这个砝码不能加上去；再加砝码（1 V）比较，5.9 V > (4+1) V，得出 $D_0 = 1$，比较结束。因此，模拟量 5.9 V 编码为 $D_2 D_1 D_0 = 101$。显然，这种量化方法是取整法。

综上所述，模数转换过程需要有电压比较器（天平）、权值（砝码，需要由 DAC 电路产生），由已知完成的编码控制权值（编码需要由触发器产生），将结果送入寄存器。因此，逐次比较型 ADC 由五部分构成——电压比较器、DAC 电路、触发器、寄存器和脉冲发生器。

图 8-13 所示电路为 3 位逐次比较型 ADC。

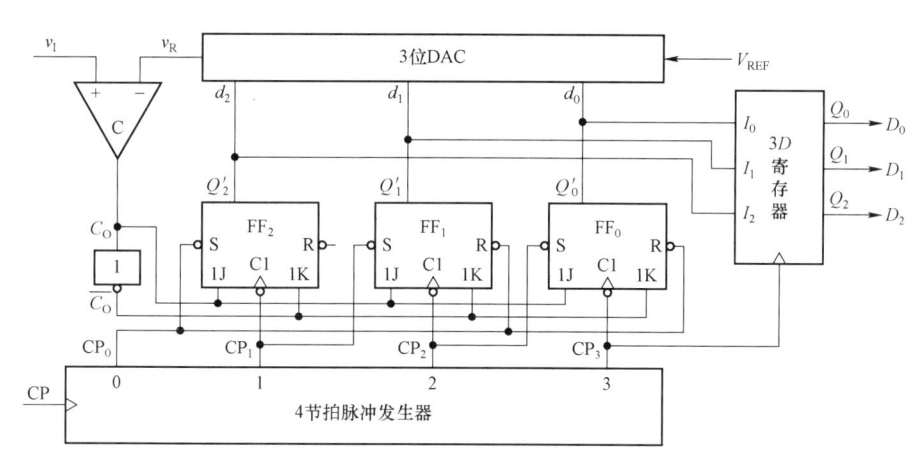

图 8-13　3 位逐次比较型 ADC

其中，3 位 DAC 是 $R-2R$ 型倒 T 形电阻网络 DAC，如图 8-14 所示，该 DAC 的输出电压为电压比较器输入电压 v_R：

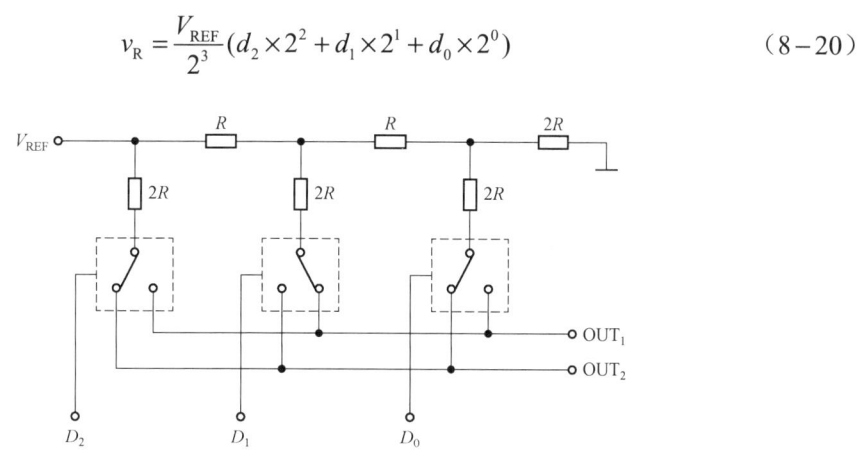

$$v_R = \frac{V_{REF}}{2^3}(d_2 \times 2^2 + d_1 \times 2^1 + d_0 \times 2^0) \tag{8-20}$$

图 8-14　$R-2R$ 型倒 T 形电阻网络 DAC

电压比较器是将输入信号 v_I 与比较电压 v_R 进行比较，当 $v_I > v_R$ 时，电压比较器输出 $C_O = 1$；当 $v_I < v_R$ 时，$C_O = 0$。注意，v_I 是由取样-保持电路提供的取样电压值。C_O，$\overline{C_O}$ 端分别连接各 JK 触发器的 J，K 端。

图 8-13 中的 4 节拍发生器一般由 4 位环形计数器构成，用来产生 4 个节拍的负向节拍脉冲 $CP_0 \sim CP_3$，如图 8-15 所示。由这 4 个节拍脉冲控制其他电路完成逐次比较。JK 触发器在节拍脉冲的推动下记忆每次比较的结果，并向 DAC 提供输入。3D 寄存器由 3 个上升沿触发

的 D 触发器组成，在节拍脉冲的触发下，记忆最后的比较结果，并行输出二进制数码。

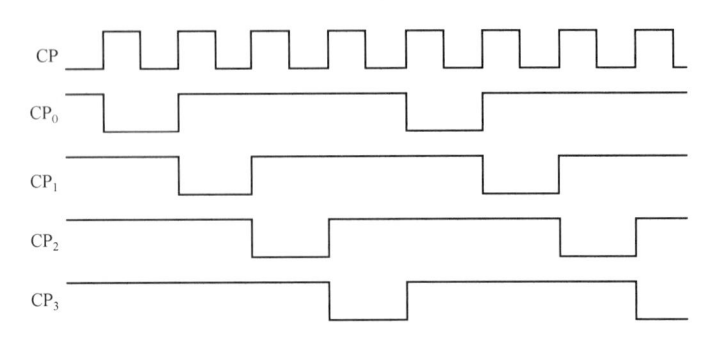

图 8-15 4 节拍脉冲发生器输出波形

假设取样电压值 $v_I = 5.9$ V，$V_{REF} = 8$ V，其具体工作过程如下。

（1）从 CP 第一个上升沿开始，CP_0 使 FF_2 置 1，FF_1 和 FF_0 清零，故 $Q'_2Q'_1Q'_0 = 100$，由 DAC 计算 $v_R = 4$ V。由于 $v_I > v_R$，所以 $C_O = 1$，$\overline{C_O} = 0$，$J = 1$，$K = 0$。

（2）在 CP_1 的作用下，$Q'_2 = 1$，FF_1 被 $CP_1 = 0$ 置 1，故 $Q'_2Q'_1Q'_0 = 110$，由 DAC 计算 $v_R = 6$ V。由于 $v_I < v_R$，所以 $C_O = 0$，$\overline{C_O} = 1$，$J = 0$，$K = 1$。

（3）在 CP_2 的作用下，$Q'_1 = 1$，FF_0 被 $CP_2 = 0$ 置 1，故 $Q'_2Q'_1Q'_0 = 101$，由 DAC 计算 $v_R = 5$ V。由于 $v_I > v_R$，所以 $C_O = 1$，$\overline{C_O} = 0$，$J = 1$，$K = 0$。

（4）在 CP_3 的作用下，$Q'_0 = 1$，故 $Q'_2Q'_1Q'_0 = 101$。在 CP_3 上升沿，将 101 存入 3D 寄存器，得到最后的输出 $D_2D_1D_0 = 101$。

逐次比较型 ADC 是另一种直接型 ADC，它也产生一系列比较电压 v_R，但与并联比较型 ADC 不同，它是逐个产生比较电压，逐次与输入电压分别比较，以逐渐逼近的方式进行模数转换的。逐次比较型 ADC 的每次转换都要逐位比较，需要（$n+1$）个节拍脉冲才能完成，因此它比并联比较型 ADC 的转换速度低，比双分积型 ADC 要快得多，属于中速 ADC。另外，在位数多时，它需用的元器件比并联比较型 ADC 少得多，因此它是集成 ADC 中应用较广泛的一种。

8.3.4 双积分型 ADC

图 8-16 所示为双积分型 ADC 简化电路，包括积分器、过零比较器、计数器和触发器、开关四个部分。

当 $v_O < 0$ 时，$C_O = 1$；当 $v_O \geq 0$ 时，$C_O = 0$。两个开关 S_1 和 S_2 的动作过程为：当 $Q_C = 0$ 时，开关 S_1 接 v_I；当 $Q_C = 1$ 时，S_1 接 $-V_{REF}$。当 $L = 1$ 时，S_2 闭合；当 $L = 0$ 时，S_2 断开。这里设定 $v_I > 0$，$-V_{REF} < 0$。

电路对电压的转换分三个阶段进行。

1. 初始准备（休止阶段）

当转换控制信号 $v_S = 0$ 时，计数器及 FF_C 清零，并通过 G_2 门，使 $L = 1$，开关 S_2 闭合，电容 C 充分放电，$Q_C = 0$，使开关 S_1 接 v_I。

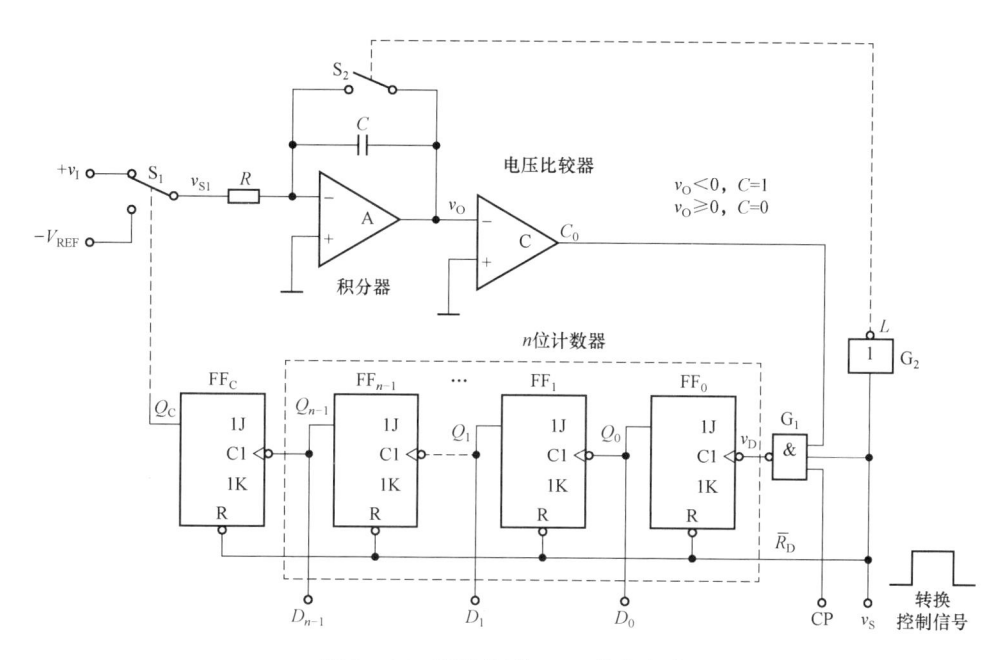

图 8-16 双积分型 ADC 简化电路

2. 取样阶段（第一次积分）

在 $t = 0$ 时，v_S 上升为高电平，开关 S_2 断开，积分器对 v_I 积分，积分器的输出电压为

$$v_O(t) = -\frac{1}{RC}\int_0^t v_I \mathrm{d}t \tag{8-21}$$

积分器的输出电压波形如图 8-17 中的①线所示，因为给定 $v_I > 0$，所以 $v_O(t) < 0$，使 $C = 1$，将 G_1 门打开。从一开始积分，计数器就从 0 开始计数，当计满 2^n，计数器返回 0 时，Q_{n-1} 为脉冲下降沿，使 FF_C 置 1，开关 S_1 接 $-V_{REF}$，至此第一次积分结束，积分时间为 $T_1 = 2^n T_C$，T_C 为 CP 的周期，n 为计数器位数。T_1 时刻积分器的输出为

$$V_{O1} = v_O(T_1) = -\frac{1}{RC}\int_0^{T_1} v_I \mathrm{d}t = -\frac{T_1}{RC}V_I = -\frac{2^n T_C}{RC}V_I \tag{8-22}$$

式中，V_I 为 v_I 在取样时间 T_1 内的平均值。

3. 比较阶段（第二次积分）

开关 S_1 接 $-V_{REF}$ 后，积分器从 T_1 时刻进行反向积分，这时积分器的输出为

$$v_O(t) = V_{O1} - \frac{1}{RC}\int_{T_1}^t (-V_{REF})\mathrm{d}t = -\frac{2^n T_C}{RC}V_I - \frac{1}{RC}\int_{T_1}^t (-V_{REF})\mathrm{d}t \tag{8-23}$$

第二次积分的输出电压波形如图 8-17 中的②线所示。同时，计数器从 0 开始计数，经 T_2 时间，积分器输出为 0，$C_O = 0$，G_1 门的输出为 1，停止计数。假设此时计数了 M 个脉冲，则这段积分时间为 $T_2 = MT_C$，此时计数器输出 $Q_{n-1}Q_{n-2}\cdots Q_1Q_0$ 为对应的二进制数码，也即在 $t = T_1 + T_2$ 时刻，$v_O(t) = 0$，即

$$v_O(t) = -\frac{2^n T_C}{RC}V_I - \frac{1}{RC}\int_{T_1}^{T_1+T_2}(-V_{REF})dt = -\frac{2^n T_C}{RC}V_I + \frac{T_2}{RC}V_{REF} = 0 \quad (8-24)$$

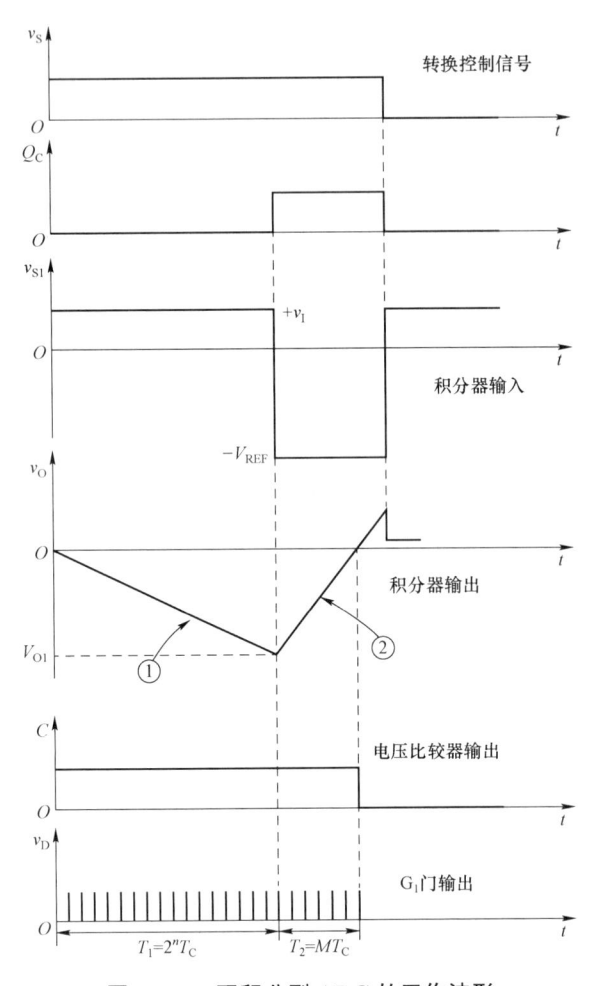

图 8-17 双积分型 ADC 的工作波形

因此，

$$V_I = \frac{T_2}{2^n T_C}V_{REF} = \frac{MT_C}{2^n T_C}V_{REF} = \frac{M}{2^n}V_{REF} \quad (8-25)$$

由式（8-25）可以看出，V_I 与第二次积分时间 T_2 成正比，用时钟周期量度 T_2 得到的计数脉冲 M，也必然与 V_I 成正比，因此与计数脉冲个数对应的计数器输出状态 $Q_{n-1}Q_{n-2}\cdots Q_1Q_0$ 即转换的二进制数码 $D_{n-1}D_{n-2}\cdots D_1D_0$，就是转换的结果。于是，

$$M = \left(\frac{V_I}{\frac{V_{REF}}{2^n}}\right)_{\text{舍去小数}} \quad (8-26)$$

量化误差为

$$\varepsilon = \Delta = \frac{V_{\text{REF}}}{2^n} \tag{8-27}$$

输入电压范围为 $0 \sim V_{\text{REF}}$，若 $v_1 > V_{\text{REF}}$，则对应的数字量将超出计数器所能计数的范围。

双积分型 ADC 属于间接型 ADC，它先对输入取样电压和基准电压进行两次积分，以获得与取样电压平均值成正比的时间间隔，同时在这个时间间隔内，用计数器对标准时钟脉冲（CP）进行计数，计数器输出的计数结果就是对应的数字量。

双积分型 ADC 的优点主要有两个。

（1）抗干扰能力强。

因为电路的输入端使用了积分器进行取样，使取样电压值 V_1 是取样时间 T_1 内 v_1 的平均值，所以在理论上，可以平均掉输入信号所带有的所有周期为 T_1/n（$n=1,2,3,\cdots$）的干扰。若取样时间 T_1 为 20 ms 的整数倍，则可有效地滤除工频干扰。

（2）稳定性好，可实现高精度模数转换。

因为它通过两次积分把 V_1 与 V_{REF} 之比变成了两次计数值之比，即

$$\frac{V_1}{V_{\text{REF}}} = \frac{\left(\dfrac{MT_C}{RC}\right)_{\text{第二次积分}}}{\left(\dfrac{2^n T_C}{RC}\right)_{\text{第一次积分}}} \tag{8-28}$$

所以只要两次积分的 RC 和 T_C 不变，就可从式（8-28）把它们消去，而不要求 T_C 和时钟脉冲周期 T_C 长期稳定。另外，由于转换结果与积分时间常数 RC 无关，所以消除了积分非线性带来的误差。

双积分型 ADC 的主要缺点是转换速度低，转换一次最少需要 $2T_1 = 2^{n+1}T_C$ 的时间，考虑到运算放大器和电压比较器的自动调零时间，实际转换时间比 $2T_1$ 长得多。因此，双积分型 ADC 大多应用于对转换精度要求较高而对转换速度要求不高的仪器仪表中，例如用于多位高精度数字直流电压表中。

8.4　DAC 和 ADC 的集成芯片

8.4.1　集成 DAC

AD7524 是采用 $R-2R$ 型倒 T 形电阻网络的 8 位 CMOS DAC 集成芯片，其功耗只有 20 mW，供电电压为 +5～+15 V，基准电压可正可负，转换的非线性误差不高于 ±0.05%。图 8-18（a）所示为 AD7524 的内部结构和引脚，片内含有 8D 锁存器、8 个模拟电子开关、8 位 $R-2R$ 型倒 T 形电阻网络和运算放大器的反馈电阻 R_F，且 $R_F = R$。图 8-18（b）中点划线框内所示电路是一个 CMOS 模拟电子开关 S_i，当 $D_i = 1$ 时，T_1 导通，T_2 截止，$2R$ 支路的电流流向 OUT$_1$ 端；当 $D_i = 0$ 时，T_1 截止，T_2 导通，$2R$ 支路的电流流向 OUT$_2$ 端。AD7524 的功能表如表 8-3 所示。

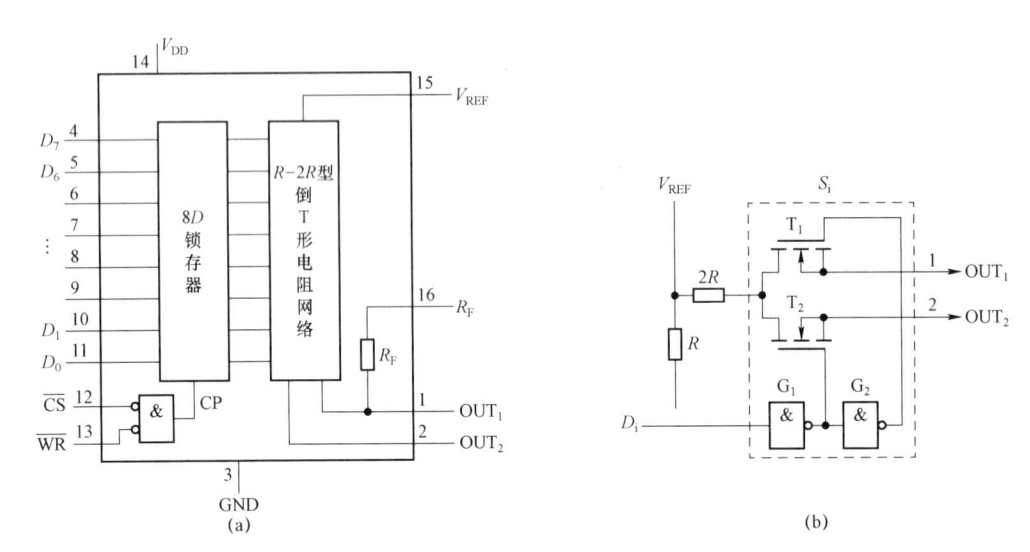

图 8-18 DAC 集成芯片 AD7524

(a) 内部结构和引脚；(b) 模拟电子开关

表 8-3 AD7524 的功能表

$\overline{\text{CS}}$	$\overline{\text{WR}}$	CP	功能
0	0	1	D_i 存入锁存器
1	×	0	锁存器保存原数据
×	1	0	锁存器保存原数据

1. 应用举例 1：AD7524 用于数模转换

图 8-19 所示为 AD7524 和运算放大器 741 构成的电路。图中电位器 R_{P_1}，R_{P_2}，R_{P_3} 用于电路校准，使 $\overline{\text{CS}}$ 和 $\overline{\text{WR}}$ 同时为 0，即可从 $D_0 \sim D_7$ 端输入数据。

当输入最小数字量（全 0）时，输出电压应该为 0 V；若输出电压不为 0 V，则可以调节电位器 R_{P_3}（运算放大器的调零电位器）进行零点校准。当输出最大数字量（全 1）时，输出电压应为（FSR）

$$v_o = -\frac{V_{\text{REF}}}{2^n}(2^n - 1) = 9.96 \text{ V} \tag{8-29}$$

若实测值 $v_{o\max}$ 低于 9.96 V，则可调节 R_{P_2}，使之从 0 V 开始逐渐升高，增大运算放大器的放大倍数；若在 $R_{P_2} = 0\ \Omega$ 时，实测值 $v_{o\max}$ 高于 9.96 V，则可增大 R_{P_1} 的阻值以降低 $|V_{\text{REF}}|$，因为 $|V_{\text{REF}}| = \left|\dfrac{R}{R + R_{P_1}}(-10 \text{ V})\right|$，所以这一过程称为增益校准。

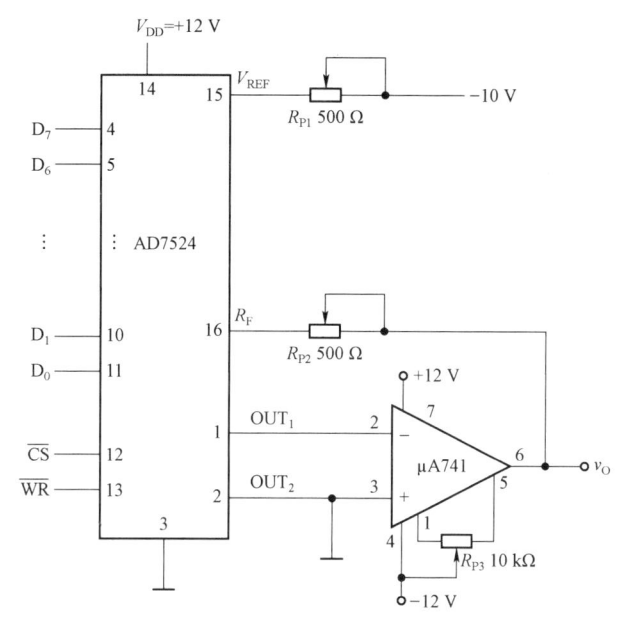

图 8-19 用 AD7524 构成 DAC

该 DAC 的输出电压范围为 0～9.96 V，对应数字量为 0～255，LSB 为

$$\text{LSB} = \frac{10\text{ V}}{256} \times 1 = 39.1 \text{ mV} \quad (8-30)$$

2. 应用举例 2：用 AD7524 构成数字衰减器

用 AD7524 构成的数字衰减器如图 8-20 所示。

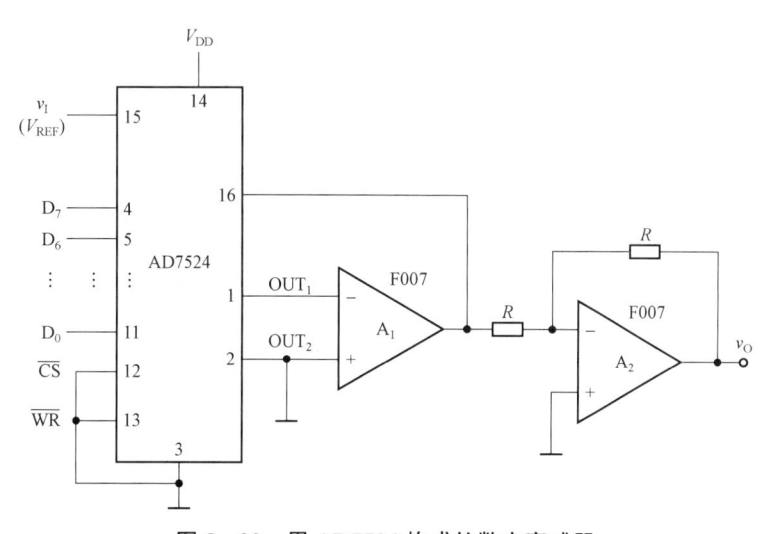

图 8-20 用 AD7524 构成的数字衰减器

由于 AD7524 的 V_{REF} 端改接了衰减器的输入电压端，而且在输出端多加了一个缓冲反相器 A_2，所以输出电压为

$$v_O = \frac{v_I}{2^8} \sum_{i=0}^{7} D_i \times 2^i \tag{8-31}$$

衰减系数为

$$\frac{v_I}{v_O} = \frac{2^8}{\sum_{i=0}^{7} D_i \times 2^i} \tag{8-32}$$

改变数字量 D，就可以改变衰减系数。

8.4.2 集成 ADC

1. 逐次比较型集成 ADC——ADC0801

ADC0801 是 8 位 CMOS 逐次比较型 ADC，该芯片内部电路的主要结构与图 8-13 所示基本相同，只是位数增加到 8 位，并且增加了串接在 DAC 端的电压偏移电路和某些控制端子的逻辑电路，以便采用四舍五入法进行量化和实现这些端子的控制功能。

ADC0801 的引出端及实验连接图如图 8-21 所示。其中，$V_{IN(+)}$ 和 $V_{IN(-)}$ 为两个输入端；V_{REF} 可由内部提供，此时 9 号引脚悬空，$V_{REF} = V_{DD}$；也可由外部送入 $\frac{V_{REF}}{2}$。AGND 和 DGND 分别为模拟地和数字地。CLKR 和 CLKN 是时钟信号，也可由外部产生，这时需要外接 R 和 C，$f_{CP} = \frac{1}{1.1RC}$，该芯片运行的时钟频率范围是 $f_{CP} = 100 \sim 800$ kHz，典型值为 640 kHz。当片选信号 $\overline{CS}$ 和写信号 $\overline{WR}$ 都为低电平时，启动转换；经过 110 μs 左右的转换时间，$\overline{INT}$ 端输出低电平，表示转换结束；当片选信号 $\overline{CS}$ 和读信号 $\overline{RD}$ 都为低电平时，打开三态缓冲器，8 位二进制数码由 $D_7 \sim D_0$ 输出，驱动发光二极管。

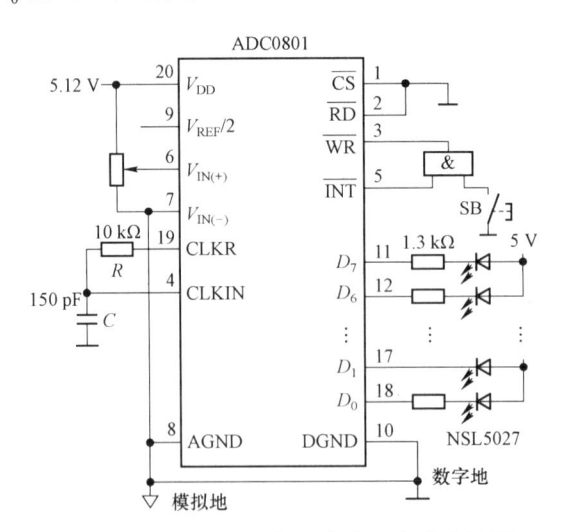

图 8-21 ADC0801 的引出端及实验连接图

该电路的工作过程如下。

（1）启动转换：按下 SB，使 $\overline{WR}$ 端获得一个负脉冲，以启动转换。

（2）进行转换：以逐次逼近方式转换，需要耗时 100 μs 以上。

（3）转换结束：完成转换后，由片内自动产生转换结束信号，$\overline{INT}=0$ 有效。

（4）输出数据：$\overline{CS}=\overline{RD}=0$，$D_7 \sim D_0$ 输出转换后的数据，输出为 0 时发光二极管点亮。

（5）连续转换：转换结束时，$\overline{INT}=0$，使 $\overline{WR}$ 为低电平，再次启动转换，连续进行转换。

量化单位为 $\Delta = \dfrac{V_{REF}}{2^n} = \dfrac{5.12}{256}$ mV = 20 mV。

最大量化误差为 $\varepsilon = \dfrac{\Delta}{2} = 10$ mV。

输出全 0 时，对应的输入信号范围为 $0 \sim \dfrac{\Delta}{2} = 0 \sim 10$ mV。

输出全 1 时，对应的输入信号范围为 $\Delta \times (D_{max})_{10} \pm \dfrac{\Delta}{2} = 5.09 \sim 5.11$ V。

测量校准方法如下。使 $v_I = 0$，按下 SB 启动转换，输出 $D_7 \sim D_0 = 00000000$，发光二极管全亮。然后，慢慢升高 v_I，记下 0 位发光二极管熄灭时的 v_{I1}，实测的输出全 0 时的输入电压范围应是 $0 \leq v_I < v_{I1}$。接下来，使 $v_I = V_{DD}$，发光二极管全灭，慢慢降低 v_I，记下 0 位发光二极管点亮时的 v_{I2}，该 v_{I2} 应为 5.09 V，若此时的 v_{I2} 不是 5.09 V，则应微调电源电压 V_{DD}。当 v_I 高于 5.11 V 时，ADC 进入饱和状态，输出恒为 1。

2. 双积分型集成 ADC——CC14433

1）逻辑框图

图 8-22（a）所示为 CC14433 的逻辑电路图。

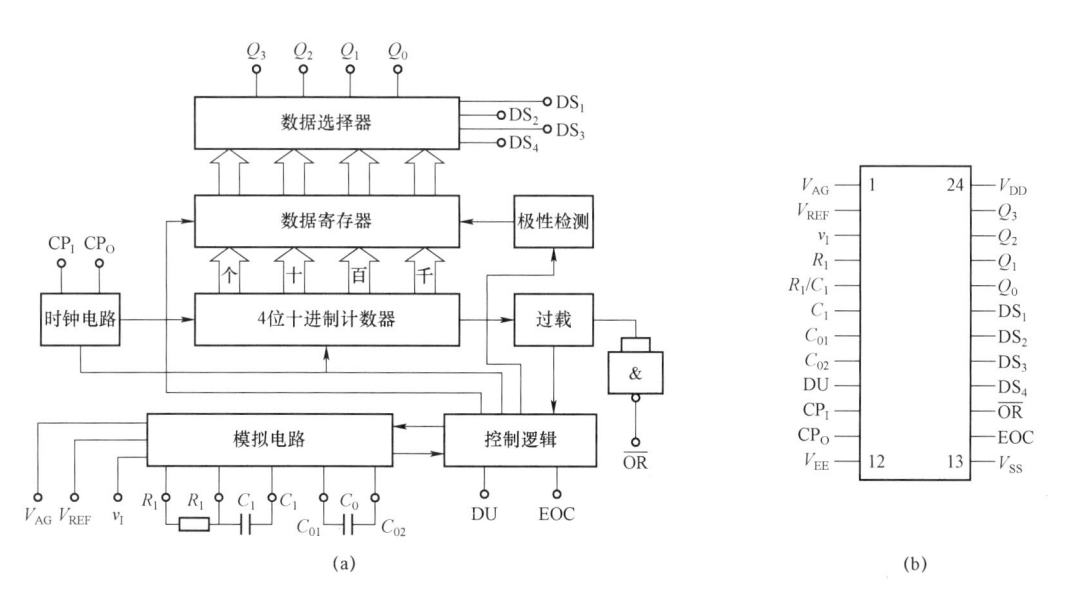

图 8-22　CC14433 的逻辑电路图与引脚排列

（a）逻辑电路图；（b）引脚排列

CC14433 主要由六个部分组成。

(1) 模拟电路：运算放大器和电压比较器。

(2) 4 位十进制计数器：千位只有 0 和 1，百位、十位和个位采用 8421BCD 码，计数范围为 0~1 999，称为 $3\frac{1}{2}$ 位。

(3) 数据寄存器：存放转换结果。

(4) 数据选择器：逐位输出 8421BCD 码。

(5) 控制逻辑：产生一系列控制信号。

(6) 时钟电路：产生计数时钟。

2) 引脚功能

CC14433 的引脚排列如图 8-22（b）所示，共有 24 个引脚，分别如下。

1 号引脚，V_{AG}——模拟地；2 号引脚，V_{REF}——基准电压；3 号引脚，v_I——模拟电压输入端；4~6 号引脚，积分电阻和电容；7，8 号引脚，失调电压补偿电容；9 号引脚，实时输出控制端，在 DU 输入正脉冲，将转换结果送入寄存器；10，11 号引脚，时钟输入、输出端；12 号引脚，负电源；13 号引脚，电源公共端；14 号引脚，EOC——转换结束信号输出端（正脉冲），EOC 与 DU 短接，把转换结束信号送入 DU 端，每次转换后结果立刻存入寄存器；15 号引脚，溢出信号输出端；16~19 号引脚，位选通脉冲输出；20~23 号引脚，数据选择器输出 8421BCD 码的输出端，连接显示译码器；24 号引脚，正电源。

3) CC14433 应用举例——$3\frac{1}{2}$ 位数字电压表

图 8-23 所示为 $3\frac{1}{2}$ 位数字电压表，图中共使用了 3 块集成芯片和 1 块由七段数码管组成的 LED 显示器。CC14433 用于模数转换；5G1413 作为基准电压源，提供稳定的基准电压，调节 1 kΩ 电阻，可以获得所需要的基准电压，这里为 2 V；CC4511 用作译码驱动器，将 1 位 8421BCD 码译码后，由 a~g 端输出，再经外接限流电阻分别驱动七段数码管的 7 个字段；5G1413 为七路达林顿管驱动器，分别驱动各七段数码管的公共阴极。

$3\frac{1}{2}$ 位数字电压表的工作过程如下。

(1) 当转换结束时，EOC 端输出正脉冲，推动 DU 端将计数器的计数结果存入数据寄存器，接着数据选择器输出千位数据 Q_3（Q_3 为 0 表示千位数为 1，Q_3 为 1 表示千位数为 0），Q_2 代表被测电压的极性（正压时为 1，负压时为 0）。Q_3Q_2 经 CC4511 译码后，驱动各七段数码管对应显示 0 或 1，同时输出千位选通信号 DS_1，推动 5G1413，使千位的七段数码管发亮，其他 3 个七段数码管都不亮，而且由 Q_2 经 5G1413 驱动符号段，使 $Q_2=0$ 时，负号点亮。

(2) 数据选择器输出百位 8421BCD 码，同时输出百位选通信号 DS_2，驱动百位的七段数码管点亮，接着十位、个位的七段数码管分别点亮，如此使 4 个七段数码管不断快速循环点亮，利用人眼的视觉暂留效应，即可看到完整的测量结果（动态显示）。

(3) 基准电压为 2 V 时，测量范围是 -1.999~1.999 V，输入电压超出这个范围时，由 $\overline{OR}$ 端的溢出信号控制 CC4511 的 $\overline{BI}$ 端，使显示数字熄灭。

(4) 小数点由 V_{DD} 经电阻 R_{dp} 提供电流点亮；负号由 V_{DD} 经 R_M 提供电流点亮。

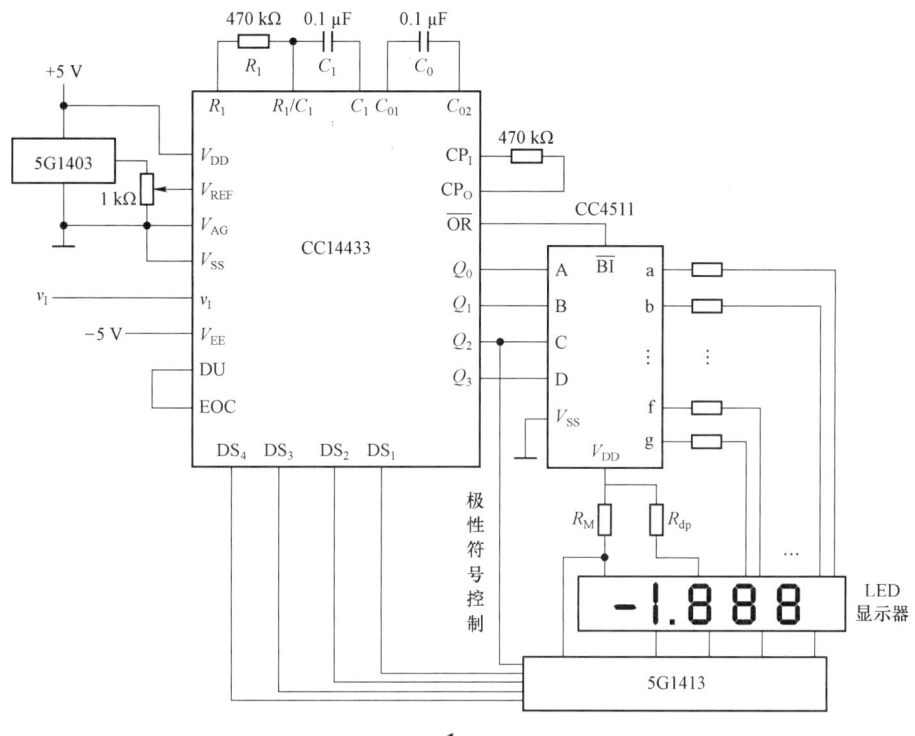

图 8-23 $3\frac{1}{2}$ 位数字电压表

（5）在这次转换结束，EOC 输出正脉冲后，CC14433 立即自动开始下一次模数转换，首先对运算放大器自动调零，然后进行两次积分和计数。

本章小结

本章主要内容：
（1）DAC 的基本原理及多种 DAC 的主要性能指标。
（2）DAC 的主要性能。
（3）ADC 的基本原理及多种 ADC 的主要性能指标。
（4）常用集成 DAC、ADC 芯片及其使用方法
重点： DAC 和 ADC 的基本概念和主要性能指标。
难点： DAC 和 ADC 的基本原理。

本章习题

一、思考题
1. 什么是 DAC 的转换精度和转换速度？
2. 如何定义 DAC 的分辨率？哪些因素会使 DAC 产生转换误差？
3. 试比较权电阻网络 DAC、$R-2R$ 型倒 T 形电阻网络 DAC 和单值电流型网络 DAC 各

自的特点。

4. 什么是 ADC 的转换精度和转换速度？

5. 如何定义 ADC 的分辨率？什么是 ADC 的量化误差？

6. 试比较逐次比较型 ADC、并联比较型 ADC 和双积分型 ADC 各自的特点。

二、判断题

1. 如果某个模拟信号的最高组成频率是 20 kHz，那么最低的取样频率是 10 kHz。（　　）

2. DAC 的输出量与输入量一定相等。（　　）

3. ADC 抽样后得到的信号是数字信号。（　　）

4. ADC 的量化电平与转换精度有关。（　　）

5. 直接 ADC 比间接 ADC 的转换速度高、转换精度低。（　　）

6. 倒 T 形电阻网络 DAC 中各电阻的阻值相差很大。（　　）

7. 权电阻网络 DAC 中位权越大，对应的权电阻阻值就越小。（　　）

8. 就逐次比较型和双积分型两种 ADC 而言，双积分型 ADC 的抗干扰能力强，逐次比较型 ADC 的转换速度高。（　　）

9. 模拟信号经过采样和保持被离散化，再经过编码和量化转换为数字信号。（　　）

10. 将取样电压转换为最小数量单位（LSB）的整数倍的过程称为采样。（　　）

三、单选题

1. 在四舍五入法中，最大量化误差为（　　）。

A. $\Delta/2$　　　　B. Δ　　　　C. $\Delta/3$　　　　D. 不确定

2. 在取整法中，最大量化误差为（　　）。

A. $\Delta/2$　　　　B. Δ　　　　C. $\Delta/3$　　　　D. 小于 Δ

3. 下列几种 ADC 中，转换速度最高的是（　　）。

A. 并行 ADC　　　　　　　　　B. 计数型 ADC

C. 逐次渐进型 ADC　　　　　　D. 双积分 ADC

4. 如果要将一个最大幅值为 5.1 V 的模拟信号转换成数字信号，要求模拟信号每变化 20 mV 能使数字信号最低位（LSB）发生变化，则应选用（　　）位转换器。

A. 6　　　　B. 8　　　　C. 256　　　　D. 16

5. ADC0809 可以锁存（　　）模拟信号。

A. 9 路　　　　B. 8 路　　　　C. 10 路　　　　D. 16 路

6. 双积分型 ADC 的缺点是（　　）。

A. 转换速度较低　　　　　　　B. 转换时间不固定

C. 对元件稳定性要求较高　　　D. 电路较复杂

7. 有一个 4 位 DAC，设它的满刻度输出电压为 10 V，当输入数字量 1001 时，输出电压为（　　）。

A. 5.66 V　　　　B. 6 V　　　　C. 6.66 V　　　　D. 以上都不对

8. 对于输入为无符号 10 位数码的 DAC，其输出电平的级数是（　　）。

A. 4　　　　B. 10　　　　C. 1 024　　　　D. 100

9. 在 DAC 电路中，当输入全部为 0 时，输出电压等于（　　）。

A. 电源电压　　B. 0 V　　　　C. 基准电压　　　D. 不确定

10. 在 DAC 电路中，数字量的位数越多，分辨输出最低电压的能力（　　）。
A. 越稳定　　　　B. 越弱　　　　　C. 越强　　　　　D. 不确定

11. 在输入为 10 位二进制数码的 $R-2R$ 型倒 T 形电阻网络 DAC 中，基准电压 V_{REF} 提供的电流为（　　）。

A. $\dfrac{V_{REF}}{2^{10}R}$　　B. $\dfrac{V_{REF}}{2\times 2^{10}R}$　　C. $\dfrac{V_{REF}}{R}$　　D. $\dfrac{V_{REF}}{\left(\sum 2^i\right)R}$

四、计算题

1. 在图 T8-1 所示的 $R-2R$ 型倒 T 形电阻网络 DAC 中，设 $V_{REF}=5\text{ V}$，$R_F=R=10\text{ k}\Omega$，求输入 4 位二进制数码 0101、0110 和 1101 时的输出电压 v_O。

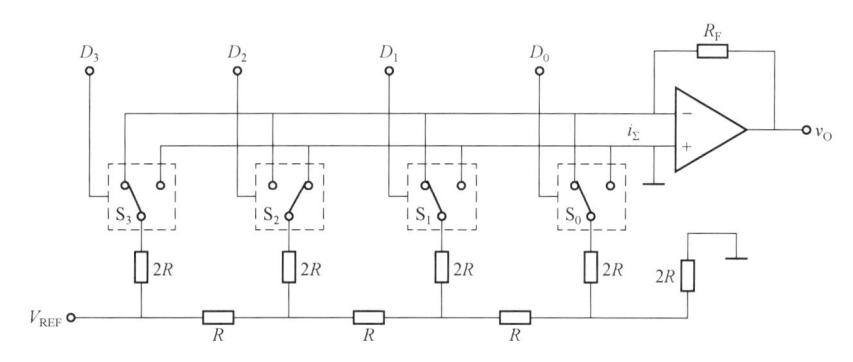

图 T8-1　计算题 1 的电路

2. 根据图 T8-2 所示的电路，试回答以下问题。

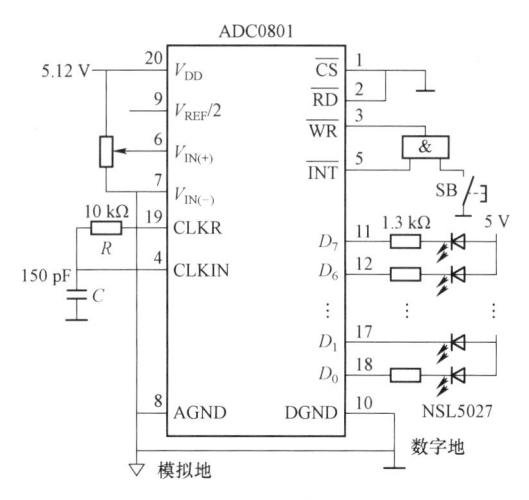

图 T8-2　计算题 2 的电路

（1）输入电压为 3.765 V 时输出的数字量以及量化误差是多少？
（2）输出为全 0 数码和全 1 数码时，对应的理论输入电压范围分别是多少？
（3）输出的数字量为 10000001 时，输入电压的理论范围是多少？

3. 已知 8 位 $R-2R$ 型倒 T 形电阻网络 DAC 中，$R_F=R$，参考电压为 -5 V。
（1）计算 LSB 和 FSR。

（2）分别说明最高输出电压和最低输出电压与位数的关系。

4. 已知 10 位 $R-2R$ 型倒 T 形电阻网络 DAC 中，$R_F = R$。

（1）写出输出电压的取值范围。

（2）若要求输入数字量为 100 H，输出电压为 5 V，求参考电压的值。

5. 在 6 位并行比较型 ADC 中，量化电压的范围为 0～5 V，则量化值 Δ 应为多少？共需多少个比较器？

6. 在 10 位逐次比较型 ADC 中，若脉冲节拍发生器的频率为 1 MHz，则完成单次模数转换需要多长时间？

7. 在 4 位逐次比较型 ADC 中，满量程输入电压为 5 V，当输出数字量为 1010 时，对应的输入电压范围是多少？

8. 在 10 位双积分型 ADC 中，若计数器时钟的频率为 1 MHz，则完成单次模数转换需要多长时间？

第9章
半导体存储器

知识目标：阐明半导体存储器的功能及分类，说明其在数字系统中的作用。

能力目标：理解顺序存储器、只读存储器、随机存储器的组成及工作原理，能够扩展半导体存储器的容量，应用 PROM 设计组合逻辑电路。

素质目标：培养新时代青年的家国情怀和人文关怀。

【研讨1】从宏大壮观的长城故宫，到精美雅致的瓷器丝绸；从《诗经》吟诵的"如切如磋，如琢如磨"，到庄子笔下的庖丁解牛"游刃有余"；从拥有"四大发明"的文明古国，到连续十余年位居世界第一的制造大国——中国工匠正引领中国制造打造中国品牌。通过本章的学习，了解我国芯片制造工艺的历史及现状。

【研讨2】谈谈半导体存储器的历史与发展。

9.1 半导体存储器概述

半导体存储器是用半导体器件存储二值信息的大规模集成电路。它具有集成度高、体积小、可靠性高、价格低、外围电路简单易于接口、便于自动化批量生产等特点。

半导体存储器主要用于电子计算机和某些数字系统中，用来存放程序、数据、资料等。因此，半导体存储器是数字系统不可缺少的组成部分。

1. 半导体存储器的分类

1）按制造工艺分类

根据制造工艺，半导体存储器有双极型和 MOS 型两类。双极型存储器具有工作速度高、功耗大、价格较高的特点，它以双极型触发器为基本存储单元，主要用于对速度要求较高的场合，如在微机中用作高速缓存；MOS 型存储器具有集成度高、功耗小、价格低等特点，它以 MOS 触发器或电荷存储结构为基本存储单元，主要用于大容量存储系统中，如在微机中用作内存。

2）按存取方式分类

根据存取方式，半导体存储器有顺序存储器、随机存储器和只读存储器三类。

（1）顺序存储器（Sequential Access Memory，SAM）：对信息的存入（写）或取出（读）是按顺序进行的。一般常用的两种方式如下：队列按照"先入先出"（First In First Out，FIFO）的方式进行信息的存取；堆栈按照"先入后出"（First In Last Out，FILO）的方式进行信息的存取。

（2）随机存储器（Random Access Memory，RAM）：可以在任何时刻随机地根据地址对任意一个单元直接存取信息。根据所采用的存储单元工作原理的不同，又可以将随机存储器分为静态存储器（SRAM）和动态存储器（DRAM）。DRAM 的存储单元结构非常简单，它的集成度远高于 SRAM。

（3）只读存储器（Read Only Memory，ROM）：信息被提前固化在 ROM 内，可以长期保留，即使断电也不丢失。ROM 在正常运行时，只能读出信息，而不能写入信息。ROM 有固定 ROM 和可编程 ROM 两类。可编程 ROM 包括一次性可编程 ROM（简称 PROM）、光可擦可编程 ROM（简称 EPROM）、电可擦可编程 ROM（简称 EEPROM 或 E^{2}PROM）、快闪存储器（Flash Memory）等几种。

2. 半导体存储器的主要技术指标

1）存储容量

存储容量是指半导体存储器能存放信息的多少，存储容量越大，说明半导体存储器能存储的信息越多。半导体存储器中的一个基本存储单元能够存储 1 位信息，也就是一个 0 或一个 1，因此存储容量就是半导体存储器基本存储单元的总数。例如，某半导体存储器的存储容量为 1K×8 位，表示该半导体存储器有 1K（1K=2^{10}=1 024）个基本存储单元，每个存储单元内有 8 位数据，称 1K 为半导体存储器的字数，8 为半导体存储器的字长。半导体存储器的字数取决于地址线的条数，或者说地址位的位数；半导体存储器的字长取决于数据线（并行 I/O）的条数，或者说数据位的位数。存储容量为 1K×8 位，说明字数为 1K 个，有 10 条地址线，因为 2^{10}=1K；字长为 8 位，即有 8 条数据线。

2）存取时间

半导体存储器的存取时间一般用读（或写）周期来描述，连续两次读取（或写入）操作所间隔的最短时间称为读（或写）周期。读（或写）周期短，表示存取时间短，半导体存储器的工作速度高。这里，读是指"输出"，写是指"输入"。

9.2　顺序存储器

SAM 在不断刷新的前提下可以存储大量数据，但在存取数据时，必须以先进先出或先进后出的原则按照顺序进行。SAM 主要由动态移存器构成，动态移存器电路简单，适合大规模集成。它利用 MOS 管栅极和基片之间的输入电容（栅电容）暂存信息。由于 MOS 管的输入电阻极大，在栅电容充入电荷后，电荷经输入电阻的自然泄露（放电）比较缓慢，至少可以保持几毫秒，如果移位脉冲（CP）的周期在微秒数量级，则在一个 CP 周期内栅电容中的电荷基本不变，栅极电位也基本不变。若长时间没有移位脉冲的推动，则存放在栅电容中的信息就会随着电荷的泄露而消失。因此，动态移存器只能在移位脉冲的推动下工作，也就是在动态下运用。动态移存器由动态 CMOS 移存单元串接而成。

9.2.1　动态反相器和动态移存器

1. 动态 CMOS 反相器

图 9-1 所示电路为动态 CMOS 反相器。它由传输门 TG 和 CMOS 反相器 T_1，T_2 组成，

传输门 TG 相当于串接在 T_1、T_2 输入端的可控开关，由 CP 控制。栅电容 C 是存储信息的主要"元件"，由于它是 T_1、T_2 的栅极对基片（接地）的寄生电容，所以用虚线表示。

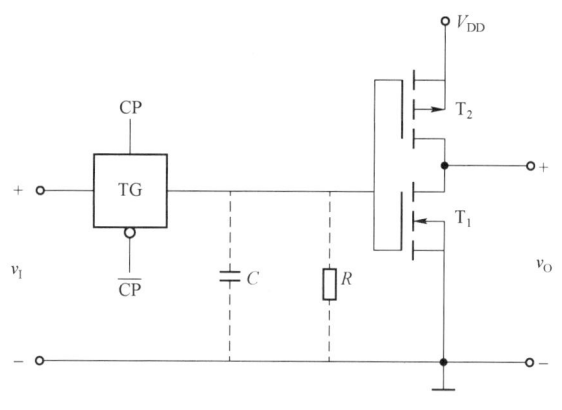

图 9-1　动态 CMOS 反相器

若输入信号 v_I 为高电平 1，则当 CP=1 时，传输门 TG 导通，输入信号对栅电容充电到高电平 1，由于充电电阻很小，所以充电速度很高，一般 CP 的正脉冲宽度只要几微秒即可。CP=0 时，TG 关断，C 经栅极对地的漏电阻 R 放电。由于漏电阻 R 的阻值极大，通常 $R > 10^{10}\Omega$，故放电时间常数 RC 较大，T_1 的输入电压 v_{GS1} 要经过较长时间才下降到它的输入高电平最小值以下，只有这时动态 CMOS 反相器的输出才会改变状态。可见，只要使 TG 短暂导通，就能靠栅电容 C 的电荷存储效应来暂存输入信息。若在 v_{GS1} 下降到动态 CMOS 反相器输入高电平的最小值以前再来一个 CP，使 C 中的电荷得到补充，就可使动态 CMOS 反相器基本保持输出 0 不变，因此为了长期保持 C 上的 1 信号，需要每隔一定时间对 C 补充一次电荷，使信号得到"再生"，通常称这一操作过程为"刷新"。显然，CP 的周期不能太长，一般要短于 1 ms。总之，图 9-1 所示的动态 CMOS 反相器能够暂存信息，并且在不断刷新的前提下长期存储信息。

2. 动态 CMOS 移存单元

图 9-2 所示电路为动态 CMOS 移存单元，它由两个动态 CMOS 反相器串接成主从结构，TG_1、T_1、T_2 是主动态 CMOS 反相器，TG_2、T_3、T_4 是从动态 CMOS 反相器。动态 CMOS 移存单元是构成动态移存器的基本单元。

动态 CMOS 移存单元的工作原理与主从 D 触发器相似。当 CP=1 时，TG_1 导通，输入数据存入栅电容 C_1；TG_2 关断，栅电容 C_2 上的信息保持不变。这时主动态 CMOS 反相器接收信息，从动态 CMOS 反相器保持原存信息。当 CP=0 时，TG_1 关断，封锁输入信号；TG_2 导通，C_1 上的信息经 T_1、T_2 反相后传输到 C_2，再经 T_3、T_4 反相输出。这时主动态 CMOS 反相器保持原存信息，从动态 CMOS 反相器随主动态 CMOS 反相器变化。如此经过一个 CP 的推动，数据即可向右移动 1 位。

另外，也可用动态 NMOS 反相器构成动态 NMOS 移存单元，进而构成动态 NMOS 移存器。

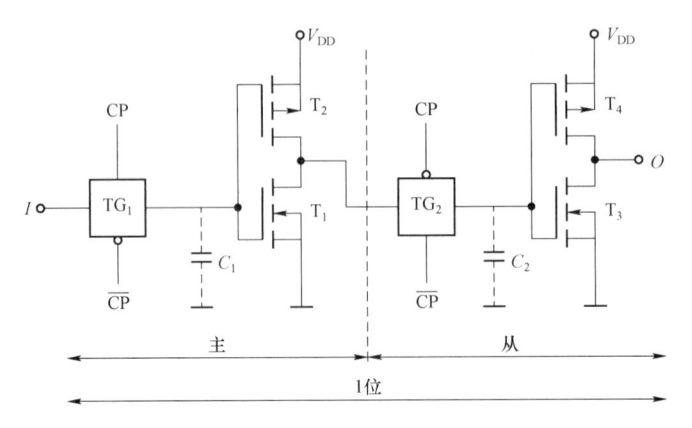

图 9-2 动态 CMOS 移存单元

3. 动态移存器的组成

动态移存器可由上述动态 CMOS（或 NMOS）移存单元串接而成，图 9-3 所示电路为 1 024 个动态移存单元串接而成的 1 024 位动态移存器。

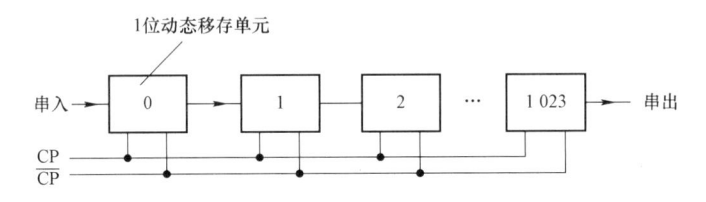

图 9-3 1 024 位动态移存器示意

9.2.2 FIFO 型和 FILO 型 SAM

用图 9-3 所示的动态移存器可以组成 SAM。常用的 SAM 有 FIFO 型和 FILO 型。

1. FIFO 型 SAM

图 9-4 所示是用 8 个 1 024 位动态移存器和控制电路构成的 SAM。它有循环刷新、读和写三种工作方式。

1）循环刷新

当片选端为 0 时，该 SAM 未被选中，G_1、$G_{30} \sim G_{37}$、$G_{40} \sim G_{47}$ 被封锁，$G_{20} \sim G_{27}$ 开放，故不能从数据输入端 $I_0 \sim I_7$ 输入数据（简称"写"），也不能从数据输出端 $O_0 \sim O_7$ 输出数据（简称"读"），它只能在 CP 的推动下，将原来存入的数据由动态移存器输出端反馈送入其输入端，执行循环刷新操作，以此刷新原存信息，只要不关闭电源，这些信息就可以在动态移存器中长期保存。

2）写和读

当片选端为 1 时选中该 SAM，即可对它进行读、写操作。这时若写/$\overline{循环}$控制端为 1，则 G_1、$G_{30} \sim G_{37}$ 开放，$G_{20} \sim G_{27}$ 被封锁，在 CP 的推动下，数据输入动态移存器，执行写入操作。如果读控制端也同时为 1，则 $G_{40} \sim G_{47}$ 开放，可以读取数据，SAM 执行边写边读操作。注意这时读出的数据在 SAM 中不复存在，而由输入数据替代。当写/$\overline{循环}$控制端为 0，读控制端为 1 时，$G_{20} \sim G_{27}$，$G_{40} \sim G_{47}$ 开放，$G_{30} \sim G_{37}$ 被封锁，在 CP 的推动下，执行读出操作，数据从输出端 $O_0 \sim O_7$ 输出，同时将输出数据反馈送入动态移存器，以保留原存数据。

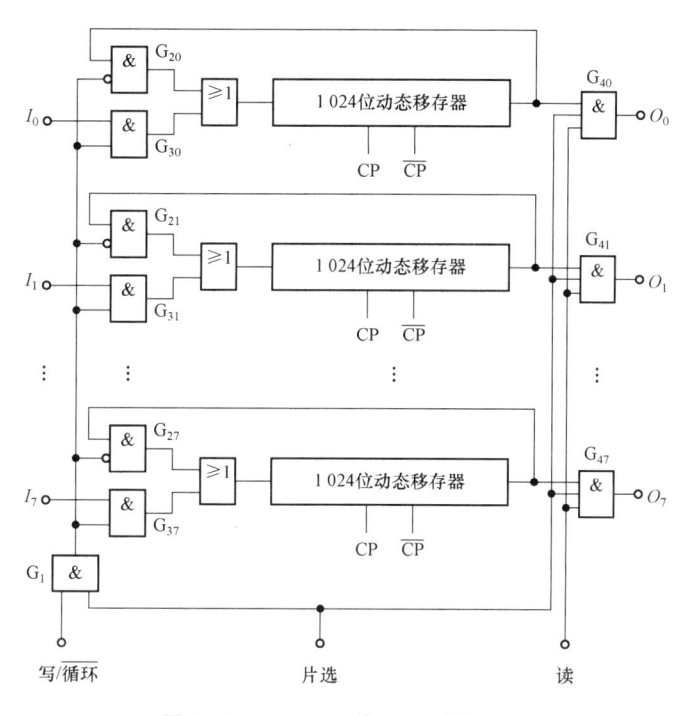

图 9-4 1 024×8 位 FIFO 型 SAM

该 SAM 可在 CP 的推动下，每次对外读（或写）一个并行的 8 位数据，可以称这 8 位数据为一个字，则该 SAM 可存储 1 024 个字，字长为 8 位，存储容量为 1 024×8 位。由于需要读出的数据必须在 CP 的推动下，逐位移动到输出端才可读出，所以存取时间较长，而且动态移存器的位数越多，最大存取时间越长。因为在这种 SAM 中存储的数据字只能按"先入先出"的原则顺序读出，所以称这种 SAM 为 FIFO 型 SAM。

2. FILO 型 SAM

图 9-5 所示电路为 $m \times 4$ 位 FILO 型 SAM，图中数据输入、输出端均由动态移存器的 Q_0 端引出，经 I/O 控制电路 G_1，G_2 与 I/O 端相接。

写入数据时，$R/\overline{W}=0$，使各路的输入三态门 G_2 工作，各路的输出三态门 G_1 被封锁，同时左/右移位控制信号 $SL/\overline{SR}=0$，使动态移存器右移，因此在 CP 的推动下，加于 I/O 端的输入数据被逐字送入动态移存器，最先送入的数据存于动态移存器的 Q_{m-1}，最后送入的数据存于各动态移存器的 Q_0。

读出数据时，$R/\overline{W}=1$，使 G_1 工作，G_2 被封锁，同时使 $SL/\overline{SR}=1$，动态移存器左移，因此在 CP 的推动下，动态移存器中的数据被依次通过各路的 G_1 输出到 I/O 端。最后存入 Q_0 的数据最先读出，最先存入 Q_{m-1} 的数据最后读出。这种先入后出的工作方式很像只有一个出入口的仓库，先堆放进去的货物最后才能取出，因此在微机中又称为堆栈。

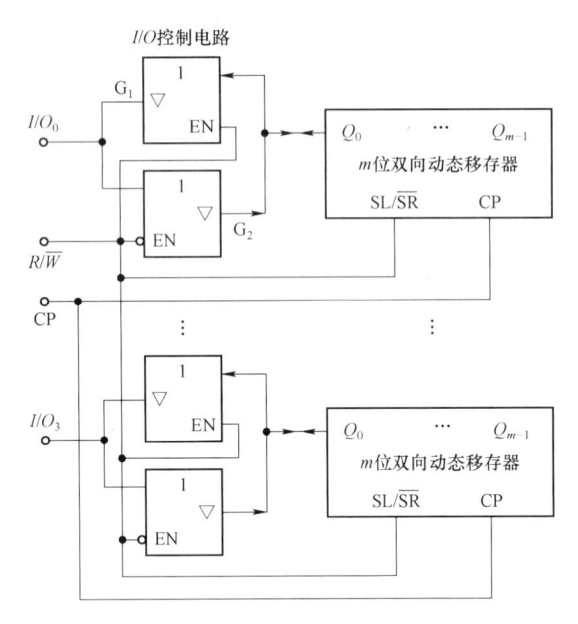

图 9-5　$m\times 4$ 位 FILO 型 SAM

SAM 便于顺序存取，若要从中任意存取数据（随机存取），则很费时间而且不方便。如果要方便快速地直接从中任意存取数据或将数据存入任意一个单元，就需要使用 RAM。

9.3　随机存取存储器

9.3.1　RAM 的结构

RAM 主要由存储矩阵、地址译码器和读/写控制电路（I/O 电路）三部分组成。图 9-6 所示电路为 256×1 位 RAM。

1. 存储矩阵

在图 9-6 所示电路中，点划线框内的每个小方块都代表一个存储单元，可以存储 1 位二值代码，存储单元可以是静态的（触发器），也可以是动态的（动态 MOS 存储单元），因此有静态 RAM（SRAM）和动态 RAM（DRAM）之分。这些存储单元一般按阵列形式排列，形成存储矩阵。图 9-6 中为 16 行 16 列的存储矩阵，存储矩阵内共有 256 个存储单元，可以认为它能存储 256 个字，每个字的字长为 1 位，存储容量为 256×1 位。

2. 地址译码器

对上述 256 个存储单元进行编码，需要 8 位地址码（$2^8=256$），即 $A_7 \sim A_0$，其范围为 00000000～11111111。地址码经 X 地址译码器（行地址译码器）和 Y 地址译码器（列地址译码器）译码后，就可使相应行线（X）和列线（Y）为高电平，从而选中该地址的存储单元。例如，$A_7 \sim A_0$ = 00001111，经 X 地址译码器译码，行线 X_{15} 为高电平，控制第 15 行的 16 个存储单元都与各自的位线接通，同时经 Y 地址译码器译码，使列线 Y_0 为高电平，使第 1 列的位线控制门（T_0，T_0'）接通。总之，经行、列译码，使相应的存储单元与 D，$\overline{D}$ 端接通，

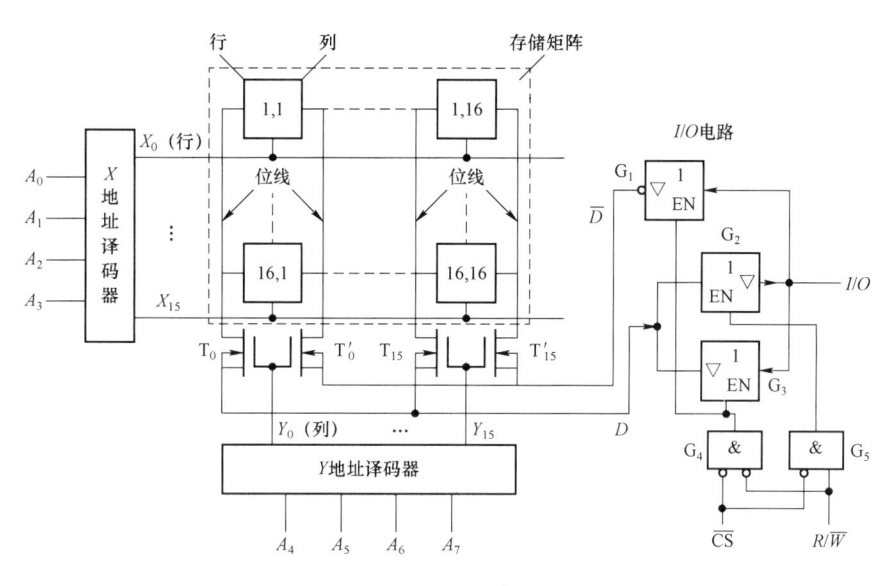

图 9-6　256×1 位 RAM

即只能对该存储单元进行读/写。

3. 读/写控制电路（*I/O* 电路）

数字系统中的 RAM 一般由多片组成，而系统每次读/写时，只针对其中的一片（或几片）RAM 进行。为此在每片 RAM 中均加有片选端 $\overline{CS}$。当 $\overline{CS}=1$ 时，三态门 G_1，G_2，G_3 均为高阻态，不能对该片读写，故未选中该片。当 $\overline{CS}=0$ 时，选中该片。若读写控制端 $R/\overline{W}=1$，则 G_2 工作，G_1 和 G_3 呈现高阻态。若地址码为 $A_7 \sim A_0 = 00001111$，则（16，1）存储单元的数据即可经位线、T_0、G_2 读出到 *I/O* 端，完成读操作；若 $R/\overline{W}=0$，则 G_1 和 G_3 工作，G_2 呈高阻态，*I/O* 端的数据经 G_1，G_3，T_0，T_0'、位线写入（16，1）存储单元，完成写操作。

9.3.2　RAM 存储单元

1. CMOS 静态存储单元

六管 CMOS 静态存储单元如图 9-7 所示，图中 T_1，T_2 和 T_3，T_4 两个反相器交叉反馈，构成基本 RS 触发器，T_5，T_6 是由行线 X_i 控制的门控管，控制触发器与位线之间的通断，这 6 只 MOS 管组成了一个六管 CMOS 静态存储单元。T_j，T_j' 为列控制门，控制该列位线与 D，$\overline{D}$ 的通断，T_j，T_j' 为列内各单元公用，故不计入存储单元的器件数目。

当地址码使 X_i 和 Y_j 均为高电平时 T_5，T_6，T_j，T_j' 都导通，选中该存储单元。若要读出时，存储的数据 Q 经位线到 D 端，然后由图 9-6 所示的 *I/O* 电路输出到 *I/O* 端。读出后，此存储单元内的数据并不丢失；若要写入时，*I/O* 端的输入数据经 *I/O* 电路、位线写入存储单元的 Q，$\overline{Q}$ 端。

采用六管 CMOS 静态存储单元的常用 SRAM 芯片有 6116（2 K×8 位）、6264（8 K×8 位）、62256（32 K×8 位）等。这些芯片由于采用了 CMOS 管，所以静态功耗极小，当它们的片选端加入无效电平时,立即进入微功耗保持数据状态,这时只需 2 V 电源电压、5～40 μA 电源电流,就可以保持原存数据不丢失。因此在交流电源断电时,可用电池供电,从而弥补了其他 RAM 断电后数据消失的缺点。

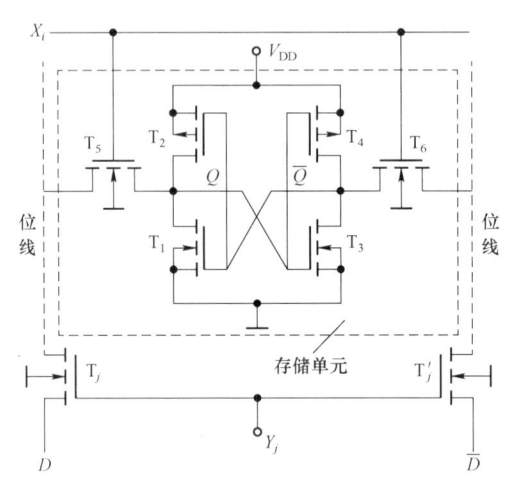

图 9-7 六管 CMOS 静态存储单元

另外,为了提高集成度,将六管 CMOS 静态存储单元中的 CMOS 管改为电阻,构成四管电阻负载 MOS 存储单元。其中负载电阻的阻值极大（50 MΩ 以上）使导通管的负载电流极小,从而减小了功耗。该电阻负载是多晶硅薄膜方形电阻,铺于 MOS 管的上面,并不占用芯片面积。由这种存储单元构成的芯片集成度更高,可靠性强,功耗也很小,同样可以用电池实现微功耗数据保持。

2. NMOS 动态存储单元

1）三管 NMOS 动态存储单元

图 9-8 所示电路为三管 NMOS 动态存储单元,它只用 NMOS 管 T_2 的栅电容 C 来暂存数据。图中 T_4,T_4',T_5,T_6,T_j 为该列公用；G_1,G_2 为该行公用。控制读和写的行线和位线是分开的。读行线控制 T_3 管的开关状态,写行线控制 T_1 管的开关状态,包括预充电、读出、写入、刷新四个工作过程。

(1) 预充电。在读操作之前,先由预充脉冲使预充管 T_4,T_4' 导通,电源 V_{DD} 对读写位线的分布电容 C_0,C_0' 进行充电,在预充脉冲消失后,C_0,C_0' 上的高电平仍能暂时维持。

(2) 读出。当行地址线 X_i 和读控制端 R 都为 1 时,读行线为 1,说明本行被选中,可进行读操作,对于该单元来说,若 C 已存有 1（充有足够的电荷）,则 T_2 导通,T_3 也因读行线为 1 而导通,分布电容 C_0 中的电荷通过 T_3,T_2 放掉,使读位线降为低电平 0,T_6 截止,因此分布电容 C_0' 中的电荷不能通过 T_5,T_6 泄漏到地,故写位线保持高电平 1,若列地址线 Y_j 也为 1,则 T_j 导通,说明选中本列,因此该存储单元存储的数据 1 就由写位线经 T_j 输出到 D 端。到此读 1 操作完毕。若 C 存 0,则 T_2 截止,C_0 不能放电,读位线保持 1,它使 T_6 导通,C_0' 经 T_5,T_6 放电,将写位线降为低电平,同时 $Y_j = 1$,经 T_j 将 0 送到 D 端,完成读 0 操作。

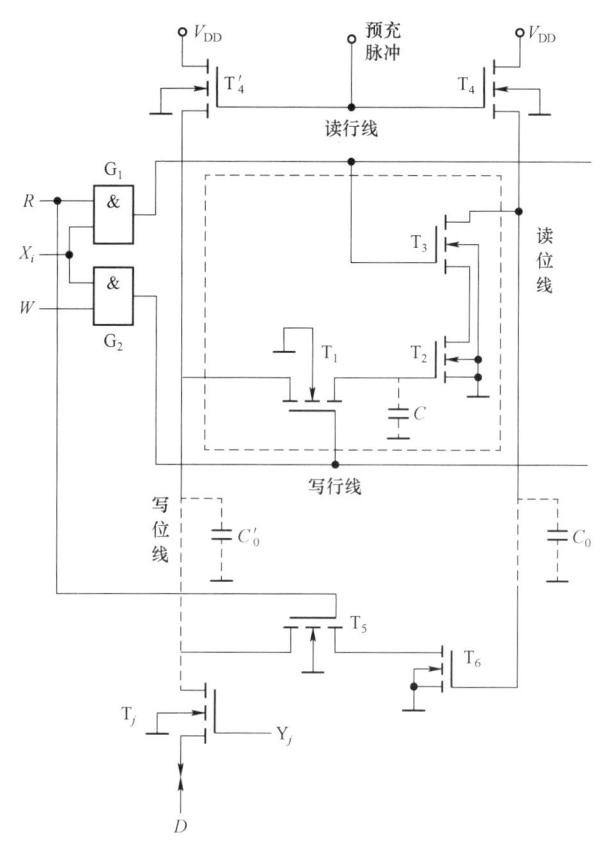

图 9-8 三管动态 NMOS 存储单元

（3）写入。若 $X_i = Y_j = 1$，则数据 D 可经 T_j 送到写位线上，因为写控制端 W 也为 1，所以使写行线为 1，T_1 导通，数据通过 T_1 送入 C 暂存，完成写入操作。

（4）刷新。在不对该存储单元读、写时，为了长期保存数据，必须不断刷新。刷新的方法如下。先使 $Y_j = 0$，再经预充电，然后通过对 X_i 行的读操作，将 C 中的信息读到写位线上，再由写操作，将信息重新写入 C。这样经内部的连续读、写操作，就可使 C 中的信息因不断刷新而长期保持。对整片 DRAM 刷新时，因为不对外读、写，故先使 Y 线全部为 0，然后使第 0 行的 $X_0 = 1$，通过读、写的连续操作，使该行的所有存储单元都得到刷新，接着使第 1 行的 $X_1 = 1$，对第 1 行的各存储单元刷新，直到最后一行。接着再从头开始，如此不断循环刷新，片内数据即可长期保存。通常栅电容 C 中存储的信息可以自然保持 2 ms 以上，因此要求各行全部刷新一次的总时间短于 2 ms。

2）单管 NMOS 动态存储单元

图 9-9 所示电路为单管 NMOS 动态存储单元，它由一个门控管 T 和一个存储信息的电容 C_S 组成。当 $X_i = 1$ 时，T 导通，数据 D 由位线经 T 存入电容 C_S，执行写操作；或经 T 把数据从 C_S 中取出，传送到位线，执行读操

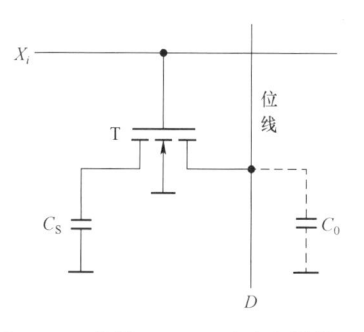

图 9-9 单管 NMOS 动态存储单元

作。为了节省芯片面积，存储电容 C_S 不能做得很大，而位线上连接的元件很多，因此它的分布电容 $C_0 \gg C_S$，读出时 C_S 与 C_0 并联，若并联之前 C_S 存有足够电荷（C_S 上的电压为 v_S）、C_0 内无电荷（C_0 上的电压 $v_0 = 0$），并联后 C_S 内的电荷将向 C_0 转移，转移后位线上读得的电压为 v_R。因为转移前后的电荷总量应相等，故必有 $v_S C_S = v_R (C_S + C_0)$。由于 $C_0 \gg C_S$，所以读出的电压很低，$v_R \ll v_S$，需要用高灵敏度读出放大器对输出信号 v_R 放大。同时，由于 C_S 中的电荷减少，也破坏了原存信息，故每次读出后都要立即对该存储单元刷新，以保留原存信息。

在 RAM 工作时可以随时从任何一个指定地址读出数据，也可以随时将数据写入任何一个指定的存储单元。RAM 的优点是读、写方便，使用灵活。其缺点是一旦断电，所存的数据将随之丢失，即存在数据易失性的问题。

RAM 有 SRAM 和 DRAM 两类。

（1）SRAM 的存储单元为 RS 触发器，如六管 CMOS 静态存储单元，因此不需要刷新。

（2）DRAM 由动态存储单元（三管、单管动态存储单元）构成存储矩阵。它是利用栅电容 C 或集成电容 C_S 来暂存数据的，因此需要不断刷新。DRAM 的存储单元结构非常简单，DRAM 所能达到的集成度远高于 SRAM。

9.3.3　RAM 集成芯片 HM6264

HM6264 是 CMOS SRAM，采用六管 CMOS 静态存储单元，其存储容量为 8 K×8 位，典型存取时间为 100 ns，电源电压为 +5 V，工作电流为 40 mA，维持电压为 2 V，维持电流为 2 μA。图 9-10 所示为 HM6264 的引线排列。

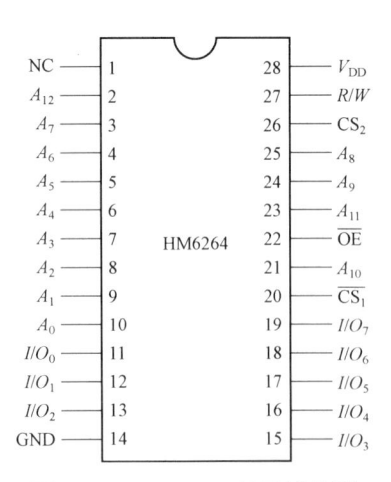

图 9-10　HM6264 的引线排列

HM6264 共有 13 条地址线 $A_0 \sim A_{12}$，即存储字数为 8 K（2^{13}）个；有 8 条数据输入/输出线 $I/O_0 \sim I/O_7$，故每个字有 8 位，因此 HM6264 的存储容量为 8 K×8 位。HM6264 还有 4 条控制线 $\overline{CS_1}$、CS_2、$R/\overline{W}$、$\overline{OE}$。当片选端 $\overline{CS_1}$ 和 CS_2 都有效时选中该片，使它处于工作状态，可以读/写；$\overline{CS_1}$ 和 CS_2 不都有效时，使该片处于维持状态，不能读/写，I/O 端呈高阻态，但可以维持原存数据不变，这时的电流称为维持电流。$\overline{OE}$ 为输出允许端，$\overline{OE}$ 有效时，内部数据可以读出；$\overline{OE}$ 无效时，I/O 端对外呈高阻态，其工作状态如表 9-1 所示。

表 9–1 HM6264 的工作状态

工作状态	$\overline{CS_1}$	CS_2	$\overline{OE}$	$R/\overline{W}$	I/O
读（选中）	0	1	0	1	输出数据
写（选中）	0	1	×	0	输入数据
维持（未选中）	1	×	×	×	高阻态
维持（未选中）	×	0	×	×	高阻态
输出禁止	0	1	1	1	高阻态

9.3.4 RAM 存储容量的扩展

当一片 RAM 不能满足存储容量的要求时，可以用若干片 RAM 连接成一个存储容量更大的满足要求的 RAM。扩大 RAM 存储容量的方法，通常有位扩展和字扩展两种。位扩展是对 RAM 输出端口的扩展，字扩展是对 RAM 输入端口的扩展。

1. 位扩展

如果一片 RAM 的字数已经够用，而每个字的位数不够用，则可以使用位扩展方法。位扩展即字长扩展，是将多片 RAM 经适当的连接，组成位数更多而字数不变的 RAM。一般可以利用同一地址信号控制 n 个相同字数的 RAM。图 9–11 所示电路利用两片 HM6264 扩展为具有 8 K×16 位存储容量的 RAM，实现了位扩展。片 I 实现数据字中的高 8 位，片 II 实现数据字中的低 8 位，并将两片对应的地址端、片选端 $\overline{CS_1}$ 和读/写控制端 $R/\overline{W}$ 并联。

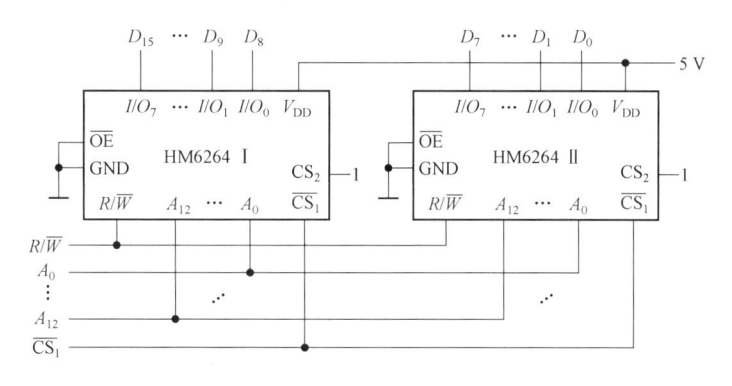

图 9–11 RAM 的位扩展

2. 字扩展

如果每片 RAM 的位数（字长）已经够用，但字数不够用，则可以使用字扩展方法，将多片 RAM 经适当的连接，组成字数更多而位数不变的 RAM。图 9–12 所示电路利用 4 片 HM6264 扩展为具有 32 K×8 位存储容量的 RAM，实现了字扩展。图中有 5 V 电源和 4.5 V 锂电池两套系统进行供电。5 V 电源断电后，会立即由 4.5 V 锂电池经二极管 D_2 供电，这时各片 $\overline{CS_1}$ 端都因上拉电阻 R 而呈高电平，使 HM6264 都进入微功耗维持状态，以实现断电后的数据保护。

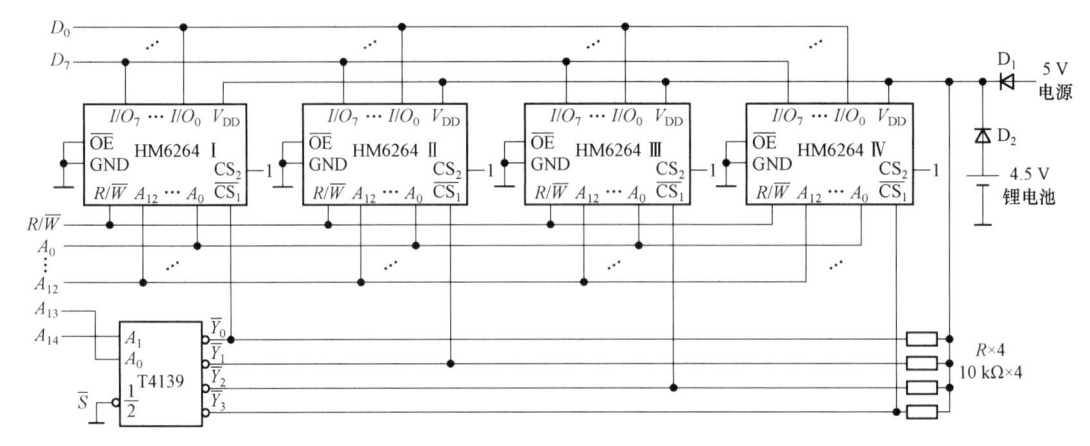

图 9-12　RAM 的字扩展

扩展后数据线仍为 8 条,地址线为 15 条($A_0 \sim A_{14}$)。地址线 $A_0 \sim A_{12}$ 直接与 4 片 HM6264 的相应地址线连接,A_{13} 和 A_{14} 经 2 线-4 线译码器译码后的输出控制各片的片选端 $\overline{CS_1}$,各片所占用的地址范围如表 9-2 所示。

从图 9-12 可以看出,4 片 HM6264 的 $CS_2 = 1$,$\overline{OE} = 0$,$R/\overline{W}$ 连接在一起,由外部的 $R/\overline{W}$ 统一控制,各片的 $\overline{CS_1}$ 由 2 线-4 线译码器的输出端控制。当 $A_{14}A_{13}$ 取值为 00,01,10 和 11 时,分别使片 Ⅰ,Ⅱ,Ⅲ 和 Ⅳ 的使能端 $\overline{CS_1}$ 有效。由于在同一时刻,4 个 $\overline{CS_1}$ 只有一个为 0,所以可以将 4 片的 I/O 端分别并接,作为整个存储器的 8 个 I/O 端。在外接信号 $R/\overline{W} = 1$ 时,可从 $D_0 \sim D_7$ 端读出数据字;当外接信号 $R/\overline{W} = 0$ 时,执行写操作。

表 9-2　RAM 的字扩展的各片地址范围

$\overline{CS_1}$ 有效的芯片	A_{14}	A_{13}	$A_{12} \sim A_0$	地址范围
Ⅰ	0	0	0000000000000 …… 1111111111111	0000H～1FFFH
Ⅱ	0	1	0000000000000 …… 1111111111111	2000H～3FFFH
Ⅲ	1	0	0000000000000 …… 1111111111111	4000H～5FFFH
Ⅳ	1	1	0000000000000 …… 1111111111111	6000H～7FFFH

9.4 只读存储器

9.4.1 ROM 的特点及分类

ROM 是一种固定存储器，属于非易失存储器，断电后存储的数据不丢失。ROM 正常工作时只能读出，不能写入。ROM 的种类很多，按所用器件类型分为二极管 ROM、双极型三极管 ROM 和 MOS 管 ROM 三类；按数据的写入方式分为固定 ROM 和可编程 ROM 两大类。

1. 固定（掩模）ROM

芯片生产厂在制造时就把用户需要存储的内容用电路结构固定下来，使用时无法再改变，只能读出，不能写入。存储单元可以用二极管构成，也可以用双极型三极管或 MOS 管构成。

2. 可编程 ROM

可编程 ROM 的内容不是芯片生产厂确定的，而是由用户自己根据需要写入的，有的只能写入一次，有的可以多次擦写。

1）一次性可编程 ROM（PROM）

PROM 的总体结构与固定 ROM 相同，所不同的是芯片生产厂在 PROM 出厂时已经在存储矩阵的所有交叉点上全部制作了存储单元，存储单元全为 1（或 0），用户可用编程器将所需要的内容一次性写入，但一经写入就不能再修改。

2）光可擦可编程 ROM（EPROM）

EPROM 具有较大的使用灵活性，它存储的内容不仅可以由用户写入，还能擦除重写，但擦除时需用紫外线照射；写入时需外加较高的电压，其过程较复杂、费时，因此在正常工作时仍然是只读不写。

3）电可擦可编程 ROM（EEPROM 或 E^2PROM）

EEPROM 只需在高压脉冲或工作电压下就可以进行擦除，而不需要借助紫外线照射，因此比 EPROM 更灵活方便，它还有字擦除（只擦除一些或一个字）功能。由于它可以在线改写，以及逐字改写，所以其应用范围逐渐扩大，如在 IC 卡中应用。

4）快闪存储器（Flash Memory）

快闪存储器（简称闪存）是新一代用电信号擦除的可编程 ROM。它既具有 EPROM 结构简单、编程可靠的优点，又具有 EEPROM 擦除快捷、集成度高的特点。由于快闪存储器集成度高、容量大、成本低和使用方便，所以其应用日益广泛，如用于数码相机、MP3 播放器等。

9.4.2 固定 ROM

固定 ROM 由三部分组成——地址译码器、存储矩阵和输出电路。图 9-13（a）所示为 4×4 位二极管固定 ROM 的电路图，2 线-4 线译码器的地址线为 A_1A_0，输出为 $W_0 \sim W_3$（字线），用它来选取存储矩阵内 4 个字中的 1 个。图中上面的点划线框内是存储矩阵，下面的点划线框内是输出电路，由 4 个与非门和 4 个负载电阻（R）组成。在输出控制端 $\overline{EN}=0$ 时，4 条位线上的数据经三态门由 $D_3 \sim D_0$ 端输出。

读出数据时，首先输入地址码，并使 $\overline{EN}=0$，在数据输出端 $D_3 \sim D_0$ 可获得该地址所存储的数据。例如，在图 9-13（a）中，当地址码 $A_1A_0=10$ 时，字线 $W_2=1$，而 $W_0=W_1=W_3=0$，W_2 字线上的高电平通过接有二极管的位线 Y_3，Y_2，Y_1 使 $D_3=D_2=D_1=1$，位线 Y_0 与 W_2 的交叉处无二极管，故 $D_0=0$，结果输出的数据 $D_3D_2D_1D_0=1110$。

存储矩阵由 16 个存储单元组成，每个十字交叉点代表一个存储单元，交叉点处有二极管的存储单元代表存储数据 1，无二极管的存储单元代表存储数据 0，其存储容量是 4×4 位。图 9-13（b）所示是图 9-13（a）中存储矩阵和地址译码器的简化图，一般称为阵列逻辑图。图中有二极管的交叉点画有实心圆点，无二极管的交叉点不画。存储矩阵中位线上圆点之间的逻辑关系是或，在图中用或门表示；地址译码器是由 4 个二极管与门电路组成的二进制译码器，可用矩阵画出，在它的输出线上用与门表示。于是，可以用与-或阵列表示固定 ROM 的阵列逻辑图。

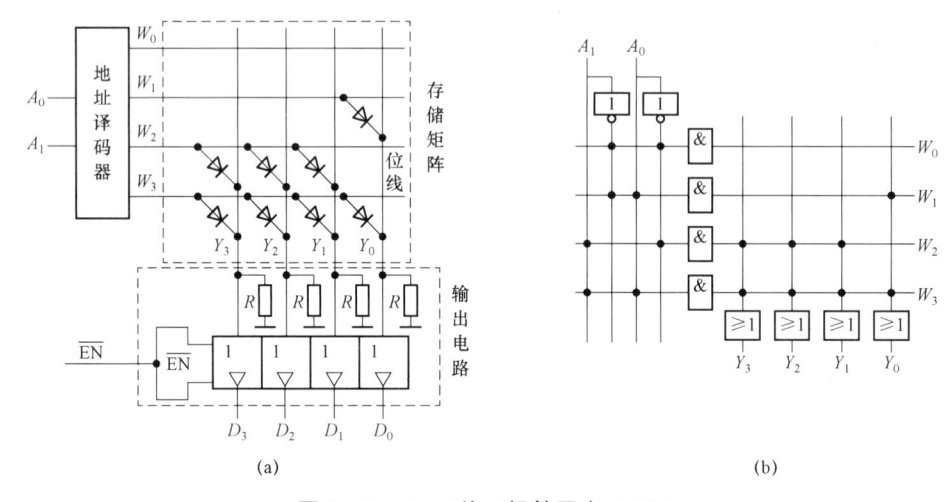

图 9-13 4×4 位二极管固定 ROM
（a）电路图；（b）阵列逻辑图

9.4.3 PROM 的原理和应用

1. PROM 的原理

PROM 在出厂时，存储的内容为全 1（或全 0），用户可根据需要将某些存储单元改写为 0（或 1）。图 9-14 所示为双极型 PMOS 存储单元和读/写放大器。存储单元由双极型三极管和具有高熔断可靠性的快速熔丝（多晶硅细导线）组成。存储矩阵内所有存储单元都按此制作，而且这种 PROM 在封装出厂时所有存储单元的熔丝都是通的，相当于所有存储单元全部存入了 1。用户使用前可以按照自己的需要对存储内容进行一次性编程处理（写入），即把要存入 0 的那些存储单元的熔丝都熔断。

例如，要熔断图 9-14 所示存储单元中的熔丝，则先要输入相应的地址，使 $W_i=1$，三极管导通，然后在 D_j 端加入高电压正脉冲，使读/写放大器中的稳压管 D_Z 短时间导通，写入放大器 A_W 输出低电平，A_W 呈输出低内阻状态，这时就有较大的脉冲电流从 V_{CC} 经三极管 T 流过熔丝，并将其熔断。这样，就将 0 写入该存储单元。PROM 正常工作时，数据字是由位线经各路读出放大器 A_W 输出到 D_j 端，因为 A_R 输出的高电平不足以使稳压管 D_Z 导通，故 A_W，D_Z 对电路无影响。因为熔丝断后不能再接上，所以 PROM 只能写入一次，而不能修改存储内容，使用不够灵活。它的优点是工作速度较高。

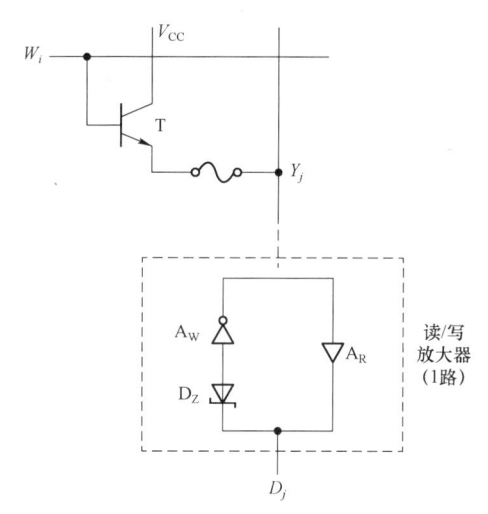

图 9-14 双极型 PMOS 存储单元和读/写放大器

2. PROM 的应用

由于 PROM 中的地址译码器是与阵列，存储矩阵是或矩阵，所以在地址端输入逻辑函数的变量，只要对存储矩阵编程就可以在数据输出端获得所需的任意组合逻辑函数。因此，利用 PROM 实现组合逻辑函数。

【例 9-4-1】利用 PROM 实现组合逻辑电路，将 4 位二进制码 $B_3B_2B_1B_0$ 转换成格雷码 $G_3G_2G_1G_0$。

解：输入位 4 位二进制码 $B_3B_2B_1B_0$，输出为格雷码 $G_3G_2G_1G_0$，二进制码和格雷码的关系为

$$\begin{cases} G_3 = B_3 \\ G_2 = B_3 \oplus B_2 \\ G_1 = B_2 \oplus B_1 \\ G_0 = B_1 \oplus B_0 \end{cases}$$

于是，可以列出真值表，如表 9-3 所示。

表 9-3 二进制码转换为格雷码的真值表

二进制码				格雷码			
B_3	B_2	B_1	B_0	G_3	G_2	G_1	G_0
0	0	0	0	0	0	0	0
0	0	0	1	0	0	0	1
0	0	1	0	0	0	1	1

续表

二进制码				格雷码			
B_3	B_2	B_1	B_0	G_3	G_2	G_1	G_0
0	0	1	1	0	0	1	0
0	1	0	0	0	1	1	0
0	1	0	1	0	1	1	1
0	1	1	0	0	1	0	1
0	1	1	1	0	1	0	0
1	0	0	0	1	1	0	0
1	0	0	1	1	1	0	1
1	0	1	0	1	1	1	1
1	0	1	1	1	1	1	0
1	1	0	0	1	0	1	0
1	1	0	1	1	0	1	1
1	1	1	0	1	0	0	1
1	1	1	1	1	0	0	0

选用输入地址和输出数据都为 4 位的 16×4 位 PROM 来实现该组合逻辑电路。未编程的 16×4 位 PROM 的阵列结构如图 9-15（a）所示，"×"表示存储的数据为 1。令 $A_3A_2A_1A_0 = B_3B_2B_1B_0$，$D_3D_2D_1D_0 = G_3G_2G_1G_0$，按照真值表中 $G_3G_2G_1G_0$ 的取值，熔断应该存储 0 的存储单元中的熔丝，在阵列图中将"×"去掉。图 9-15（b）所示为熔断熔丝后的阵列结构。

9.4.4 EPROM 集成芯片 2716

2716 是一种存储容量为 2 K×8 位的 EPROM 集成芯片，它采用双列直插式封装，有 24 个引脚，其最基本的存储单元采用带有浮动栅的 MOS 管。图 9-16 所示为 2716 的引线排列，有 11 条地址线 $A_0 \sim A_{10}$、8 条数据线 $D_0 \sim D_7$，控制线为 $\overline{CE}$/PGM 和 $\overline{OE}$。

2716 的电源电压为 $V_{CC} = +5$ V，编程高电压为 $V_{PP} = +25$ V，工作电流最大值为 100 mA，维持电流最大值为 25 mA，最大读取时间为 450 ns。2716 有以下五种工作方式。

（1）读出方式：当片选/编程 $\overline{CE}$/PGM = 0，输出允许 $\overline{OE}$ = 0，并输入地址码时，可从 $D_0 \sim D_7$ 读出该地址单元的数据。

（2）维持方式：当 $\overline{CE}$/PGM = 1 时，$D_0 \sim D_7$ 呈高阻悬浮，芯片进入维持状态，电源电流减小到维持电流 25 mA 以下。

（3）编程方式：当 $V_{PP} = +25$ V，$\overline{OE} = 1$ 时，将地址码和需要存入该地址单元的数据稳定送入后，在 $\overline{CE}$/PGM 端送入 50 ms 宽的 TTL 电平的正脉冲，数据立即被固化到该地址单元中。

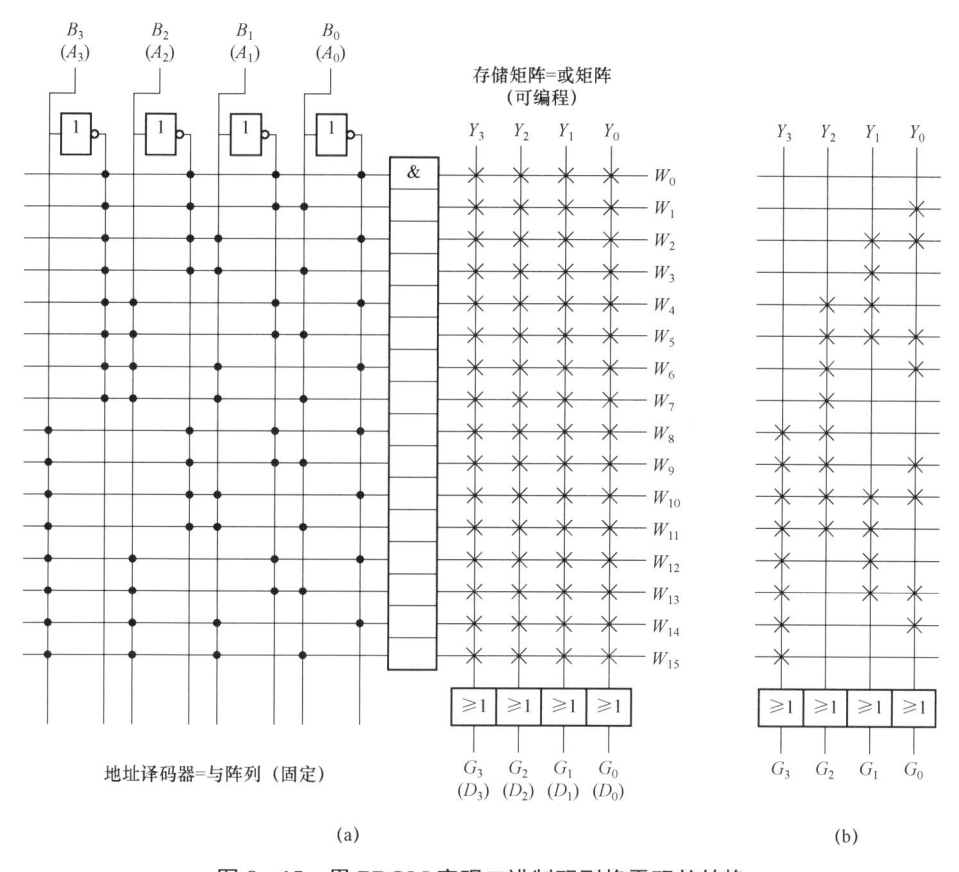

图 9-15　用 PROM 实现二进制码到格雷码的转换
(a) 未编程的 16×4 位 PROM 的阵列结构；(b) 熔断熔丝后的阵列结构

（4）编程禁止方式：当对多片 2716 编程时，除 $\overline{CE}$/PGM 端外，各片其他同名端都接在一起。对某片 2716 编程时，可使该片的 $\overline{CE}$/PGM 端加编程正脉冲，其他各片因 $\overline{CE}$/PGM = 0（$\overline{OE}$ = 1）而禁止数据写入，即这些片处于编程禁止状态。

（5）编程检验方式：使 V_{PP} = +25 V，再按"读方式"操作，即可读出已编程固化的内容，以便校对。

编程、编程禁止和编程检验这三种方式是用户在编程时使用的，用户一般用微机、编程器和有关软件自动完成。2716 的工作方式如表 9-4 所示。

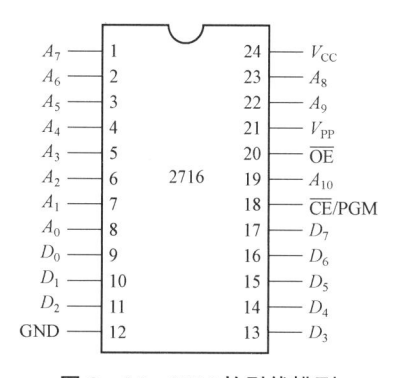

图 9-16　2716 的引线排列

表 9-4　2716 的工作方式

工作方式	$\overline{CE}$/PGM	$\overline{OE}$	V_{PP} / V	输出 D
读出	0	0	+5	数据输出
维持	1	×	+5	高阻悬浮

续表

工作方式	$\overline{CE}$/PGM	$\overline{OE}$	V_{PP} / V	输出 D
编程	正脉冲	1	+25	数据写入
编程禁止	0	1	+25	高阻悬浮
编程检验	0	0	+25	数据输出

本章小结

本章主要内容：
（1）半导体存储器的主要技术指标。
（2）SAM、RAM 和 ROM 的工作原理。
（3）各种半导体存储器的存储单元。
（4）RAM 存储容量的扩展方法。
（5）半导体存储器的应用。

重点：
（1）SAM、RAM 和 ROM 的功能。
（2）半导体存储器使用方法（RAM 存储用量的扩展）。
（3）利用 ROM 实现组合逻辑电路。

难点： 动态 CMOS 反相器、动态 CMOS 移存单元、CMOS 静态存储单元、NMOS 动态存储单元的工作原理。

本章习题

一、思考题
1. 半导体存储器如何分类？半导体存储器有哪些主要技术指标？
2. SAM、RAM、ROM 各有什么特点？
3. RAM 主要由哪三部分组成？它们的功能是什么？
4. RAM 的 CMOS 静态存储器单元与 NMOS 动态存储器单元各有什么特点？
5. 如何进行 RAM 存储容量的扩展？
6. 如何利用 ROM 实现组合逻辑电路？

二、判断题
1. 半导体存储器所存储的二进制信息的总位数称为半导体存储器的存储容量。（   ）
2. ROM 是由地址编码器和存储体两部分组成的。（   ）
3. ROM 的逻辑结构可以看成一个与门阵列和一个或门阵列的组合。（   ）
4. 在电源断掉后又接通后，RAM 中的信息不会改变。（   ）
5. 在电源断掉后又接通后，ROM 中的信息不会改变。（   ）
6. RAM 由若干位存储单元组成，每个存储单元可存放 1 位二进制信息。（   ）

7. 半导体存储器字数的扩展可以利用外加译码器控制数个芯片的片选输入端来实现。（   ）

8. DRAM 需要定期刷新，因此，它在微机中不如 SRAM 应用广泛。（   ）

三、单选题

1. 只能读出不能写入，但信息可永久保存的半导体存储器是（   ）。
   A. ROM　　　　B. RAM　　　　C. RPROM　　　　D. PROM

2. 一个具有 n 条地址输入线和 k 条输出线的 ROM 的存储容量是（   ）。
   A. $n \times k$　　　B. $n^2 \times k$　　　C. $2^n \times k$　　　D. $n \times 2^k$

3. 在电源断掉后又接通后，ROM 中的内容（   ）。
   A. 全部改变　　B. 全部为 1　　C. 不确定　　D. 保持不变

4. 在电源断掉后又接通后，RAM 中的内容（   ）。
   A. 全部改变　　B. 全部为 1　　C. 不确定　　D. 保持不变

5. 要构成存储容量为 4K×8 位的 RAM，需要（   ）片容量为 256×4 位的 RAM。
   A. 2　　　　B. 4　　　　C. 8　　　　D. 32

6. 图 T9-1 所示为 ROM 阵列逻辑图，当地址为 $A_1A_0 = 10$ 时，该字单元的内容为（   ）。

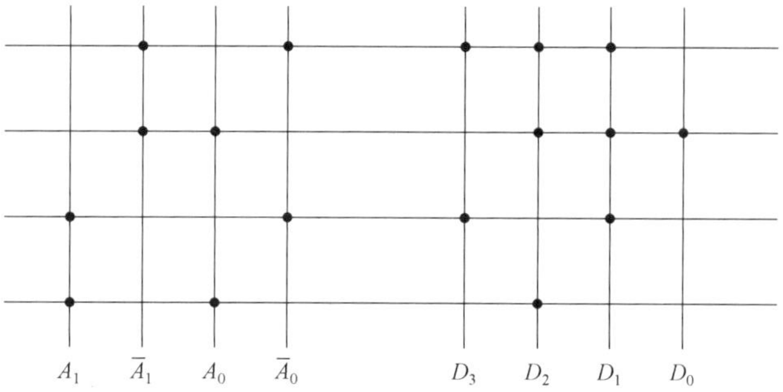

图 T9-1　选择题 6 的 ROM 阵列逻辑图

   A. 1110　　　B. 0111　　　C. 1010　　　D. 0100

7. 寻址存储容量为 16K×8 位的 RAM 需要（   ）条地址线。
   A. 14　　　　B. 6　　　　C. 8　　　　D. 16

8. RAM 在正常工作状态下所具有的功能是（   ）。
   A. 只有读功能　　　　　　　B. 只有写功能
   C. 既有读功能，又有写功能　　D. 无读写功能

9. 堆栈的存取方式是（   ）。
   A. 先入先出　　B. 先入后出　　C. 随机　　D. 按地址查找

10. 队列的存取方式是（   ）。
    A. 先入先出　　B. 先入后出　　C. 随机　　D. 按地址查找

11. 下列描述不正确的是（   ）。
    A. EEPROM 具有数据长期保存的功能且比 EPROM 在数据改写上更方便
    B. DRAM 保留数据的时间很短，但速度比 SRAM 高
    C. RAM 和 ROM 相比,两者的最大区别是 RAM 在断电以后保存在其中的数据会自动消

失，而 ROM 则不会

12. 利用 ROM 实现组合逻辑电路时，所实现逻辑函数的表达式应变换成（　　）。
    A. 最简与或式　　　　　　　　　B. 标准与或式
    C. 最简与非 – 与非式　　　　　　D. 最简或非 – 或非式

13. 下列器件可以实现组合逻辑电路的是（　　）。
    A. DRAM　　　B. SRAM　　　C. PROM　　　D. 以上都对

14. 存储容量为 2 K×4 位的 RAM，其地址线和数据线的条数分别为（　　）。
    A. 4，4　　　B. 2 048，4　　　C. 10，4　　　D. 11，4

15. DRAM 的基本存储电路是利用 MOS 管栅极、源极之间电容对电荷的暂存效应来实现信息存储的。为了避免所存信息丢失，必须定时给电容补充电荷，这一操作称为（　　）。
    A. 刷新　　　B. 存储　　　C. 充电　　　D. 放电

16. RAM 的 I/O 端口为输入端口时，应使（　　）。
    A. $\overline{CS}=0$，$R/\overline{W}=0$　　　B. $\overline{CS}=1$，$R/\overline{W}=0$
    C. $\overline{CS}=0$，$R/\overline{W}=1$　　　D. $\overline{CS}=1$，$R/\overline{W}=1$

17. 组成存储容量为 64 K×16 位的存储器，需要（　　）片 HM6264。
    A. 8　　　B. 16　　　C. 2　　　D. 4

18. 具有 16 位地址码可以同时存取 8 位数据的 RAM 的存储容量为（　　）位。
    A. 64 K×8　　　B. 16 K×8　　　C. 64 K×16　　　D. 16 K×16

19. 若存储芯片的容量为 64 K×8 位，假定该芯片在存储器中首地址为 A0000H，则末位地址应为（　　）H。
    A. BFFFF　　　B. AFFFF　　　C. BFFF0　　　D. AFFF0

四、设计题

1. 利用 PROM 实现 1 位全加器，画出阵列逻辑图。
2. 已知 $Z = X^2Y$，其中 X，Y 均为 2 位二进制数，画出 Z 的 PROM 阵列逻辑图。